U0185880

文明的积淀

中国古代科技

Legacy of Civilization

Ancient Chinese Science and Technology

孙小淳　著

中国科学技术出版社
·北　京·

图书在版编目（CIP）数据

文明的积淀：中国古代科技 / 孙小淳著 .—北京：中国科学技术出版社，2024.1（2024.8 重印）
ISBN 978-7-5236-0276-8

Ⅰ.①文… Ⅱ.①孙… Ⅲ.①科学技术—技术史—中国—古代—通俗读物 Ⅳ.① N092-49

中国国家版本馆 CIP 数据核字（2023）第 122083 号

审图号：GS（2023）3855 号

策划编辑 周少敏 徐世新 赵 晖
责任编辑 李惠兴 郭秋霞 关东东 汪莉雅
特约编辑 王国强
封面设计 中文天地
正文设计 中文天地
插图设计 周 岳 张歌明 金娅辰 曲瑞晴
责任校对 邓雪梅 吕传新 张晓莉
责任印制 马宇晨

出　　版 中国科学技术出版社
发　　行 中国科学技术出版社有限公司
地　　址 北京市海淀区中关村南大街 16 号
邮　　编 100081
发行电话 010-62173865
传　　真 010-62173081
网　　址 http://www.cspbooks.com.cn

开　　本 710mm × 1000mm 1/16
字　　数 460 千字
印　　张 28.5
版　　次 2024 年 1 月第 1 版
印　　次 2024 年 8 月第 2 次印刷
印　　刷 北京顶佳世纪印刷有限公司
书　　号 ISBN 978-7-5236-0276-8 / N · 311
定　　价 168.00 元

目 录

第一章

导言

文明视野中的中国古代科技

中华文明源远流长、博大精深，是中华民族独特的精神标识，是当代中国文化的根基，是维系全世界华人的精神纽带，也是中国文化创新的思想源泉。科学技术是中华文明宝藏的重要组成部分，对中华文明乃至世界文明的进步都做出了重要的贡献。科技是人类文明进步的力量，人类文明走到今天，科技起了决定性的作用。当今时代，科技已经是国家与社会的主导力量。因此，了解中国古代科学技术史的发展历程，不仅可以帮助我们深入了解中华文明，也可以帮助我们了解中华文明在世界文明中的定位，增强文化自信。

说起中国古代科技史，需要澄清几个概念。首先是“科学”。大家最容易产生的印象是：它产生于欧洲。这并没有错，近代科学确实是产生于欧洲。在中国，“科学”这个名词到 19 世纪末才出现，对应于西方的“science”。即便是在欧洲，“科学”这个词也是在 16 世纪以后才出现的。这个词的汉语翻译是来自 19 世纪的日译，意思是“分科之学”。在欧洲，“科学”的拉丁文意思是“知识”（scientia），目前德语里的“科学”（wissenschaft）一词还保有这个词的原意。尽管“科学”一词经历多次语义变迁，但是，这并不妨碍我们谈论“古希腊的科学”“中世纪阿拉伯世界的科学”或“中国古代的科学”。因为我们讲古代科学时，指的是古代的“知识体系”，或者说是古人对于自然的解释。这些知识体系是与现代科学意趣相同的东西，包括古代的一些符合现代科学的理论和观点、对自然现象的观察和记录、探索自然的行为，以及在方法和研究对象上与现代科学相通的活动。这里要特别注意，不能因为古代对自然的解释不如现代科学的解释或者已经被证明是错误的，就说古代没有科学。古代有科学，只是没有近代科学。这个道理本应该是显而易见的，但是人们在讨论古代科学时很容易忘记这一点，因此特别澄清一下。

其次是“技术”。这个概念相对来说比较明确，就是指人类利用自然、改造自然来满足人类各种需求的种种手段，包括工具、生产技艺、生产流程以及对物质和环境的种种改造等。因此，哪里有人类活动，哪里有生产劳动，哪里就会产生技术，不分文化和地域。讲中国古代技术，所指的意思也是非常明确的。

然而，当我们把“科学”与“技术”放在一起讲“科学技术”（简称“科技”）时，又产生了新的问题。由于近代科学的兴起，科学对技术有很大的促进，甚至很多新的技术明显就是科学的应用。没有新的科学，一些新的技术是不可能产生的。因此近代科学与技术的关系变得非常密切，而且它们之间的界限也不那么清晰了，所以现在人们已经习惯于科学与技术并称。但是在古代，绝大多数技术，都是基于经验和直观，并不与科学理论直接相关，因此在讲中国古代科技时，有人就会认为中国古代有技术而没有科学。这一说法其实是有问题的。首先，古代技术与科学关系不那么密切，并不是中国古代特有的现象，古希腊或任何其他古文明都一样，把中国古代拿出来特别强调，其实是不必要的。其次，古代技术也不是与古代科学绝对没有关系，所有技术的背后，都隐含着人们对自然宇宙及其中的事物，以及它们之间的联系和相互作用的基本认识。因此严格地讲，古代也并不存在完全脱离了科学的“纯粹的”技术。比如，我们不能说古代会做车轮的“轮人”，他们脑子里完全没有圆的科学知识。

有了上面的澄清，我们就不必担心在讲中国古代“科学”或“科技”时会引起什么误解了。在本书中，“科学”和“科技”两个词我们基本不作区分，读者可以通过上下文理解其意义。

我们研究古代科技史时，免不了从现代科技的立场，以现代科技的标尺去考量古代的科技知识。我们会倾向于认为，科技是经过自古至今的一步一步的积累才达到我们现在所处的高峰，我们好像是站在高山之巅，回顾科技从历史走向今天的道路，科技史就是把历史上一项一项的科技发明或发现整理出来的编年史。我们在讲述某一个文明的科技史时，就是看这个文明中产生了多少用现代科技标准来看是科学的早期成果，我们甚至探讨不同文明在向现代科学迈进的道路上谁领先、谁落后的问题。这样书写的科技史当然是有价值和意义的，看人类从蒙昧时代一步一步走向现代科技的高峰，确实是激动人心的事情。但是这样的“辉格式”的科技史会出现很多问题和不足。首先，它会只看到古代文明中与现代科技相符的理论、观点、发明或发现，把那些不符合的就简单地斥之为“迷信”或“伪科学”，而看不到这些陈旧过时的理论或信念曾经在人类对自然的认识中发挥的作用。其次，为了凸显古代知识的科学价值，它可能把古代的一些理论和知识，硬是牵强附会地解读为现代科技的东西，这样就歪曲了古人的意思。最后，它很容易把古代的科技与当时的世界观和思想整体以及社会、文化背景割裂开来，从而变成孤零零的所谓的“科学事实”。因此，尽管“辉格史”[①]的倾向不可能完全避免，把科技史做成味道十足的“辉格史”，显然是不可取的。

那么，我们应该怎样来看中国古代的科技呢？本书中我们主要强调的是从文明的视角。

打通史前和历史时期的科技

世界上所有伟大的文明，都为科技的发展做出了重要的贡献。世界上与中国同样建立了古老文明的地域有埃及、中东两河流域、印度河流域等，然而这三个中国之外的古文明早在两千多年前就灭亡了。没有一个能像中国的文明一样，从它起源开始就一直绵延传承到现在。古代埃及的文明，到波斯人进入埃

① “辉格史”是英国历史学家巴特菲尔德（Herbert Butterfield）指出的编史学倾向，即总以现代的“正确观点”去评判历史，好比英国议会中的“辉格党”总是以为自己正确一样。见：[英] 赫伯特·巴特菲尔德. 历史的辉格解释 [M]. 张岳明，刘北成，译. 北京：商务印书馆，2012.

及之后就已经逐渐衰落，到了希腊化时期基本上就消亡了。古埃及文明被重新了解和认识，是在 19 世纪初欧洲学者解读了遗存下来的古埃及文字之后，由此建立了包括前王国时期、古王国时期、中王国时期、新王国时期的古代埃及史等。两河流域的古代美索不达米亚文明也早已衰亡，也只是经过解读考古发现的楔形文字泥版书才对其古老复杂的历史有所了解。公元前三千年前后在古印度兴起的文明，在希腊化时期印欧民族进入印度之后，也就消失了。只有我们中国的文明，带着它光辉的历史，流传下来。中国的“一万年文化史”和“五千年文明史”，是有确确实实的考古学和历史学证据来支持的。中国的史前文明，虽然还没有文字记载，但从考古发现的实物资料来看，史前就有丰富的使用科技的经验，陶器的制作、纺织的发明、农业的发明及动物的驯化等，这些新石器时期的发明使人类走向了文明的进程。中华文明也是从一万多年前的新石器时代走来，在中国这片大地上，创造了灿烂的科技文明。我们讲的文明视角的科技史，首先就是要打通史前与历史时期，把中华科技发展的历史追溯到史前时代。

打破“欧洲中心论”

近代科学在西方发生，发生了科学革命，引起了工业革命，西方文明突飞猛进，其他文明突然远远落在后面。这使得历史学界产生了一种误解，好像近代科学是西方文明的专利。写一部世界科技史可以没有中国和印度。写世界历史、世界哲学史也是一样。19 世纪初，德国古典哲学家黑格尔（1770—1831 年）心目中的世界历史，就是理念的辩证演进史，是从古希腊开始，经过罗马、中世纪到文艺复兴、启蒙运动到科学革命的进步的历史。[①] 在这样的世界史中，中国与印度、非洲、西伯利亚一样，其具有的文明，都是那么零乱、不具备他所认定的历史发展的逻辑，都不配被写进世界历史。

---

① ［德］黑格尔. 世界史哲学讲演录. 见：Georg Wilhelm Friedrich Hegel. Lectures on the Philosophy of World History. H. B. Nisbet（tr.）. Cambridge：Cambridge University Press，1975：29.

1837 年，英国哲学家惠威尔（William Whewell，1794—1866 年）所著的《归纳科学的历史》是最早的科学史著作。他的科学史与黑格尔的世界史秉持着同样的思想，那就是“欧洲中心论”，中国古代的科学在其中自然没有位置。这种“欧洲中心论”从 19 世纪到 20 世纪中叶在西方科学界和科学史界有着普遍的影响。像爱因斯坦这样著名的科学家，谈到中国古代科学时也是抱着不屑一顾的态度，认为近代科学的两个支柱是数学的逻辑和实验的观察，因为这两样在西方被发现了，所以才在西方产生近代科学。中国古代没有这些，不产生近代科学就不足为奇了。还有科学史家如美国的吉利斯皮（Charles C. Gillispie）对中国文化更是抱有偏见，认为中国的文化和制度不配拥有原创性的科学，在他看来，如果东方的中国哪一天学会了西方科学，就会对西方世界造成威胁。①

但是，西方学术界也不是铁板一块。20 世纪 40 年代，英国科学家李约瑟（1900—1995 年）因到中国接触了中国的文明，对中国古代的科技产生了浓厚的兴趣，于是他决定用毕生的精力来从事中国古代科技史的研究。从 1959 年开始，李约瑟和合作者们编著出版了一部鸿篇巨制《中国科学技术史》，包括 7 卷 20 多册，对中国古代科技进行了系统的研究。李约瑟的研究表明，中国古代不但有科学，而且在科学的许多方面都做出了重要的贡献，有许多技术都是中国首先发明的。从公元前 1 世纪到 13 世纪，中国科技在多个方面，特别是把科技知识运用于国计民生方面，远远领先于西方。李约瑟的工作，改变了西方科学史界对中国古代科技的看法，世界科技史再也不能忽略中国科技的贡献。

然而，李约瑟的思想还是带着“欧洲中心论”的烙印。他认为中国古代科学，更多是经验性的和技术性的，理论方面比较欠缺，因此在中国还是不可能产生近代科学。于是他提出了著名的“李约瑟问题”：为什么近代科学没有在中国产生。提出这个问题的背后逻辑，就是近代科学必然要产生，在西方产生

---

① ［美］吉利斯皮．客观性的刀锋．见：Charles Gillispie. The Edge of Objectivity：An Essay in the History of Scientific Ideas. New Jersey：Princeton University Press，1960：8–9.

了是正常的历史发展，在其他文明没有产生就是不正常的。李约瑟问题非常类似德国社会学家韦伯（Max Weber）在社会学研究中提出关于现代资本主义的产生的问题。韦伯认为，西方文明中有一些其他文明所没有的特质，使西方产生了资本主义。[①] 李约瑟问题是韦伯问题在科技史领域的表述。

事实上，近代科学是东西方文明交流融合产生的结果。西方固然在文艺复兴运动中重新发现了古希腊传统，但也在与东方世界的交流中，汲取了新的技术和思想，为近代科学的发生提供了激发性的因素。大家熟悉的中国“四大发明”，就为世界近代科技文明的兴起发挥了重要的作用。中国自明清以来，即便是在西方科学传入中国的过程中，中国也不是完全被动的接受者，而是在接受的过程中有所发明、有所创新。中国事实上因此也成为世界近代科学的参与者。因此，我们在书写中国科技史时，必须要打破“欧洲中心论”，要从全球文明的视角来进行考察。

超越“李约瑟问题”

李约瑟对中国科技史研究的贡献是巨大的，但是当我们从文明的视角来考察中国古代科技史时，还是要超越李约瑟问题。[②] 李约瑟问题有两种表述，一种是“负问题”表述：为什么近代科学没有在中国发生。从历史学的角度来看，这样的“负问题”是很难回答的，但是它具有启发性，启发我们从社会、政治、经济、文化等方面去考察中国古代科技。这样也就使我们必然要关注李约瑟问题的“正问题”表述，即为什么中国古代在把关于自然的知识运用于国计民生方面会取得如此大的成就。李约瑟把现代科学比作汪洋大海，各个文明都对科学有所贡献，如涓涓细流，“朝宗于海”。于是他采用化学滴定实验比喻，

---

① ［德］马克斯·韦伯. 新教伦理与资本主义精神［M］. 李修建，张云江，译. 北京：中国社会科学出版社，2009.

② 刘钝，王扬宗. 中国科学与科学革命：李约瑟难题及其相关问题研究论著选［C］. 沈阳：辽宁教育出版社，2002.

对文明进行“大滴定”的研究，研究各个文明中究竟含有多少近现代科学所认定的科学成分。[①]这固然是一个很好的方法，但这样做时，就会把古代的科技知识与古代的文化割裂开来，而事实上这两者在古代往往是难以分割的。比如古代的天文学与古代宗教祭祀及占星术就是密切地结合在一起的。我们硬是把古代的科技从古代社会文化实践中剥离出来，就免不了牵强附会，将古人的思想观点现代化，甚至任意加以拔高。一个时代的科学，必然是基于那个时代的传统，包括其自身的方法、价值和积累的知识体系。我们对其中的科技知识“生吞活剥”时，其实就已经大大限制了我们的视角，从而难以对古代科技有全面而中肯的分析和评价。

是的，中华文明是一条文明的大河。确实如李约瑟证明的那样，为世界近代科学的汪洋大海贡献了大量的科学思想和成就。但是看到这一点还远远不够，我们要走近大河，看中华文明大河的“河岸风光”，[②]即探讨古代文明中科技知识是如何被创造出来，其中的思维方式有怎样的特点。我们既要看到科学的原理和事实真理是普遍的、无国界的，是人类文明共同的成果和财富，它跨越各种文化的界限，将为越来越多的人所共有。同时也要看到每个国家都有独特的文化传统、价值观、思想和行为方式，这些构成了其科学文化的独特方面。这使人想到法国人类学家列维－斯特劳斯（Claude Lévi-Strauss）在其《野性的思维》中所讲的“具体性的科学”。他从人类学的视角，考察和分析“原始人类”的知识体系和思维特点，指出人类在认识世界的过程中，不仅有科学的方法，还有巫术和神话的方式，还有整体的、直觉的、审美的“诗性”的方式。[③]中国古代文化当然不是人类学意义上的“原始文化”，但在科学方面毕竟不完全等同于近代科学，还有巫术和宗教神话的因素，因此从人类学的角度是

---

① ［英］李约瑟．文明的滴定：东西方的科学与社会［M］．张卜天，译．北京：商务印书馆，2016.

② 孙小淳．从“百川归海”到“河岸风光”——试论中国古代科学的社会、文化史研究［J］．自然辩证法通讯．2004，26（3）：110–115.

③ ［法］克洛德·列维－斯特劳斯．野性的思维［M］．李幼蒸，译．北京：商务印书馆，1987：1–39.

有助于我们从文明的角度去考察中国古代科技的。

近代科学的历史毕竟很短，在近代科学发生之前，是漫长的古代科技发展的历程，这个过程一直可以追溯到新石器时代。列维－斯特劳斯提出了所谓的“新石器时代之谜”（Neolithic Paradox），即新石器时代一些主要的发明，如农业、动物的驯化、制陶、纺织，把人类科技文明提升到了一个古代文明的高台，但是为什么这个高台维持了数千年，直到 17 世纪的西方科学革命，才再上一个台阶。[①] 中华文明恰恰是在古代文明的高台上表现突出的。因此，我们完全可以借着“列维－斯特劳斯之问”把对中国古代科技文明的研究向前拓展到史前时代，把中国史前文明中的科技经验与历史时期的科技发展联系起来。这样就可以从文明的视角对“李约瑟问题”有所超越：中华文明为什么能够经久不衰；科技在其中究竟发挥了什么样的作用。英国历史学家汤因比研究世界历史，列举了世界自古至今的 21 个文明，大多数要么早已消亡，要么已经衰落。[②] 但是中华文明却历数千年而不衰，这其中的关键因素就是中华文明善于利用环境，把关于自然的知识用于满足人的需求。这一点在新石器时代的遗存中就表现出来。到了历史时代，中华文明则更加重视国家治理，把科技为国家所用，经世致用，以人为本，所以才能兴盛不衰。中国古代在农、医、天、算方面的成就，都是这种把科技与治国理政紧密结合所取得的成果。因此我们要研究中国古代科技知识是如何被运用于国计民生之中，探讨科技发展与治国理政的关系。

东西方的科学

文明的视角，就要关注文明之间的交流。中华文明虽然是原生态的文明，但是与外部文明的交流是由来已久的。早在新石器时代晚期，小麦就从西亚传

① ［法］克洛德·列维－斯特劳斯. 野性的思维［M］. 李幼蒸，译. 北京：商务印书馆，1987：17.

② ［英］阿诺德·汤因比著，D. C. 萨默维尔编. 历史研究（上卷）［M］. 郭小凌，王皖强，杜庭广，等译. 上海：上海人民出版社，2010：37.

入中国，成为中国北方旱作农业的主要作物。家羊大概也在同时期传入中国。青铜技术起源于6000多年前的巴尔干半岛和伊朗高原。中国最早的青铜器物可能源于与西亚的贸易，后来中国掌握了青铜技术，在夏商周时期把青铜文明推向了高峰。汉唐时期，随着佛教传入中国，带来了印度的数学、天文学、医学等知识，在中国产生了极大的影响。宋元时期，中国与阿拉伯世界的交流频繁，阿拉伯的天文仪器和科学典籍传入中国，中国的天文历法也传入阿拉伯。到了明清时期，中国与西方的科技交流由于欧洲科技的传入而进入新的阶段，从此以后，中国科学走过了中西会通的近代化历程。

文明的视角，还要关注文明之间的比较。近代科学革命发生以前，中国与西方的科学实际上是非常类似的。就科学思想的发端而言，中国的春秋战国及秦汉时期和古希腊及希腊化时期是极为相像的。[①] 这一时期古希腊出现了泰勒斯、苏格拉底、毕达哥拉斯、柏拉图、亚里士多德、阿基米德、托勒密等哲学家和科学家，而在中国也出现了管子、孔子、墨子、老子、庄子、孟子、荀子、刘歆、张衡等思想家和科学家。东西方在科学思想和理论上的发展水平是旗鼓相当的。而在技术运用方面，中国古代则由于强大的国家统治和社会组织能力，走在世界的前列。比如就天文学而言，为推算日月五星的运动，古希腊建立了本轮－均轮的几何学模型，中国则构建了历法的数值模型，两者都是相当成功的数学模型，在推测日月五星运动精度方面也不相上下。但是在中国，天文历法被看作是国家政治的一部分，于是引起了极大的重视，得到国家持续的支持，各朝都设有天文机构，因此在天文观测、天文历法制定、天文仪器制作等方面，总体上是超越西方的。这个情况只是到了西方近代天文学革命之后才发生了逆转。

从东西方的科技发展及其相互交流来看，我们叙述中国古代的科技，不能把中华文明完全孤立起来看待，而是要带着与其他文明比较的视野和意识。我

---

① 德国历史学家卡尔·雅斯贝斯（Karl Jaspers）把东西方这一思想繁荣时期叫作世界历史的“轴心期”。见：[德]卡尔·雅斯贝斯. 历史的起源与目标[M]. 魏楚雄，俞新天，译. 北京：华夏出版社，1989：8.

们不能受狭隘的文明优越论的干扰，只关注那些所谓的最早的或最先进的科技发明，甚至要特别防止因此而产生的过度解读和牵强附会。人类文明既有同一性，又有多元性，文明之间是不断相互交流、相互学习、相互借鉴的，同样的科学技术发明，在不同的文明中有不同的形式、不同的应用和不同社会功效。了解这些，有利于我们从科技史的角度，阐述人类命运共同体的意义。在东西方文明的交流史上，科技始终是连接的力量。①

中国古代科学的现代启示

从文明的视角看中国古代科技，就不仅仅是讲古代科技的成就，还要讲科技发展的历史和文化背景，讲科学的思维、科学的传统。中国古代科技成就的取得，与中华科学文化所具有的独特的传统、认识论、方法论和价值取向是分不开的。对这些进行梳理，并加以现代科学和文化的解释，对于当代科技的发展具有重要的启迪和借鉴意义。

中国古代有没有科学？以李约瑟为代表的研究者，已经证明了中国古代有科学。但还是有人会认为，中国古代那些发明虽然令人惊叹，但不过是技术，不是真正的科学，“科学是舶来品，科学的故乡在西方”。这种以现代科学的定义去衡量中国古代的科技的看法，实际上还是以比较狭隘的。事实上，中国古代有自己的一套认识自然和解释自然的体系，其发达程度，直到16世纪都并不次于西方。18世纪欧洲启蒙运动思想家们如莱布尼茨、孟德斯鸠、伏尔泰、狄德罗等都注意到了中国科技的独特传统。近代的机械的科学观，实际上是有局限性的。英国哲学家怀特海提出，近代科学有必要超越机械论，发展为有机的、整体的科学。②中国传统科技文化中的有机自然观，必然会在未来的科学中发挥积极作用。未来的自然观，必将是西方和东方两种传统的结合。中国传统文化中同样包含了科学，科学就在我们的文化中，关键看我们怎样去挖掘、

① 孙小淳．连接文明的力量：丝绸之路上的天文与地理［N］．光明日报，2017，8（24）：13.

② ［英］A. N. 怀特海．科学与近代世界［M］．何钦，译．北京：商务印书馆，1959：192.

整理和认识。我们从文明的视角看中国古代科技，首先要摆正认识科技文明的态度。我们不能妄自尊大，像清代康熙时代那样去讲“西学中源”，硬说西方近代的科学是源于中国，但也不能搞民族虚无主义，说中华文明中没有科学。其实文明是共生的，也是相互影响的。各种文明有时互相成为对方想象中的世界，各自文明中激发创造力。而有时各文明之间更是直接交流和碰撞。在全球化的时代，文明是人类共同的文明，中国在其中自然也要有担当和自信。而这种自信就来自我们自己文明的根基和积淀。

历史蕴含着精神。中华民族自立于世界民族之林，必定要求中国传统文化精神的现代化。在自然与技术文明的转换中，需要一种“未来哲学”。《中庸》说：“万物并育而不相害，道并行而不相悖。”《易·系辞》说：“天下同归而殊途，一致而百虑。”未来的科学也不一定总是沿着17世纪确定下来的路线前进。美国学者雷斯蒂沃（Sal Restivo）在1979年就预言说：“从21世纪开始认识的新科学可能出现在中国，而不是美国或其他地方。”[①] 杨振宁也说：“到了21世纪中叶，中国极可能成为一个世界级的科技强国。”这个新科学当然不只是新成就，更是方法上要有所创新。中国传统文化中的科学精神，值得我们认真对待并大书特书。

本书的结构

本书是一本介绍中国古代科技与文明的普及读本，既不是科学通史，也不是科学分科史。中国古代的科技成就当然是本书所要重点介绍的，但不是简单的罗列，更不是通过古代科技发明而评判文明的优劣，而是从思想史、社会史、人类文明史等多元的视角，来看中国古代的科技，从知识的创造和知识的运用两个方面进行介绍，以彰显中国古代的创造性思维，以及利用知识为人的需求服务的人本思想，突出中国古代独特的科学探索精神。

本书传递了这样的信息：中国古代不仅有科学，而且在科学思维方面有鲜

① 席泽宗. 科学史十论［M］. 上海：复旦大学出版社，2003：84.

明的特点，具有创造的灵动活力；中国自古以来就与域外文明有广泛的接触和交流，始终抱有容纳吸收外来科技文明的胸怀；中华文明几千年走来，积聚了深厚的底蕴，有信心面向未来。

本书分为十二章。第一章导言就是要强调从文明的视角讲述中国古代科技，从知识的创造和知识的社会运用两个方面去讲。第二章到第十二章的内容则是试图体现本书的写作思想。

第二章讲述中国史前及早期文明的科技经验。中国古代历史时期的科技成就，是与史前文明的科技经验积累分不开的。考古发现的大量史前文明遗迹，正说明中国在史前就有长期的科技经验的积累，使得中国文明之火一旦点燃，就呈星火燎原之势。文明多元一体的格局形成，最早的科技如天文、农业、水利、陶器、纺织、冶金等也在其中生根发芽。文明的视角，可以用来看中国文明本身的演变与发展。中华文明“多元一体”的格局，是多民族融合的结果。中国主要是以农业文明为主，由于地理环境的因素，形成了南方的稻作农业和北方的旱作农业。

第三章讲述春秋战国时期诸子百家的科技思想。在这个被称作世界历史“轴心”的时代，中国、古希腊和古印度三个文明中心率先产生了理性的科学文化。这一时期哲人们的思想，为各自的文明定下了文化基调。这一时期的中国思想和文化最为辉煌，出现了一批杰出的思想家，形成儒、墨、道法、阴阳、名、纵横、杂、兵、小说诸家，其中关于自然的认识和思考，为中国古代的科技发展提供了思想之源。本章将主要介绍《管子》中的科技思想、《墨经》中的科学概念和科学思维、儒家和道家的科学思想，以及阴阳五行自然观的形成。同时考察中国古代科学在运用上表现出来的两个重要的方面。一是基于“观象授时”的天文历法之上的“月令”文化的形成；二是考察《周礼》中的职官制度和技术规范，说明中国古代理想的政治，就是基于科技知识掌握和运用的官僚制度。这与古希腊柏拉图《理想国》中所说的“哲人王”有异曲同工之妙。

第四章讲述秦汉时期的科技。中华文明到了秦汉时期，对先前的科技经验和思想进行了总结和规范，形成了体系，成为后世科技发展的“范式”。这在天文学、数学、医学方面尤为突出。汉武帝时期的太初改历，建立了中国的“阴阳合历”的历法体系，使天文历法成为支撑汉代社会理想和人文精神的基础。二十四节气之引入历法、盖天说与浑天说的演变、星官体系的建立、天文仪器的创制，为中国天文学后世的发展奠定了基础。成书于西汉时期的《九章算术》，从实际问题出发，构建了初等数学中算术、代数和几何的主要内容，其形数结合的数学体系和逻辑与直观结合的数学推理方法，成为后世中国数学发展的范式。成书于汉代的《黄帝内经》则是基于阴阳五行思想对人体的认识理论，包括了经络体系，成为中医的基础理论，对总结本草知识、医方用药及临床经验都有指导意义。本章还介绍了汉代的地图和地理，这也是把科学知识运用于国家社会政治经济的典范。

中国古代科技表现出怎样的创造性思维？这是本书第五章要讲述的内容。中国古代的自然观包括了对宇宙本原、结构和演化规律的认识，也特别强调从人与自然的关系出发去认识宇宙。在科学思维上，更多地表现为取象类比的“诗性”思维和“天人合一”的整体思维。汉代象数易学的发展，更是为这样的思维提供了数理上的支撑。汉代的天文历法和音律，都利用《周易》八卦的象数之学，构建了本体论和认识论的基础。数就是本质的实在，万物都要归结为“天地之数”和“大衍之数”，数的变化和图式就是宇宙的演变和结构。这样的世界观与实际观察的经验相结合，就产生了中国独特的科学体系。成书于汉代的《周髀算经》所构造的宇宙模型，就反映了这种理论、观察和推理的思维模式。本章最后介绍中国古代科学中另一个重要的概念“气”，探讨与之相关的科学思想。

中国古代科技的“范式”及其中的创造性思维，使得此后的中国科技在各方面都不断积累，取得进步。本书第六章讲述从魏晋南北朝时期到宋元时期的科技进步。还是从农、医、天、算四个方面加以论述。农学著作从贾思勰的《齐民要术》到元朝的《王祯农书》，反映了中国农业从以北方旱作农业为主到南北方水作、旱作农业并举的局面，无论是从耕种技术和作物栽培，还是从农业器具和粮食加工方面都取得了长足的进步。医学则出现了大量的本草和方书，尤其以唐宋两朝官修的本草和方书为盛，大大增加中医药物和药方的数量，由此促进了医疗水平整体的提高。天文学在天文仪器的不断制作和天文观测的不断积累下，认识了岁差、日月五星运动不均性等，并将之纳入天文历法模型的计算，使得天文学在这一时期取得了巨大的进步，而元朝郭守敬、王恂等人编撰的《授时历》则代表了中国古代天文学的高峰，在世界天文学史也占有无可争议的领先地位。这一时期的中国数学则是顺着《九章算术》的传统发展，魏晋时期刘徽对《九章算术》的注释，则发展了中国数学的逻辑证明体系。一些新的数学思想如极限思想、割圆术也被发展出来。宋元时期数学家秦九韶、李冶、杨辉、朱世杰等则是发明了天元术和四元术、高次方程解法、高阶等差级数、大衍求一术等，把中国古代的代数学推向了高峰。此外，自魏晋以来的炼丹术也不断发展，对于医药的发展和火药的发明等都有一定的促进作用。

第七章我们把目光聚焦到中国古代科技与社会，探讨古代科技在国计民生中发挥了怎样的作用，并说明其发展如何与国家治理的需要相契合。主要从天文学、医学、运河和水利、地图和国家四个方面来介绍。天文学因与国家政治密切相关也受到历代政府的重视，因此在中国古代对天文学一直有持续的制度化的支持，使得仪器制作、天文观测、历法制定成为常态化的天文活动。这在北宋时期表现尤为突出，苏颂水运仪象台的制作就是一个标志。而在医学方面，北宋时期，医学被当作“仁政”来看待，从皇帝到士大夫都重视医学，因而在宋代特别重视本草和方书的编撰，医疗制度完备，对于频发的瘟疫，国家则有积极应对。水的治理是中国农业文明的基础，隋唐宋以来的运河和水利建设，使中国古代的农业经济和国家社会政治融为一体。天文大地测量在唐代和元代都规模巨大，覆盖东西南北广阔的疆域，因此也是古代国家建设的重要方面。

中国古代科技尤以技术发明见长，这是因为中国古代特别注重满足人和社会的需要。古代技术发明数量特别多，本书第八章选择在科学上贡献突出、特色鲜明的技术加以叙述，同时也考虑其在世界文明发展中所起的作用。除了“四大发明”之外，我们特别讲述张衡候风地动仪和苏颂水运仪象台，它们不仅反映了中国古代先进的科学思想，也反映了高超的技术水平。此外我们还择要介绍中国古代在钢铁、瓷器、纺织、建筑及航海等方面的技术成就。

科学是人的活动。中国古代还没有职业的科学家，在科学上做出成绩的大多是服务于国家和社会的官员，即便是道教、佛教人物，也大多是被政府征召而从事科技上的发明和创造活动。中国古代的科学家究竟有什么特点，体现了什么样的科学精神，又抱有什么样的社会责任和家国情怀，这些是本书第九章要探讨的问题。显然，古代科学家的成长没有固定的模式，但是从他们的科学活动和科学贡献中还是可以看出中国古代科学家的精神气质。本章选取中国历史上比较有代表性的科学家加以介绍。限于篇幅，我们的选择显然不能覆盖所有领域。

诚如前面所指，从文明的视角看中国古代科技，就必须考察中国古代与世界上其他文明的科技交流。第十章主要介绍古代丝绸之路上的中外科技交流，以汉唐时期佛教的传入对中国科学的影响和宋元时中国与阿拉伯世界的科技交流为主。丝绸之路上的中外科技交流表明，中华文明实际上自古以来就对外来文明的思想和科技持开放和兼容并蓄的态度。中外交流是双向的，不仅西方影响了中国，中国也影响了西方。

第十一章介绍明清以来的中外科技交流。这一时期的特点是，西方科学革命的进程已经开始，科学上处于突飞猛进阶段，中国科学与西方科学相比显然开始落后了。但是从明末崇祯改历开始，中国就开始采取“熔彼方之材质，入大统之型模”的方式，积极引进西方科学。在这一过程中有文化的碰撞与冲突，但总体上来说，中国对先进的西方科学还是采取了理性的接纳态度，而且在这个过程中也不是简单的被动接受者，也是有所创发明，有所创新，在一定程度上参与了近代科学发展的进程。本章以崇祯改历、王锡阐的新法、梅文鼎与“西学中源”、康熙时代的科学活动，以及洋务运动中的科技等为话题探讨中国科学的近代化历程。

本书的最后一章试图在前面论述的基础上，对中国传统文化中的科学精神进行总结，揭示中国古代科技传统的特点和底蕴，思考中国现代化进程中如何继承传统并助力现代科技的发展。中华民族的伟大复兴，需要科技与创新的引领。中国古代科技的发展，可以为中国当代科技的进步与创新带来启示。

第二章

文明之光

中国古代科技的源流

多元一体的中华文明

提到中华文明，人们常常讲上下五千年文明，这是指在距今五千年前后，人类历史发生了一次巨大的飞跃。五千年前，在西亚、北非地区有一块被称为“新月沃土”的肥沃土地，在这里诞生了依托尼罗河而生的埃及文明以及发端于幼发拉底河和底格里斯河两河之间的美索不达米亚文明。早期文明的起源多与河流有着紧密联系，在南亚的印度河流域同样诞生了几乎相同规模的古印度文明。而位于东方的中华大地也概莫能外，奔腾不息的长江、黄河孕育着早期的中华文明。在黄河流域出现了仰韶文化①、龙山文化②等遗址，在长江下游出现了河姆渡文化③、良渚文化④、马家浜文化⑤等多处文化遗存，辉煌灿烂的中华

① 仰韶文化是黄河中游地区重要的新石器时代中期考古学文化，年代为公元前5000—前2700年，分布在整个黄河中游，从今天的甘肃省到河南省，西至河湟，北至河套，东至太行山—豫东，南至淮河—汉水流域。

② 龙山文化是中国新石器时代晚期的考古学文化之一，分布于黄河中下游，包括河南禹州的瓦店遗址，距今5000—4000年，是中国青铜器文化的形成期。

③ 河姆渡文化，是指中国长江流域下游以南地区古老而多姿的新石器时代文化，距今约7000年。黑陶是河姆渡陶器的一大特色。

④ 良渚文化是中国新石器时代考古学文化之一，出现于距今5300—4000年前，发展于长江下游环太湖地区，共发现500多处遗址，以良渚遗址附近的莫角山为中心区。良渚文化最主要特征是玉器的使用和随葬。

⑤ 马家浜文化是中国长江下游地区的新石器时代文化，约始于公元前5000年，主要分布在太湖地区，南达浙江的钱塘江北岸，西北到江苏常州一带。

文明就此拉开序幕。

对于文明的起源，英国科学史家 W.C. 丹皮尔（Sir William Whetham Cecil Dampier）曾经有过总结[①]：“在历史的黎明期，文明首先在中国以及幼发拉底河－底格里斯河、印度河和尼罗河几条大河流域从蒙昧中诞生出来。”人类历史从此进入了一个崭新的时代。

除了长江、黄河这两条“母亲河”之外，中华文明发源于多元化的地理环境之中。中国位于亚洲的东部，西起帕米尔高原，东临太平洋，北抵黑龙江，南达南海诸岛，陆地面积约 960 万平方千米。中国的地形呈西高东低之势，好像三级巨大的台阶：东南沿海和近海地区为第一台阶，海拔大多在 200 米以下；云贵高原、四川盆地、黄土高原、新疆和内蒙古高原构成第二台阶，海拔在 1000—2000 米；青藏高原为第三台阶，海拔在 4000 米以上，还有世界最高的喜马拉雅山脉，号称“世界屋脊”。中国背靠亚洲腹地而面向浩瀚的太平洋，不但是一个有着广阔腹地的大陆国家，而且也是一个面向海洋并且拥有广大海疆的海洋国家[②]。

中国地域辽阔，南北地理纬度相差很大，有不同的气候，从北往南跨越了寒温带、温带、暖温带、北亚热带、中亚热带、南亚热带和热带。自然环境可分为三个大自然区：东部季风带、西北干旱区和青藏高寒区[③]。东部季风区大约占中国大陆面积的 45%，是中国经济文化发展的主要地区。西北干旱区地处内陆，干旱少雨，多沙漠和草原，历来是我国重要的牧场。青藏高寒区地势特高，水分不足，植被稀少，经济文化的发展受到很大的制约。

世界上古老的文明都是在农业发达的基础上形成的。我国的东部季风区按照农业生产的适宜情况大致上又被划分为东北、华北、华中、华南和西南五个地区。东北地区纬度最高，冬季漫长而气候严寒，森林资源十分丰富。在史前

---

① W. C. 丹皮尔. 科学史及其与哲学和宗教的关系：上册［M］. 李珩，译. 北京：商务印书馆，1997：1.

② 严文明. 中华文明的始原［M］. 北京：文物出版社，2011：2-4.

③ 中国自然地理编写组. 中国自然地理［M］. 北京：高等教育出版社，1984：153-160.

时期，适合狩猎和采集，不适合发展农业。华南地区位于我国最南部分，是一个高温多雨、四季常绿的热带—亚热带区域，自然资源十分丰富。但由于资源过于丰富而没有生产压力，加之多山而少平地，农业的发展比较滞后。西南地区的气候接近于华南地区，但地势较高，同样多山而少平地，也不利于农业的发展。适合发展农业的地区就是华北和华中两个地区。

华北地区属于中纬度暖温带季风气候，夏季炎热多雨，冬季寒冷，大陆性气候的特点比较明显。该地区黄土广泛分布，从更新世早期开始，西北风把蒙古高原的沙尘吹向整个华北大地，形成了世界上面积最大、堆积最厚和发育最全的黄土。黄土质地疏松，比较肥沃，因此在河谷和平原地带，适宜发展旱作农业。华北地区还有黄河贯穿全境。黄河发源于青藏高原巴颜喀拉山支脉的卡日曲，经青藏高原、黄土高原和华北大平原注入渤海。黄河水流由于带有大量的泥沙，导致河床不断淤高，河流不断改道，历史上的黄河入海口可以南至长江，北至天津的海河，整个华北大平原主要就是黄河的泥沙淤积而成。这里土壤发育良好，矿物质养分丰富，适于发展旱地农业，水洼地带也可以发展水田农业。

华中地区属于湿润的亚热带季风气候，冬温夏热，四季分明，降水丰沛且季节分配比较均匀。本地区江河纵横、水网密布，湖泊星罗棋布。中国最大的河流长江流经本地区，区域内有四大淡水湖鄱阳湖、洞庭湖、太湖和洪泽湖。有较长的海岸线和众多岛屿，水产资源丰富，水上交流也十分方便。本地区有肥沃的长江中下游平原，水热条件都很优越，适宜种植水稻等农作物，历来是我国农业和经济最发达的地区。

华北地区与华中地区是农业发生和发展的两大温床，比西亚和中美洲的两个农业温床要大得多，是中国的农业核心地区。二者紧相毗连又各有特色，它们的发展对于中华文明的起源，文明特点的形成以及往后的发展道路，都具有十分深远的影响，是中华文明的摇篮。

中华文明发生的地理环境还有一个显著的特点，就是四周有天然的屏障。西部有帕米尔高原，由此往东北走有天山、阿尔泰、戈壁沙漠、大小兴安岭和黑龙江，往南折有长白山等；从帕米尔高原往东南走有喜马拉雅山、横断山脉和与中南半岛交界的一系列山脉；东部和东南部则是广阔的海洋。在史前和上古时期，这些屏障难以逾越，加上世界上几个最古老的文明发祥地离中国都很远，所以中华文明的起源应该是本地发生的，是原生性的文明。当然这并不排除人类文明发展到一定阶段后，人类交通能力增强，中华文明与其他文明之间交流也不断增多。

在中国的大地上，大约在地质上的更新世早期就开始有人类活动。安徽繁昌人字洞、河北阳原泥河湾等地发现了 200 万年以前的人类使用的石器。云南元谋上那蚌村更新世早期地层中也出土了石器和人类牙齿化石，距今大约为 175 万年。此外在湖北建始高坪龙骨洞和十堰市郧阳区龙骨洞采集的人类牙齿化石被认为是属于早更新世有早期直立人。关于人类的起源，尽管目前普遍的看法是人类最初起源于非洲，而后扩散到亚洲等地，由于遗传和进化的作用，造成了群体变异和地区性的连续特征，但是中国的有关发现也不能忽视。

中国晚期直立人的资料相对来说比较丰富。其中比较重要的陕西的蓝田人和北京周口店的北京人。蓝田人的年代在距今 110 万年和 65 万年之间。北京人的年代在距今 46 万年和 23 万年之间。北京人是世界上较早发现的直立人之一。

人类进化到晚期智人，也就成为现代人，而现代人是有种族区别的。世界上有三大人种：蒙古人种（黄种）、欧罗巴人种（白种）和尼格罗人种（黑种）。中国是蒙古人种的主要分布区。在中国发现的晚期智人化石已经具备了蒙古人种的基本特征，而在新石器时代遗址中发现的大量人骨，其体质特征都是蒙古人种，因此，中国是蒙古人种的故乡。但是在三千多年前，一些欧罗巴人种进入新疆，以后更有少量进入内地，华南一些地方甚至有尼格罗人种的成分。所以就人种而言，中国虽然一直以蒙古人种为主，但也有少数其他人种的混入。

与种族不一样，中国的民族主要是依据语言和文化等特征来划分的。当代中国是以汉族为主体，结合五十五个民族的统一的多民族国家。各民族有相对聚居的地方，也有同汉族或别的民族杂居的、相互通婚的情况也不少，关系非常密切，形成中华民族“多元一体”的格局。

燧人氏钻木取火

引自:《廿一史通俗衍义》

从旧石器时代起，到新石器时代止，中国形成了比较明显的文化区系，以中原地区为核心，以黄河流域和长江流域的若干文化区为主体，再联系周围许多区域性文化，为往后多元一体的民族格局奠定了基础。古史传说也告诉我们，中华民族的起源是多元而非一元。在夏商周华夏民族形成之时，东方有强大的夷人族群，西方有远古的羌戎族群，南方有蛮人，北方有狄人。汉族的前身，历史上所说的华夏，是这些民族共同融合而成的，形成所谓的华夏文明或中华文明①。

独特的地貌及民族的不断融合使得中华文明形成独一无二的华夏文化，这尤其反映在我国古代的神话传说之中。研究我国古代神话史的袁珂认为②，神话和别的艺术一样，是反映一定社会生活的，我国的神话中所歌颂的具有威望的神，或是神性的英雄，几乎无一不与劳动有关。像尝试百草的神农、教导民众筑木为巢的有巢氏、治理洪水的大禹等，无一不是远古时代重要技术的发明家，中国的上古神话史可以说是一部原始工艺的发明史。这些劳动者、发明者既是多元一体的中华民族的共同先祖，也是被先民赋予了神格的神明。这或许从某些方面展示了中华文明最具有独特性的一面，面对自然心存敬畏，却又不完全将自身的命运诉诸全智全能的神，而是崇敬那些通过征服自然、掌握自然规律进而改造人们生存环境的发明家们。中华文明便是如此充满着对于劳动与创造的热情和勇气，这形成了文明的独特气质。

“五谷”与“六畜”：农业文明的兴起

农耕经济的建立与发展是古代文明的重要前提之一。大约在一万年前，人类步入新石器时代，新石器时代最大的成就是农业文明。世界上早期古代文明

① 郭沫若．中国史稿：第一册［M］．北京：人民出版社，1976：111-112.

② 袁珂．中国神话传说［M］．北京：北京联合出版公司，2016.

的诞生地往往是原始农业的中心区。农业的发明是划时代的大事，是人类经历的最重大的革命之一，如两河流域和古埃及文明，与起源于中东地区的以小麦和大麦为主要粮食作物的原始农业直接相关，中美洲古代文明的农业基础则是玉米的种植。

中国的新石器时代农业文化是在旧石器时代晚期文化的基础上发展起来的。中国的旧石器文化已然出现区域化的情况，所以新石器时代的农业文化一开始就呈现了多地起源的态势。中国的农业起源按照地理区分大致上有两个发展脉络：一是分布在中国北方地区的以种植粟和黍为代表的旱作农业起源；二

∧ 河南舞阳贾湖遗址出土的炭化稻谷

是分布在长江中下游地区的以种植水稻为特点的稻作农业的起源。若要再进一步细分则是：华北的旱地农业经济文化区、华中的水田农业经济文化区、东北的旱地农业和狩猎经济文化区以及华南的水田农业和采集经济文化区。四大农业区紧密相连，其间的接触和交流是推动中国历史向前发展的巨大动力。

和其他文明一样，中国的农业起源同样是一个十分漫长的过程。它起始于距今一万年前后耕作行为的出现，完成于距今6000—5000年的新石器时代晚期。农业起源是人类社会技术和经济发展过程。农业从采集狩猎演变而来，在这个过程中，采集狩猎在经济生活中的比重日益减少，而农业生产的比重不断增大，最终农业生产取代采集狩猎成为社会经济的主体，人类社会发展进入农业社会阶段。

中国北方旱作农业的起源距今约10000年。这与世界上主要栽培作物的驯化时间大体上相当，可能与更新世末期和全新世初期的全球气候变化有关。位于北京门头沟的东胡林遗址，碳-14年代测定在距今11000—9000年。从遗址浮选出土了炭化粟粒，其形态已经具备了栽培粟的基本特征，但颗粒非常小，可能属于狗尾草向栽培粟的进化过渡阶段。东胡林遗址的面积不大，发现有墓葬、火塘、灰坑等，但没有房址，出土有陶器、石器、骨器等，有动物骨骼，但没有驯化动物的遗骸。这些情况表明，东胡林遗址的古代先民还生活于一个小型采集狩猎群体之中，其食物主要来源于采集狩猎，但出土的炭化粟粒又说明，东胡林人已经开始耕种粟了。①

中国农业发展的关键阶段在距今约8000年前，社会经济发生了从采集狩猎向农耕生产的转变。研究发现，在中国北方发现了大量的这一时期的带有农耕特点的考古遗址。如河北武安磁山遗址、河南新郑裴李岗遗址和沙窝李遗址、山东济南月庄遗址、甘肃秦安大地湾遗址、辽宁沈阳新乐遗址、内蒙古敖汉兴隆洼遗址、河南舞阳贾湖遗址等。在这些遗址中多多少少都发现了粟和黍的遗存。磁山遗址距今约8000年，出土的炭化谷物遗存含有粟和黍两种小米，

① 赵志军. 中国农业起源概述［J］. 遗产与保护研究，2019，4（01）：1-7.

但以黍为主。距今约8000年的兴隆洼遗址出土了大量的炭化植物遗存，其中炭化黍粒呈长圆形，其形态特征和尺寸大小明显有别于野生的黍属植物种子，可以看出其由小变大、由长变圆、由瘪扁变丰满的演变过程，说明兴隆洼遗址出土的黍应该处于由野生向栽培的驯化过程中。在兴隆洼遗址的房址内还发现了成批的猪头骨，大多数还具有野猪特征，但是有些带有家猪特征，说明兴隆洼人已经用剩余的谷物喂养猪了。这一时期的遗存表明，尽管北方的古代先民在食物获取方面仍是以采集狩猎为主，但已经开始种植黍和粟两种小米，并开始驯养动物，具备了一定程度的农耕生产和家畜饲养。

距今约6000年的仰韶文化时期是中国北方地区的古代文明高速发展的时期，发现的众多的遗址主要分布在渭水流域、汾河谷地、伊洛河流域，其中最为著名的是位于陕西省西安市的半坡遗址。这一时期的农业生产水平有了显著的提高，有面积达百万平方米的大型村落遗址。出土的大量炭化植物种子依然是以黍和粟为主，出土的石器有用以耕作的石斧、石铲和石锄，有收割农作物的石刀和陶刀，还有用于谷物加工的石磨盘和石磨棒。

考古还发现了大量动物遗骸。这些遗骸多属于家猪和家犬，同时还有少量的山羊、绵羊与黄牛。同时还挖掘出了牲畜栏圈和夜宿场，说明到了仰韶文化时期，农耕生产在经济生活中的比重已经大大增强。到了仰韶文化中期时，通过采集获取食物资源的必要性已经微不足道。以种植黍和粟两种小米为代表的旱作农业生产已经成为仰韶文化的经济主体。从此，以仰韶文化为代表的中国北方地区正式进入了以农业生产为主导经济的社会发展阶段。仰韶文化到了庙底沟文化时期，分布范围大大扩张，文化影响力强劲，聚落分化显著，彩陶艺术辉煌。在仰韶文化建立起来的农业经济社会为随后的华夏文明起源奠定了基础。

距今约5000年的龙山文化，是在仰韶文化晚期基础上发展起来的文化，主要分布在黄河中下游及附近地区。遗址分布范围与仰韶文化相当，但数量明显增多。农业生产依然是种植黍和粟为主，但生产工具越来越多样化和精细化。石器基本上是磨制，很少有打制，石铲更为扁薄宽大，更加规范化，便于安装柄或其他附件。半月形石刀、石镰等用于收割的农具品种更加齐全，数量更多。这一时期还出现了储藏粮食用的窖穴、仓廪等。畜牧业也有了突出的发展，家畜还是以猪为主，新增加了水牛，马可能也已经被驯化。后世所谓“六畜”的家畜体系大体上已经在这一时期形成。①

在北方旱作农业兴起的同时，南方的稻作农业也发展起来了。目前发现最早的古代稻作遗存出土自四处考古遗址：江西万年仙人洞遗址和吊桶环遗址、湖南道县玉蟾岩遗址、浙江浦江上山遗址。其中在上山遗址出土了大量的炭化稻壳，有的出现在陶片的断面上。

这些遗址距今约 10000 年，据此可以推测，此时稻已经成为南方先民生活中不可或缺的植物种类。这些稻是野生稻还是栽培稻，目前还没有定论。这一时期在遗址发现的动物遗骸，基本上还是以野生为主，说明动物的驯化在此时还没有出现。

与北方旱作农业的发展过程类似，通过近代考古挖掘，在中国南方发现了许多带有稻作农耕特点的考古遗址，这些遗址距今约 8000 年。例如湖南澧县彭头山遗址、浙江河姆渡遗址、河南贾湖遗址和邓州八里岗遗址等。这些遗址或多或少都出土有炭化稻米或带壳的稻谷，还有一定数量的杂草。杂草因是与稻作相伴而生，因而杂草类植物种子遗存的发现，间接地反映了水稻田间农耕的状况。

这一时期的水稻农业还没有取得明显的优势，在遗址中发现了大量可以食用的野生植物遗存，推测采集野生植物仍是这一时期食物的主要来源之一。例如在贾湖遗址，就发现了菱角、莲藕、栎果等可供食用的植物遗存。另外，动物考古也表明，这一时期的动物遗存主要是以鹿为代表的野生动物，驯化的猪狗等动物还比较少见，可见与种植业相伴的家畜饲养业同样处在刚刚起步阶段。

2004 年在河姆渡遗址附近新发现的田螺山遗址，经由碳十四测定年代为距今 7000—6000 年前。田螺山遗址除了出土一些水稻遗存之外，也发现了大量可食用的野生植物，因此可以认为，以河姆渡遗址和田螺山遗址为代表

---

① 曾雄生．中国农学史［M］．福州：福建人民出版社，2008：45.

∧ 良渚古城遗址公园

的河姆渡文化时期仍然处于稻作农业的形成过程之中。虽然河姆渡先民已经从事水稻农业生产，但稻作生产并没有完全取代采集狩猎活动而成为经济主体。

稻作农业的确立大概要到良渚文化时期。良渚文化是分布在环太湖地区的新石器时代晚期文化，距今 5200—4300 年。在良渚文化的核心区域，即浙江余杭地区发现了规模宏大的良渚古城，城墙分为内外两重，其中内城周长 6.8 千米，墙基宽 20—145 米，全部用鹅卵石铺垫，墙体用黄土堆积。城内中心是莫角山宫殿基址，东西长 670 米，南北宽 450 米，高约 10 米。在良渚古城的北部和西北部发现了一个由 11 条防洪大坝组成的大型水利工程，绵延十多千米。修建这样的工程，需要大量的劳力和高效的组织，能够常年抽调大量劳动力从事与基本生活资料生产无关的建筑劳役，这表明良渚文化时期的稻作农业已经发展到了相当高的水平。植物考古的新发现也证实了良渚文化时期稻作农业生产的发展水平。例如，属于良渚文化时期的茅山遗址的古稻田，面积已经达到一定规模，稻田经过规划和修整，拥有整齐的田埂、道路和灌溉系统。这也说明良渚文化时期为什么会出现前面所述的大型水利工程。再如，在莫角山高台边缘发现的一处储藏粮食的窖穴，从中出土了大量的炭化稻米，未被炭化之前，总质量达 13 吨。[①] 所有这些都说明当时的社会经济已经摆脱了采集狩猎方式，转而完全依赖于稻作农耕的生产方式，南方稻作农业的体系也已经完全形成。

中国南北农业生产体系的形成，标志着中国农业文明的兴起。中国不仅是世界农业起源中心区之一，而且在农业经济社会形成之后不断地发展和完善。中国古代先民根据地区的自然环境特点和农业生产条件，创造发展出了科学环保、因地制宜、丰富多彩的区域性农业文化传统，这些农业文化传统不仅为当地农民的基本生活资料提供了保障，而且发挥了维持区域生态的功能，成为全球的重要农业文化遗产。

随着华夏文明的进一步形成，农业经济也持续发展。

首先是稻种植地域的扩大。考古表明，在龙山文化和夏商周时期的遗址中，不仅发现黍和粟的遗存，而且发现了相当数量的炭化稻谷遗存，说明中原地区也已经开始普遍种植水稻。

其次是小麦的传入。小麦起源于西亚，大约在距今 4000 年前传入中国。植物考古学家在位于山东聊城的校场铺遗址龙山文化堆积中发现了炭化小麦遗存，在随后的夏商周时期的遗址中又有更多的发现，这说明小麦传入中原地区后很快就被普及开来。小麦生产的普及需要一定的农业灌溉技术基础。小麦的起源地是地中海气候，夏季干燥炎热，冬季潮湿温和，降雨主要集中在冬季，而在中国的中原地区是季风气候，降雨主要在夏季。因此，小麦的生长习性并不完全适合中国的气候，我国北方地区普遍存在的春旱缺雨季节恰恰是小麦生长过程中从拔节至灌浆这一最需用水的阶段，所以种植小麦需要很完善的灌溉体系。此时中国的农业已经有能力组织人工灌溉，为小麦的生产创造了条件。[②]

---

① 赵志军. 中国农业起源概述［J］. 遗产与保护研究，2019，4（01）：1-7.

② 赵志军. 有关农业起源和文明起源的植物考古学研究［J］. 社会科学管理与评论，2005（02）：82-91，89.

∧ 中华五谷：稻、黍、稷（粟）、麦、菽（大豆）

小麦作为一种优良的旱地粮食作物，传入中原地区后，很快对原有的以黍和粟为主的作物体系形成了巨大的冲击，促使农业种植逐步由依赖小米向以种植小麦为主的方向发展。小麦是高产作物，它的引进大大提高了北方地区的土地产能，使得以黄河中下游地区为核心的中国北方旱区农业具有了与长江中下游地区为核心的南方稻作农业区相匹敌的生产能力和经济实力，对中国农业的发展影响十分巨大。

最后是多品种农作物种植体系的形成。除了稻谷与小麦之外，在龙山文化时期和夏商周时期遗址中还普遍发现了栽培大豆遗存。就这样，水稻、小麦、大豆再加上黍和粟两种小米构成古代所说的“五谷”。《孟子·滕文公上》中谓：“树艺五谷，五谷熟而民人育。”根据赵歧的注“五谷”是指稻、黍、稷（粟）、麦、菽（大豆）这五样谷物。

农业经济的发展在华夏文明的形成过程中起了决定性的作用。随着农业的发展进步，作为中国北方旱作农业传统农作物的黍和粟的地位开始动摇，中原地区开始普遍种植稻谷，从而提高了粮食作物的总体产量。随后，小麦的传入导致了北方地区灌溉体系的发展，使得中华文明建立起包括粟、黍、稻、小麦、大豆在内的多品种农作物种植制度，加速了文明的进程。

明末宋应星在《天工开物》中开篇便言道：“生人不能久生而五谷生之，五谷不能自生而生人生之，”意思便是说人若要生存便需要粮食（五谷杂粮），但

粮食并不能自己长出来，需要靠人类去种植。这句话点出了人类与自然相生相伴，人类也是改造自然重要力量的关键本质。中华民族尊奉开创农业的神农为先祖，自古便重视农业生产实践，这为后来以黄河流域为中心建立强大的帝国创立了条件，亦为中华文明的形成提供了坚实的基础。

观象授时：天文学的起源

在诸多的科学中，天文学应该是起源最早的学科之一。农业文明的兴起，离不开天文学知识，因为农作物的播种与收获等生产环节，都必须按照季节来进行。而季节就是通过天象观测确定的，中国古代称之为“观象授时”。中国先民究竟从何时开始观测天文，现在还难以确定，但是单从天文学对于人类生活的重要性而言，就可以推测，先民从进入文明的初始阶段就开始注重天文知识。明末大儒顾炎武说：“三代以上，人人皆知天文，”意思是夏商周之前，人们就普遍具有必要的天文知识了。

新石器时代的考古遗迹也证明了中国先民对天文学的认识。1987 年，在河南濮阳西水坡发现了一个距今约 7000 年的仰韶文化中期的墓葬。该墓主人头居南、足向北，其两侧有以蚌壳堆成的龙和虎的图案，龙在东，虎在西。这一发现具有重要的天文意义，因为龙虎图案与后世星象里所说的“四象”中的“左苍龙”“右白虎”是一致的。汉代张衡在其《灵宪》中说：“苍龙连蜷于左，白虎猛据于右，朱雀奋翼于前，灵龟圈首于后。”天文“四象”的观念，大约在战国时期就已经形成，但是在这之前肯定有一个漫长的形成过程。濮阳仰韶时代墓葬中的龙虎图案当属于四象的早期形态。①

除了天文“四象”中的龙虎图案构成之外，该墓主人的足部北端，还有由两根胫骨和一堆蚌壳组成的图案，有人推测它代表的是北斗星。

“北斗七星”是北半球的显著星象，因为北斗星围绕北极运转，可以指示季节的变化，所以自古以来就受到先民的重视。战国时期的《鹖冠子》中说：“斗柄东指，天下皆春；斗柄南指，天下皆夏；斗柄西指，天下皆秋；斗柄北指，天下皆冬。”②汉代司马迁在《史记·天官书》中说：“斗为帝车，运于中央，临制四乡。分阴阳，建四时，均五行，移节度，定诸纪，皆系于斗。”突出强调了北斗定时节的功能。

在夏商以前，北斗离北极更近，所以古代也有把北斗斗柄延长线上附近的玄戈和招摇两星也纳入北斗星座，因此有“北斗九星”的说法。例如《黄帝内经》中有“九星悬朗”的记载。近年在郑州大槐树遗址发现的陶罐分布，也有认为是代表了北斗九星。所以濮阳遗址的蚌壳图案，代表北斗也是完全可能的。也就是说，当时的先民已经有在墓葬中安排星象以为亡灵来世服务的观念，这在后世的墓葬中是非常常见的。

关于史前天文学，陶寺史前天文台的发现意义重大。20 世纪 50 年代以来，考古学家在山西襄汾县陶寺村附近发现了史前遗址，该遗址是晋南八十多处龙山文化遗址中最著名的一处。随后 20 世纪 70—80 年代的考古发掘揭示其为史前的大型城址，出土了大量的文物，包括石制、陶制和木制的生产、生活器

① 李学勤. 西水坡“龙虎墓”与四象的起源［J］. 中国社会科学院研究生院学报，1988（05）：75-78.

② 黄怀信. 鹖冠子校注［M］. 北京：中华书局，2014：70.

河南濮阳西水坡遗址第45号墓中用蚌壳摆放的龙虎图案

引自:《河南濮阳西水坡遗址发掘简报》

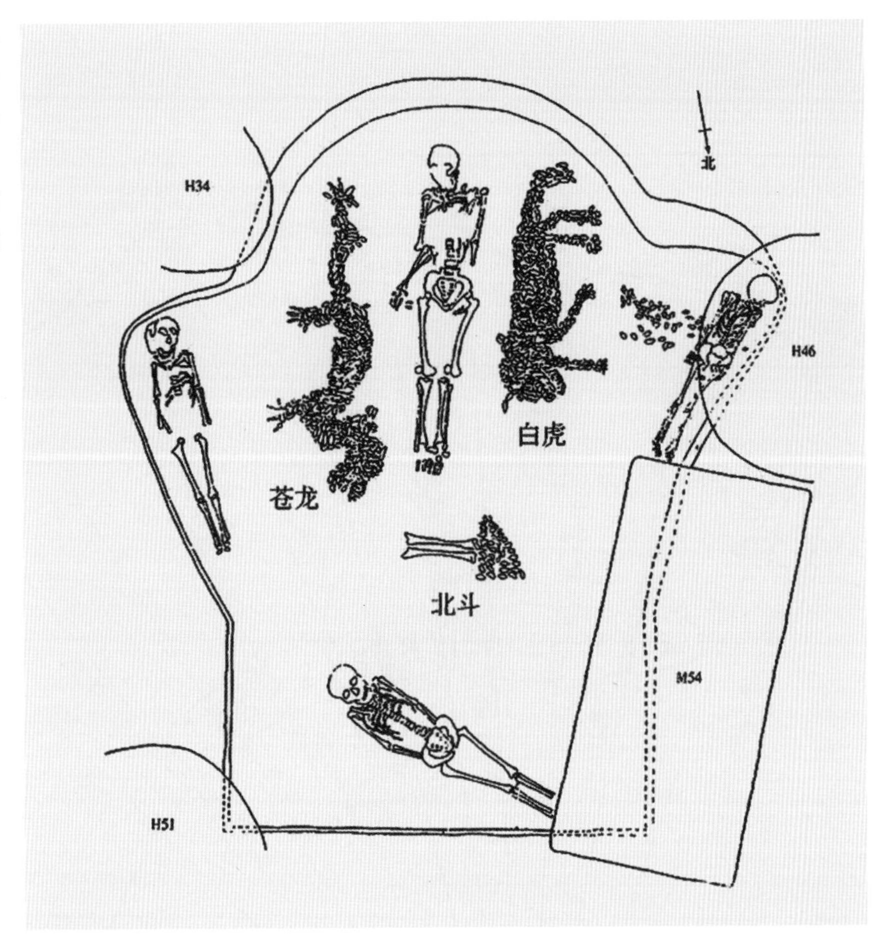

具，以及大型的石磬、鼓等祭祀用品等。陶寺文化距今4500—3900年，由于陶寺处于“尧都平阳”的地望，加上时代也与传说中的尧帝时代相当，所以学术界倾向于认为陶寺与尧都有关。1999年以来，考古学家在陶寺遗址发掘出一座大型半圆体夯土建筑，编号为IIFJT1。这是一个三层结构的建筑，最上层的东部有一组从北向南排成弧形的夯土墩，考古学家意识到这些夯土墩可能是一组用于观测日出方位以定季节的建筑物的基础。原来的建筑当中是一排立柱，日出时，阳光透过立柱之间缝隙而达到中心观测点，共有12条缝，从南到北记为东1号缝至东12号缝。模拟观测和天文计算表明，东2号缝对应于冬至日出方位，而东12号缝对应于夏至日出方位。这样从东2号缝至东12号缝这

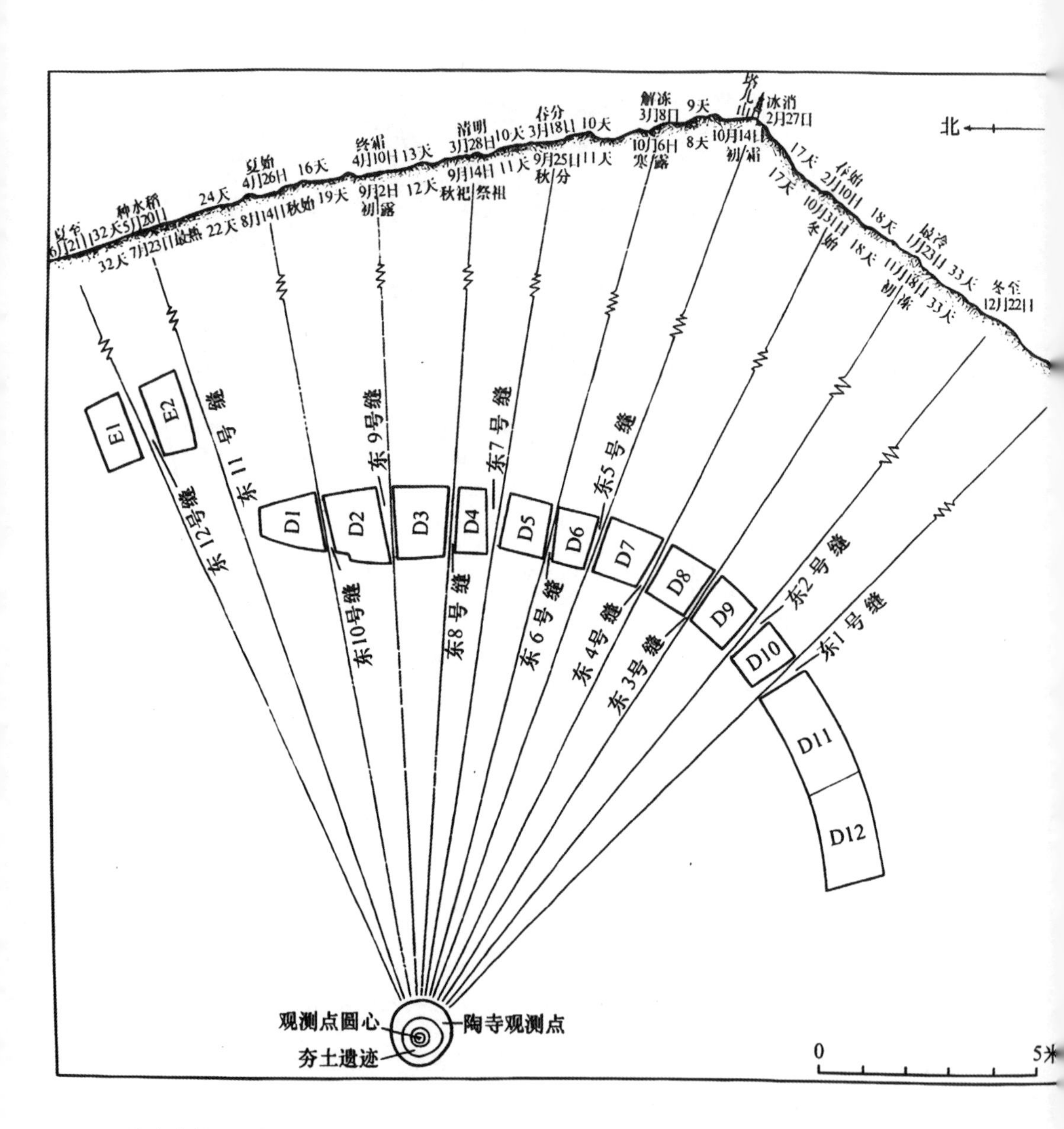

∧ 陶寺史前天文台遗址的地平历系统

引自：何驽,《陶寺中期观象台实地模拟观测资料初步分析》

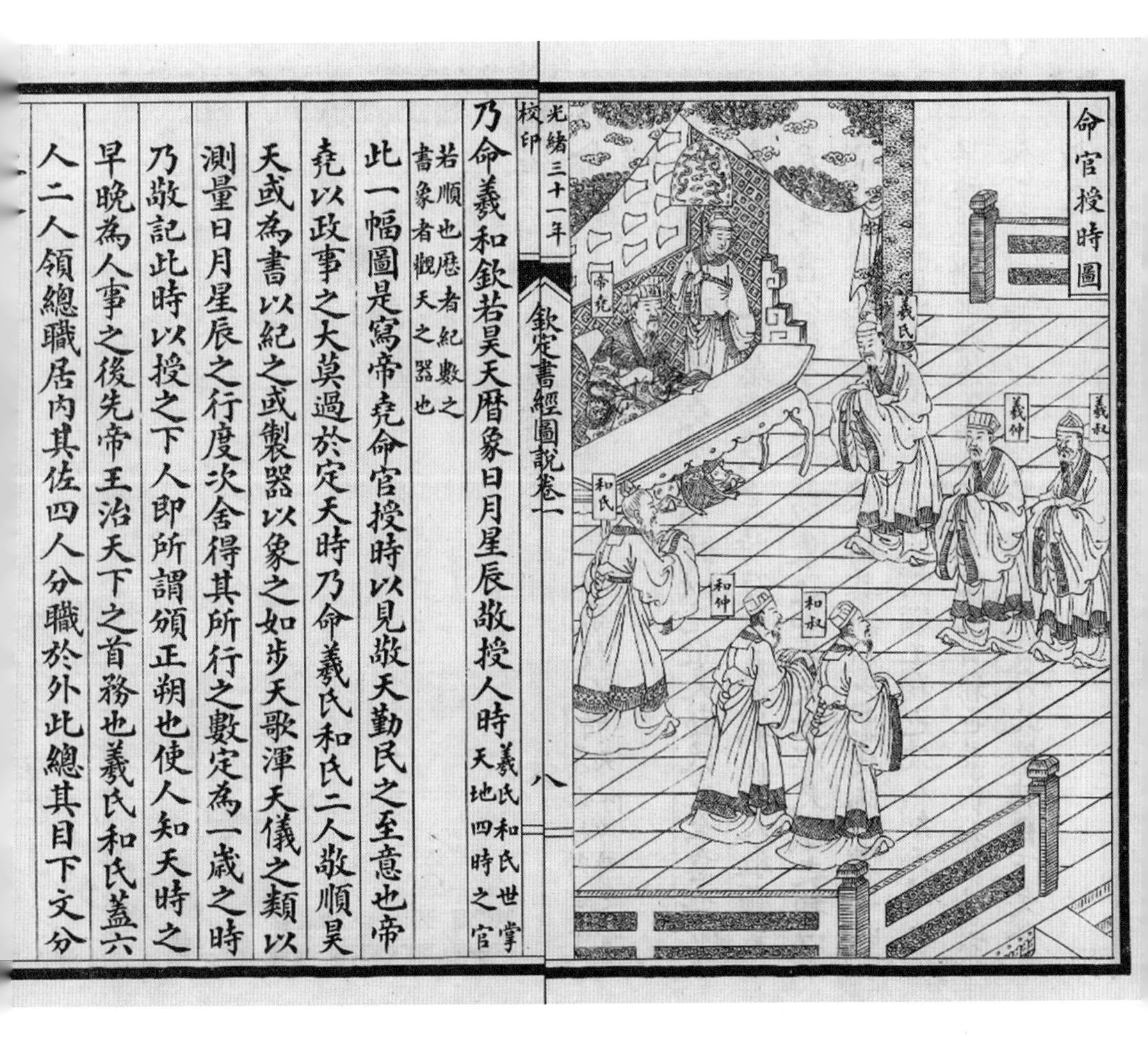

乃命羲和欽若昊天曆象日月星辰敬授人時羲氏和氏世掌天地四時之官

若順也歷者紀數之書象者觀天之器也

此一幅圖是寫帝堯命官授時以見敬天勤民之至意也帝堯以政事之大莫過於定天時乃命羲氏和氏二人敬順昊天或為書以紀之或製器以象之如步天歌渾天儀之類以測量日月星辰之行度次舍得其所行之數定為一歲之時乃敬記此時以授之下人即所謂頒正朔也使人知天時之早晚為人事之後先帝王治天下之首務也羲氏和氏蓋六人二人領總職居內其佐四人分職於外此總其目下文分

∧《书经图说》命官授时图

11 条缝就构成了包括 20 个时节的地平历系统。[①]

天文回推模拟分析还表明，这个地平历系统的年代应在公元前 21 世纪前后，距今 4000 多年。观测日出方位以定季节是先民使用的天文观测方法之一，中国古代文献如《山海经》中就记有一系列的日月出入之山，可以解释为观日月出入以定季节的天文观测在神话中的反映。

① 何驽．陶寺中期观象台实地模拟观测资料初步分析［J］．古代文明（辑刊），2007，6（00）：83–115.

《尚书·尧典》中记载，尧帝派羲和去从事“观象授时”的工作，其中一项也是对太阳“寅宾东作”，意思是观测日出并对太阳进行崇拜。在远古时代，天文观测与敬天的宗教崇拜是分不开的。由此可以推断，陶寺遗址的IIFJT1建筑遗址应是具有观象授时功能的史前天文台遗址。

除了观测日出以定季节的方法之外，中国古代常用的另一重要天文观测方法是圭表测影，即竖立一根杆子（表），每天中午测量其投在水平放置的尺子（圭）上的影子长度以定季节，夏至表影最短，冬至表影最长。根据表影长度就可以确定季节。这在中国古代发展为非常成熟的天文观测方法。令人惊喜的是，在陶寺遗址的王级大墓里，发现了一根漆杆，用红、绿、黑漆漆成刻度线。据分析这个漆杆的用途就是圭表测影的圭尺。上面的刻度都与时节对应，于是这根漆杆成为中国最早发现的圭表测影工具。[①] 在陶寺遗址发现的圭表，

∧ 陶寺史前天文台及圭表（复原）（何驽 供图）

---

① 黎耕，孙小淳. 陶寺Ⅱ M22漆杆与圭表测影［J］. 中国科技史杂志，2010，31（04）：363-372，360.

加强了陶寺史前天文台的证据。

更为重要的是，陶寺史前天文台遗址的时代，正好与《尚书·尧典》中所记载的“四仲中星”年代相当。据《尚书·尧典》记载，“日中星鸟，以殷仲春”，“日永星火，以正仲夏”，“宵秋星虚，以殷仲秋”，“日短星昴，以正仲冬”。这是说春分、夏至、秋分、冬至时节，黄昏时在南方中天的恒星分别是鸟、火、虚、昴。也就是说，这四颗星是当年夏至、秋分、冬至、春分点所在的位置。据此可以推出，《尚书·尧典》记载的这一组星象的观测年代是在公元前2000年前后，[①]这与陶寺天文台遗址的年代正好符合。由于“昏旦中星”观测也是中国古代天文主要观测方法之一，后世的《夏小正》《礼记·月令》等都记录了以“昏旦中星”以定时节的内容，“昏旦中星”也成为后世天文历法推算的内容，因此陶寺天文台遗址的年代与“四仲中星”年代相符，可以说明陶寺天文台正是尧帝时代的天文台，与“尧都平阳”可以相互印证。

这样就从日出方位观测、圭表观测、昏中观测三个方面证明，陶寺遗址确实是传说中尧帝时代的天文台。[②]可见在夏代之前的新石器时代晚期，中国先民已经掌握了主要的天文学观测方法，并用来测定季节为生产和社会活动服务了。这就是《尚书·尧典》中所说的观象授时。观象授时的实践，标志了中国古代天文学已经进入了早期发展的阶段。

在中国发现的众多的新石器时代晚期的文化遗址中，使用天文学知识和技术的例子屡见不鲜。比如在良渚遗址、红山文化牛河梁遗址发现的建筑基址，其正南正北的座向就说明当时是用立表测影的方法确定南北向的。建筑的天文指向功能在这一时期的遗址中多有发现。与陶寺遗址差不多时代的陕西神木石峁遗址，也发现了与良渚文化、牛河梁遗址中类似的祭坛。[③]这些祭坛的天圆

① Sun Xiaochun & J. Kistemaker. The Chinese Sky during the Han: Constellating Stars & Society [M]. Leiden: Brill, 1997.

② Xiaochun Sun. Taosi Observatory. In: Clive L. N. Ruggles, ed. Handbook of Archaeoastronomy and Ethnoastronomy. Heidelberg: Springer, 2015: 2105–2110.

③ 孙周勇，邵晶，邸楠. 石峁遗址的考古发现与研究综述［J］. 中原文物，2020（01）：39–62.

地方的结构，是早期天文宇宙模式的反映。[①] 这些考古发现表明，在新石器时代晚期，中国观象授时的天文基础已经具备，并且发展到了相当高的水平。

制陶与文明

当代考古学普遍认为，陶器的出现是新石器时代的一件大事，和其时的农业革命、先民生活需求的增长有密切的关系。原始农业的出现，意味着人们成为农民并开始定居一处，而不再为寻找野生植物以及狩猎不断搬家。长期定居的结果，便形成了村落，进而发展成城市和集镇，因此定居和农业革命是文明史上的重大突破。

陶器便是由定居生活的农民而发明的。陶器在日常生活中十分有用，它的发明在制造技术上是一个重大的突破，它既能改变物体的性质，又能比较容易地塑造便于使用的物体的形状。既具有新的技术意义，又具有新的经济意义[②]。它使人们处理食物的方法除烧烤外，增添了煮蒸的新烹饪方法。陶制储存器可以使谷物、水和液态食物便于存放，陶制纺轮、陶刀、陶锉之类的工具则在生产中发挥了重要的作用。因此，它一出现就很快成为人们生活和生产的必需品，特别是对于定居下来从事农业生产的人们更是须臾不可离。

中国是世界上最早出现陶器的文明之一，亦是瓷器的发明国。烧制瓷器的技术是由制陶发展出来的，著名古陶瓷专家李家治先生曾总结过我国陶瓷史上五个里程碑，分别是：①新石器时代早期陶器的出现；②印纹硬陶和原始瓷的烧制成功；③汉晋时期南方青釉瓷的诞生；④隋唐时期北方白釉瓷的突破；⑤

---

① 例如，关于红山文化三环石坛的宇宙模式，见：冯时. 中国考古天文学［M］. 北京：中国社会科学出版社，2010：464–476.

② 杜石然，范楚玉，陈美东，等. 中国科学技术史稿（修订版）［M］. 北京：北京大学出版社，2011：10.

宋至清颜色釉瓷、彩绘瓷和雕塑陶瓷的辉煌成就。从制陶到制瓷反映的是一段长达一万年连绵不断的中华民族工艺史。

早在约10000年前，中国的先民已能制作陶器。上古便有“神农耕而作陶”的传说，将陶器的发明也归于神农身上，由此可见先民认为陶器的出现是和五谷杂粮的种植一样的重大事件。根据目前考古资料，继发现仰韶文化及与仰韶文化同时代文化遗址中的陶器之后，人们又先后发现了距今约7000年的浙江余姚河姆渡文化陶器、磁山裴李岗文化陶器；距今约8000年的湖南澧县彭头山文化陶器和河南舞阳县贾湖文化陶器；距今约10000年的湖南道县玉蟾岩遗址陶器、江西万年仙人洞遗址陶器和河北徐水南庄头遗址陶器[①]。

早期陶器所用原料大多就地取材，制造陶器的陶土最初并不加淘洗，所以含杂质较多，它们共同的特点都是粗砂陶器，烧成温度在700℃左右。稍晚时期，河南新郑裴李岗、河北武安磁山、浙江余姚河姆渡等遗址出土有灰、黑、黄色的砂陶、泥陶、夹炭陶，这些陶器的器型明显增多，器体增大，装饰较为多样。在河姆渡晚期已有彩陶，裴李岗遗址已用横穴窑，烧成温度800—900℃，制陶的原料也不再简单地随意取材，而是有所选择，加入了草木灰、贝壳、砂粒等孱和料。

在制作工艺上，最初的成形方法有捏塑、泥条盘筑和模制，这些工艺统称为手制。后来逐步发明了慢轮修整法，就是把已成型的陶坯放在可以转动的圆盘——陶轮上，在转动中修整器坯的口沿等部分。以后又进一步发展到把陶泥坯料放在快速转动的陶轮上，制造圆形陶器，这种制陶方法叫作轮制。

陶轮的发明和使用具有划时代的意义。采用快轮制坯的产品外形规整美观，器胎薄厚均匀，更有胎厚不足1毫米、薄如蛋壳的精美作品，这便使得陶器成为一种特殊的工艺品。更为重要的是，快轮制陶是一种可以较大批量生产的技术。

早期文明还很快掌握了抹平、磨光、刻画、拍印、加涂陶衣和彩绘等装饰陶器的技法。在陶坯还未干透时，用器物把坯表打磨光滑，烧成后器表发亮，

---

① 李家治．简论中国古代陶瓷科技发展史［J］．建筑材料学报，2000（01）：14-20.

∧ 仰韶文化的彩陶盆

这叫磨光陶；在陶坯上施一层薄薄的特殊泥浆后再烧制，这叫施加陶衣；在陶坯上画出黑色或彩色花纹后烧制成的叫作彩陶；此外，还有附加堆纹、刻画花纹等装饰方法。仰韶文化的彩陶纹样生动逼真，充分表现了陶工们的创造才能与审美水准。

在烧制方面，早期的陶器是露天烧制，温度低，且受热不均匀，陶器表面上呈现红褐、灰褐、黑褐等不同的颜色，胎壁断面可看出没有烧透的夹心。后来发明了陶窑，如西安半坡遗址中发现的陶窑有竖穴窑与横穴窑两种，经陶窑烧制成的陶器，因火力较均匀，不易变形龟裂，颜色也较齐一。随着陶窑结构的不断改善，烧制温度可高达 1000℃左右。同时先民还发现，在高温时密封窑顶，再从窑顶上渗水入窑，这样焙烧后的陶器会呈现灰或灰黑色，原因是窑内氧气不足，陶坯中的铁质焙烧后多转化为氧化亚铁（FeO）。这个技术涉及窑温和窑内含氧量的控制，对于后来掌握釉色有着重要的意义，再加上高岭土的使用，为制瓷技术的出现奠定了基础[①]。

这些技术的革新让陶器的面貌焕然一新。北方地区装饰华丽的彩陶与南方造型复杂多变的陶器群交相辉映，陶器装饰的多样使得考古学家可以根据器物上的图形纹理来判断时代特征。陶器要比任何其他种类的证据都更能为考古学家提供关于原始社会最丰富、最具启发性的信息来源。

随着制陶工艺的进步，人们开始创造性地使用具有不同物理特性的陶器材料，并将容器塑造成各式各样的形状，并用极具想象的方式修饰它们，使得它们的用途远远超过了最初的实用性。例如，良渚文化和龙山文化都流行造型典雅的黑色陶器。这是在烧陶过程中，使用了渗碳的方法，烧成的陶器呈纯黑色，这些陶器中的精品令人叹为观止。良渚文化的一些陶鼎、双鼻壶、宽把杯等表面被打磨得黑亮照人，进而用锐利的工具刻满流云、飞鸟、盘龙之类的纹饰，而宽把杯的把手，常是用几十根细约 1 毫米的泥条编排而成的。龙山文化的陶器虽然不以纹饰见长，但其特有的细泥陶高柄杯，胎薄如蛋壳，即便是用

---

① 杜石然，范楚玉，陈美东，等. 中国科学技术史稿（修订版）[M]. 北京：北京大学出版社，2011：11。

现代技术，也少有仿制成功者。这样的陶器制作起来，需要高超的技术和大量工时，数量也自然不会很多。

到了新石器时代晚期，制陶可能已由氏族的共同事业逐渐变为由少数富有制陶经验的家族所掌握的生产部门。一些精美的陶器被专门用于贸易、制造活动或仪式，而制陶的材料也被用于制作其他物品，如雕像、模型和建筑装饰物。在出土的远古时期的陶器上，有许多有关天文景象的描绘。在河南大河村、江苏连云港，以及山东莒县和诸城出土的距今4000—6000年前的陶器上，都画有日、月、星辰、云彩等纹饰，有的图形很像是银河星云，这些图画不仅体现了当时制作工艺的水平，也反映了远古时期人们对天体天文的认识水平。

陶器的制作推动了新石器时代晚期手工业整体的重大进步。玉器的制作也是其中一例，从新石器时代晚期以来，玉器在社会生活和宗教中的象征性功能越来越被人们尤其是社会上层重视。为了烘托这种象征性，工匠们发展出各种

∧ 仰韶文化彩陶上的太阳图像

专门工艺，制作出各种形状复杂的器物，并在表面雕刻出繁缛的纹饰，制玉也就逐渐从一般石器生产中脱离出来，变成了一个独立的行业。

∨ 大汶口文化陶尊上的日出图像

若不计玉料的辨认和开采，仅制作成器，也需要切割、钻孔、镂孔、雕刻、抛光等一系列复杂技术，远非常人可为。良渚文化十分流行玉器，常见的玉器有琮、璧、钺、柱形器、镯、环、璜、玦、三叉形器、梳柄、锥形器、管、珠、半月形牌饰、带勾等二十余种。最能代表其制作水平的是一件出自余杭反山 12 号墓的玉琮。该器物外方内圆，器高 8.8 厘米、射口直径 17.1—17.6 厘米，重达 6.5 千克，堪称“琮王”。器物通体呈乳白色，四面直槽各有两个羽冠人面兽身的神人徽像，每个神徽大小仅 3 厘米，是用减地法将周围降低，把神徽外廓浮现出来，再以阴线刻神徽的形体轮廓，并在轮廓内充填细密的卷云纹，其刀法之细腻。在 1 毫米宽度内，竟并列雕刻线条三四根之多。先秦史籍中说“以苍璧礼天，以黄琮礼地”，这说明在我国的夏商周时期，玉琮、玉璧是重要的宗教法器。

∧ 余杭反山墓出土的玉琮
浙江博物馆藏

制作可以遮蔽身体的衣服，其中衣服的制作、房屋建造和使用火种一起被看作文明的标志之一。《礼记·礼运篇》中说的“治其麻丝，以为布帛”，便是指纺织技术。

在文明早期，人类已经开始通过就地取材来制作蔽体的衣物，这方面中华先民们堪称先驱。新石器文化的另一个代表物是发源于中国的无纺楮树皮衣，树皮衣是一种非常古老的由树皮制成的服饰，在今天被誉为“服装活化石”。宋代《太平寰宇记》、元代《文献通考》等文献中，均有海南黎族“绩木皮为布”的记载。黎族先民们用楮树等树皮经过烦琐的工序手工制成这种衣物，主要用于遮羞、保暖。考古学家通过对树皮布有关资料的考证研究，认为它是通过中国的华东及华南地区，经中南半岛及马来半岛而达印度尼西亚群岛，向西渡印度洋经

∧ 唐代张萱作《捣练图》(宋徽宗摹本)

马达加斯加而抵非洲，向东入太平洋经美拉尼西亚。这项源于中国的具有世界影响力的重大发明，是人类衣物从无纺布到有纺布发展过程的有力证明[①]。

树皮衣是一项原始工艺，它的舒适性和实用性都十分有限。随着文明的不断演进，先民的制作工艺逐渐摆脱原始的就地取材并出现了更为复杂的工艺——早期的编织技术。编织技术最早来自结网。居住在水边的人类为了捕鱼很可能在旧石器时代就掌握了编制渔网的方法。山西大同许家窑旧石器遗址出土过许多石球，经考古学者研究，这些都是十万年前人们使用的“抛石索”的遗物。“抛石索”必须使用植物韧皮或动物皮条编制网兜。原始的织造方法，便是在编席和结网的基础上发展起来的。古人有“编，织也”这样的技术，便是最原始的编织术。

进入新石器时代，先民们发展出来了正式的织造技术。最初仍是简单的编织，就像编席一样完全用手工编结。考古发现，约 7000 年前的仰韶时期，人

① 汝信，李惠国．中国古代科技文化及其现代启示（上下）[M]．北京：中国社会科学出版社，2016：750.

们已经掌握纺织技术。仰韶时期氏族成员在长期的劳动实践中已知用纺轮捻线，用简单织机织麻布，用骨针缝制衣服，用竹、苇编织席子。在西安半坡遗址出土的陶片上，有好像是用绞缠法制作的布痕，这一类都属于手工编织。

比仰韶文化稍晚一些时候的龙山文化遗址中，还曾发现骨梭和陶制纺轮。骨梭的应用在纺织技术上是一个重大的进步，大量采用陶制纺轮，更反映出当时纺织已相当普遍。河姆渡遗址第四文化层，曾经出土了管状骨针、木刀和小木棒，经鉴定，可能就是供装置这类机械的部件和引纬的工具。在新石器时代晚期，我国已经能够生产具有一定水平的织品。吴县草鞋山遗址曾经出土一块约 6000 年前的葛纤维织物，经线由两股纱并合成的，系用简单纱罗组织制作，罗孔都比较规整匀称。钱山漾出土的绢片，经纬密度均为每厘米 48 根，丝缕相当均匀，比较紧密平整，都说明了这种情形[①]。

---

① 杜石然，范楚玉，陈美东，等．中国科学技术史稿（修订版）［M］．北京：北京大学出版社，2011：12.

∧ 新石器时期的纺织工具

当时使用的纺织原料，多半是野生麻类和其他野生植物的纤维。植物类的纤维在中国早期的应用也非常广，而且也有很多的选择。譬如江苏吴县的草鞋山遗址就出土过距今约 5000 年前的葛织物，这里的葛就是葛藤，为豆科葛藤属多年生草质藤本植物，常匍匐地面或缠绕其他植物之上。我国先秦时期的《诗经》里面有篇目《周南·葛覃》中就有“葛之覃兮，施于中谷，维叶莫莫。是刈是濩，为絺为绤，服之无斁”这样的句子，说的是收割漫山遍野的葛草，然后把它的藤叶煮一煮，再剥成细线织葛布，穿上葛布制作的衣服很舒服。诗句中的“是刈是濩，为絺为绤”便是提取葛纤维并加工织布的工艺过程，先用沸水烹煮，使得葛纤维脱解，再进行手工织布。

随着生产力的不断发展，聪明的先民们很快就发现了另外一种兼顾舒适和美观的材料，那就是丝。关于丝绸起源的传说已经不可考证，民间所祭祀的蚕神种类也甚多。其中最为著名的是黄帝元妃嫘祖发明养蚕之说，这个传说初见于宋代罗泌的《路史》之中："元妃西陵氏，曰嫘祖。以其始蚕，故祀先蚕。"又见于金代张履祥《通鉴纲目前编·外纪》所载："西陵氏之女嫘祖为黄帝元妃，始教民育蚕，治丝茧以供衣服，而天下无皴嫁之患，后世祀为先蚕。"嫘祖又称西陵氏，其族源来自四川境内西陵峡附近，因此也有人推测嫘祖的养蚕技术可能来自四川境内。

从考古学的资料来看，丝绸起源的确切时间和地点应该是在距今5000多年前的中国黄河和长江流域。目前所知最早的丝绸利用实证发现在1926年，中国第一代的考古学家李济在山西夏县西阴村发掘了一个仰韶文化遗址，其中出土了半颗蚕茧，经过许多学者的鉴定，这半颗蚕茧被认为是中国古代利用蚕茧蚕丝的重要物证，目前，这一蚕茧被保存在台北的故宫博物院内。1958年，浙江的考古工作人员在湖州钱山漾良渚文化遗址中发现了一个竹筐，筐内有一些纺织品及线带之类的实物，经当时的浙江纺织研究所及后来的浙江理工大学鉴定，其中有绢片、丝线和丝带。

这一遗址后来又经浙江省考古研究所的发掘，又发现了一些丝带，其年代测定约为4000年前。第三处重要的物证是20世纪80年代在荥阳市青台村新石器时代遗址出土的距今约5500年的丝麻织物残片，这是最为明确的5000年前中国古人生产和利用丝绸的物证。由上述发现可知，中国丝绸起码已有5000年以上的历史。后来，中国丝绸也传到附近的日本、朝鲜半岛等地，成为东亚纺织文化圈的一大特色。

在以丝绸为特质的同时，中国早期的纺织原料中也应用了大量的毛类和麻类纤维。发现毛织品最多的地方是在新疆地区，这里与中亚西亚的纺织文化圈紧密相连。在新疆考古发现的早期青铜时期遗址（约3000年前）中，如罗布泊地区的小河墓地、吐鲁番地区的五堡和洋海墓地、且末的扎滚鲁克墓地等，都发现了大量的毛织物，而且羊毛的种类也很多，但目前尚未进行全面的鉴定。

丝绸虽然是在新石器时代就已肇其端倪，大发展却是在商周时期。至迟在

∧ 唐代张萱作《捣练图》（宋徽宗摹本，局部）

商代就有提花的文绮，还有刺绣，到东周时期各种织法的丝绸都已面世，花纹活泼流畅。从此丝绸历久不衰，成为中国服饰的一大特色[①]。

① 袁行霈，严文明，张传玺，等. 中华文明史（第一卷）[M]. 北京：北京大学出版社，2006：24.

青铜时代

人类古代历史上，生产工具的发展一般分三个阶段：石器时代、青铜器时代和铁器时代。人类早在9000年以前就开始使用自然形成的铜块和金块，将其切割打磨制作成原始的首饰。大约在7000年前，人们从陶器制作中逐渐掌握矿物识别、高温加工、耐火材料、造型材料以及造型等技术知识，知道可以通过加热铜矿砂提取铜，再将其灌入模具中进行塑形。例如龙山文化流行的黑陶，烧成温度在950—1050℃，已接近铜的熔点。目前普遍认为在龙山文化时期，中国已经掌握了炼铜技术，在河南郑州牛寨出土了熔化铅青铜的残炉壁；河南临汝煤山遗址出土了熔化纯铜的泥质炉（又称为坩埚）的炉底和炉壁残块，后者据估算原炉直径5.3厘米左右，厚2厘米，炉内壁有6层铜液，均为黄铜。冶铸用的熔炉、水包、型范等都是陶质或近似陶质，炼铜的燃料木炭也是从烧制陶器时发现的。

铜是一种质地柔软的金属，用纯铜制作的工具需要不断地重新塑形，因此单纯的铜器无法代替坚硬的石器成为主流的生产工具。大约在5500年前，人们发现混入少量的锡可以让铜变得坚硬，这种混合后的金属被称为青铜。因此所谓的青铜，主要是由铜、锡、铅等元素混合后的合金。青铜与纯铜相比，熔点较低，硬度增加，纯铜的布氏硬度为35，若加锡5%—7%，硬度就提高到50—65；若加锡9%—10%，硬度就达到70—100[①]。

用青铜制造的工具比石器更加锋利和耐用，因此青铜出现后便代替石器成为主要的生产工具，青铜器的使用与发展，是社会生产力发展到一个新阶段的标志，人类历史逐渐进入新的阶段——青铜器时代。

目前考古所发现的最早的铜器出土于西亚地区，我国开始冶炼铜器的时间比之西亚稍晚，然而根据目前的研究表明，中国的铜器冶炼技术应该是独立起源的，与西亚技术并无直接继承关系。1975年，我国甘肃东乡林家马家窑文化

---

① 杜石然，范楚玉，陈美东，等. 中国科学技术史稿（修订版）[M]. 北京：北京大学出版社，2011：25.

遗址出土一件青铜刀，这是目前在中国发现的最早的青铜器。下文列出了中国早期炼铜制品的出土情况。

到了公元前3000年前后，铜器在华夏各地普遍都有所发现，说明此时的铜器制作已经不是偶然现象了。这些铜器一般是刀、凿、锥、钻之类的小型工具，也有铜泡、指环、耳环、手镯之类的饰物以及铜镜，除了少数系锻造外，多为铸造。山西襄汾陶寺遗址出土的铜铃，则是用更复杂的内外合范技术铸造而成的。这些铜器绝大多数为红铜（纯铜），质量上和夏商时期的青铜器还有一定的差距。但它们的出现，为中国青铜器时代的到来做好了技术准备。

中国早期炼铜制品的出土情况

器名	出处	年代（公元前）
残铜片	姜寨一期	4675 ± 135
铜管	姜寨一期	4675 ± 135
刀	甘肃东乡林家 F20	3000 前后
铜铃	山西襄汾陶寺遗址	2600—2000
残刀	甘肃永登连城蒋家坪	2300—2000
铜环	甘肃永靖秦魏家	齐家文化
锥	甘肃永靖秦魏家	齐家文化
铜尖	甘肃永靖秦魏家	齐家文化
斧	甘肃永靖秦魏家	齐家文化
铜镜	甘肃广河齐家坪	齐家文化
斧	甘肃广河齐家坪	2000 前后
刀	甘肃武威皇娘娘台	2000 前后
锥	甘肃武威皇娘娘台	2000 前后
锥	甘肃武威皇娘娘台	2000 前后
锥	甘肃武威皇娘娘台	2000 前后
残铜片	甘素永靖大何庄	1725 ± 95—1695 ± 95
铜镜	青海贵南尕马台	齐家文化
容器残片	河南登封王城岗四期	河南龙山文化王湾类型
铜片	河南登封王成岗四期	河南龙山文化王湾类型

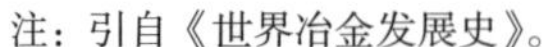
注：引自《世界冶金发展史》。

从青铜的冶铸技术来说，有一个由低级到高级，由简单到复杂的发展过程，大体来说可分为五个阶段[①]：①从新石器时代晚期到二里头文化早期为草创期，使用石质和泥质的单面范、双面范铸作形制简单的小件器物；②从二里头晚期到郑州二里岗时期为形成期，已能使用多块范、芯装配而成的复合范，出现重近百千克的大鼎和早期的器物组合，具有我国特色的陶范熔铸技术基本形成，并已有锡青铜和铅青铜之分；③商中期到西周早期是青铜冶铸的鼎盛时期，已经娴熟地使用了分铸法等先进技术，制作出大量精美、复杂的青铜礼器、生活用具、兵器、车马器；④西周中期以后，青铜冶铸的规模和分布地区继续扩大，是陶范熔铸技术的延展期；⑤春秋中期到战国时期，青铜冶铸从较为单一的陶范铸造转变为综合地使用浑铸、分铸、失蜡法、锡焊、铜焊、红铜镶嵌等多种金属工艺，创造了新的器形、纹饰，达到了新的技术高度。

∧ 后母戊鼎

中国的青铜器时代基本上是与夏商周三代相始终的，到商、周时期，已是使用青铜器的极盛时期了。在原始社会末期和夏代出土的青铜器中，主要是用作生产工具，但是数量不多。进入商代（公元前 1600—前 1046 年）之后，农业生产更加发达，出现了井田制，使用奴隶从事农业劳动。这一时期出现了青铜农具，使得青铜器数量与时俱增，商代时期的中国已确切地进入了青铜器时代，并且青铜冶炼和铸造技术达到了很高的水平，出土了很多令人叹为观止的青铜器。

商代中期铸铜遗址中出土了大量镢范，在此遗址中占据了可辨认的铸范的大多数，这些范没有花纹，是实用的农具，而

① 杜石然，范楚玉，陈美东，等. 中国科学技术史稿（修订版）[M]. 北京：北京大学出版社，2011：25.

不是祭祀用的礼器，在殷墟等地还发现了有使用痕迹的铜铲。在江西瑞昌的铜岭、湖北大冶的铜绿山、安徽的铜陵和南陵等地都发现了商周时期的大型铜矿遗址，井巷系统和采矿设备都已十分完备。一些都城级的遗址如相当于夏代的二里头、早商的郑州商城、晚商的安阳殷墟、西周的洛阳北窑和东周晋国的新田（在山西侯马）等处都发现了巨大的铸铜作坊遗址。制造的青铜器主要有鼎、簋、觚、爵、鬲、尊、盘等包括炊器、食器、酒器、盛储器等通常作为礼器的容器，钟、铙、铃等乐器，钺、戈、矛、剑等兵器，軏、辖、衔、銮等车马器，斧、锛、凿、锯等手工工具，锰、缚等农具，镜、带钩等生活用具，以及货币和各种装饰品等，涉及社会生活的方方面面，其中尤以种类繁多、造型优美、纹饰独特的礼乐器，堪为中国青铜文化的一大特色。

西周时，青铜农具种类和数量都增加了，从翻土、中耕除草到收割的农具都有用金属制造的。青铜制的手工业工具使用更为广泛，种类有斧、斤、凿、

∧ 三星堆遗址出土的青铜器

钻、刀、削、锯、锥等。商、周时期的奴隶主已控制着一支用青铜武器武装起来的军队，所以青铜武器出土数量很大，主要有戈、矛、钺、镞、剑等。出土的青铜礼器和生活用器种类繁多，此外还有乐器、车马器，它们铸造精美，有的小巧精致，有的大而富有气势，如商代晚期的后母戊鼎，重达 875 千克，称得上是重器。后母戊鼎的工艺十分精巧，在鼎身四周铸有精巧的盘龙纹和饕餮纹。饕餮是我国上古传说中一种贪吃的神兽，把它铸在青铜器上，却是寓意吉祥，丰年足食。铸造这样的大鼎其功用是为了祭祀，相传该鼎是商王祖庚或祖甲为祭祀其母所铸就的，是一尊重要的礼器。后母戊鼎不仅显示出商代青铜铸造业的生产规模和技术水平，也体现出中国青铜文化不同于其他文明的特点。

近年来的研究证明，在夏商周青铜文明圈的周围还有一系列青铜文化。例如四川盆地的三星堆文化中有大量神人和假面具的造型，其中出土的青铜大面具是最有代表性的三星堆青铜文化的标志。2021 年 6 月 23 日，青铜大面具出土于三星堆遗址 3 号祭祀坑，大面具宽 131 厘米、高 71 厘米、深 66 厘米，重 131 斤，为目前已知三星堆遗址出土的体量最大、保存状况完好的大型青铜面具，距今有 3000 多年的历史。

除了三星堆文化，江西大洋洲商代青铜文化遗址也出土了大量反映当地神话内容的青铜器。研究发现，这些文化遗址受到夏商周青铜文明不同程度的影响，同时又有各自的特点，并且也在一定程度上影响了夏商周青铜文明。除了这些定居的文明古国，位于长城以北的广大游牧民族也创造了各自的青铜文化，其青铜器多武器、用具和装饰品。因此我们可以说，中国的青铜文明是以夏商周为主体，同时又整合了周围不同民族、文化的多元一体的复合文明。早期的华夏文明在不断的融合、相互影响之下，呈现出丰富多彩的文化特征。

第三章

思想之源

诸子百家时代的科技思想

考察中国古代科技思想之源头要追溯到春秋战国时期，这一时期出现了许多重要科技著作，具有代表性的有《考工记》《墨经》《山海经》《禹贡》等。除了专门的科技著作之外，诸子百家的著作中也包括了丰富的科技思想。在这个被称作世界历史的“轴心时代”的时代中，中国、古希腊和古印度三个文明中心率先产生了理性的科学文化。这一时期哲人们的思想，为各自的文明定下了文化基调。这一时期是中国思想和文化极为辉煌的时代，出现了一批杰出的思想家，形成儒、墨、道法、阴阳、名、纵横、杂、兵、小说诸家，其中关于自然的认识和思考，为中国古代的科技发展提供了思想之源。

《管子》中的科技思想

《管子》是一部关于治国理政的著作，其思想是中国先秦时期齐家治国、平天下的大经大法。该书篇幅宏大、内容复杂、思想丰富。《管子》汇集先秦时期各学派的言论，成书时代大约在战国时期，其成书与齐国的稷下学宫有关，是稷下学者推崇管仲而集结的作品，故称《管子》。

管仲（约公元前 725—前 645 年），名夷吾，字仲，春秋时期颍上（今安徽颍上）人。他于公元前 685 年始任齐国首相，长达 40 年。他通过“通货积财，富国强兵”，辅佐齐桓公“九合诸侯，一匡天下”，成就春秋霸业。今本《管子》是经西汉著名经学家刘向整理而成，其中大部分篇章成于战国时期，且多数出自齐国稷下学宫的门客之手。稷下学宫是战国时期齐国齐威王创建的学宫，因位于齐国国都临淄稷门附近而得名，是世界上第一所由官方举办、私家主持的特殊形式的高等学府。在中国学术思想史上这场不可多见、蔚为壮观的“百家争鸣”，是以齐国稷下学宫为中心的，它作为当时百家学术争鸣的中心园地，有力地促成了天下学术争鸣局面的形成。

∧ 管仲画像

稷下学宫在其兴盛时期，曾容纳了当时“诸子百家”中的几乎各个学派，其中主要有道、儒、法、名、兵、农、阴阳、轻重诸家。稷下学宫在其兴盛时期，汇集了天下贤士多达千人，其中著名的学者如孟子（孟轲）、淳于髡、邹子（邹衍）、田骈、慎子（慎到）、申子（申不害）、接子、季真、涓子（环渊）、彭蒙、尹文子（尹文）、田巴、儿说、鲁连子（鲁仲连）、驺子（驺奭）、荀子（荀况）等。

《管子》虽主要出自稷下学宫门客之手，但其中保留了许多管仲本人的重要论述和思想，其中“仓廪实而知礼节，衣食足而知荣辱”“一年之计，莫如树谷；十年之计，莫如树木；终身之计，莫如树人”等名句，应该是管仲的言论。《管子》中的思想，包括社会、政治、经济、文化等多个方面，其中关于科技的论述也十分丰富，反映了春秋战国时期的科技思想。

首先是自然观。春秋时期的诸子百家对“天人”关系都有论述，而《管子》主张“天”的客观性，形成了天道自然的观点，主张在顺应自然的基础上，实现“人与天调”“人君天地”。这一主张为后来荀子提出“明于天人之分”和“制天命而用之”做了思想上的准备。

殷周时期，天命论占据主导地位，天被认为是有意志的、主宰一切的人格神。人们从事重要的活动，都要通过占卜询问天的旨意。西周初，人的作用得到一定程度的重视，因而有“民之所欲，天必从之”“天视自我民视，天听自我民听”的说法。到了春秋时期，开始出现了无神论思想。如据《左传·昭公十八年》记载，郑国的子产提出“天道远，人道迩，非所及也”，即认为天道与人事并不相干，从而对天命论提出了挑战。老子则明确提出天道自然无为的思想，他说“人法地，地法天，天法道，道法自然”。这些无神论思想，是管子讨论天人关系问题的思想背景和理论资源。《管子》中提到“天”的地方很多，绝大多数是指自然之天，而不是人格化的神。而且《管子》中经常是“天”与“地”联系起来用，这里的天自然就是指自然之天。

《管子》说：“天不变其常，地不易其则，春秋冬夏不更其节。”这是说，自然界的现象虽然千变万化，但变化有规律，而规律是不变的。《管子》还说：“阴阳正矣。虽不正，有余不可损，不足不可益也。天地，莫之能损益也。”这是说，自然界的运动变化是有其规律的，不可人为地加以改变。又说：“不务天时则财不生，不务地利则仓廪不盈。”这是说，人必须依照自然规律办事，才能获得生存和发展所必需的物质资料。《管子》还进一步认为，天本身是没有情感，没有意志的——“如地如天，何私何亲？”所有这些，都说明《管子》中的“天”，就是指的自然，而不是人格化的神。西方科学史说古希腊人的科学贡献时，其中之一就是所谓“自然的发现”。其实在《管子》里，这样的“自然”也被发现了。

《管子》不仅发现了“天”的自然，而且认为这个天是人的研究对象。《管子·白心》说：“天或维之，地或载之。天莫之维，则天以坠矣；地莫之载，则地以沉矣。夫天不坠，地不沉，夫或维而载之也夫！”战国时楚国诗人屈原在《天问》问道：“斡维焉系？天极焉加？”《管子》这里好像就是对这些问题进行了解答，是对天地宇宙结构的探讨。事实上，《管子·宙合》中就提出了比天地更广大的“宙合”概念，其中说道：“天地，万物之橐也；宙合，有橐天地。天地苴万物，故曰万物之橐。宙合之意，上通于天之上，下泉于地之下，外出于四海之外，合络天地以为一裹。散之至于无间不可名而字之，是大之无外，小之无内，故曰有橐天地。”这里的“宙合”就是宇宙，而且是包括宏观和微观的宇宙。

从《管子》中的论述可以看出，其关于自然规律已经有了以下四个方面的基本认识：其一，自然规律是自然界本身固有的客观规律；其二，自然规律是自然界固定不变的东西；其三，自然规律存在于自然现象及其变化之中；其四，自然规律支配着自然界万物及其变化。

说到人与自然的关系，《管子》说：“得天之道，其事若自然；失天之道，虽立不安。”“其功顺天者，天助之；其功逆天者，天违之。天之所助，虽小必大；天之所违，虽成必败。顺天者，有其功；逆天者，怀其凶。”这是说，只有顺天之道，才能积小成大，获得成功；违背天之道，即便暂时成功，也会转变为失败，最终招致凶险灾祸。

如果说在人与自然的关系问题上，《管子》早期的言论较为主张效法自然、顺应自然，那么，其后来的言论，则更强调利于自然，发挥人的主观能动性。《管子·五行》中说：

> 通乎阳气所以事天也，经纬日月用之于民；通乎阴气所以事地也，经纬星历以视其离……人与天调，然后天地之美生。

在这里，《管子》明确提出“人与天调”的观点，要求人们通过把握阴阳之规律，实现与天地自然的相互协调，这实际上是春秋战国时期在处理“天人关系”问题上的一个非常重要的观点。这不是被动顺从自然，而是有主动利用自然规律的意味。

《管子》说：“未得天极，则隐于德；已得天极，则致其力。”意思是在未把握自然规律时，不要轻举妄动；而在掌握自然规律之后，则要尽力而为。《管子》的这些论述都要求人们积极地去认识自然，掌握自然规律，并按照自然规律发挥人的主观能动性，而不是完全被动地听命于自然。《管子》的天人关系思想，为后来的荀子所继承。

荀子，战国末期赵国人，15 岁时就到齐国，游学于稷下学宫，后来又两次到稷下学宫，聚徒讲学，并曾“三为祭酒”，前后达五十余年。荀子论“天”，指的是“列星随旋，日月递炤，四时代御，阴阳大化，风雨博施，万物各得其和以生，各得其养以成”“不为人之恶寒也辍冬”。这与《管子》所谓“覆万物，制寒暑，行日月，次星辰”“不为一物枉其时”的“天”是一致的，都是指自然之天。

荀子认为，自然界有其自身的客观规律，所谓“天有常道矣，地有常数矣”“天行有常，不为尧存，不为桀亡”，这与《管子》的“天不变其常，地不易其则”也是一致的。荀子还进一步提出了“制天命而用之”的观点，说的是在把握自然规律的基础上，利用自然规律，制服自然，改造自然，这与《管子》的“人君天地”也有很大的一致性。在天人关系问题上，荀子得出的“明于天人之分”和“制天命而用之”，是对天人之辩作出的比较正确的解答。因此，荀子关于天人关系的思想，很大可能是来自《管子》。

其次是万物本原说。现代哲学所谓的“本原”，源自古希腊哲学，是指万物的根源和存在的根据。古希腊哲学家亚里士多德指出：“那些最初从事哲学思考的人，大多把物质性的东西当作万物唯一的本原。万物都由它构成，开始由它产生，最后又化为它，他们认为这是万物的元素，也就是万物的本原。”例如，古希腊公元前6世纪的哲学家米利都的泰勒斯就认为万物的本原是水。《管子》中也提出了万物的本原概念，并提到了两个看法，一是认为水是万物的本原；二是认为“精气”是万物的本原。

《管子·水地》中论述了水是万物的本原。《管子》说：“水者何也？万物之本原也，诸生之宗室也，美恶、贤不肖，愚俊之所生也。”这里所谓万物的本原，既是自然界万事万物的总根源，又是社会领域各种事物乃至人的品格的根本原因。

《管子·水地》中关于水是万物本原的理论包括三个层次。

第一，就水与地的关系而言，《水地》篇首先说“地者，万物之本原”，然后通过水与地的关系，进一步推论水是万物的本原：“水者，地之血气，如筋脉之通流者也。故曰：水，具材也。”水是地的最重要的部分，是“地”之所以能生长出万物的根本原因，是提供物质材料的东西。这样，从“地是万物本原”的思想就顺理成章地得出“水是万物本原”的思想。

第二，水之所以是万物的本原，是因为水具备了各种高尚的品格。《水地》篇说：“夫水淖弱以清，而好洒人之恶，仁也；视之黑而白，精也；量之不可使概，至满而止，正也；唯无不流，至平而止，义也；人皆赴高，己独赴下，卑也。”正是这种“仁”“精”“正”“义”“卑”的高尚品质，才使得水能够配得上是万物的本原。这是一种特别的论证方式，在这种论证思维中，自然与人是融合一体的。自然中的事物，也具有人的性质。

第三，就水与人的关系而言，《水地》篇还论述了各地不同的水对于人的品质的影响，以对“水是万物的本原”这一观点作进一步的推论。《水地》篇讲：“夫齐之水道躁而复，故其民贪粗而好勇；楚之水淖弱而清，故其民轻果而贼；越之水浊重而洎，故其民愚疾而垢；秦之水泔冣而稽，淤滞而杂，故其民贪戾罔而好事；齐晋之水枯旱而运，淤滞而杂，故其民谄谀葆诈，巧佞而好利；燕之水萃下而弱，沈滞而杂，故其民愚戆而好贞，轻疾而易死；宋之水轻劲而清，故其民闲易而好正。”这里从各地水的特性而推及各地人的品质，虽然有牵强附会之嫌，但也是建立理论的一种方式，即由自然规律而推人的道德规律。

关于万物的本原，除了《水地》篇把水看作是万物的本原之外，《心术上》《心术下》《白心》和《内业》等四篇中又提到“精气”是万物的本原的观点。在中国古代，“气”的概念很早就出现。《国语·周语上》载伯阳父说：“夫天地之气，不失其序；若过其序，民乱之也。阳伏而不能出，阴迫而不能烝，于是有地震。”庄子讲“气”，他说：“人之生，气之聚也……通天下一气耳。”孟子也讲“气”，他说：“夫志，气之帅也；气，体之充也。”《管子》也讲“气”，《枢主》篇说：“有气则生，无气则死，生者以其气。”认为气是生命存在的基本条件。《管子》在先秦关于气的思想的发展上，最重要的贡献是提出了“精气”的概念。

《内业》篇说：“凡物之精，此则为生。下生五谷，上为列星。流于天地之间，谓之鬼神；藏于胸中，谓之圣人。是故名气。”“精”就是“精气”。这个“精气”与老子的“道”有着密切的关系。《管子·心术上》说：“虚无无形谓之道，化育万物谓之德……道也者，运不见其形，施不见其德，万物皆以得。”这里的“道”，与老子的“视之不见”“听之不闻”“搏之不得”“是谓无状之状，无物之象”，化生万物的“道”是一致的。《管子》则是把老子的“道”改造为“精气”，精气成为自然万物的本原。

《管子》中的“精气”说，与孟子关于气的思想也有一定的联系。《内业》篇讲气“其细无内，其大无外”，充满于天地之间；《孟子》讲气“至大至刚”“塞于天地之间”。《心术下》篇讲“气者，身之充也”；孟子讲“气，体之充也”。《内业》篇讲精气“藏于胸中，谓之圣人”；孟子讲“善养吾浩然之气”。由此可见，管子《内业》等四篇的“精气说”与孟子论气有某些相通之处。《管子》的“精气”说，也为荀子所发展。荀子说：“天地合而万物生，阴阳接而变化起。”《礼论》认为天地合气，阴阳相互相用而产生万物。他还明确地说：“水火有气而无生，草木有生而无知，禽兽有知而无义，人有气、有生、有知，亦且有义，故最为天下贵也。”荀子认为气是所有事物的根本，这明显是对《管子》精气说的继承与发展。

《管子》中的数学

说到中国古代数学，人们立刻想到秦汉之际出现的《九章算术》。由于数学在社会政治经济生活中有普遍的需要，所以数学的起源应该是非常早的。《管子》作为一部治国理政的著作，其中就包含了很多的数学知识，也表明春秋战国时期，数学实际上已经发展到了相当高的水平。

《管子·七法》篇中说，治理国家和军队，必须要懂得“计数”：“不明于计数，而欲举大事，犹无舟楫而欲经于水险……举事必成，不知计数不可。”而“计数”就是指数量的统计和运算。《七法》篇还说：“刚柔也、轻重也、大小也、实虚也、远近也、多少也，谓之‘计数’。”“刚柔”是指程度可变的量；“轻重”是指两物的相关比值；“大小”是指面积、体积等的大小；“实虚”是指容量的大小；远近是指距离大小，历时长短；“多少”就是指数量、数目。可见《七法》所说的计数，实际上就是社会生活中各数事物的测量与运算。而测量又必须要有度量衡的标准，所以《七法》篇说：“尺寸也、绳墨也，规矩也、衡石也，斗斛也，角量也，谓之‘法’。”使用这些计量标准，是治理好国家与军队的必要条件。所以《七法》篇又说：“不明于法，而欲治民一众，犹左书而右息之……治民一众，不知法不可。”

《管子・乘马》篇讨论国家治理中的经济问题，涉及土地的测量与管理、市场物资的数量和商品的价格、行政组织、人口管理、生产组织、税收办法、军备制度，等等，无不用到“计数”。而《山国轨》篇是专门论述统计理财的，其中记述齐桓公问管子：“行轨数奈何？”管子回答说：“某乡田若干？人事之准若干？谷重若干？曰：某县之人若干？田若干？币若干而中用？谷重若干而中币？终岁度人食，其余若干？曰：某乡女胜事者终岁绩，其功业若干？以功业直时而櫎之，终岁，人已衣被之后，余衣若干？”

在国家实际运行中，进行诸如人口数量、土地亩数、粮食产量等各项经济指标的统计，无不用到“计数”，可见数学在《管子》中所受到的重视，因为它是治理国家的必要知识和手段。

《管子》所涉及的数学知识是多方面的，还包括分数运算、比例问题、面积问题、代数问题等。根据研究可知，在《管子》中，已经有大量的分数，其表示方式，大致可分为以下四类。

第一，甲去乙。如《国蓄》篇说：“今人君籍求于民，令曰十日而具，则财物之贾什去一；令曰八日而具，则财物之贾什去二；令曰五日而具，则财物之贾什去半；朝令而夕具，由财物之贾什去九。”这是鼓励民众尽快购货的规定，购置越快，价格越低。而价格就是用“甲去乙”的分数形式表达的。

第二，用“什几”“伯几”表示“十分之几”“百分之几”。如《管子》说：“什一之师，什三毋事，则稼亡三之一。”“其称货之家多者千万，少者六七百万，其出之，中伯五也。……其出之，中伯二十也。”这里的“什一”“什三”“伯五”“伯二十”，分别是指十分之一、十分之三、百分之五、百分之二十。

第三，甲分（之）乙。如《管子·中匡》说：“管仲会国用，三分二在宾客，其一在国。”

第四，甲分之乙。如《管子》说：“山处之国常藏谷三分之一。”这种分数表达法今天还在使用。

《管子》中有许多涉及加减乘除四则运算的内容，其中已经提到了部分的乘法口诀表。例如，《管子·地圆》在论述地下水位的高低与土壤类别之间的关系时说：

> 五施，五七三十五尺而至于泉。
>
> 四施，四七二十八尺而至于泉。
>
> 三施，三七二十一尺而至于泉。
>
> 再施，二七一十四尺而至于泉。
>
> 六施，六七四十二尺而至于泉。
>
> 七施，七七四十九尺而至于泉。
>
> 八施，七八五十六尺而至于泉。
>
> 九施，七九六十三尺而至于泉。

这表明当时人们已经熟练运用乘法口诀表了。

《管子》中的天文学

除了数学知识之外，《管子》中还有丰富的天文历法知识。《管子》以农为本，而要发展农业，就必须对与农业生产相关的天文历法有所了解。其中与农业直接相关的就是历法中的节气了。二十四节气是中国传统历法的时令体系，经历了很长的发展阶段，大约是从四时到八节到二十四节气，二十四节气的名称到秦汉时才得以确定。在《管子》中，提到一种三十节气的体系。《管子》中“幼官第八”与“幼官图第九”，内容基本相同，相当于配图说文。一共有“五方十图”，分别叫东方本图、东方副图，南方本图、南方副图、北方本图、北方副图、西方本图、西方副图、中方本图、中方副图。其“四方本图”下的文字如下：

东方本图：春，行冬政肃，行秋政雷，行夏政阉。十二地气发，戒春事。十二小卯，出耕。十二天气下，赐与。十二义气至，修门闾。十二清明，发禁。十二始卯，合男女。十二中卯，十二下卯，用八数，饮于青后之井，以羽兽之火爨。

南方本图：夏，行春政风，行冬政落，重则雨雹，行秋政水。十二小郢，至德。十二绝气下，下爵赏。十二中郢，赐与。十二中绝，收聚。十二大暑至，尽善。十二中暑，十二小暑终，三暑同事。七举时节，君服赤色、味苦味，听羽声，治阳气，用七数，饮于赤后之井，以毛兽之火爨。

西方本图：秋，行夏政叶，行春政华，行冬政耗。十二期风至，戒秋事；十二小卯，薄百爵；十二白露下，收聚；十二复理，赐与；十二始节，第赋事；十二始卯，合男女；十二中卯，十二下卯。三卯同事，九和时节。饮于白后之井，以介虫之火爨。

北方本图：冬，行秋政雾，行夏政雷，行春政烝泄。十二始寒，尽刑。十二小榆，赐予。十二中寒，收聚。十二中榆，大收。十二寒至，静。十二大寒之阴，十二大寒终。三寒同事。六行时节，君服黑色，味咸味，听徵声，治阴气，用六数，饮于黑后之井，以鳞兽之火爨。

这“四方本图”中提到的节气合起有三十个：地气发、小卯、天气下、义气至、清明、始卯、中卯、下卯、小郢、绝气下、中郢、大暑至、中暑、小暑终、期风至、小卯、白露下、复理、始节、始卯、合男女、中卯、下卯、始寒、小榆、中寒、中榆、寒至、大寒、大寒终。

这三十节气中有些名称直接被采用为二十四节气名，如清明、白露、大寒、大暑、小暑等。有的意义与二十四节气的名称接近，如“小郢”与“小满”相当。可见《管子·幼官图》中三十节气与二十四节气是有一定的相通之处的。

《管子》中的农业思想

一般认为，中国古代农学思想以《吕氏春秋》的《上农》《任地》《辨土》《审时》为发端。《管子》中的农时思想，实际上是《吕氏春秋·审时》的农时思想的先声。

《管子》强调“天时”“地利”，形成了农时思想和地宜思想。所谓农时，就是按照季节进行农业生产活动。只有这样，才能保证农业丰收。《管子》中有“地之生财有时”“不务天时则财不生”“举事而不时，力虽尽，其功不成”的记载。《管子》对农时的认识包括下列几个方面。

第一，农业生产的各个环节要遵照时节。精耕细作的农业生产包括耕、芸、收、藏四个环节，这些应该分别在春夏秋冬四季进行。

第二，农时的紧迫性。《管子》认为这与泥土的解冻有关。《管子·巨乘马》说土壤“日至六十日而阳冻释，七十五日而阴冻释。阴冻释而秇稷，百日而不秇稷，故春事二十五日之内耳也”。也就是说，春种只能在地底下的泥土解冻之后 25 日内完成。

第三，农时要有政策法令保证。《管子》强调不夺农时，“无夺民时则百姓富”。要为农时准备充足的人力、物力和财力，同时还要颁布禁政，对采伐捕鱼的时间做出明确的规定。

《管子》中提出的“地宜”思想，也是中国古代重要的农学思想，是指什么样的地区、什么样的土壤，适合种什么样的粮食。这一思想在《周礼》中就有记载，认为东南扬州和正南荆州宜稻，河南豫州宜五种（黍、稷、菽、麦、稻），正东青州宜稻麦，河东兖州宜四种（黍、稷、麦、稻），正西雍州宜黍、稷，东北幽州宜三种（黍、稷、稻）、河内冀州宜黍、稷，正北并州宜五种。

《周礼·地官·司徒》记有大司徒之职：“辨十二壤之物，而知其种。”《管子·地员》则把平原地区的土壤分为“渎田息徒”“赤垆”“黄唐”“斥埴”“黑埴”五类，然后分别介绍五类土壤上宜种植的农作物。例如，渎田息徒：“五种无不宜，”即黍、稷、菽、麦、稻皆宜；斥埴：“宜大菽与麦。”《管子·地员》又对“九州之土”作了综合性的分类，并指出各种土壤所适宜种植的农作物，“土物九十，其种三十六”。《地员》中将土壤分为上、中、下三等，各等又细分六类，共有十八类。而每一类又进一步细分为五种，总共有九十种土壤，所谓“九州之土，为九十物”。这种土壤分类标准完善，注重土壤特性，细致而系统，以土壤肥力、植被颜色、质地、水文、酸碱度等为标准。这样精细的分类，说明《管子》对土壤所宜已经有了比较清楚的认识，是相当成熟的土壤分类体系，也是经由精耕细作的农业实践所总结出来的重要农学思想。

儒家、道家与科技

若论中国古代哲学思想对中国古代科技的影响，首先要讨论的就是儒家和道家。李约瑟在其鸿篇巨制《中国科学技术史》中，有一个基本看法，就是认为中国古代儒家思想对科技总体上是起阻碍作用，而道家则相反，常具有探索自然和未知世界的精神，对古代科技是起促进作用的。

李约瑟的观点，其思想来源是德国社会学家马克斯·韦伯。韦伯研究西方现代资本主义的产生时，认为西方社会有某些特质有助于资本主义的产生，而新教伦理就是一种。为此他提出了比较研究不同文化的宗教思想的宏大计划，期望通过比较而揭示西方文明所具有而其他文明缺乏的特质。为此他著有《中国的宗教：儒家与道家》一书，认为中国的儒家具有“入世的”态度，崇尚官僚制度，追求与自然的和谐，但是没有通过探索自然去改造自然的动力。而道家虽然有探索自然的好奇心和各种实践，却因为其“出世的”态度，因而对建制化的科技研究的贡献也是十分有限的。李约瑟与韦伯的观点稍有不同，就是把儒家和道家对立起来，来看它们对古代科技的影响；认为前者阻碍科学，后者促进科学。

韦伯和李约瑟显然是从“西方中心论”的视角看问题，目的是要找出西方文化中特有而中国文化中没有的东西。但是把科技的发展归结为某种思想或精神，本身就是有问题的。思想的作用往往只是启发性的，而且不同的思想可以在人类的社会行为中同时起作用，因此不能简单地认为某种思想对科技一定是起促进作用，而另一种思想是起阻碍作用。但是，古代的思想是对古代科技有重要的影响，这一点也是毋庸置疑的。中国古代的科技，其思想来源无疑要追溯到诸子百家时代的哲学思想，而儒家思想与道家思想是其大端。

儒家思想的创始者和代表人物是春秋时期的孔子。孔子（公元前551—前479年），名丘，字仲尼，鲁国陬邑（今山东省曲阜市）人，祖居宋国栗邑（今河南省夏邑县）。孔子开创私人讲学之风，有弟子三千，其中贤人七十二。曾带领部分弟子周游列国十四年，晚年修订《诗》《书》《礼》《乐》《易》《春秋》六经。孔子去世后，其弟子及再传弟子把他及其弟子的言行语录和思想记录下来，整理编成《论语》，该书被奉为儒家经典。儒家思想经孟子、荀子而得到进一步的发展，到汉代时经董仲舒等人的倡导，被统治者尊为正统的思想，对中国古代社会政治影响巨大。

那么，春秋战国时期的儒家思想与科技究竟有什么关系呢？分析表明，其关系是十分复杂的，可以有不同的解读，但显然不是简单的“阻碍”作用。

首先，我们来看“儒”的阶层。关于儒，孔子说：“出则事公卿，入则事父兄，丧事不敢不勉，不为酒困，何有于我哉？”似乎表明儒是司祭仪的一类人。

许慎的《说文解字》说："儒，柔也，术士之称。"从秦汉以前文献中关于"儒"的说法来看，古代的儒者就是术士，懂天文占候医药方术的某些方面，在社会从司诸如祭司一类的工作，是有知识的人。这样看来，儒者的身份本身就表明"儒"是古代科技知识的创造者和使用者。

其次，看儒家教导的知识。周时"六艺"指"礼、乐、射、御、书、数"，其中"数"不仅是指计数，而是带有术数的性质。"数"本身也与祭祀有关，祭器的布置、祭祀的时节、天象星宿、风水气候等因素，都需要"数"的知识。当然"数"也指术数方技，在周代更注重理性的社会思潮影响下，术数方技内容也有理性化的趋势。也就是说，儒者执掌六艺以教民的活动，与追求理性化的科技知识的实践，是并行不悖的。

最后，看儒家的经典。据称孔子编定《诗》《书》《礼》《乐》《易》《春秋》。其中《诗》中包含了物候历法和大量鸟兽虫鱼草木的知识;《礼》中的《月令》是关于天文与物候、农业与季节的系统知识;《春秋》是一部历史著作，其中关于日食现象及各种自然灾异的记载，可见连历史也关注科技。《易》与科技的关系就更为密切。孔子晚年研读《易》，其钻研用功程度达到"韦编三绝"，看来他把《易》不仅仅是作为卜筮之书来看待，而是通过《易》的术数，探讨治国的理性方法。自汉代开始，儒家把《易》作为群经之首而推崇备至，所谓"易道广大，无所不包，旁及天文、地理、乐律、兵法、韵学、算术、以逮方外之炉火"。西汉的扬雄就说："通天地人曰儒"。表明儒家者流，既与术数方技一样上知天文下知地理，又比术数方技更高一筹，关心人事，掌握治国之术。所以汉代能出现董仲舒这样的大儒，研究《春秋》，却能重视当时的术数和方技，把自然与人事结合起来，构建"天人合一"的儒术而获得"独尊"的地位。

我们再来看春秋战国时期这些儒家思想代表人物的言论。学者们根据这些思想家的只言片语，得出儒家思想阻碍科学的结论，其实是片面的理解。比如，李约瑟认为，儒家集中注意人与社会，对自然科学的兴趣很少，甚至持反对态度。他举的例子就是《论语》中孔子批评"樊迟学稼"那段话：

樊迟请学稼，子曰："吾不如老农。"请学为圃，曰："吾不如老圃。"樊迟出。子曰："小人哉，樊须也！上好礼，则民莫敢不敬；上好义，则民莫敢不服；上好信，则民莫敢不用情。夫如是，则四方之民襁负其子而至矣，焉用稼？"

这并不是说他反对农业技术知识，他只是认为樊迟不必去专门学习这些知识。而且他也不是对农业知识一无所知，他只是觉得学有所专、术有所攻，他承认在稼、圃方面，不如老农和老圃，恰恰说明他对农业技术知识是有所了解的。关于此事还有一条旁证。《论语・子罕》篇中记载了一段对话："大宰问于子贡曰：'夫子圣者与？何其多能也！'子贡曰：'固天纵之将圣，又多能也。'子闻之曰：'大宰知我乎！吾少也贱，故多能鄙事。君子多乎哉？不多也！'"这一段话说明孔子的确是懂得许多下层人民的技艺，而并没有瞧不起的意思。说"鄙事"最多也是在社会劳动分工意义上讲的，并不能据此推论说儒家不重视各种技艺方面的知识。而且孔子还说，"吾不试，故艺"，说他自己未能为国家任用时，就学习技艺。这就是他"多能鄙事"的原因。有趣的是，明朝有人编过一本生活百科全书，书名就叫《多能鄙事》，其中有许多关于农业、园艺和畜牧方面的知识。

战国时代继承和发展孔子儒家思想的有孟子、荀子等。孟子（约公元前372年—前289年），名轲，字子舆，邹国（今山东邹城东南）人。他受业于孔子的嫡孙子思，是孔子之后、荀子之前的儒家学派的代表人物，与孔子并称"孔孟"。孟子的主要思想就是"仁"。仁，据孟子的解释，就是亲民、用贤良、尊人权、同情心和杀无道。孟子根据周游列国的体验，提出了一个富有革命性的命题："民为贵，社稷次之，君为轻。"孟子哲学思想的最高范畴是天，社会的道德是基于对天道的认识。他说："诚者，天之道也。"孟子用《揠苗助长》《夏禹治水》的故事，说明要按客观规律，也就是按"天之道"办事。《孟子・离娄章名下》中还说："天之高也，星辰之远也，苟求其故，千岁之日至可从而致也。"这说明孟子对天文学的了解是很深刻的。"求其故"就是近代科学所讲的“知其所以然”，这是多么鲜明而又进步的科学研究纲领，说儒家不懂科学、不重视科学，那是不符合事实的。

荀子是战国末期儒家学派的代表人物，先秦时代百家争鸣的集大成者。荀子推崇孔子，对天、天命、天道提出了自己的观点，要点就是“明于天人相分”的自然主义天道观。首先荀子将“天”“天命”“天道”自然化、客观化与规律化，见于他的《天论》一文。“列星随旋，日月递炤，四时代御，阴阳大化，风雨博施，万物各得其和以生，各得其养以成，不见其事而见其功，夫是之谓神；皆知其所以成，莫知其无形，夫是之谓天。”其次他认为“天行有常”，天不是神秘莫测、变幻不定，而是有自己不变的规律。这一规律不是神秘的天道，而是自然的必然性，它不依赖于人间的好恶而发生变化。人不可违背这一规律，而只能严格地遵守它。再次，他提倡“天人相分”，荀子认为自然界和人类各有自己的规律和职分。天道不能干预人道，天归天，人归人，故言天人相分不言合。治乱吉凶，在人而不在天。并且天人各有不同的职能，“天能生物，不能辨物，地能载人，不能治人”（《礼论》），“天有其时，地有其才，人有其治”。最后，他提出“制天命而用之”的思想，就是掌握自然规律而利用它。对天命、天道有这样认识的荀子，自然不会反对对自然的研究。

中国是以农业为主的文明。农业生产是一切政治经济活动的基础。无论哪一家统治中国都要解决好农业问题。儒家以行仁政王道为旗帜，以农为本的政策是势在必行的。《孟子·梁惠王上》记载了孟子关于王道的论述：“不违农时，谷不可胜食也；数罟不入洿池，鱼鳖不可胜食也；斧斤以时入山林，材木不可胜用也。谷与鱼鳖不可胜食，材木不可胜用，是使民养生丧死无憾也。养生丧死无憾，王道之始也。”从中可以看出，儒家是很重视农业的。因为农业需要运用多种科学技术，它涉及天文历法、气象、植物、动物、土壤、水利、机械、食物加工等一系列科学技术专业。因此，重视农业，就意味着对这些相关科学技术的重视。所以说，儒家从治国理政的角度，对科学技术总体上是起积极作用的。

我们再来看道家。关于道家思想对科学的影响，李约瑟极力称赞。他说："道家对于大自然的玄思洞识，完全可以与亚里士多德以前的希腊思想相匹敌，而为一切中国科学的根基。"道家始于老子，老子的思想核心是"道"，这个道可以理解为"自然"。《道德经·二十五章》中老子说："人法地，地法天，天法道，道法自然。"老子"道法自然"中的"道"不是人格化的、有意志的神灵，而是一种自然的规律性的东西。天道就是自然，与神无关。这样，老子就把那种具有人的性格与意志特征的天命神学从天道观中剔除了出去。天道，在天文学上来讲，就是天体的运行具有周期性和规律性。这样的"天道"，就是老子的"道"的根据。老子正是在"天道"的基础上进一步抽象出"道"的概念，如此就将在天文学中所获得的对于自然法则的认识推广于对一切事物，从而赋予周期性和规律性以普遍的意义。

这样，老子哲学就对自然中的变化、周期、循环等有特殊的兴趣，因而就比较倾向于对自然现象进行研究。

老子的"自然"概念也是有其深刻的知识根源。一般认为，老子的"自然"与我们现在讲的"大自然"的自然还有些差别，但它毕竟是与"人为"的事物相对立的东西，就是事物在"大自然"中存在的状态，因此我们也不能断然说中国古代没有"自然"的概念。老子的许多重要思想，就是建立在对自然万物及其变化的广泛观察的基础之上的。

老子的"道"是与宇宙论思想密不可分的。他的道的哲学思想反映了一种宇宙生成论的思考。老子说："天下万物生于有，有生于无。""道生一，一生二，二生三，三生万物。万物负阴而抱阳，冲气以为和。"这是讲宇宙是生成而演化的，自无至有，从少到多，由一而万。

道家哲学在庄子那里又得到了进一步的发挥。老子的"道"："视之不见名曰夷，听之不闻名曰希，搏之不得名曰微。"没有具体性的束缚。"道之为物，惟恍惟惚"。庄子的"道"也是这样："夫道，有情有信，无为无形；可传而不可受，可得而不可见；自本自根，未有天地，自古以固存。"

庄子对于"道"的探索同样具有宇宙论色彩。《庄子·天运》说："天其运乎，地其处乎？日月其争于所乎？孰主张是？孰维纲是？”这些宇宙论问题在庄子的思考中，更加明确、更加清晰、更加具体，类似的提问方式在屈原的《天问》中也能见到，可以视为当时关于宇宙生成变化的普遍问题。

也就是在这种生成宇宙论的影响下，庄子提出了一种关于生物演化的思想。《庄子·至乐》中说：

> 种有几，得水则为继，得水土之际则为蛙玭之衣，生于陵屯则为陵舄，陵舄得郁栖则为乌足。乌足之根为蛴螬，其叶为胡蝶。胡蝶胥也化而为虫，生于灶下，其状若脱，其名为鸲掇。鸲掇千日为鸟，其名为干余骨。干余骨之沫为斯弥，斯弥为食醯。颐辂生乎食醯，黄軦生乎九猷，瞀芮生乎腐蠸。羊奚比乎不箰，久竹生青宁，青宁生程，程生马，马生人。人又反入于机。万物皆出于机，皆入于机。

这里虽然只是一种猜想，但是认为生物发展都是有最根本的原因“几（机）”造成，生物可以从一个物种变为另外一个物种并最后变为人的思想，可以说是非常接近进化论的思想。

在中国古代思想史上，儒家哲学与道家哲学总是既相互对立，又相辅相成，以各自的特点和方式影响了中国古代科技的发展。儒家强调人，道家强调自然，但都强调人与自然的和谐，因此与科学探索自然的目的都不相悖。儒家注重“入世”，更关心国家和社会，因而更倾向于从人的需要出发去探索自然，而且更擅长于科学活动的组织。因此儒家有利于促进建制化的、“常态化”的科学。而道家哲学有“出世”的倾向，更在乎自然的状态，更有好奇心，可以随心所欲地去探究自然，对于新的科学思想的产生是比较有利的。所以，先秦产生的儒、道哲学，实际都是以各自的方式，促进了中国古代科学的发展。儒道思想对于中国古代科学的作用，断不能简单地说成“道家促进科学，儒家阻碍科学”。

《墨经》中的科学概念和思想

在先秦诸子中，墨家以重视逻辑和科学概念著称，与其他诸子有所不同。与其他学派相比，墨家位于社会的下层，从事日常手工技术工作，具有工匠的传统。据说墨子与当时闻名天下的巧匠公输般比试技艺，“公输子削竹木为鹊，成而飞之，三日不下，公输子自以为巧”。而墨子对公输般说：“子之为鹊也，不如匠之为车辖，须臾留三寸之木，而任五十石之重。”他们又比试攻防技术，“子墨子解带为城，以牒为械，公输般九设攻城之机变，子墨子九距之。公输般之攻械尽，子墨子之守圉有余”。这些轶闻趣事说明墨子精通各种技术。正是这样一个具有工匠传统的学派，有着丰富的科学知识和科学思想。

首先是关于宇宙和时空的论说。《墨经·经上》说：“久，弥异时也；宇，弥异所也。”这里，“久”就是时间，是充满了两个不同时刻之间的绵延。“宇”就是空间，是充实在两处不同地点之间的广度。《墨经·经说上》则说：“久，合古今旦莫（暮）；宇，蒙东西南北。”这里的“久”和“宇”分别指时间的总和与空间的总体。“宇”和“久”也就是“宇宙”。因此，《墨经》中实际上提出了一种时空观，时间和空间是可以度量的。不仅如此，时间和空间还是有有限和无限的问题。《墨经·经上》说：“始，当时也。”《经说上》说：“始，时或有久，或无久。始当无久。”这是说，“始”是时刻，是没有绵延的时间（“无久”）。但时间还有绵延的时间（“有久”）。

空间也是一样。“穷，或有前不容尺也”（《经上》）。“穷，或不容尺，有穷；莫不容尺，无穷也”（《经说上》）。这里所谓“不容尺”就是指局部有限的空间，叫“有穷”；而“莫不容尺”就是指可以无限量下去的空间，故称作“无穷”。

而空间的无限与时间的无限又是相关联的。《经下》说：“宇，或徙。说在长宇久。”《经说下》说：“长宇，徙而有处宇，宇南北，在旦有在莫。宇徙久。”这里墨家是说，事物的运动（徙）必定经历一定的空间和时间，由此时此地到彼时彼地，比如由南到北，由旦到暮，空间的变化即为时间（宇徙久）。这样就说明了把时间、空间和运动的相关性和统一性，是非常先进的时空观。

其次是墨经中的数学思想。《墨经》对于数学问题有十分具体的思考。在几何学方面，有关于量、圆、方的概念，关于点、线、面、体等各种几何要素及其相互关系的论述。关于量的概念,《经下》说：“异类不比，说在量。”“量”是指不同类或不同质的不同量。关于圆,《经上》则有明确的定义：“圆，一中同长也。”即对中心一点等距离的点构成的形状。又如关于“体，若二之一，尺之端也。”这是指立体和三维空间,“尺”可解释为“线”,“端”可解释为“点”。

“端”的概念在《墨经》中十分重要。“端，体之无厚而最前者也。”“非半弗斫则不动，说在端。”“非：斫半，进前取也。前则中无为半，犹端也。前后取，则端中也。斫必半，无与非半，不可斫也。”这是说，如果取一尺而斫之，不断取其半，一定会达到“不可斫也”这个点，也就是“体之无厚”的“端”。《墨经》的这一观点与《庄子·天下》中“一尺之棰，日取其半，万世不竭”的看法是相对立的，即《墨经》认为物体不是可以无限分割的。这颇像古代希腊的原子论，但这个“端”还不是指构成物质的元素，因而其意义主要还是几何学上的。

再次是墨经中的力学思想。首先体现在其有关“力”的概念中。《经说上》说：“力，形之所以奋也。”“力，重之谓。下、与，重奋也。”“奋”有加速运动的意思，而“力”就是导致物质加速运动的原因。其中“重奋”，就是在重力作用下加速向下运动的意思。

《墨经》中对杠杆原理也有论述。《墨经》用杆秤来说明问题，说明杠杆平衡的基本条件是重心与支点重合。《墨经》说：“衡，加重于其一旁，必捶。权重相若也，相衡，则本短标长。两加焉，重相若，则标必下，标得权也。”这是说，在平衡的秤的一边加重，就会在这一边下垂；“重”与“权”平衡，则

“重”一边的臂长“本”比“权”一边的臂长“标”短。两边若加同样的重量，则较长的“标”这一边会下垂。这些都是对杠杆平衡原理的正确阐述。

《墨经》中还论及滑轮问题，指出滑轮可以改变用力的方向；讨论斜面问题，说明利用斜面提升重物可以省力；讨论球体的平衡问题，说明球形物体放在平面上难以平衡，可以说是“随遇平衡”问题。这里，我们几乎可以看到的是伽利略式的力学研究，但要比伽利略早了近2000年！

最后是墨经中的光学思想。《墨经》中研究光学现象，提到了“小孔成像”实验。在黑暗小屋朝阳墙面上开一小孔，使人于屋外立于小孔前，在阳光照射下，屋内相对的墙上会出现倒立的人影。《墨经·经下》说：“景到，在午有端与景长。说在端。”《墨经·经说下》又说：“景：光之人煦若射。下者之人也高，高者之人也下。足蔽下光，故成景于上；首蔽上光，故成景于下。在远近有端，与于光，故景障内也。”这样的“小孔成像”实验显然不仅仅是再现现象，而是通过实验来证明光的直线传播规律。

此外，《墨经》中还讨论了平面镜成像、凹面镜成像、凸面镜成像等实验。例如关于凹面镜成像，《墨经·经下》说：“鉴位，景一小而易，一大而正。说在中之外内。”《墨经·经说下》说：“鉴：中之内，鉴者近中，则所鉴大，景亦大；远中，则所鉴小，景亦小，而必正，起于中，缘正而长其直也。中之外，鉴者近中，则所鉴大，景亦大；远中，则所鉴小，景亦小，而必易，合于中，而长其直也。”这里的“中”“缘”是凹面镜的焦点。凹面镜成像分两种情况，一种是在焦点以内，离焦点越近，则像越大；反之越小。这时所成的像是正立的，即“必正”。另一种情况是在焦点之外，这时成像是倒立的，所以“必易”。

《墨经》中这些关于各种镜面成像原理的论述准确而精辟，说明《墨经》中已经具备了相当于几何光学的知识和思想，而且是建立在有意识的光学实验基础上的。

《墨经》中所记述的科学知识，说明中国古代思想中并不缺乏科学的思维。墨家之所以能够以技术见长，而且技术层出不穷，这与其有科学思想的支撑分不开的。

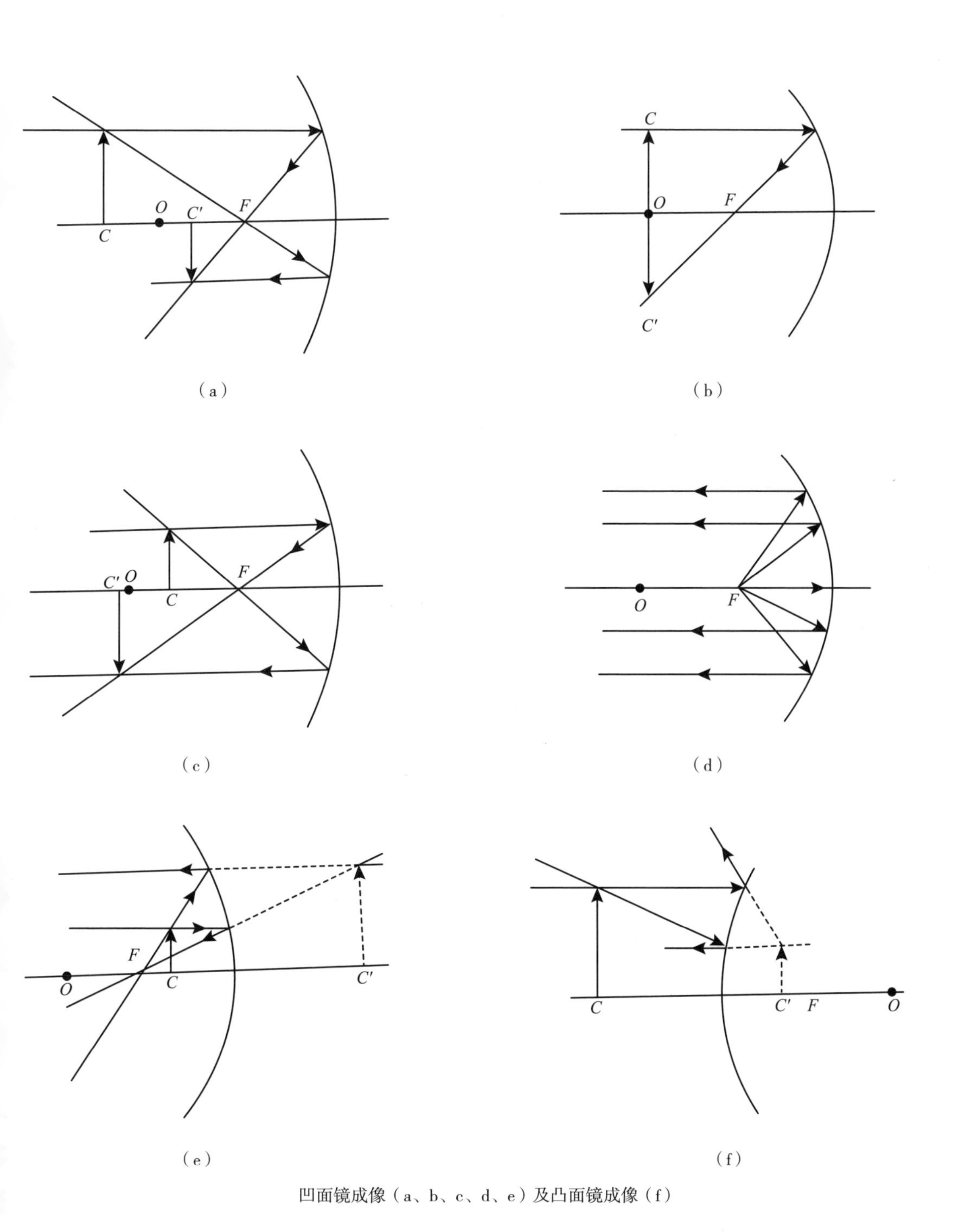

∧《墨经》中凹面镜和凸面镜成像原理示意图

《周礼》的官制与科学知识体系

《周礼》为儒家经典之一，在汉代最初名为《周官》。关于《周礼》的作者及其年代，历代学者进行了长期的争论。一般认为《周礼》应当不是西周时期的作品，不过出土文献表明,《周礼》保留了大量真实的西周史料，能够在一定程度上反映当时的情况。

《周礼》以“设官分职”为框架，通过对六类三百多个官职的记述，汇集了先秦时期政治、经济、文化、风俗和礼法等诸多制度。《周礼》所记述的官僚制度，实际上反映了我国古代以科技知识来治国的政治理想。“设官分职”是《周礼》的核心，就是根据不同事务设立不同的官职，而相应的专业知识是官员履行职责的基础，因此《周礼》所记载的不仅是官职制度，同时也是一套系统的科技知识体系，涉及天文、医药、地理、农业、食物加工、军工和建筑等诸多科技门类，并且每门类之下都有十分具体细致的分工。

与天文有关的职官,《周礼》中记有大司徒、冯相氏、保章氏、鸡人、眡祲、挈壶氏、司寤氏、土方氏、匠人、玉人、大司徒等，这些官职各属六官又各自负责某一项具体的天文事务，还有固定的编制。

第一有冯相氏：“掌十有二岁，十有二月，十有二辰，十日，二十有八星之位，辨其叙事，以会天位，冬夏致日，春秋致月，以辨四时之叙。”(《周礼・春官・宗伯》) 其主要职责是制定历法，确定时令。其编制为：“中士二人，下士四人，府二人，史四人，徒八人。”

第二是保章氏：“掌天星，以志星辰日月之变动，以观天下之迁，辨其吉凶。以星土辨九州之地，所封封域，皆有分星，以观妖祥。以十有二岁之相，观天下之妖祥。以五云之物，辨吉凶水旱，降丰荒之祲象。以十有二风，察天地之和命，乖别之妖祥。”其主要职责是星占，通过观察日月五星的运动，以及各种气象，以辨吉凶。其编制为："中士二人，下士四人，府二人，史四人，徒八人。"

第三有眡祲："掌十煇之法，以观妖祥、辨吉凶，一曰祲，二曰象，三曰鑴，四曰监，五曰暗，六曰瞢，七曰弥，八曰叙，九曰隮，十曰想。"这是观察云气的天文官员。其编制为："中士二人，史二人，徒四人。"

第四是与时间管理有关的官职。有鸡人："掌大祭祀、夜呼旦以叫百官。凡国之大宾客会同，军旅、丧纪，亦如之。凡国事为期，则告之时。"其职责是为举行国家重大活动提供时间服务。有挈壶氏："掌挈壶以令军井；挈辔以令舍，挈畚以令粮。凡军事，悬壶以序聚柝。凡丧，悬壶以代哭者。皆以水火守之，分以日夜。及冬，则以火爨鼎水而沸之，而沃之。"有司寤氏："掌夜时，以星分夜，以诏夜士夜禁，御晨行者，禁宵行者、夜游者。"其职责是夜间依据星宿的位置来定时，以告知巡夜的官吏实行宵禁的时间。

第五是与圭表测量有关的官员。有土方氏（《夏官・司马》）："掌土圭之法，以致日景，以土地相宅，而建邦国都鄙。以辨土宜土化之法，而授任地者，王巡守，则树王舍。"其编制为："上士五人，下士十人，府二人，史五人，徒五十人。"有匠人（《冬官・考工记》）："建国，水地以悬，置槷以悬，眡以景，为规，识日出之景与日入之景，昼参诸日中之景，夜考诸极星，以正朝夕。"有玉人："土圭，尺有五寸，以致日、以土地……圭璧五寸，以祀日月星辰。"此外还有大司徒（《地官・大司徒》）："以土圭之法测土深，正日景以求地中。日北，则景短，多暑。日南，则景长，多寒。日东，则景夕，多风。日西，则景朝，多阴。日至之景，尺有五寸，谓之地中。"

从这些天文官员的设置，可以看出当时的天文活动包括恒星观测、气象观测、漏刻测时报时、土圭测影和历法制定等，虽然尚不完备，但已经具备后世天文机构的基本雏形。

《周礼》中记载了与医疗有关的专门机构——医师。该医疗机构由"上士二人，下士四人，府二人，史二人，徒二十人"组成，统领各科医生。其职责范围是：

（1）"掌医之政令"，即负责制定和执行与医疗有关的政令；

（2）向各处派遣各科医生，“凡邦之有疾病者，疕疡者造焉，则使医分而治之”，承担医疗服务，根据不同的疾病分派专科医生进行治疗；

（3）“聚毒药以供医事”，收集和管理药物，以供医疗活动使用；

（4）档案管理“凡民之有疾病者，分而治之，死终则各书其所以，而入于医师”，医治患有不同疾病的民众，并为病死者建立病例档案；

（5）“岁终则稽其医事以制其食”“十全为上，十失一次之，十失二次之，十失三次之，十失四为下”“死则计其数以进退之”，开展对医生（包括兽医）的业绩考核。

此外，《周礼》还将当时的官医分为四科，即食医、疾医、疡医、兽医。这些官医各有职责：食医掌和王之六食、六饮、六膳、百馐、百酱、八珍之齐；疾医掌养万民之疾病；疡医掌肿疡、溃疡、金疡、折疡之祝，药、劀、杀之齐；兽医掌疗兽病，疗兽疡。

每科医生所负责的疾病种类也有比较细致的分类。如“四时皆有疠疾：春时有痟首疾，夏时有痒疥疾，秋时有疟寒疾，冬时有嗽上气疾”。对医治流程也有一定规范：“凡疗兽病，灌而行之，以节之，以动其气，观其所发而养之。凡疗兽疡，灌而劀之，以发其恶，然后药之，养之，食之。”

《周礼》所记载的官职制度表明，当时的人已经认识到专业技术对于国家治理的重要性，反映了中国古代的“科技治理”理念。

《周礼》的“设官分职”十分重视官员所具备的专业技术素养。《周礼》将职官分为六类，即天官、地官、春官、夏官、秋官、冬官，《天官·小宰》谓之“六属”，每官又各设属官六十，一共三百六十官，以合周天之数。《尚书·皋陶谟》云：“无旷庶官，天工人其代之。”《周礼》中的三百六十官大多是掌握专业技术的科技人员，即便如地官之长“大司徒”，不仅要“掌建邦之土地之图与其人民之数，以佐王安扰邦国”，也须掌握“以土圭之法测土深。正日景，以求地中”之术。

《周礼》的官制强调专业分工，遵循专人专事原则。上述天文、医疗有关的职官划分，就体现了这一原则。

与农业种植相关的官职设置也是这样，比如：草人“掌土化之法以物地，相其宜而为之种”，即负责土质的治理，观察土地的形色，然后确定其所适宜种植的农作物，然后种植；场人“掌国之场圃，而树之果蓏（luǒ，果实之义）珍异之物，以时敛而藏之”，负责管理城郭内的场圃，栽种瓜果，按时收获和贮藏；司稼“掌巡邦野之稼，而辨穜稑之种，周知其名，与其所宜地”，即负责观测农田土质，辨明谷物的类别，选择种植作物的品种，制定种植方法并将其教授给民众。

其他类别的职官也不例外。比如，职方氏负责管理地图，熟悉、分辨各地物产财货，并据此规定各邦国贡赋，“掌天下之图，以掌天下之地，辨其邦国、都鄙、四夷、八蛮、七闽、九貉、五戎、六狄之人民，与其财用九谷、六畜之数要，周知其利害，乃辨九州之国，使同贯利”。量人，负责城郭、军垒的营建，“掌建国之法。以分国为九州，营国城郭，营后宫，量市朝道巷门渠。造都邑，亦如之。营军之垒舍，量其市朝州涂，军社之所里”。山师、川师、邍师，分别负责执掌各地之地名、物产和地势利害，山师“掌山林之名辨其物与其利害，而颁之于邦国，使致其珍异之物”，川师“掌川泽之名，辨其物与其利害而颁之于邦国，使致其珍异之物”，邍师“掌四方之地名，辨其丘、陵、坟、衍、邍、隰之名，物之可以封邑者”。

虽然《周礼》中所记载的官制，在周代并不一定实行过，但它反映了古人心目中理想的国家治理蓝图。在《周礼》的“理想国”中，社会依靠一套精致的职官系统运行，专业的知识技术是设置职位和选拔官员的重要依据，科学技术被充分应用到国家治理中，人们各有职责、协同运作，共同维持国家的平稳运行。

《考工记》中的技术规范

春秋时期，随着手工业的发展和生产经验的积累，在贸易、战争和外交等因素的影响下，手工业内部分工更加细化，手工业生产技术也趋于规范化、科学化。春秋末期齐国人所著的《考工记》较好地反映这一时期手工业的分工体系和生产技术规范。

《考工记》全书共7100余字，反映出当时中国的科技和工艺水平，是目前中国所见年代最早关于手工业技术的文献，该书在中国科技史、工艺美术史和文化史上都占有重要地位。今天所见的《考工记》是《周礼》的一部分。《周礼》在西汉时《冬官篇》佚缺，便取《考工记》补入。

《考工记》分别介绍了车舆、宫室、兵器和礼乐之器等器物的设计规范、制作工艺和检验方法，还有城郭宫室的规划和营建，记述了木工、金工、皮革、染色、刮磨和陶瓷六大类三十个工种的内容，涉及数学、力学、声学、冶金学和建筑学等多个科技门类，是一部有关手工业技术规范的汇集。

据《考工记》所载，当时的官府手工业包括有三十项专门的生产部门，“攻木之工七，攻金之工六，攻皮之工五，设色之工五，刮磨之工五，搏埴之工二”，涉及运输和生产工具、兵器、乐器、容器、玉器、皮革、染色和建筑等项目，而其中每一项的工作内容又有更为细致的划分。

如车辆的制作，《考工记》记述了一套比较完整的官府制车工艺流程和技术检验方式。除所谓车人外，还有专门造轮子的轮人，专门制车厢的舆人和专门制造车辕的辀人等，可见当时手工业生产分工的细密化程度。不仅如此，《考工记》还详细描述了具体部件的一系列制作流程、技术标准，并且记载了相关的检验方法。比如对车的关键部件——轮子的检验。

第一，“规之以视其圆”“欲其微至也。无所取之，取诸圆也”“不微至，无以为戚速也”，《考工记》的作者认识到，车辆要跑得快，车轮与地的接触面就必须尽可能小，而达到这个目的的关键，就是轮子的外形要尽可能接近正圆，轮子不是正圆就转不快，因此就要用圆规精确校准的方法来校正轮子的外形。

第二，“萬之以视其匡也”，就是说轮子平面必须平正，而检验方法，是将轮子平放在同它等大的平整的圆盘上，察看二者的密合程度。

第三，“县之以视辐之直也”，即用悬线察看辐条是否笔直。

第四，“水之以视其平沉之均也”，即要将轮子放在水中，看其浮沉是否一致，以确定轮子的各部分是否均衡。

> 古代木制车轮

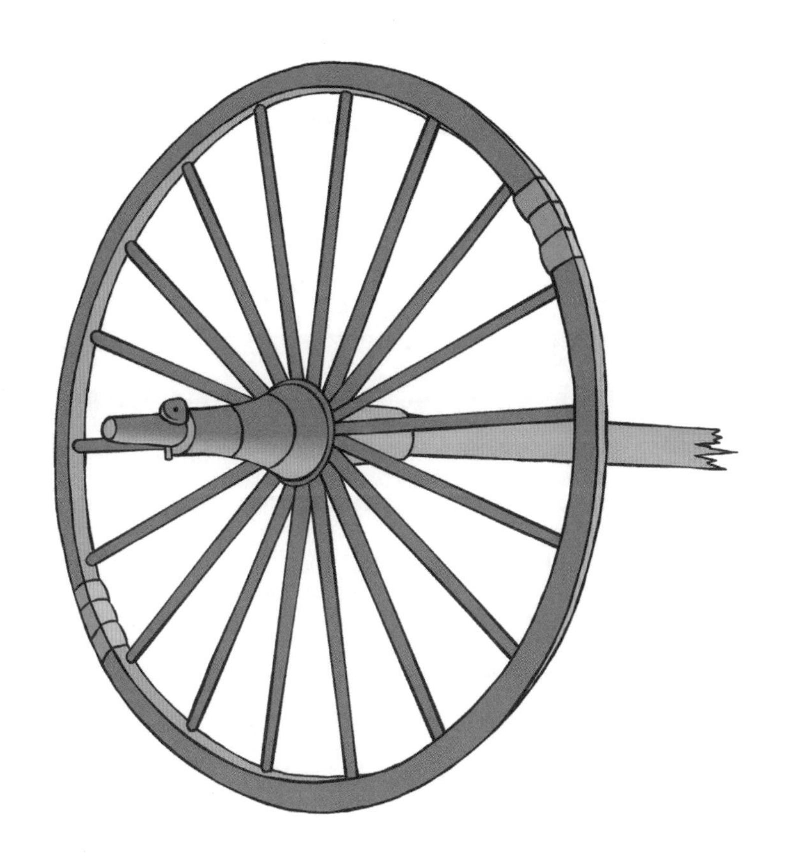

第五，为了检验一辆车的两个轮子的尺寸大小和轮重是否相等，就要“量其薮以黍，以眡其同也；权之以眡其轻重之侔也”。

第六，轮子的整体结构必须坚固，即所谓“欲其朴属”。

第七，《考工记》根据不同道路情况和需求，提出了所应选用的毂的尺寸，“行泽者欲短毂，行山者欲长毂，短毂则利，长毂则安”。

第八，“轮已崇，则人不能登也；轮已庳，则于马终古登阤也”，即轮子的直径要平衡使用过程中的人性化需求和省马力的经济要求，因为太大，人上下就不方便，太小，马拉起来就吃力，好像经常在上坡一样。

第九，对轴材料的要求，“轴有三理：一者以为微也，二者以为久也，三者以为利也”，材质坚固，耐久不易损，转动灵便。

第十，必须及时选用坚实的木料，即所谓“斩三材，必以其时”，等等。

综上，仅车轮的选材、制作和检验就要经过十分严格规范的程序，其各项考虑周全细密且符合科学道理。同样地,《考工记》还对车舆材料的选择及连接方法，车辕、车架的制作，对不同用途车辆的部件配置等问题，分别进行了详细描述。这些不仅反映当时手工业生产的技术水平，也反映了生产工艺的规范化。

又如弓箭的制作,《考工记》载有弓人、矢人和冶氏三个专门工种，他们制造弓箭须遵循十分细致的工艺程序和技术准则。据《考工记》记述，一张良弓要耗时三年多才能制成：第一年冬天开始制作弓干，将其削整精致、均匀，浸治两次，再用慢火揉干；第二年春天加工牛角，将其剖析至长短适宜，然后浸治三次；夏天制备弓筋；秋天用丝、胶、漆将干、角、筋组合在一起；冬天将弓体放入弓匣内固定好，并在隆冬冰冻时，检查漆纹是否脱落；第三年春天给弓体安上弓弦和各种配件，如此放置一年后，才可开弓使用。

《考工记》不仅为弓的制作制定了一整套流程，针对弓干、弓角、弓筋和弓弦等材料的制取也作了规定，如弓干的材料选择,“柘为上，檍次之，檿（yǎn）桑次之，橘次之，木瓜次之，荆次之，竹为下”。而且指出了严格遵守规范的好处,“冬析干则易，春液角则合，夏治筋则不烦，秋合三材则合，寒奠体则张不流”，以及违反规范的弊端,“斫目不荼，则及其大修也，筋代之受病”“斫挚不中，胶之不均，则及其大修也，角代之受病，夫怀胶于内而摩其角，夫角之所由挫，恒由此作”。此外，书中对于弓的射击技巧、如何保养加固弓体乃至不同性情的人应使用什么样的弓箭等均有论述。

《考工记》还对不同用途的箭矢制定了规范，如将箭矢分为鍭矢、茀矢、兵矢、田矢、杀矢五类，每一类箭镞的长短、大小，箭铤的长短等都有不同的比例规定。书中还规定了箭羽的设置，箭羽会影响箭矢在飞行过程中的飞行姿态和气流情况,《考工记》使用将箭杆放入水中观察其浮沉情况的办法，查看箭矢的质量分布情况,“水之，以辨其阴阳，夹其阴阳，以设其比，夹其比，以设其羽”，若箭羽位置恰当，则“虽有疾风，亦弗之能惮矣”。书中还论述了箭矢因配件设置不当，而引起的各种不正常情况,“前弱则俛，后弱则翔，中弱则纡，中强则扬，羽丰则迟，羽杀则嫚”。

《考工记》中关于弓箭的制作和使用规范，显然是经过长期探索和实践所获得的经验总结，也反映了中国古人对于弓箭的材质特性、物体的重力分布和飞行体空气动力学特征等问题的早期探索，书中对于弓箭的制作技术规范便是建立在这些认识的基础上的。

《考工记》还记述当时盛行的钟、鼓、磬等乐器的制作技术，并对乐器的发音要素进行了可贵的物理探讨。书中明确指出钟声的产生，是钟体振动的结果。钟声的频率高低、音色则与钟的厚薄、形状、器体大小和材质有关，“薄厚之所震动，清浊之所由出，侈弇之所由兴，有说。钟已厚则石，已薄则播，侈则柞，弇则郁，长甬则震”。

1978 年在湖北随县（今随州）擂鼓墩曾侯乙墓出土，墓中出土了编钟六十五件。这些钟每件都能奏出呈三度音阶的双音，构成了一套齐备的可供旋宫转调的十二个半音的系统。每口钟大多标有该钟所发音的音阶名，钟的口径大小不等，厚薄各异，甬的长度殊别，赋予各钟以不同的音；有的钟口还留有经过摩擦的痕迹，说明为校准音阶等的需要，它们又经过了仔细的加工调试。曾侯乙编钟的出土，印证了《考工记》的文字记载，甚至其技术水平超过了书中的技术，反映了这一时期人们的造钟技术和音律知识已达较高水平。

《考工记》十分全面、详细地记述了春秋时期及以前的手工业生产发展的状况，难能可贵的是，书中对各项手工业技术的记载，不仅停留于记述其然，又多不辞繁复地叙述其所以然，显示了古人对事物的特性和规律的不懈探索，也为今人勾画了一幅百工居肆、众业唯精的科技画卷。

阴阳五行的自然观

阴阳学说与本源问题

阴阳学说究竟起源于何时，目前还是个未解之谜，但肯定是相当古老的学说，并且被先民广泛运用于解释一些自然现象。甲骨文中已有“阴”字，多用于占卜天气的变化，如“丙辰卜，丁巳其阴乎？允阴”。[①]《诗经》中也有“春日载阳”“阴雨膏之”这样的诗句，把温暖、明亮之处称为阳，把寒冷、暗昧之处称为阴。古代还使用阴阳来指示方位，如《尚书·禹贡》中的“岷山之阳”“荆及衡阳”，阳就是指山的南面。《易经·中孚卦》“九二爻辞”中的“鸣鹤在阴”，阴就是指背阴处。

综上可以看出，阴阳作为两个对立的“二分”概念，在指示天气、方位、明暗变化等方面已有诸多应用，但此时还尚未彻底独立出来，成为一个更具普遍性的、用于解释世界本源问题的概念。阴阳作为重要的原因概念有待于扩展阴阳中所含有的“气”的内涵，即阴阳不再只是一种附属于天气、山河等事物的属性，而是直接以阴气、阳气的形式成为用于解释万物演化的原因。

战国时诗人屈原在《天问》中写道：“邃古之初，谁传道之？上下未形，何由考之？冥昭瞢暗，谁能极之？冯翼惟像，何以识之？明明暗暗，惟时何为？阴阳参合，何本何化？”这段诗句用设问的方式探究关于世界本源的问题，其中“阴阳参合，何本何化？”是将阴阳二气作为万物化生的基本质料。

关于气、阴阳与世界本源的描述，《淮南子·天文训》中给出了一幅生动的宇宙起源的图景：

> 天地未形，冯冯翼翼，洞洞灟灟，故曰太昭。道始生虚廓，虚廓生宇宙，宇宙生气。气有涯垠，清阳者薄靡而为天，重浊者凝滞而为地。清妙之合专易，重浊之凝竭难，故天先成而地后定。天地之袭精为阴阳，阴阳之专精为四时，四时之散精为万物。积阳之热气生火，火气之精者为日；积阴之寒气为水，水气之精者为月；日月之淫为精者为星辰……

《天文训》中描述的宇宙初始状态是一团混沌不分的气，由气中产生了时

① 《甲骨文合集》第 19781 条。

间和空间，又导致了阴阳二气的分离。阳气上升而为天，阴气凝结而为地。阴阳二气的运动造成了四季和万物生长。阳气聚集成火，由火生成太阳；阴气聚集成水，由水生成月亮；最后由日月的精华生成星辰。可见阴阳二气虽然并非宇宙的初始状态，但却是世界万物得以生成的质料。

那么，阴阳二气究竟由何而来的呢？关于这个问题，《淮南子·精神训》中说："古未有天地之时，惟像无形，窈窈冥冥，芒芠漠闵，澒濛鸿洞，莫知其门。有二神混生，经天营地，孔乎莫知其所终极，滔乎莫知其所止息，于是乃别为阴阳，离为八极，刚柔相成，万物乃形。"这段话是说，在上古天地尚未分明、世界处于一片无形无迹的混沌中时，由这片混沌中慢慢诞生出阴阳两位神明，在那里苦心经营世界，后来阴阳分离，刚柔相济，于是形成了世间万物。这里显然是将阴、阳赋予了神格，采用了神创论解释了阴阳的由来。这种神话的思维方式是人类早期文明的共同特点，和中华文明同时期的两河文明在解释事物的起源和本质时也纷纷诉诸神灵，及至古希腊的米利都学派给出了世界本源是水的一元论解释才迈出了非神创论的第一步。早期中国在解释本源问题时并不完全排除神的影响，然而神话只用来解释阴阳二气的由来，在那之后的世界却是排除了神创论之后的物质景象。自然化、物质化后的阴阳二气也就具备了从唯物论的角度解释世界的潜力，于是在后续的阴阳观中，我们常常能够看到古人运用阴阳二气来解释一些自然现象。

如《国语·周语上》中记载周宣王继位时，虢文公谏言："古者，太史顺时覛土，阳瘅愤盈，土气震发，农祥晨正，日月底于天庙，土乃脉发。先时九日，太史告稷曰：'自今至于初吉，阳气俱蒸，土膏其动。弗震弗渝，脉其满眚，谷乃不殖。'……稷则遍诫百姓，纪农协功，曰：'阴阳分布，震雷出滞……'"其中"阴阳分布"是指阴阳二气均衡，乃春分时节，此时阳气震发，应该顺应阳气的震动来疏导土壤，以免阳气淤积，谷物难以生长，这是以阳气的震发之理作为农时的依据。

阴阳二气还用来解释地震的成因。据《国语·周语上》上记载，周幽王二年，伯阳父以阴阳二气的失调来解释地震："夫天地之气，不失其序，若过其序，民乱之也。阳伏而不能出，阴迫而不能烝，于是有地震。今三川实震，是阳失其所而镇阴也。阳失而在阴，川源必塞，源塞，国必亡。”在这里，阴阳二气的相互作用不仅被解释成关于天地运行的规律，更是与国家的兴衰联系起来。地震是由于阴阳失序，而阴阳有序才能国泰民安，一旦失序便会有灾难，如地震的发生，国家也会灭亡。

这种将国家甚至个人命运都置于自然之中，认为物质世界的一切都在阴阳二气这个基本规律的支配下相互联系的观念，就是在探索多样性背后的统一性及秩序，是很深刻的哲学命题，也是中国古代重要的思维方式。它在后续逐渐发展成以“天人合一”为核心的中华文化体系，在科技、政治以及日常生活等方面具有全面的反映。如中国古代医学的奠基之作《黄帝内经》就是以阴阳二气的相互平衡作为诊断病症的依据。《黄帝内经》言“凡阴阳之要，阳密乃固。两者不和，若春无秋，若冬无夏。因而和之，是谓圣度。故阳强不能密，阴气乃绝。阴平阳秘，精神乃治，阴阳离决，精气乃绝”，就是将阴阳二气的平衡视为人体健康与否的关键，一旦阴阳的平衡被打破，就会招致疾病。《黄帝内经》将这种关系总括为“阴胜则阳病，阳胜则阴病。阳胜则热，阴胜则寒”。认为阴阳代表了天地之气的运作，万物皆顺着阴阳之气而动，人处于天地之中，同样受制于阴阳的相互作用。

《黄帝内经》实际上是将阴阳的概念用于描述疾病，进而又通过阴阳二气的相互运动、相互关系探寻疾病的成因与治疗法。这里的阴阳观念就变为一种朴素的分类法，而分类法正是人类认识自然的基本科学方法论之一，在此基础上必然发展出更为复杂的体系，五行说便是其中之一。

五行学说的世界图式

关于五行的起源目前亦尚无定论，比较流行的说法是认为五行的形成与五方、五星和五材思想有关。五方即东西南北中五个方位，商代就有五方的思想，五行可能是在五方的基础上演变而来。在《尚书·洪范》中言：

> 五行：一曰水，二曰火，三曰木，四曰金，五曰土。水曰润下，火曰炎上，木曰曲直，金曰从革，土爰稼穑。润下作咸，炎上作苦，曲直作酸，从革作辛，稼穑作甘。

这里的水、火、木、金、土并不是指这五种具体的材质，而是五种活动，润下、炎上，曲直、从革、稼穑都是指活动和变化。这与古希腊亚里士多德的四元素说在思维上有共通处，在亚里士多德体系中，土、气、水、火是四种基本元素，它们通过冷、热、干、湿的两两相互作用构成整个物质世界。

然而中国古代五行的划分不仅仅关乎自然的物质世界，而是囊括了自然和人文领域的重要内容。“润下”和“炎上”是纯粹的自然活动，“曲直”则包含是非的道德伦理含义，“从革”和“稼穑”关涉军事和农业，这些都是古代生活中最为重要的内容。同时，这里的咸、苦、酸、辛、甘五味也并不是简单地与五行相配，而是作为这五类活动的结果。简言之，五行的出现可以视为中国古代将自然与人的活动加以类型化的尝试。因此，中国的五行说并非简单的五种元素，而是同阴阳说一样，形成了自然哲学与人文哲学的统一。

五行学说的世界图式

五行	五星	五方	五季	五色	五味	五脏	五官	五志	五气	五臭	五虫	五谷	天干	地支	八卦
木	岁星	东	春	青	酸	肝	目	怒	温	膻	毛	麻	甲乙	寅卯	震巽
火	荧惑	南	夏	赤	苦	心	舌	喜	热	焦	羽	麦	丙丁	巳午	离
土	填星	中	长夏	黄	甘	脾	口	思	平	香	倮	稷	戊己	辰戌丑未	坤艮
金	太白	西	秋	白	辛	肺	鼻	忧悲	凉	腥	介	黍	庚辛	申酉	乾兑
水	辰星	北	冬	黑	咸	肾	耳	恐惊	寒	腐	鳞	豆	壬癸	子亥	坎

五行作为五种活动类型，之间的相互关系同样受到古人的重视，乃至于成为判断和预测重大事件的依据，这就是五行相胜的思想。这方面，春秋时代已有相关的记载。如根据《左传·昭公三十一年》的记载，史墨依据“火胜金”之理判断六年后吴要攻楚，但终将败退，“六年及此月也，吴其入郢乎！终亦弗

克。入郢，必以庚辰，日月在辰尾。庚午之日，日始有谪。火胜金，故弗克”。《左传·哀公九年》中又有“炎帝为火师，姜姓其后也。水胜火，伐姜则可”的说法，这说明五行相胜的思想已被广泛运用于国家政治与军事活动中。

战国时期的邹衍更提出“五德转移”的思想，以五行“土、木、金、火、水”的相胜更替解释王朝更迭。《吕氏春秋·应同》篇就是以黄帝（土）—禹（木）—商汤（金）—周文王（火）的相胜顺序论述五行之德的转移与王朝更迭，并指出某德胜时会有相应的符瑞出现。秦始皇用水德，服饰尚黑，由此第一次形成了五德的循环系统。正如顾颉刚先生所说①，天子选择五行之一作为其所据之德，天子之德的循环顺应五行循环的次序。

五行作为五种最普遍的活动类型，五味代表活动最后的结果，五行相胜又指向了活动之间的相互关系，以此为基础，五行便可成为一种普遍的世界图式，将一年四季、日月星辰、方位、颜色、天干等都纳入五行的统摄之下，《吕氏春秋·十二纪》系统地展现了这一宇宙图式：

> 孟春之月：其日甲乙，其帝太皞，其神句芒，其虫鳞，其音角，律中太蔟，其数八……盛德在木。(《孟春纪》)
>
> 孟夏之月：其日丙丁，其帝炎帝，其神祝融，其虫羽，其音徵，律中仲吕，其数七……盛德在火。(《孟夏纪》)
>
> 中央土：其日戊己，其帝黄帝，其神后土，其虫倮，其音宫，律中黄钟之宫，其数五……(《季夏纪》)
>
> 孟秋之月：其日庚辛，其帝少皞，其神蓐收，其虫毛，其音商，律中夷则，其数九……盛德在金。(《孟秋纪》)
>
> 孟冬之月：其日壬癸，其帝颛顼，其神玄冥，其虫介，其音羽，律中应钟，其数六……盛德在水。(《孟冬纪》)

---

① 顾颉刚. 顾颉刚古史论文集（第三册）[M]. 北京：中华书局，1996：267.

《吕氏春秋·十二纪》以春夏秋冬、土居中央来对应五行，形成了五行与天干、五帝、五神、五虫、五音、五数等的相配关系，代表着一个以五行为主，一年四季交替转化的完整体系。

需要注意的是，当时人们同时又以阴阳作为四时更替的内在动力。这里虽然已将四时的更替等同于五行的更替，但尚不完备，一方面是因为在该体系中，土居中央只占据虚位，并不具体参与到春夏秋冬的运作中，春夏秋冬的更替只是木火金水的更替；另一方面关系到阴阳和五行的合流问题。

在春秋战国之际，阴阳和五行尚属于两套概念系统，阴阳和五行内在的关联未得到系统的揭示，即阴阳从何而来，五行如何具有气的内涵并作为阴阳二气运作的环节之一，这些皆有待于后学的发展和阐释。西汉史学家刘向在《说苑·辨物》中以"易曰"言："一阴一阳之谓道，道也者，物之动莫不由道也。是故发于一，成于二，备于三，周于四，行于五；是故玄象着明，莫大于日月；察变之动，莫着于五星。天之五星运气于五行，其初犹发于阴阳，而化极万一千五百二十。"在这里便是形成了"以道为气，气生阴阳，阴阳生五行"为理论支撑，实现了阴阳和五行完美融合（详见本书第五章）。

此时的阴阳和五行已经成为一种关于物质世界本原的重要学说，是一套非神创论的用于探索和解释自然与人类社会的综合体系。从诉诸神到采用抽象的、人为约定的系统来描述自然，这是人类认识论上的一次飞跃，量子力学的奠基人玻尔曾说过："我们人类从根本上依赖于什么？我们依赖于我们的言词……不存在什么量子世界。只存在一种抽象的量子力学描述。认为物理学的任务是去探求大自然是怎样的想法是错误的。物理学讨论的是我们对于大自然可能说些什么。"

从这个意义上来说，以阴阳二气解释宇宙本原，以五行对于世界进行归类描述、揭示自然的运行图景也是一种以自然语言来描述和解释世界的方式之一，是朴素唯物论的一种。它既体现了古代先民对于自然的探索精神与志趣，也是"天人合一"的中华独特文化的哲学基础。

秋分
八月
西

第四章

传统范式

秦汉科技体系的形成

秦汉时期是中国古代科技发展的重要时期。秦灭六国，废分封，立郡县，统一货币和度量衡，统一文字和车轨[①]。汉承秦制，继续采取巩固和发展中央集权式的国家政治制度。到汉武帝时，更采取了一系列措施，加强封建中央集权的统治。思想上“罢黜百家，独尊儒术”；文化上建封禅、改历法；经济上重视农业，大力兴修水利，实行盐铁官营；对外交流上则击匈奴，通西域，开辟“丝绸之路”。政治经济上的统一势必也影响科技文化的发展。这是一个对科技也要建立统一规范的时代。美国学者托马斯·库恩在其《科学革命的结构》一书中指出，成熟的科学研究的开展，需要有统一的“范式”，即大家公认的基本理论和方法。他认为许多学科只是到了近代才建立“范式”，但是也有少数学科，如数学和天文学，在古代就有了范式。

中华文明到了秦汉时代，对先前的科技经验和思想进行了总结和规范，形成了体系，成为后世科技发展的“范式”。这在天文学、数学、医学方面尤为突出。汉武帝时期的太初改历，建立了中国的“阴阳合历”的历法体系，使天文历法成为支撑汉代社会理想和人文精神的基础。二十四节气之引入历法、盖天说与浑天说的演变、星官体系的建立、天文仪器的创制，为中国天文学后世的发展奠定了基础。成书于西汉时期的《九章算术》，从实际问题出发，构建了初等数学中算术、代数和几何的主要内容，其形数结合的数学体系和逻辑与直观结合的数学推理方法，成为后世中国数学的发展范式。成书于汉代的《黄

① 秦始皇统一中国后，把车轮间距统一为六尺，叫作“车同轨”。六尺相当于现在的138.6厘米。

帝内经》则是阴阳五行思想对人体的认识理论，包括了经络体系，成为中医的基础理论，对总结本草知识、医方用药及临床经验都有指导意义。汉代的地图和地理，也反映了测绘技术的高度发达，而且是把科学知识运用于国家社会政治经济的典范。

太初改历

历法是中国古代天文学的核心内容。中国古代历法不仅仅是确定季节和安排时日，而是一整套天文计算模型，用以推算日月五星的运动，以及日月食、五星会合等各种天文现象，因此是一套数理天文学体系。而这样的天文学体系是在汉代的“太初改历”过程中建立起来的。

对于以农业文明为主的社会来说，天文历法对于社会生产和社会活动的重要性是不言而喻的。与此同时，天文历法还被赋予了极其重要的政治意义。《尚书·尧典》中提到尧帝命令当时的天文学家羲和兄弟“钦若昊天，历象日月星辰，敬授民时”，确定了“期三百有六旬有六日，以闰月定四时成岁”的历法。于是“允厘百工，庶绩咸熙”，各行各业的工作都很顺利了。这种历法对于国家治理的象征意义成为后世的传统。司马迁在《史记·历书》中说：“王者易姓受命，必慎始初，改正朔，易服色，推本天元，顺承厥意。”同时代的大儒董仲舒在其《春秋繁露》中也说：“王者必受命而后王，王者必改正朔，易服色，制礼乐，一统于天下，所以明易姓，非继人，通以己受之于天也。”“改正朔”意思就是改历法。此外，关于朝代的更替，战国时期齐国的阴阳家还提出一种叫作“五德终始”的说法。“五德”是指五行木、火、土、金、水所代表的五种德性，“终始”指“五德”的周而复始的循环运转，历代王朝的兴替就按照五行相胜的顺序发生。邹衍说：“五德从所不胜，虞土、夏木、殷金、周火，”又说，“代火者必将水。”所以秦朝是承水德，而汉替代秦，是“土胜水”，当然应该是土德。这些理论，都被用来作为主张改历的依据。照此说来，汉家天下要有自己的历法也是顺理成章的事情。

然而，汉代的改历却不是那么一帆风顺，而是充满了皇朝政治争斗的曲折过程。

汉朝刚刚建立的时候，需要与民休养生息，宗教文化的事情还无暇顾及，所以历法还是沿用秦朝的《颛顼历》。但是到了汉文帝时，就有贾谊（公元前200—前168年）首先提出了改历之议。贾谊少有才名，十八岁时，以善文为郡人所称。贾谊文帝时任博士，颇受信任。他不到二十岁时就向文帝奏议："以为汉兴至孝文二十余年，天下和洽，而固当改正朔，易服色，法制度，定官名，兴礼乐，乃悉草具其事仪法，色尚黄，数用五。"可是这个改历建议一提出来，就遭到周渤、灌婴等老臣的坚决反对，他们指责贾谊"洛阳之人，年少初学，专欲擅权，纷乱诸事"。贾谊的改历之议就此搁置。

到了汉文帝十三年（公元前167年），鲁人公孙臣又上书说："始秦得水德，今汉受之。推终始传，则汉当土德。土德之应黄龙见。宜改正朔，易服色，色上黄。"但是此议又遭到老臣的反对，其中包括丞相张苍。张苍于战国末期曾在荀子门下学习，与李斯、韩非等人是同门师兄弟，在秦朝时曾经当过御史。西汉王朝建立，他带着秦朝的天文律历图书归顺刘邦，所以还是主张用秦朝历法"颛顼历"。《史记·封禅书》如此记载："丞相张苍好律历，以为汉乃水德之始，故河决金堤。其符也。年始冬十月，色外黑内赤，与德相应。如公孙臣言，非也。罢之。"所以公孙臣的建议也被拒绝。但是三年以后，有人在天水这个地方看到了"黄龙见"，被认为是象征"土德"的祥瑞，于是改历之议就有了依据。可是偏偏此时，又出了新垣平借望气进行欺诈的事件。据《史记·封禅书》记载：赵人新垣平以望气见上，言："长安东北有神气，成五采，若人冠絻焉。或曰东北神明之舍，西方神明之墓也。天瑞下，宜立祠上帝，以合符应。"

这个新垣平其实是个方士，自称会望气，看天上的云彩就知道是不是祥瑞，会预示着什么。他因此得到皇帝宠信，官至上大夫。但是第二年，他又搞计谋，说他看有一个地方有宝气冲天，派人去看，果然有宝物，一个玉杯。

新垣平使人持玉杯，上书阙下献之。平言上曰："阙下有宝玉气来者。"已视之；果有献玉杯者，刻曰"人主延寿"。平又言"臣候日再中"。居顷之，日却复中。于是始更以十七年为元年，令天下大酺。

就在新垣平在汉文帝面前装神弄鬼、屡屡得逞、得意扬扬的时候，丞相张苍和廷尉张释之暗地里派人去监视新垣平，查出了那个在玉杯上刻字的工匠。张苍和张释之让人上书，告发新垣平欺诈，有凭有据，不得不叫汉文帝相信。于是新垣平被革职，灭三族。汉文帝经历这些折腾，对"改正朔"的事也就失去了热情和兴趣。改历之议又被搁置。

到了汉武帝即位的时候，又有赵绾、王臧一班儒生提议封禅、改正朔、易服色之事。本来雄心勃勃的汉武帝马上就要实行，没想又遭到窦太后的反对。窦太后喜好"黄老之言"而不接受儒术，结果赵、王被下狱，最后自杀。

一直到武帝建元六年（公元前135年），窦太后去世，才重议改历事宜。当时主张改历者有大中大夫公孙卿、壶遂，太史令司马迁；召集者有御史大兒宽；议论者有博士赐等；参与者有侍郎尊、大典星射姓。改历首先改元，确定"元封七年"为"太初元年"。汉代的天文历法改革到此时才得以进行。

由此可见，中国古代的改历，绝不仅仅是一个简单的科学问题，而是与当时的宗教政治紧密地交织在一起的问题。这说明中国古代的天文历法改革是一项国家行为，具有重要的政治意义。汉武帝时期的太初改历，制定了现在最早的中国古代历法《太初历》，为后世的天文历法制定了规范。

太初改历的天文学成就

《汉书·律历志》记录了改历的具体工作："乃定东西，立晷仪，下漏刻，以追二十八宿相距于四方，举终以定朔晦分至，躔离弦望。"当天文观测进行一段时间后，“姓等奏不能为算，愿募治历者，更造密度，各自增减，以造汉太初历。”就是发现历法还是制定不出来。于是皇帝就征召民间天文学家，“乃选治历邓平及长乐司马可、酒泉侯宜君，侍郎尊及与民间治历者，凡二十余人，方士唐都、巴郡落下闳与焉。都分天部，而闳运算转历。”最后选定的历法就是有邓平和落下闳制定的“八十一分法”历法，即“太初历”，后经刘歆的改造而成《三统历》，但基本数据是太初改历的成果。

太初改历过程中取得的天文学成就是多方面的，对后来天文学的发展影响巨大。

首先在天文测量方面，重新测定了二十八宿的位置。二十八宿是沿星空黄道和赤道带分布的 28 个星座，中国古代用它们标志日月五星在星空中的运动，相当于用它们构成天体坐标系，与现代天文学中的赤道坐标系统有相通之处。历法推算离不开日月五星运动的测量，而测量就必须先定好坐标系，因此，二十八宿宿度的测量就是改历需要做的基础测量。汉代时，二十八宿宿度有“古度”“今度”之分。所谓“今度”，当是太初改历时的测量。在这基础上，又对二十八宿之外的全天星官进行了测量，测量结果虽然没有明确的记载，但是通过分析现存最早的中国古代星表——《石氏星经》星表发现，这份托名战国时代天文学家石申的星表，实际上是汉代太初改历期间测量的结果。

其次，制定《太初历》时，落下闳“于地中转浑天”，即开始用浑仪进行天文测量。浑仪的发明，是中国天文仪器史上的创举，指示着后世天文测量进步的方向。到东汉时期，浑仪不断得到改进和完善。汉和帝永元四年（公元 92 年）贾逵在其“论历”中说，用以赤道度量日月运动，发现日月运行不均匀，与实际位置偏差较大；但是傅安等人以黄道度量，就没有不均匀的情况，与实际位置偏差较小。于是他建议制造带有黄道环的浑仪，并用以测量日、月行度。汉和帝永元十五年（103 年），太史黄道铜仪制成。尽管把日月运行位置的偏差归结为沿赤道测量是错误的，但是没有经过以黄道测量这一步以排除黄赤经差这个因素，就无法最终发现日月运动不均匀性。事实上，差不多同时期的天文学家李梵、苏统发现，即便是以黄道测量，也得不到月行速度均匀的结果，于是就得出结论："月行当有迟疾，不必在牵牛、东井、娄、角之间，又非所谓朓，侧匿，乃由月所行道有远近出入所生，率一月移故所疾处三度，九岁九道一复。"这就是说，月行本身就不均匀，不是测量方法不同所致，速度最快的地方（也就是月亮的近地点）是进动的，一月移动3度左右。这样，由于天文仪器的进步，促成了新的天体运动规律的发现。东汉时的张衡，把天文仪器的制作推向一个高峰，还制造了水运仪象，后面会讲到。

最后，太初改历制定的历法为中国古代历法建立了"范式"。太初历本质上就是一个数理天文学的数学模型，其天文推算包括了气朔、闰法、五星、交食等内容。

气朔和交食都涉及对日月运动的研究，要测定月亮在一个近点月内逐日的运行情况（叫作"月离"）和太阳在一个回归年内逐节气的运行情况（叫作"日躔"），在这个基础上才能推算日月食。太初历给出了135个朔望月中23个食季的交食周期，据此可以预测日月食。

闰法涉及回归年与朔望月的同步问题。一年如果只有12个朔望月，则只有354天，比回归年少11日有余。历日如果一直这样安排，阴历年与回归年就错开越来越大，不符合人们的社会生产活动的习惯。于是每过几年就在一年12个月的基础上多加一个朔望月，叫作"闰月"。置闰还是采用19年7闰的规则，叫作"闰周"，这是春秋战国时期就发现的置闰周期，也就是古希腊天文学家默冬发现的周期。太初历首先把二十四节气纳入历法计算，构建了历日制度的阴阳合历体系，即以朔望月纪月，把回归年分成二十四节气，然后用置闰月的办法来协调太阳年和太阴年，使得季节与月份大体上保持同步。而在闰月的安排上，太初历首次提出了"无中气置闰"的规则。二十四节气分为节气和中气，其中单数的为节气，即立春、惊蛰、清明、立夏、芒种、小暑、立秋、白露、寒露、立冬、大雪、小寒。双数的为中气，即雨水、春分、谷雨、小满、夏至、大暑、处暑、秋分、霜降、小雪、冬至、大寒。"无中气置闰"就是在没有中气的月份后面置闰月，这样就把季节和月份的关系协调得十分合理，这个方法在农历中一直沿用至今。

关于五星运动，太初历给出五星在一个会合周期内的动态，以推定五星的位置，从而可以进一步推算五星会合、五星凌犯恒星等天象。

因此，太初历数理天文学的本质是推算日月五星的运动。历法给出的天文常数包含了朔望月、近点月、交点月、恒星月、回归年、交食、五星会等各种周期，当推算某一时刻的日月五星位置时，则将该时刻到选定历元（历法起算点）的时间长度，减掉相应周期长度的若干倍，得一余数，据此在月离、日躔[①]或五星动态表中用代数的方法（主要是内插法）推算所求时刻日月五星的具体位置，从而也就可以推算任何有关日月五星运动的现象。太初历构造的这一历法体系，成为后世天文历法的“范式”。中国古代数理天文学就在这样的范式中不断进步完善，并时时有新的理论和发现。

浑盖革命

关于天地宇宙结构的论说，中国古代主要有三家：盖天说、浑天说和宣夜说。宣夜说主张“天了无质，仰而瞻之，高远无极”，从而打破了有形的天的概念；以认为“日月众星，自然浮生虚空之中，其行止皆须气焉”，描述了一幅日月众星在无限的空间运动的图景。宣夜说的无限宇宙思想极其重要，但是没有对天体运动的具体描述，因而只是一种思辨性的论述，对中国古代天文学的影响不及盖天说和浑天说。

盖天说主要有两家。一是早期的“天圆地方”说，形成于殷周时期，认为“天圆如张盖，地方如棋局”；二是春秋战国以来的盖天说，成书于西汉时期的《周髀》对它进行了系统化、数学化的描述。而浑天说在太初改历的过程中得到了很大的发展。

① 日躔（chán），意思是太阳视运动的度次。

浑天说主要提出了天球的概念。这个天球由东汉的张衡进行了形象的描述。张衡在《浑天仪图注》中说："浑天如鸡子，地如鸡子中黄，孤居于内，天大而地小。天表里有水，天之包地，犹壳之裹黄。天地各乘气而立，载水而浮。"另外他指出天之体一半在地平之上，一半在地平以下。他还创制了浑象（相当于现代的天球仪）来演示浑天说。但是，需要指出的是，浑天说在太初改历时期，就取得了越来越重要的地位，其重要性取代了盖天说，可以说发生了一场天文宇宙观上的"浑盖革命"[①]。

为太初改历做天文测量上的准备，落下闳"于地中转浑天"。落下闳运转的浑天，应该就是浑天仪，而浑天仪就是与浑天说对应的天文仪器。西汉的扬雄也为此提供了说法，他在《法言》中说："或问浑天，曰，落下闳营之，耿寿昌象之，鲜于妄人度之。"这是说落下闳建造了浑天仪。太初改历时期做了恒星位置观测，根据对星表数据的分析，发现恒星位置存在系统误差，而这个系统误差的特征，可以用来断定观测的天文仪器就是浑仪。所以落下闳在太初改历期间使用了浑仪进行天文测量，似无疑义。

太初历把二十四节气纳入历法计算，给出了二十四节气太阳所在的宿度，但是没有给出二十四节气的圭表影长。对从现存两汉时期文献中找出的二十四节气圭表影长进行分析，可以发现二十四节气的圭表影长数据特征在两汉之际发生了一次质的变化，正是反映了天文宇宙学说从盖天说到浑天说的转变（见下表）。

汉代文献所载二十四节气圭表影长数值（寸）

节气	《周髀算经》	《易纬》	《后汉书·律历志》	理论值
冬至	135.000	130.0	130.0	127.58
小寒	125.083	120.4	123.0	124.15
大寒	115.167	110.8	110.0	114.41
立春	105.250	101.6	96.0	100.01
雨水	95.333	91.6	79.5	84.52

① 孙小淳．关于汉代的黄道坐标测量及其天文学意义［J］．自然科学史研究，2000（2）：143-155.

续表

节气	《周髀算经》	《易纬》	《后汉书·律历志》	理论值
启蛰	85.417	82.0	65.0	68.86
春分	75.500	72.4	52.5	54.00
清明	65.583	62.8	41.5	42.29
谷雨	55.667	53.6	32.0	32.00
立夏	45.750	43.6	25.2	24.36
小满	35.833	34.0	19.8	19.11
芒种	25.917	24.4	16.8	15.87
夏至	16.000	14.8	15.0	14.82
小暑	25.917	24.4	17.0	15.87
大暑	35.833	34.0	20.0	19.14
立秋	45.750	43.6	25.5	24.51
处暑	55.667	53.2	33.3	31.82
白露	65.583	62.8	43.5	41.68
秋分	75.500	72.4	55.0	54.30
寒露	85.417	82.0	68.5	68.62
霜降	95.333	91.6	84.0	84.66
立冬	105.250	101.2	100.0	100.47
小雪	115.167	110.8	114.0	114.13
大雪	125.083	120.4	125.6	124.06

两汉时期给出全部二十四节气圭表影长的文献有《周髀算经》《易纬》和《后汉书·律历志》。《周髀算经》是盖天说的代表作，用“七衡六间”来描述太阳去极的变化，从而说明二十四节气的变化。按照盖天说的模型，二十四节气的圭表影长应该是按二十四节气的日期作线性的回归变化，即从夏至最短影长线性增加到冬至最长影长，再从冬至最长影长线性减少到夏至最短影长。《周髀算经》中给出的影长数据正好符合这个特征。由此可见，其影长数据并不是实测，而是根据盖天说模型推算的结果，这对于《周髀算经》来说是不足为奇的。《易纬》是西汉时期的一部“纬书”，就是对《易经》进行研究或根据周易进行研究的书，书中也载有二十四节气的圭表影长，其数据特征与《周髀算

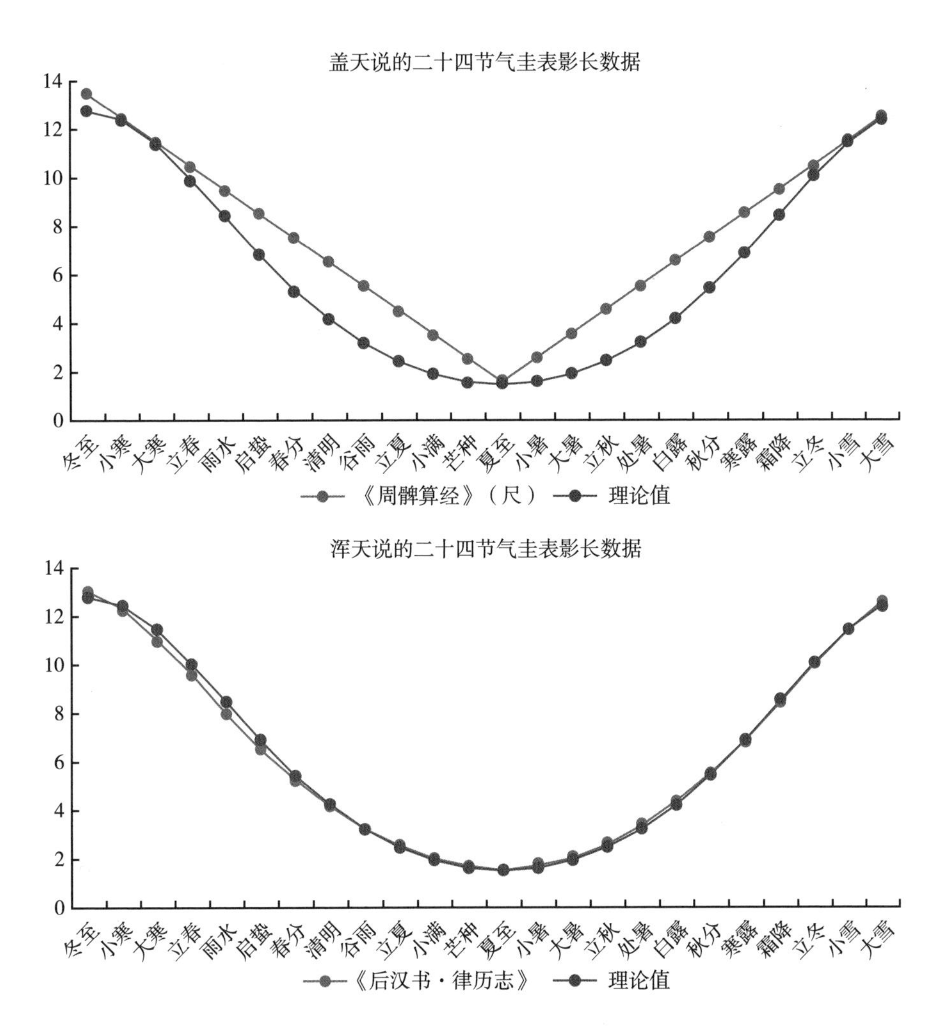

∧ 盖天说和浑天说宇宙论模型中的二十四节气圭表影长数据比较分析

经》所记的影长数据一致，可见也是按照盖天说的“七衡六间”模型构造的。①

但是，《后汉书·律历志》中所载的二十四节气影长数据已经具有与《周髀算经》中的影长数据完全不同的特征，其按二十四节气的变化不是线性的，而是根据实测，符合浑天说的模型。按照浑天说的天球模型，太阳沿黄道运行，一回归年走一圈，其赤纬的变化是按黄经（对应到二十四节气）呈余弦曲线

① 黎耕，孙小淳．汉唐之际的表影测量与浑盖转变［J］．中国科技史杂志，2009，30（01）：120–131.

的。因此《后汉书·律历志》中的影长数据，显然是浑天家确定的数据。

自西汉以来，关于浑天说与盖天说孰优孰劣的争论一直没有停歇。扬雄和桓谭曾经就此问题展开争论。起初扬雄持盖天说，并绘制星图以解释盖天说，而桓谭则坚持浑天说。但是桓谭最终说服扬雄放弃了盖天说的主张，接受了浑天说。扬雄随后写出了《难盖天八事》，指出盖天说难以解释的八大难题。

《隋书·天文志》对此做了记述。其中第二条是关于春秋分时的太阳出入方位和昼夜长度：

> 其二曰："春秋分之日正出在卯，入在酉，而昼漏五十刻。即天盖转，夜当倍昼。今夜亦五十刻，何也？"

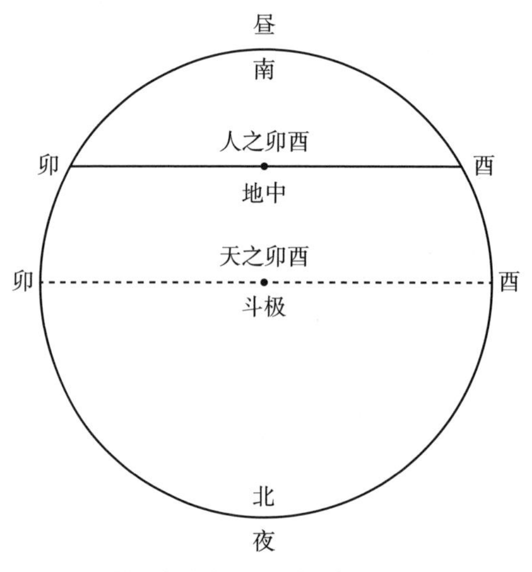

∧ 盖天说关于春秋分日出入方位与昼夜长短的矛盾

春秋分日出正东卯方、日落正西酉方，而且昼夜平分，这些都是观测事实。但是按照盖天说的模型，地中在"极下"南，这样太阳绕极转动走过卯酉之南的时间（即昼漏刻）就要大大短于走过卯酉之北的时间（即夜漏刻），实际上前者只有后者的一半，显然与春秋分昼夜等长的事实矛盾。这一点，其实也是桓谭与王充辩论时所主张的观点。王充善辩，但在宇宙论上，他支持盖天说，也是经不起桓谭的批判。《晋书·天文志》记载和解释的更详细：

> 故桓君山（即桓谭）曰："春分日出卯入酉，此乃人之卯酉。天之卯酉，常值斗极为天中。今视之乃在北，不正在人之上。而春秋分时，日出入乃斗极之南。若如磨右转，则北方道远而南方道近，昼夜漏刻之数不应等也。"

桓谭还指出，依盖天模型，入夜是太阳向右转向北远去而渐渐消失，那太阳还有一半可见时，当是“竖破镜之状”，而不是人所看到的、也是浑天说正确解释的“横破镜之状”。

桓谭、扬雄对盖天说的批判，切中盖天说的要害，对盖天说是沉重的打击，是汉代天文宇宙论从盖天说转向浑天说的重要标志。从此以后，浑天说取得了主导的地位。

天人一体的汉代星空

人们头顶上的星空，是自古以来受到关注的天象。对于生活在北半球的人类来说，所能见到的恒星都是一样的。但是不同的文明，对恒星的命名和认识却是不同的。中国古代对星空的观察和认识的历史非常悠久，并且形成了自己的星官体系。与古希腊传统以神话中的人物和事物命名星座不同，中国古代则是以人间的事物命名星座，称作“星官”。星官中有帝王将相、后宫妃子、宦者官员、军士庶民等人物；有宫殿灵台、阁道车府等建筑；有箕斗杵臼等器具；有山川河流等景致；总之，中国古代的星空可以说是人间社会在天上的投影，充分体现了天人对应的思想。

中国先秦文献中有不少提及星官的内容。《尧典》中提到了四仲中星，《夏小正》中提到了参、北斗、织女、南门等星官，《左传》《国语》《诗经》中也提及一些星名，比如《豳风·七月》中有“七月流火，九月授衣”的句子，其中的“火”就是著名的“大火”星，即心宿二，也就是现代通用星名天蝎座 α 星。这颗星因为是红色的，中国古代称其为“大火”，是殷商时期观象授时的重要观测对象。

观象授时的进一步发展，就是制定历法。为了制定历法，就需要知道日月五星在星空中的位置，由此产生了“二十八宿”，它们沿黄道带分布周天，用以标示日月五星的位置。从先秦文献中出现的星名来看，二十八宿的星官体系在先秦时代就已经形成了。现在发现的最早的二十八宿的示意星图，出现在从战国时代楚国的曾侯乙墓出土的漆箱盖上，年代在公元前433年。二十八宿的全部星名，见于《吕氏春秋》。

就制定历法而言，似乎没有必要对二十八宿以外的恒星进行系统的观测和命名。但恒星观测的目的，不仅仅是为了制定历法，还有占星术上的需要。中国古代强调“天人合一”的占星思想，需要把天上的星座与人间的事物对应起来，而星官的组织与命名就是建立这种天人对应的方式。

现存最早的系统描述全天星官的文献是司马迁（公元前145—前87年）的《史记·天官书》。司马迁在汉武帝时任太史令，他的父亲司马谈也曾任太史令。司马迁等人提出太初改历时，恒星观测也是改历工作的一部分。据司马迁说，星官是天文学家唐都确定的，即所谓“唐都分天部”。唐都据称写过好几种天文星占著作，其中一种为星图。改历过程中又有落下闳创制浑仪，测定恒星位置。司马迁发起并参与改历的全过程，他关于当时的星官体系的描述应该是可靠的，代表了当时的正统。

《天官书》中描述了九十多个星官，包括二十八宿。全部星空被分成“五宫”。“中宫”是指北天极附近的星官。由于众星绕北天极运转，所以北天极在星空中就占着至尊的地位。正如孔子所说：“为政以德，譬如北辰，居其所而众星拱之。”因此，天上的“中宫”就如人间的中央帝廷，有帝、后、太子、庶子、正妃、三公、藩臣等。另有东、南、西、北四宫，以“四仲中星”为中心建立起来，与四季相应，象征帝王的四季巡狩的行宫。二十八宿也相应地分为四组，对应于四宫，称作“四象”：东宫苍龙、北宫玄武、西宫白虎和南宫朱雀。

中央统治的权力运作，如同北斗七星的运行。《天官书》称：“斗为帝车，运于中央，临制四乡。分阴阳，建四时，均五行，移节度，定诸纪，皆系于斗。”这样，星空就被看成是天上的帝国，其治理就如同治理人间的帝国一样。星官好比是天上的职官，所以叫“天官”。

汉代董仲舒提出“天人感应”学说，天人合一的宇宙观得到进一步的发展。除制定历法之外，中国古代天文学的另一重要功能就是星占。星占是用天象预测人事，以人事解释天象，这就有必要建立天象与人事的对应关系，中国星空的命名就是建立一个与人间社会相对应的世界，如果天上在某某星官发生什么天象，占星家就可以对号入座，预测或解释人世间的事务。例如，如果在中宫“紫宫”发生了异常天象，那就意味着中央宫廷将要发生变故。在这样的占星术体系中，星官就必然会按帝国社会的形式建立起来。

仔细看一下中国的星官体系，就会发现，帝国社会的方方面面都被投射到

∧ 西安交通大学西汉墓星图

图片来源:《中国出土壁画全集 6 陕西上》

了天上：有宫廷与皇族，有官府与朝臣，有军队与农夫，有宗庙与社稷，有陵墓与林苑，有商店与市场，有仓库与农田，有器械与武库，有田猎与秋收，有祭祀与礼仪，有玄学与宗教，有神话与传说，有山川与日月，甚至还有屎厕与粪坑，所有事物应有尽有。

而且这些事物在天上的安排并不是杂乱无章的，而是按照一定的秩序。首先是地位上的高低：帝王将相的社会地位比较高，所以对应的星官就位于北极附近较高较显著的天区，而军士、农丈人、子、孙之类，社会地位较低，自然就被安排在赤道以南较低的天区，只能在南方地平线上隐约可见。其次是季节的顺序。斗转星移，四时代序。星空是在一年四季当中发生变化的，人们对不同季节看到的星空是不一样的。于是我们在秋天的星空，就可以看到一幅秋收的景象，有天廪、天仓、天菌、铁锁、农丈人等星官，而在冬季，可以看到田猎的图景。总之，汉代的星官体系是一个天人一体的世界。

可以想象，既然星官是占星家的构建，那么不同的占星家就会有构建不同的星官体系。两汉时期“言天官者”主要有甘氏、石氏、巫咸氏三家，都是托名于汉以前的占星家，石氏是指战国时魏国的石申，甘氏是指战国时齐国的甘德，巫咸氏则是指殷相巫咸。三国时吴国太史令陈卓综合“三家星官”而成全天星官，其中有九十二个星官属于石氏，一百一十八个属于甘氏，四十四个属于巫咸氏，加上二十八宿及心宿附官“神宫”，共计二百八十三个星官，一千四百六十四颗星。这就是中国传统的星官体系，流传至今。

《天官书》中的星官与“石氏星官”比较一致，说明司马迁当时主要是采用石氏星官的体系。这一体系很可能就是在太初改历期间建立的，因为如上文已经提到的，所谓的“《石氏星经》星表”就是太初改历期间的观测成果。至于甘氏和巫咸氏星官，它们绝大多数是由比较暗的恒星组成，对它们的位置的描述都是以石氏星官为参照，说明这二家星官不可能自成体系，应当是对石氏星官体系的补充。有相当一些甘氏和巫咸氏星官，很明显是从《天官书》的星占体系推演而来。例如，《天官书》以紫微垣为“中宫”，“甘氏”就在其中布置了“天皇大帝”“四辅”“阴德”“六甲”“尚书”“女史”“天柱”“华盖”“天床”“五帝内座”等。这些星官在紫微垣天区里都是很暗的星星，很难看见，很明显是按照帝宫的需要构造的。再如，在石氏星官的“天市垣”内，“巫咸氏”设有“列肆”“帛度”“车肆”“屠肆”等店铺，也是按天上的市场来构造的。

总之，中国星官体系是基于石氏、甘氏和巫咸氏三家星官构成的，而三家星官体系成立于汉代，反映了当代社会的政治和文化。汉代的星空，就是一个天人合一的星象体系。

《九章算术》的数学体系

《九章算术》是中国古代最重要的数学经典，它的编撰为后世的数学研究提供了课题和规范，具有中国古代数学范式的作用。[①]关于《九章算术》的成书，刘徽在《九章算术注·序》中说：“往者暴秦焚书，经术散坏。自时厥后，汉北平侯张苍、大司农中丞耿寿昌皆以算命世。苍等因旧文之遗残，各称删补。故校其目则与古或异，而所论者多近语也。”这段话表明，《九章算术》大约成书于西汉时代，由张苍、耿寿昌修订增补成书；同时也表明，在《九章算术》成书之前的先秦战国时期，已经有算书存在，包括了《九章算术》的主要内容。这为先秦典籍中关于数学的讨论以及出土的数学简牍所证实。先秦儒家讲“六艺”，“数”就是其中一艺。《周礼·地官》中明确规定了执掌贵族子弟教育的“保氏”要以“九数”相授。《管子》中有大量的关于数学的论述，墨家和名家更是重视逻辑推理和理性思辨，他们提出的命题往往具有深刻的数学内涵。

西汉文献中提到各种“算术”，如《汉书·律历志》“备数”一节称：“其法在算术，宣于天下，小学是则，职在太史，羲和掌之，”指的应该就是汉时期的数学书。20 世纪 80 年代，湖北省江陵县张家山西汉古墓出土了一批汉简，

① 郭书春. 中国科学技术史：数学卷［M］. 北京：科学出版社，2010：1.

其中有一部数学著作，定名为《算数书》。全书7000多字，列有60多个题目，如“方田”“少广”“金价”“合分”“约分”“经分”“分乘”“相乘”“增减分”“贾盐”“息钱”“程未”等，其中有些题目明显可以归入《九章算术》的“方田”“粟米”“衰分”“少广”“商功”“均输”“盈不足”等章，涉及整数和分数四则运算、各种比例、面积、体积、负数、双设法等内容，其广度和深度虽稍逊《九章算术》，但已包括了十分丰富的知识，说明《九章算术》成书之前的先秦，已经存在一个数学系统。《九章算术》是对先秦的数学问题进行筛选和整合的结果。

《九章算术》包括246个应用问题，编成九章，各章的名称和内容概要如下：

第一章 方田：与田亩丈量有关的面积和分数问题；

第二章 粟米：以谷物交换为例的各类比例问题；

第三章 衰分：按比例分配和等差数列问题；

第四章 少广：由田亩计算引出的分数和开方问题；

第五章 商功：与土方工程有关的体积问题；

第六章 均输：与摊派劳役和税收有关的加权比例问题；

第七章 盈不足：用双设法求解二元问题；

第八章 方程：线性方程组问题；

第九章 勾股：勾股定理及其应用。

很明显，《九章算术》具有实用数学的特点，就是以解决社会经济和管理中产生的实际数学问题为主要内容，通过算题，直接指导人们解决实际问题。在《九章算术》涉及的算法中，有整数论、分数论、比例算法、开平方和开立方、面积和体积、盈不足术、线性方程组解法、正负数概念及加减法、勾股定理的应用等方面都取得了当时世界领先的成就，对后世中国数学的格局产生了决定性的影响。其影响之深，以至于后世的中国数学家，几乎是言必称《九章算术》，他们的著作大体上是以为《九章算术》作注的形式出现，或者是仿其体例著书。从体例上讲,《九章算术》看起来像是应用问题集，但在问题及术文的编排上显示出以问题阐述术文的特点，即问题是作为术文的例题出现的。以抽象性术文统率若干例题，往往是一术多题或一术一题：有时先给出一个或几个例题，然后给出术文，而例题中只有题目和答案，没有术文；有时先给出抽象的术文，再列出几个例题，而例题中也只有题目和答案，没有演算术文；有时先给出抽象性的总术，再列出几个例题，例题包括题目、答案和术文，其中的术文是总术的应用。《九章算术》的这种撰写方式，是一种教科书的编写方式，体现了启发式的教学法，即通过例题启发读者领悟问题的性质和解题的算法，然后达到“举一反三”的效果。这与近代科学的“范式”颇为相似。根据库恩的《科学革命的结构》中的理论，科学在绝大多数时候是以“常态科学”的状态出现，所谓“常态科学”是基于“范式”的科学问题解答，而“范式”往往是以例题的形式出现。《九章算术》的体例、问题、方法和术语，成为中国古代数学所尊奉的“范式”，中国古代数学中的绝大多数成果，都可以在《九章算术》中找到源头。《九章算术》奠定了中国传统数学的基本框架和长于计算，以算法为中心，算法具有机械化、程序化、构造性的特点。

然而,《九章算术》这种以例题来让人意会抽象算法的方式，有其不容忽视的缺点，就是数学概念没有明确的定义，没有明确的推导和证明过程，数学的演绎性和逻辑性没有得到应有的展示。直到魏景元四年（263 年），刘徽给《九章算术》作注才改变了这一状况。刘徽注《九章算术》，全面证明了《九章算术》中的公式和算法，引进了一些概念和方法，大大完善了中国古代数学的理论体系。

《黄帝内经》与人体

除了天文学与数学外，秦汉时期的医学也非常发达。中国古代的医学作为传统医学保存了下来，而且至今发挥着作用。中国医学初创于春秋战国时期，集大成于汉代。

中医的基础理论的主要方面是身体观和医病观，即对人的身体的认识和对疾病的认识。而《黄帝内经》就是中医基础理论的经典著作。

《黄帝内经》的著书者不明，但据《汉书·艺文志》的记载可知，公元前1世纪的西汉时代该书就已经存在了。当时的记录说《黄帝内经》全书共十八卷，其中《素问》九卷,《灵枢》九卷。现今流传的《黄帝内经》是唐宝应元年（762年）经过王冰整理的，包括了《黄帝内经·素问》二十四卷八十一篇和《黄帝内经·灵枢》十二卷八十一篇，卷数和篇幅都比原本有很大的扩充。但是除了一些明显是后人增补的内容之外，其中大部分的内容还是可以追溯到汉代。在汉代，著作托名古代帝王的情况比较多见，在天文星占和数学中也很常见。《黄帝内经》的写作采取问答形式，即先由传说中的太古圣王黄帝向他的臣子岐伯、雷公发问，然后由岐伯、雷公回答的形式。这种问答体的书写方式在汉代也比较常用。此外,《黄帝内经》中讲述的许多医学知识，也为出土的汉简文献所印证。[①]

《黄帝内经》的核心内容是关于人体和疾病的认识，在今天来说，属于基础医学的范畴。关于人的身体,《黄帝内经》认为人体是与宇宙同源、同构的。《素问·宝命全形论》说："夫人生于地，悬命于天，天地合气，命之曰人。"又说："人以天地之气生，四时之法成。"《灵枢·本神》说："天之在我者德也，地之在我者气也，德流气薄而生者也。"这就是说，人的身体是天地之气合而生成的。而人是一个"小宇宙"，与"大宇宙"的天具有同样的构造与功能。《灵枢·邪客》中说：

> 天圆地方，人头圆足方以应之。天有日月，人有两目。地有九州，人有九窍。天有风雨，人有喜怒。天有雷电，人有音声。天有四时，人有四肢。天有五音，人有五脏。天有六律，人有六腑。天有冬夏，人有寒

---

① 廖育群，傅芳，郑金生. 中国科学技术史：医学卷，北京：科学出版社，1998：91–100.

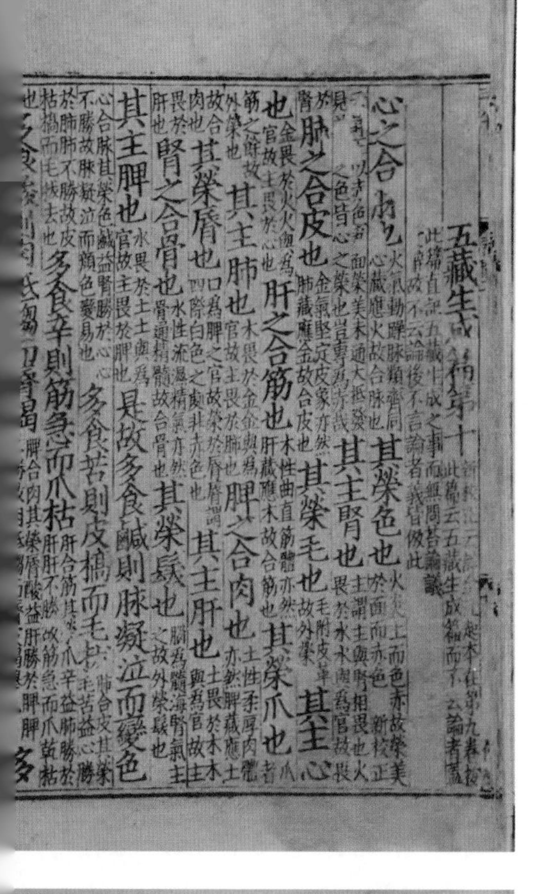

五藏生成篇第十

心之合脈也，其榮色也，其主腎也。

肺之合皮也，其榮毛也，其主心也。

肝之合筋也，其榮爪也，其主肺也。

脾之合肉也，其榮脣也，其主肝也。

腎之合骨也，其榮髮也，其主脾也。

是故多食鹹則脈凝泣而變色，多食苦則皮槁而毛拔，多食辛則筋急而爪枯

《黄帝内经·素问》所载的关于"藏象""精气""经络"内容，金代刻本

> 热。天有十日，人有手十指。辰有十二，人有足十指、茎、垂以应之；女子不足二节，以抱人形。天有阴阳，人有夫妻。岁有三百六十五日，人有三百六十五节。地有高山，人有肩膝。地有深谷，人有腋腘。地有十二经水，人有十二经脉。地有泉脉，人有卫气。地有草蓂，人有毫毛。天有昼夜，人有卧起。天有列星，人有牙齿。地有小山，人有小节。地有山石，人有高骨。地有林木，人有幕筋。地有聚邑，人有䐃肉。岁有十二月，人有十二节。地有四时不生草，人有无子。此人与天地相应也。

这个看法与汉儒董仲舒的理论是一致的。董仲舒在《春秋繁露·人副天数》里说："人有三百六十节，偶天之数也；形体骨肉，偶地之厚也。上有耳目聪明，日月之象也；体有空窍理脉，川谷之象也；心有哀乐喜怒，神气之类也。"这种人副天数的思想也见于汉代的《淮南子》。《淮南子·天文训》认为所有的生物"莫贵于人，孔窍肢体，皆通于天。天有九重，人亦有九窍。天有四时以制十二月，人亦有四肢以使十二节。天有十二月以制三百六十日，人亦有十二肢，以使三百六十节"。可见这种关于人体是与"大宇宙"相对应的"小宇宙"的理论在汉代是比较普遍的看法，这也说明《黄帝内经》所代表的确实是汉代的医学思想。

阴阳理论也是《黄帝内经》中关于人体的重要理论。《素问·金匮真言论》中说：

> 夫言人之阴阳，则外为阳，内为阴。言人身之阴阳，则背为阳，腹为阴。言人身之脏腑中阴阳，则脏者为阴，腑者为阳。肝、心、脾、肺、肾五脏皆为阴，胆、胃、大肠、小肠、膀胱、三焦六腑皆为阳。

阴阳二元说是中国很早就有的基本思想，这也是《黄帝内经·素问》的根本思想。天地自然的千变万化，包括人在内，无不受阴阳原理的支配。春夏秋冬四季的变化，也是根据阴阳消长变化的。阴阳学说还强调，人只有顺着阴阳和四季的变化，才能健康地生活。《黄帝内经》第一篇“上古天真论”中，黄帝首先问道：“上古之人虽达百岁还动作灵健，而今人五十岁便衰老，是何原因？”岐伯答道：“上古之人，其知道者，法于阴阳，合于术数，食饮有节，起居有常，不妄作劳，故能形与神俱，而尽终其天年，度百岁乃去。”

这里强调的根本之点，是指顺阴阳之理，即依宇宙的原理而生活这一原则。《素问·四气调神大论》中说：“春夏养阳，秋冬养阴。”阴阳的消长，决定了人体的生理和病理变化。《素问·脉要精微论》中说：“四变之动，脉与之上下。”“春弦、夏洪、秋浮、冬沉。”

《灵枢·顺气一日分为四时》中说：“朝则人气始生，病气衰，故旦慧；日中人气长，长则胜邪，故安；夕则人气始衰，邪气始生，故加；夜半人气入藏，邪气独居于身，故甚也。”

导致疾病的起因是多种多样的，《黄帝内经》首先指出阴阳失衡会导致疾病。《素问·阴阳应象大论》说：“阴胜则阳病，阳胜则阴病，阳胜则热，阴胜则寒。”另外还论述了“四季的邪气”是导致疾病的重要原因。圣人顺应阴阳原理而生活，能够呼吸天地之精气，然而一般人绝非如此。四季都有邪气，即风、暑、燥、寒，一般人呼吸这些邪气就会生病。

五行学说也是古代哲学的基本理论。《黄帝内经》也用五行学说来说明人体的生理、病理以及人与外在环境的相互关系。在《黄帝内经》关于人体生理和病理的论述中，五行学说的地位仅次于阴阳原理。而且五行也是由阴阳原理派生出来的。具体说来，就是把四季与五行配合起来。春夏秋冬对应于木、火、金、水，至于“土”，有两种配法：一是“土旺四季”，即把土与每一季的第三个月相配；二是“土旺季夏”，即土与夏季的第三月相配。后者显然是把四季的顺序和五行相生的顺序进行了统一。

《黄帝内经》就是用五行说建立了脏腑学说。“脏腑学说”的特点是以五脏为中心，配合六腑，联系五体（筋、脉、肉、皮毛、骨）、五官（眼、舌、口、鼻、耳）、五志（怒、喜、思、悲、恐）等，连织成为一个“五脏系统”。《素问》中有一段问答便清晰记述了人体与五行的统一：

帝曰："五藏应四时，各有收受乎？"岐伯曰："有。东方青色，入通于肝，开窍于目，藏精于肝，其病发惊骇；其味酸，其类草木，其畜鸡，其谷麦，其应四时，上为岁星，是以春气在头也，其音角，其数八，是以知病之在筋也，其臭臊。南方赤色，入通于心，开窍于耳，藏精于心，故病在五藏；其味苦，其类火，其畜羊，其谷黍，其应四时，上为荧惑星，是以知病之在脉也，其音徵，其数七，其臭焦。中央黄色，入通于脾，开窍于口，藏精于脾，故病在舌本；其味甘，其类土，其畜牛，其谷稷，其应四时，上为镇星，是以知病在肉也，其音宫，其数五，其臭香。西方白色，入通于肺，开窍于鼻，藏精于肺，故病在背；其味辛，其类金，其畜马，其谷稻，其应四时，上为太白星，是以知病之在皮毛也，其音商，其数九，其臭腥。北方黑色，入通于肾，开窍于二阴，藏精于肾，故病在溪；其味咸，其类水，其畜彘，其谷豆，其应四时，上为辰星，是以知病之在骨也，其音羽，其数六，其臭腐。"

这种身体与五行的对应关系，在《黄帝内经》中有多处论述，看起来有点儿牵强附会，但也不是完全没有经验的根据。例如人得了肝病，眼睛中会出现黄疸，肝"开窍于目"的说法，这也说明了肝与眼都与五行的"木"相配的合理性。五行与事物的这种配合，构成了人们认识自然世界所必不可少的"宇宙观"的核心。人们就是用这种对应的关系去认识、描述和解释自然和人体的现象。

五脏系统建立之后，就以"五行相胜"来说明五脏产生疾病的原因。《黄帝内经·素问·生气通天论》中说：

四时之气，更伤五藏。阴之所生，本在五味，阴之五宫，伤在五味。是故味过于酸，肝气以津，脾气乃绝；味过于咸，大骨气劳，短肌，心气抑；味过于甘，心气喘满，色黑，肾气不衡；味过于苦，脾气不濡，胃气乃厚；味过于辛，筋脉沮驰，精神乃央。是故谨和五味，骨正筋柔，气血以流，腠理以密，如是则骨气以精。谨道如法，长有天命。

根据五行相胜说的解释，木（对应于肝）胜土（对应于脾），所以属木的肝脏若生变异就当然影响到属土的脾脏。中医用它构建着关于人体、疾病和治疗的知识体系，所以它是中医的重要理论基础之一。

中国古代讲五脏六腑的人体器官构成，说明古人是在某种程度上具备了人体解剖学的知识。但是中医的脏腑又不完全是解剖意义的人体器官。这些器官都具有怎样的生理功能，《素问》中也作了某种说明，但与现代医学的解释并不一致。例如，心被认为是人的精神活动的中枢，所以有"扪心自问"的说法。中医的脏腑理论是与人体的另一重要理论紧密相连，这就是中医的经络学说。

经络学说是关于人体经络系统的生理功能、病理变化及其与脏腑的相互关系的学说。它与阴阳五行、脏腑、气血津液等共同组成了中医学的理论基础。《黄帝内经》中关于人体经络的论说有很多。人体由经脉和络脉组成，循环周身，传送营养和精气，似乎是包括了人体循环系统和神经系统在内的某种东西。但是经脉和络脉与解剖学中的人体组织并不对应。根据阴阳原理，十二经脉分为三阴三阳，进而又有手与足两类的区别。三阴为太阴、少阴、厥阴；三阳为太阳、少阳、阳明。十二经分别始于手或足，又终于手或足，其间通过五脏六腑及心包。十二经脉在体内循环的情况如下：

手太阴肺经—手阳明大肠经—足阳明胃经—足太阴脾经—手少阴心经—手太阳小肠经—足太阳膀胱经—足少阴肾经—手厥阴心包经—手少阳三焦经—足少阳胆经—足厥阴肝经。

经脉与内脏器官相连，沿着经脉分布着穴位。《灵枢·海论》说："夫十二经脉者，内属于腑脏，外络于肢节。"这说明经络是内脏与体表的联接通路。当刺激这些穴位时，经脉将这种刺激传给内脏，达到治疗的效果。这就是针灸的原理。

中医的经验科学性质

《黄帝内经》关于人体的构造、生理、病理等理论，可以说是为中医提供了基础理论。理论具有很强的哲学性质，构造特点也非常明显，在今天的科学看来，这些理论甚至有很多是一种附会，不具有逻辑性和实证性。但是，它为中医学经验的积累和临床的研究提供了基本的概念和范畴，使对中医经验的描述和总结成为可能，从而对中医的发展起到重要的促进作用。那中医的临床治疗和药物学又是怎样的呢？我们知道在先秦时期中医治疗和药物学已经有相当多的积累，但是真正形成可观的知识体系还是在两汉。

讲中医治疗的最重要的著作是东汉末年张仲景所著的《伤寒论》。按照《黄帝内经·素问》所论，导致疾病的原因之一是由于人吸入了四季的邪气，而四季邪气中最为有害者当属冬季的寒气，所以，"伤寒"是外感风寒的一类疾病，在冬季被寒气所伤而发病的情况尤为多见。

《伤寒论》专注于对疾病的治疗，对疾病采用所谓"六经辨证"方法进行诊断，然后用合适的汤剂进行治疗。所谓"六经"，就是"三阴三阳"，即少阴、太阴、厥阴、少阳、太阳、阳明。这种概念在《素问》中使用于十二经脉的分类，而在《伤寒论》中则是表明疾病状态的概念。《伤寒论》认为，邪气是从身体表面进入身体内部的，起初为太阳病。太阳病为表证，人体太阳经主一身之表，统摄营卫而应皮毛，外邪侵入，太阳经首先受病，因而发生恶寒发热、头项强痛、脉浮等，都是太阳经的病理反映。随着病情的加重，太阳病转为少阳病。少阳病为半表半里证，指病

四川成都天回汉墓出土的经穴漆人
成都博物馆藏

邪已离开太阳之表，尚未入阳明之里，正处在表里之间的阶段，表现为口苦、咽干、目眩、寒热交替等。病情再变就成为阳明病。阳明为三阳之里，相应的脏器是胃与大肠，病变的重心是里热亢盛与肠腑实结。病情进一步加剧就会变成太阴病。太阴病是脾虚寒证，主要证候有腹满而吐，食不下、自利口不渴，腹时自痛，脉缓弱。再加剧就变为少阴证，主要是心肾阳气虚衰，全身机能极度衰退的虚寒证。最后变成厥阴病的状态时，此病就无药可救了。

《伤寒论》更多的是注重临床，在“三阴三阳”概念的使用上，并不像《素问》中那样是对人体理论的论述，而且《伤寒论》中也没有关于五行说的论述。诊病时，虽然对病人的寒热、疼痛等症状也进行观察和描述，但主要还是以诊脉为主。对脉象有详细的分类，除了浮、沉、迟、数、滑、涩、缓、紧等“八要”外，还有二十多种脉象。诊脉时，在寸、关、尺三处按脉，不同位置的脉象反映不同脏腑的病证。《伤寒论》在药物方面，除了汤药外，还有丸药、散药和栓剂药等，也用针灸治疗。《伤寒论》中记载的药方，有些至今还用于中药的处方，如桂枝汤（桂枝、芍药、甘草、生姜、大枣）解“表虚”证和麻黄汤（麻黄、桂枝、甘草、杏仁）解“表实”证。

《伤寒论》中论述治疗，只论证候，不记述疾病的名称。这与现代医学先诊断出是什么病，然后再进行治疗的做法不同。从《伤寒论》可以总结出的方法是，从脉象、寒热、口舌状态等外部所能观察到的证候进行综合判断，即后来所谓“望、问、切、闻”四诊，然后直接用药进行治疗。

当然，汉代的医学并不完全像《伤寒论》中那样不讲病名。1973 年从长沙马王堆发掘的帛医书中，有《五十二病方》一种，其中记录了 52 种病症及对症的 280 多个处方。疾病包括了相当于

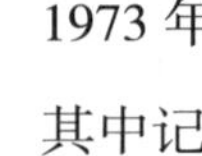

傷寒論卷第一　仲景全書第一

漢　張仲景述　晋　王叔和撰次

宋　林億校正

明　趙開美校刻

沈琳仝校

辨脉法第一　平脉法第二

辨脉法第一

問曰。脉有陰陽。何謂也。荅曰。凡脉大浮數動滑。此名陽也。脉沈濇弱弦微。此名陰也。凡陰病見陽脉者生。陽病見陰脉者死。

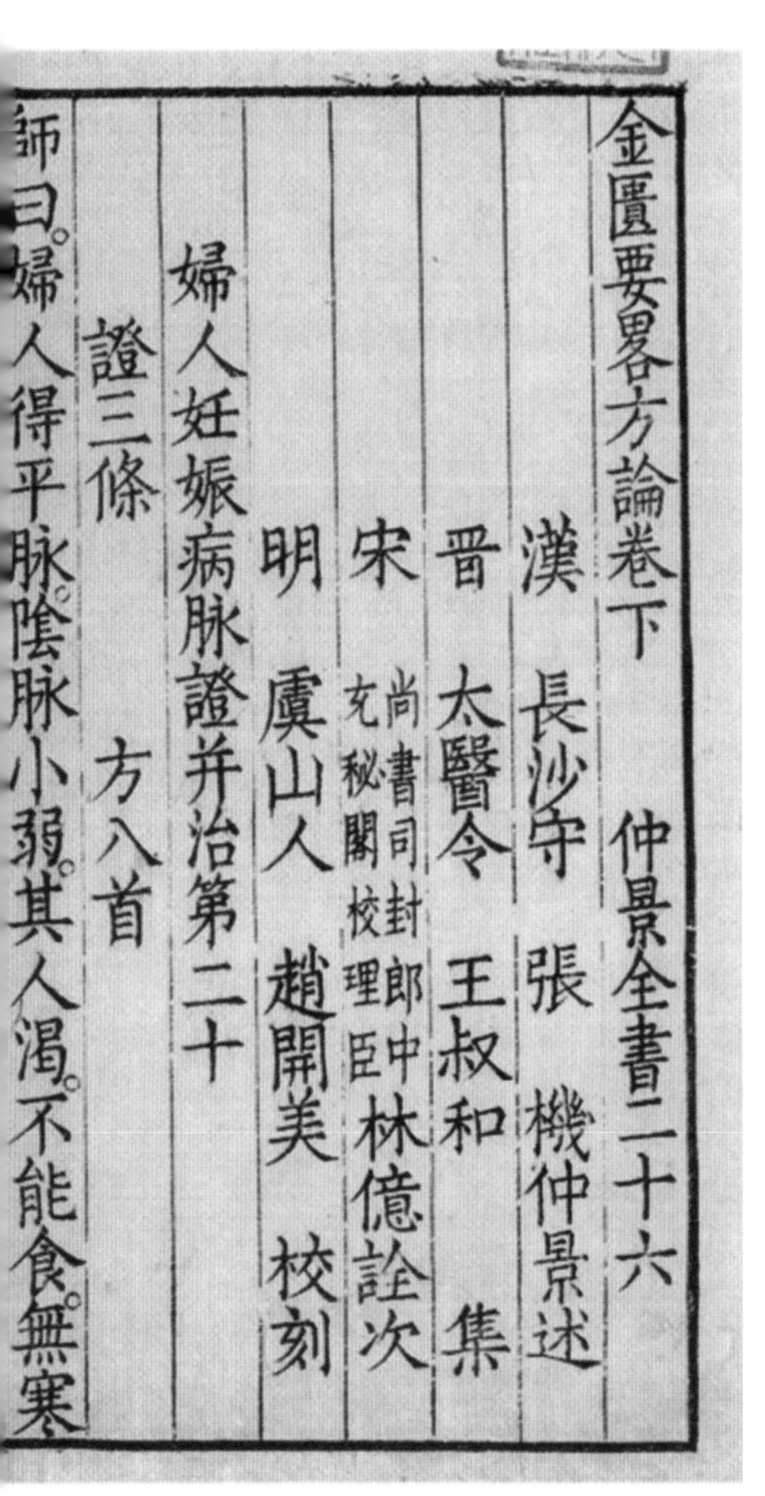
金匱要畧方論卷下　仲景全書二十六

漢　長沙守　張　機仲景述

晉　太醫令　王叔和　集

宋　尚書司封郎中充秘閣校理臣林億詮次

明　虞山人　趙開美　校刻

婦人妊娠病脉證并治第二十

證三條　方八首

師曰。婦人得平脉。陰脉小弱。其人渴。不能食。無寒

汉张仲景撰《伤寒论》《金匮要略方论》书影

明万历二十七年（1599年）赵开美辑校《仲景全书》刻本

今天的内科、外科、妇科、小儿科的各种疾病，所用药物多达243种，其中大部分在《神农本草经》中都有记载。

《神农本草经》是我国现存最早的药物学专著，成书于汉代。“本草”就是指药物。秦汉之际，已经有药物专著在民间流传，汉初名医淳于意的《药论》就是其中之一。西汉末时，还设有“本草待诏”的专门官职，汉平帝时还有诏奉天下知方术、本草等专门人才的记载。《神农本草经》是战国、秦汉以来药物知识的总结，著作托名传说中的上古圣贤是当时流行的做法。

《神农本草经》共收药物365种，其中主要是植物药，计252种，这是把药物叫“本草”的原因。另收动物药67种，矿物药46种。其中矿物药的使用在世界医学中也是领先的。药物分为上、中、下三品。上品120种，是毒性小的补养药物；中品120种，有的有毒，有的无毒，兼有治病和补养的功效；下品125种，多是有毒而专用于攻治某种疾病的药物。书中对每一种药物的主治、性味、产地、采集时间、入药部分、异名等都有详细的记载。书中提到的疾病达170余种，包括内科、外科、妇科以及眼、喉、耳、齿等方面的疾病。《神农本草经》中所载药物的功效，绝大部分是正确的，反映了当时临床医学的发达水平。书中描述药性时，说药有酸、咸、甘、苦、辛五味，又具有寒、热、温、凉四气，说明在药性理论上也使用了阴阳五行说。

从汉代的医学的诊断、辨证、疾病分类、用方、本草来看，中医学作为一种经验性的科学在汉代已经取得了长足的发展，而且形成了理论知识与临床知识的体系，对后世的中医学发展影响巨大。

地图与地理

地图在中国古代的国家政治中占有非常重要的地位。《周礼》中记有“大司徒”之职：“掌建邦之土地之图。”“土地之图”就是指地图。战国时期地图的绘制已达到较高的水平。《管子·地图》中说，地图内容包括有“轩辕之险，滥车之水，名山、通谷、经川、陵陆、丘阜之所在，苴草、林木、蒲苇之所茂，道里之远近，城廓之大小，名邑、废邑、困殖之地”，由此可见，地图的基本要素已经具备。地图在军事和国家政治上的重要性，可以从《史记》所记荆轲刺秦王的故事看出来。为了谒见秦始皇，荆轲献出的投名状中就有地图。汉高祖刘邦攻入秦都咸阳时，深谋远虑的萧何就收取了秦的“律令图书”，其中应该也有地图。汉朝建立以后，地图对于国家统治来说，越发显得重要。据《史记·三王世家》记载，汉武帝在册封皇子为诸侯王时，要举行仪式，由臣子“奏与地图，请所立国名”。就是说，请皇帝在地图上指明封给皇子的封地的国名，并且要把地图交给受封的皇子。可见地图对于国家政治的重要性。

1973 年，湖南马王堆汉墓出土了三幅帛书地图，分别是《地形图》《驻军图》和《城邑图》。这三幅地图绘于西汉初年，提供了关于汉初地图测绘的精度、测绘技术和当时地图的形制等方面的宝贵实物资料。

《地形图》原来是三十二片帛片，出土后拼凑复原为地形图，是一幅边长为 96 厘米的正方形地图。地图上所画的区域据考证是西汉早期长沙国的南部地区[①]。图上画有山脉、河流、地名和道路等，已经包括了现代地形图的基本要素。图中已经使用统一的图例：县治用方框表示，乡里用圆圈表示，地名写在方框或圆圈内。图中有 80 多个居民地，符号的大小反映了居民地的实际大小。水道用上游渐细，往下游逐粗的曲线表示。共描绘大小河流三十多条，其中有九条标注了河名，如营水、冷水，庸水、罗水等。深水和冷水还注明了水源位置。山脉用闭合曲线表示，画出山的轮廓与走向。还用细线画出山峦起伏的特征，颇像现代地图中的等高线。县城之间及主要乡里之间画有道路，多数道路以实线表示，山间小路用虚线表示。从整体上看，地图上标示的地形位置和距离都相当准确，据推算，地图的比例尺约为十八万分之一，即把实际距离十里

① 金应春. 长沙马王堆古地图与汉代测绘技术［J］. 测绘学报，12（1）：1-11.

^ 1973 年湖南马王堆汉墓出土的《地形图》是中国现存最早的绘有海岸线的地图

湖南省博物院藏

（一万八千寸）缩为图上的一寸。[①]

《驻军图》长 98 厘米，宽 78 厘米，画的是《地形图》的东南部地区。因为是军事地图，所以图上又增加了许多军事内容。用黑、经双线勾框显示九支军队的驻地和番号，如“周都尉军两支”“徐都尉军四支”等。在驻军图的中部有一个三角形城堡，内注“箭道”，是指挥部所在地，设有城垣、战楼、望楼等。图上用朱红色标绘防区界线，大体上与防区四周的山脊线吻合。在边沿地带有七处绘有红色的三角形符号，并依照附近的山名、水名注有“留封”“昭封”等文字。“封”通“烽”，就是烽火台，是前沿哨所，起通信联络作用。《驻军图》反映了当时高超的军事布防技术，也反映了汉初长沙诸侯国军队守备作战的兵力部署情况。

《地邑图》是一个县城的平面图，绘有城垣、房舍等，是后世城市平面图的先声。

从出土的三幅汉代地图可以看出，当时地图的测量、计算和绘制技术都达到了很高的水平。在山川河流众多的地方进行测绘，而且绘制如此准确，说明汉初在测算“高、深、广、远”方面已经具备足够的勾股数学和三角测量知识。西汉成书的《周髀算经》中，就有根据圭表的影长“千里差一寸”（尽管后来的实测证明这是错的）来推算太阳高度的算法，后来发展为“重差术”，用以测量并推算目标的“高、深、广、远”。《九章算术》的最后一章为“勾股”，也涉及这类问题。魏晋时期的刘徽作《九章算术注》，把这最后一章的注分撰为《海岛算经》，就是专门讲述利用勾股定理以及基于相似三角形基础上的“重差术”测定目标的高度、远近、深度和大小。

地理也是国家政治经济所需要的知识。《周易·系辞》说伏羲氏之治理天下，首先要“仰以观于天文，俯以察于地理”。最古老的地理著作《禹贡》就是讲不同地区的物产和贡品，属于经济地理的范畴。《淮南子·泰族训》说：“俯视地理，以制度量，察陵陆、水泽、肥墽、高下之宜，立事生财，以除饥

① 金应春．长沙马王堆古地图与汉代测绘技术［J］．测绘学报，12（1）：2.

寒之患。”这是明说研究地理是为“立事生财”，为政治经济服务。

司马迁在《史记》中有许多关于经济地理和人文地理的描述。在《货殖列传序》中，他对汉朝的经济地理状况作了生动的概括和描述：

> 夫山西饶材、竹、旄、玉石；山东多鱼、盐、漆、丝、声色；江南出菜、梓、姜、桂、金、锡、连、丹沙、犀、玳瑁、珠玑、齿、革；龙门、碣石北多马、牛、旃裘、筋角；铜、铁则千里往往山出棋置。此其大较也。

此外，他在匈奴、西南夷、东越、南越、朝鲜、大宛等列传中，也记录了这些边远地区及国外的地理知识。

东汉班固（公元 32—92 年）所著《汉书 · 地理志》是我国第一部用“地理”命名的地学著作。全书根据汉平帝元始二年（公元 2 年）的建置，以疆域政区为纲，叙述了 103 个郡国及所辖的 1587 个县（道、邑、侯国）的建置沿革。在郡国项下，都记有户口、自然和经济情况；在县项下，则记述有关山、川、水利、特产、官营工矿以及著名的关塞、祠庙、古迹等。书中包含了大量宝贵的地理资料，如在上郡高奴县下记“有洧水，可燃”，这是最早的关于石油资源的记载；在西河郡鸿门县下记“有天封苑火井祠，火从地出也”，这是关于天然气的记载。另外记有盐官、铁官的分布，反映了当时盐铁业专营的情况；记载水道和陂泽湖池等三百多处；记水道，都在发源地所在的县下说明它的发源和流经，较大的河流还记支流和经行里数。

《汉书 · 地理志》开辟了一门以描述疆域政区沿革为主的研究领域，这样的著作对于国家统治是极为有帮助的，所以受到历代统治者的重视。在二十四部官修“正史”中，有地理志的就有十六部，都是按照《汉书 · 地理志》的方式书写的。唐人以后出现的历代地理总志，如《元和郡县志》《元丰九域志》和元、明、清的《一统志》，也是疆域地理性质的著作。宋以来大量编撰的地方志，也是以《汉书 · 地理志》为典范来叙述地方的地理知识。

秦汉时期的农业

中国古代的农业经验、知识和理论，到了春秋战国时代已经有了大量的积累。农业作为经济的主体，在国家治理中占有十分重要的地位。所以在秦初吕不韦所编撰的治国方略著作《吕氏春秋》中有《上农》《任地》《辨土》《审时》等农学专论，也是情理之中的。[①]

秦始皇统一六国，开创了中央集权的统一王朝。为了维护其统治，采取统一文字、货币、度量衡等措施。对于农业也是格外重视。“焚书坑儒”被认为是秦朝专制暴政的典型事件，但就在焚书令中，就有“所不去者，医药、卜筮、种树之书。”而“种树之书”就是有关“种植”和“树艺”方面的书，属于农书。

秦朝重视农业，还表现在其对于影响农业生产的气候因素（如雨水等）十分关注。秦朝规定郡县一级的官员必须定期向朝廷上报当地的降水及其对农业生产的影响情况。内容涉及三个方面：一是作物生长过程中得到及时雨的土地顷数；二是雨水不足、过多或适宜的情况；三是因降雨而造成的灾害情况。

秦汉时期在农业技术上一个突出成就是反季节的“温室栽培”。秦始皇时，已经实现了冬季种瓜并结果，是利用骊山附近的温泉资源而实现反季种植。关于温室栽培的最早记载见于《汉书·召信臣传》：“太官园种冬生葱韭菜茹，覆以屋庑，昼夜然蕴火，待温气乃生。”召信臣是汉元帝时人。王嘉《拾遗记》说：“汉兴至哀、平、元、成，尚宫室，崇苑囿，孝哀广四时之房……及乎灵瑞嘉禽，丰卉殊木，生非其址。”这里的“四时之房”，就是“温室”。这种在温室中培育出来的菜蔬等产品，因为不符合自然的农时，有时也被认为是“不时之物”而加以禁止。《后汉书·邓皇后传》就记载邓皇后在永元七年（95 年）

① 朱宏斌．秦汉时期区域农业开发研究［M］．北京：中国农业大学出版社，2010：31-68.

下诏令禁止培育“不时之物”，所涉品种达 23 种。这反过来也说明当时温室培育技术已经相当发达。不然没有必要下禁令去禁止。这也说明，中国古代并不是认为所有的技术都应该大力提倡，就像当今社会对转基因作物存在争议一样。

汉朝汲取了秦朝因苛政暴政而造成快速灭亡的经验教训，实行与民生息的政策，尤其注重发展农业生产。汉文帝时，政治家贾谊和晁错都上书主张大力发展农业生产，多积聚粮食；主张“贵粟”，以刺激农业生产。这些政策都对当时及后来的中国农业政策产生了深远的影响。

汉代的农业生产技术有许多发明和进步。首先是代田法及其与之配套的农具。汉武帝时的赵过发明了代田法。他在汉武帝征和四年（公元前 89 年）被任命为“搜粟都尉”，是专管农业和粮食生产的官职。据《汉书》记载：“过能为代田，一亩三甽。岁代处，故曰代田。古法也。”这首先说明代田法古有其法，是指春秋战国时盛行的“畎田法”。“一亩三甽”就是在一亩地里作三条沟（甽）、三条垄（亩）。赵过的代田法在“畎田法”的基础上有许多改进。一是沟与垄的位置每年互换，所以是“岁代处”。这可以使土地利用和闲休轮番交替，使地力得到自然恢复和增进。二是在栽培管理上有很大的改进。“畎田法”采用“上田弃亩，下田弃甽”的原则，而赵过的代田法则是垄（亩）、沟（甽）并用，尽管还是“上田弃亩”，但“播种于畎中。苗生叶以上，稍耨垄草，因隤[①]其土以附苗根……苗稍壮，每耨则附根，比盛暑，垄尽而根深，能风与旱”。这是一个随着作物生长而进行的动态田间管理过程。

中国北方黄河流域雨量少，春旱多风。沟里能保持水分和温度，适合春季幼苗生长。随着作物生长，多次利用垄上土逐渐覆盖根部，使根越来越深，到盛夏时“垄尽根深”，既能吸收水分，又能耐风旱、抗倒伏。而且除草的过程也在其中了。

汉代赵过对代田法技术进行了有组织、有计划的推广。并大力推广牛耕，发明了功效较高的播种机——耧车，以适应代田法生产整地、中耕和播种的需求。中国牛耕虽然起源于商代，但到汉武帝时才普遍使用。西汉赵过推广的牛

① 隤（tuí），意为“倒下，崩溃”。

耕为“耦（ǒu）耕”，为“二牛三人”耕作法：一人牵二牛，二牛各拉一犁并行而进，由两人各扶一犁。这反映了牛耕初期的情形，当时驾驭耕牛的技术还不成熟，铁犁构件和功能尚不完备[①]。赵过发明的是三脚耧车。东汉崔寔（shí）《政论》记载说：“三犁共一牛，一人将之。下种挽耧，皆取便焉。”三脚耧车下有三个开沟器，播种时，用一牛拉着耧车，耧脚在平整好的田地上开沟进行条播。由于耧车把开沟、下种、覆盖、填压四个动作统一于一机，一次完工，既灵巧合理，又省工省时，故效率大大提高，可以“日种一顷”。

耧车的使用，是中国古代农具机械化的开端。其特点一是利用畜力，二是把耕作工序程序化，并用巧妙的机械去实施。这也说明，在农业文明的生产中，照样可以发展出机械技术，并不断创新。比如说，金元时期出现了一种耧锄，当是从耧车发展而来，同耧车非常相似，只是没有耧斗，取而代之的是耰（yōu）锄。使用时用一驴挽之，效率非常高，每天锄地达二十亩之多。

汉代农业的另一重大进展是小麦的生产。小麦虽是旱地作物，但对于土壤

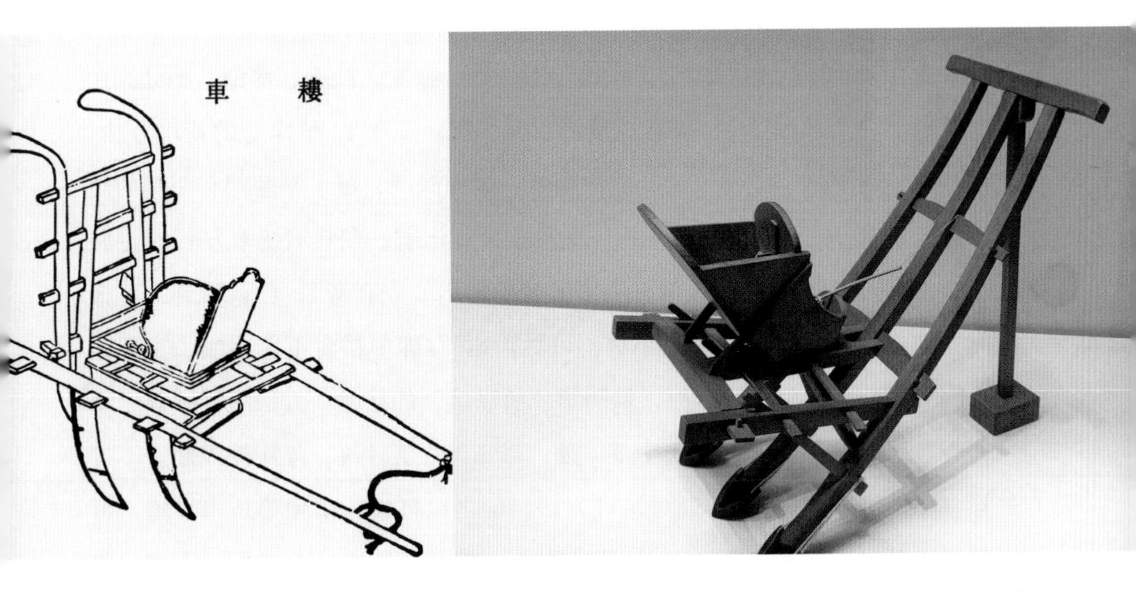

∧ 西汉耧车样式图及模型

中国国家博物馆藏

① 曾雄生. 中国农学史［M］. 福州：福建人民出版社，2008：189.

水分的要求与原来的粟、黍等有较大的区别，耐旱性不足，而且用水较多的抽穗阶段正好不是中国西北地区的雨季，因此推广小麦在很大程度上有赖于灌溉条件的改善。汉武帝时，大规模兴修水利，仅关中地区就在原来战国时期所修的郑国渠的基础上，又开凿了龙首渠、灵轵渠、成国渠、白渠等灌溉渠道。兴修水利这样的规模，是与推广小麦种植同步的。这也表明，农业生产的需要，也促进中国古代水利工程的发展。

两汉的农书，重要的是《氾胜之书》。氾胜之，西汉末年人，据《汉书·艺文志》说他在汉成帝时做过议郎。《氾胜之书》大概在两宋之际亡佚，现在见到的该书是后人的辑佚，存约 3700 字。现存内容包括土壤耕作、作物栽培和区田法三方面的内容。关于土壤耕作，《氾胜之书》指出，“凡耕之本，在于趣时、和土、务粪泽、早锄、早获。”“趣时”就是根据时令和气候来耕作。“和土”就是使土壤松软和缓。“务粪泽”就是施肥和灌溉，以保持土壤的肥沃与水分。“早锄”即要求中耕除草尽早进行。“早获”即在庄稼成熟后，尽快收获，这样可以避免落粒、防止发芽，减少不利天气造成的损失。

关于作物栽培，《氾胜之书》列出了黍、谷、宿麦、旋麦、水稻、小豆、大豆、苴麻、荏（油苏子）、枲麻、桑树、瓜、瓠、芋等 12 种作物的栽培方法，对播种期、播种量、播种方法、播种密度、播种深度、覆土厚度都有明确的规定。这些栽培方法，基本上都是第一次见于文献记载。在栽培技术方面，《氾胜之书》也多有发明。比如，《氾胜之书》明确指出“豆有膏”，已认识到大豆根瘤的肥地作用，因此种“大豆小豆不可尽治也，”即中耕时不能多锄，否则丧失地的肥力。在蔬菜栽培方面，发明了“瓠靠接”的技术，方法是：种瓠子十颗，“既生，长二尺余，便总聚十茎一处，以布缠之五寸许，复用泥泥之。不过数日，缠处便合为一茎。”通过这种方法，配之以整枝、留种等技术措施，可以获得大瓠。在选种方面，发明了溲种法，即用兽骨汁、缲蛹汁、蚕粪、兽粪、附子等，按一定比例，和成稠糊状，用以淘洗种子。经过溲洗的种子可以防虫、抗旱、增肥，保证丰收。

《氾胜之书》第一次记载了“区田法”。这是一种土地利用方式，原理就是

"深挖作区"，在区内施以粪肥，加强管理，合理密植，以保证充分供应作物生长所必需的肥水条件，发挥作物区巨大的生产能力，提高产量。也可在不易开垦的山丘坡地作区，扩大耕地面积。区广、区深和间距，一般为一尺左右，但也因作物、土地而异。区田法把作物集中在一个个小区中，便于浇水抗旱，能保证最基本的收成，也不要求有成片的耕地，但因不能牛耕，需要投入大量劳力。因此区田法体现了中国传统农业精耕细作的精神。

张衡《南都赋》描述的汉代农业

东汉时农业发展的状况，在张衡的《南都赋》中略见一斑。南都即南阳。南阳盆地土地平旷，河流众多。《南都赋》提到的河流就有汉、淯、淮、滍、澧、泿、沧浪等，陂泽有钳卢、玉池、赭阳、东陂等。据《水经注》，南阳境内唐河（古沘水）、白河（淯水）、湍河经纬交错，降水适中。这些都为实行水利灌溉，发展农业生产提供了十分有利的自然地理条件。

《南都赋》中说："其水则开窦洒流，浸彼稻田。沟浍脉连，堤塍相輷。朝云不兴，而潢潦独臻。决渫则暵，为溉为陆。冬稌夏穱，随时代熟……"这是对于农田水利和田间作物的描写。"开窦洒流，浸彼稻田。沟浍脉连，堤塍相輷"描绘了开沟设渠引水灌溉稻田的场面，这些沟渠于田间相连，形成水网，浸没土地形成水田以供种植水稻，堤坝田埂交错相连。"朝云不兴，而潢潦独臻"，即使没有降雨，灌溉池水依然充足。"决渫则暵，为溉为陆"，水田、旱田可以随着蓄水排水转换。在这样的农田水利条件下，"冬稌夏穱，随时代熟"，冬季"稌"即水稻收获，夏季小麦"穱"成熟，水、旱田轮作。

西汉元帝建昭元年（公元前38年）召信臣任南阳太守，据《汉书·召信臣传》载，召信臣"行视郡中水泉，开通沟渎，起水门提阏，凡数十处，以广溉灌，岁岁增加，多至三万顷。民得其利，蓄积有余"。在任期间，召信臣主持兴建了六门堰、召渠、钳卢破等大型水利工程，同时还修建了一些汉档、汉井等小型水利工程，在南阳地区形成规模可观的水利灌溉系统。竣工后的四年内，灌溉可覆盖面积仍在不断增加，攘县、新野、朝阳三县三万顷田地无亢旱水涝之虞[①]。为使工程能长期发挥效益，召信臣“为民作均水约束，刻石立于田畔，以防分争”。东汉建武七年（公元 31 年）杜诗出任南阳太守,《后汉书·杜诗传》载：杜诗“造作水排，铸为农器，用力少，见功多，百姓便之。又修治陂池，广拓土田，郡内比室殷足”。当时南阳人把杜诗比作召信臣，说他们是“父母官”：“前有召父，后有杜母。”《南都赋》中提到的沟渠相连、设坝蓄水、灌溉用水晴雨不缺、旱田水田随需转换农业生产之所以能够实现，同他们的贡献是分不开的。

从张衡《南都赋》的描述来看，当时的农作物已经非常多样化：“其原野则有桑漆麻苎，菽麦稷黍。百谷蕃庑，翼翼与与。”这是讲各种农作物在南阳郡的沃野上生长，有桑树、漆树、大麻、苎麻、豆类、麦子、高粱、黄米等。此外，园圃种有大量的菜蔬、瓜果和香草：“若其园圃，则有蓼蕺蘘荷，藷蔗姜䕺，菥蓂芋瓜。乃有樱梅山柿，侯桃梨栗。梬枣若留，穰橙邓橘。其香草则有薜荔蕙若，薇芜荪苌。晻暧蓊蔚，含芬吐芳。”这里面提到的有：苦菜、蕺菜、黄蘘、莲藕、甘蔗、生姜、大蒜、葶荠、芋头、樱桃、梅子、柿子、山桃、梨子、板栗、黑枣、石榴、橙子、柑橘、薜荔、蕙兰、薇芜草和羊桃草等。

《南都赋》中还描写了菜食和食物加工情况。有华乡的黑黍，有滍皋的籼稻，有猎取的大雁和沙鸡，有黄籼鲜鱼和五味芍药；有春天的鲜蛋，夏天的嫩笋，秋天的韭菜，冬天的蔓菁；有茱萸、紫姜之类的调料，还有酝酿九次的甜醴酒，有百日酿出的清香酒。此外还有各种树木、各种竹类、各种陆地动物和水中鱼类的描写，反映了这些动植物对于农业生活的重要性。

从张衡《南都赋》中的描写，我们可以看到汉代农田水利发达、农作物种类繁多、精耕细作技术全面、食物丰富，农业生活也是丰富多彩。《南都赋》可以说是汉代农业社会文明的生动写照。

---

① 袁延胜．试论东汉的农田水利工程与人口分布［J］．殷都学刊，2005（01）：23-26.

∧ 汉代庄园生活画像石

成都博物馆藏

第五章

析物之理

中国古代科技的创造性思维

中国古代科学在秦汉时期就形成了自己的体系。那么，这个知识体系是如何形成的？其中又表现出怎样的创造性思维？中国古代的科学思想究竟有什么特点？总的来说，就自然观而言，中国古代的自然观包括了对宇宙本原、结构和演化规律的认识，其中特别强调人与自然的关系。就科学思维而言，尽管有阴阳、五行、气等学说，但归根到底在于命名、分类和取象类比的关联思维。这种思维与纯粹的逻辑思维不一样，包含了基于经验和直觉的想象，是一种“诗性”的思维。“诗性”意在表明其所具有的丰富的想象和灵动的创造。通过这种思维，中国古代试图构造一个“天人合一”的世界图式。所谓万物之理，就是万物在这个世界图式中所处的位置。“天人合一”是科学认识的目标，也是人类社会治理的目标，可以说是汉代“人文精神”之本质，所以司马迁说“究天人之际”。《周易》的研究在汉代有一个重大的发展，就是“象数易”。“象数易”为取象类比的思维提供了数理上的支撑。汉代的天文历法和音律，都利用《周易》八卦的象数之学，构建了本体论和认识论的基础。“河图”“洛书”被认为是本质的实在，万物都要归结为“天地之数”和“大衍之数”，数的变化和数的结构就是宇宙的演变和结构。这样的世界观与实际观察的经验相结合，就产生了中国独特的科学体系。汉代成书的《周髀》所构造的宇宙模型就反映了这种理论、观察和推理的思维模式。此外，中国古代科学中另一个重要的概念“气”，不仅提供了宇宙万物的物质基础，还提供了天地万物之间相互感应的媒介。

取象类比的“诗性”思维

广义上讲，科学是一个将知识理性化的过程，是按照一定原则形成的知识系统。建立知识体系的方法和途径可以很多，并不一定都要依照近代科学所采用的概念、数量关系和逻辑。列维–斯特劳斯在《野性的思维》中指出，即便是在原始文化中，人们对自然界的事物也有极其丰富的认识，而他们建立知识体系的方式是用感觉的语言对感觉的事物进行具体性的思辨，从而建立事物之间的关系，包括事物之间的因果关系。依据这种广义的科学观，中国古代当然也有自己的科学。从知识的创造来看，中国古代的科学思维就很具有经验性和直观性，是“近取诸身，远取诸物”的“取象类比”思维，类似于《诗经》中的“兴象”，因而是“诗性”的思维，是中国古代的科学想象、科学表达和科学推理的重要方式。

中国古代思维“取象类比”“关联思维”的特点，曾被许多学者所讨论，如李约瑟、葛瑞汉（A. C. Graham）、史华慈（Benjamin I. Schwartz）等。《周易·系辞传》中有这样的记载：“古者包牺氏之王天下也，仰则观象于天，俯则观法于地，观鸟兽之文与地之宜，近取诸身，远取诸物，于是始作八卦，以通神明之德，以类万物之情。”《系辞传》又说：“夫象，圣人有以见天下之赜，而拟诸其形容，象其物宜，是故谓之象。”“易者，象也。象也者，像也。”“立象以尽意，设卦以尽情伪。”这里面包含了“象”的三重含义：一指事物可以感知的自然现象；二指象征性的符号，如卦象，还包括兆纹等；三是动词取象，是“象”所象征的事物蕴涵的特性和规律，如《庄子·天道》中所说“意之所随者，不可以言传”。取象类比，是从“象”出发而立“意”，这是中国古代认识事物的根本方式或过程。这一过程可称作“意象思维”，它通过形象性的概念与符号表达对象世界的意义，或者是通过直观性的类比推理形式，去把握和认识与对象世界的联系。天下的事物纷繁复杂，通过比拟形态、归纳分类，显现隐藏的道理，这是一种更本源的理性思维方式。对事物的认识，归结为“象”的形成。这个“象”是如何形成、如何构成的？这个过程与诗的创作过程类似。

《诗经》中诗的表现手法有“赋”“比”“兴”。“赋”指平铺直叙、铺陈，“比”是指类比、比喻；而“兴”则是托物起兴，先言他物，然后借以联想，引出诗人所要表达的事物、思想和感情。“兴”的方法也就是产生意象的方法，即依据对自然界事物的观察，联想其对于社会和人事的意义。那这样的意象究竟是怎样产生的呢？举几个《诗经》中的例子。如第一首《关雎》：“关关雎鸠，在河之洲。窈窕淑女，君子好逑。参差荇菜，左右流之。窈窕淑女，寤寐求之。求之不得，寤寐思服。悠哉悠哉，辗转反侧。参差荇菜，左右采之。窈窕淑女，琴瑟友之。参差荇菜，左右芼之。窈窕淑女，钟鼓乐之。”通过“关关雎鸠”兴起男女求爱之象。男子思念女子的想象，首先通过雎鸠这种鸟起兴。又如《衡门》：“衡门之下，可以栖迟。泌之洋洋，可以乐饥。岂其食鱼，必河之鲂？岂其取妻，必齐之姜？岂其食鱼，必河之鲤？岂其取妻，必宋之子？”是从鱼的象，联想到食鱼何必食鲂、鲤这两种昂贵的鱼，引起娶妻为何定要娶贵族子女的感叹。闻一多认为，以上的联想都与鱼有关。雎鸠能够捕鱼，而鱼因为“鱼多子”“鱼水之欢”而多有性暗示的意思，所以上面两首诗中求爱和嫁娶的意象就呼之欲出了。

通过这种联想产生的意象是不是有无数种可能呢？究竟有没有一定的规则可循？理论上想象应该是无限的，当然也谈不上什么确定的规则。但是，当人们按照直觉和感观去建立事物的联系时，一是要基于事物本身形态的相似性，二是受到其所处文化的影响。在这种情况下所产生的想象也就不是完全没有边界的了。所以孔子说：“诗三百，一言以蔽之，曰：思无邪。”这可以理解为，在《诗经》“取象类比”的世界中，只要通过熟悉领会《诗经》所表现的意象世界，那么对事物产生的想象和认识就不可能出现偏差。也就是说，“诗性”思维虽然没有确定的定则，但也不是杂乱无章的，据此产生的想象构成了对事物的认识，因而成为古代科学创造性思维的一种方式。

这种诗性的思维对于古代科学的知识创造是极其重要的。以天文学为例，中国古代天文与占星密不可分，古人用兴象、类比的方法，将星空建立成天人对应的星官体系。根据天体位置、形状、分布、运动、颜色、大小、相互位置等，就可以构成所谓的“天象”，而且这个“天象”只有赋予了与人事相关的意义，才构成星占意义上的“星象”。例如《史记·天官书》把天极附近的恒星构建为表示“紫宫”的“星象”，其过程就是一个“兴象”的过程：“中宫天极星，其一明者，太一常居也；旁三星三公，或曰子属。后句四星，末大星正妃，余三星后宫之属也。环之匡卫十二星，藩臣。皆曰紫宫。”两个不同领域事物之间的关系，通过“者”与“也”“或曰”或其省略形式的句式建立起来，并且其对应是整体性的对应。这种借助熟悉的事物去描述未知的事物的方式，是古代非常普遍的思维方式。在中国，如《易经·系辞传》开篇：“近取诸身，远取诸物，于是始作八卦，以通神明之德，以类万物之情。”西方如亚里士多德《物理学》开篇所说，研究自然的道路是“从对我们更可知、更清晰的，到对自然来说更可知、更清晰的”。

中国古代讲述天地宇宙之间的变化时，也是将音律和节气的规律与阴阳消长规律一起论述的，这种论述方式也类似于“兴象”，是一种“诗性”的说理方式。如《史记·律书》中有一段：“广莫风居北方。广莫者，言阳气在下，阴莫阳广大也，故曰广莫。东至於虚。虚者，能实能虚，言阳气冬则宛藏于虚，日冬至则一阴下藏，一阳上舒，故曰虚。东至于须女。言万物变动其所，阴阳气未相离，尚相胥也，故曰须女。十一月也，律中黄锺。黄锺者，阳气踵黄泉而出也。其於十二子为子。子者，滋也；滋者，言万物滋於下也。其於十母为壬癸。壬之为言任也，言阳气任养万物於下也。癸之为言揆也，言万物可揆度，故曰癸。东至牵牛。牵牛者，言阳气牵引万物出之也。牛者，冒也，言地虽冻，能冒而生也。牛者，耕植种万物也。东至於建星。建星者，建诸生也。十二月也，律中大吕。大吕者。其於十二子为丑。”这里建立的音律、节气、阴阳之间的关系和变化，基本上是基于名词术语上的音似、形似或神似。

如“子者，滋也”“癸之为言揆也”之类。这些相似又与总的宇宙图式、经验的观察、直观的想象、表述的方式等相关联，因而构成了一种颇有说服力的说理方式。

中医是中国古代科学的重要分支。中医利用阴阳五行的概念和理论建立了关于人体、疾病、药物、医方和治疗的知识体系。其中的核心就是用关联思维方式建起来的宇宙图式，为中医科学提供了概念和理论框架。没有这个概念框架，中医就无从谈论人体的功能、疾病的性质，药物的性能、治疗的功效，等等。比如关于人体的阴阳,《黄帝内经・素问・金匮真言论》说:“夫言人之阴阳，则外为阳，内为阴。言人身之阴阳，则背为阳，腹为阴。言人身之脏腑中阴阳，则脏者为阴，腑者为阳。”人体的健康就是阴阳调和。《素问・阴阳应象大论》:“阴胜则阳病，阳胜则阴病；阳胜则热，阴胜则寒。”五行也是如此。中国古代把五行与五脏、五腑、五官、五体相关联。有了这样的关联，就可以运用阴阳、五行理论进一步解释人体的生理活动、病理变化，用于诊断和治疗，乃至归纳药理与药性。

举一个关于药性的例子。“曾青”是本草中的一种药物。李时珍《本草纲目・石部第十卷》说：

> [气味]酸，小寒，无毒。
>
> [主治]目痛，止泪出，风痹，利关节，通九窍，破症坚积聚。久服轻身不老，养肝胆，除寒热，杀白虫，疗头风脑中寒，止烦渴，补不足，盛阴气。

这个药性及其功能是如何确定的？其思维的逻辑是这样的：曾青颜色是青的，青五行对应木，木对应于肝，肝又主目，所谓“肝开窍于目”。于是曾青可以用于治疗眼疾就得了很好的解释。

当然这不是说凡是青的物质都可以治眼病。知识的创造过程还是离不开大量的经验，但知识能够讲出来，必须要用概念。阴阳五行为中医提供了必要的概念框架。如果没有这个框架，中医知识就不能总结成一个体系，也就不能有系统的发展。

我们再看中国古代科学的推理和表述，很多展现了如同“兴象”的逐步发展过程，具有归纳的性质，而不是公理化的演绎系统。比如《九章算术》讲解题的“术”，不是一上来就给出“术”，而是通过几个例子，由简到繁启发人们逐步体会“术”。如关于“盈不足术”,《九章算术》先给出下列 4 题：

今有共买物，人出八，盈三；人出七，不足四。问人数、物价各几何？

答曰：七人，物价五十三。

今有共买鸡，人出九，盈十一；人出六，不足十六，问人数、鸡价各几何？

答曰：九人，鸡价七十。

今有共买珠，人出半，盈四；人出少半，不足三，问人数、珠价各几何？

答曰：四十二人，珠价十七。

今有共买牛，七家共出一百九十，不足三百三十；九家共出二百七十，盈三十。问家数、牛价各几何？

答曰：一百十十六家，牛价三千七百五十。

然后再给出：

术曰：置所出率，盈、不足各居其下。令维乘所率，并以为实。并盈、不足为法。实如法而一。盈不足相与同其买物者，置所出率，以少减多，余，以约法、实；实为物价，法为人数。其一术曰：并盈不足为实。以所出率以少减多，余为法。实如法得一人。以所出率乘之，减盈、增不足即物价。

这里并没有说明怎样才能得到这样的“术”，也就是说这里并没有基于逻辑的推论，只有通过个例而跳跃到“术”的联想。而这样的联想又只能通过多次运用“术”来解题才能产生。这里好像有一种循环论证，但是“诗性”的关联思维就是在这种感性的体验和直观的意象中展开的。这样的表述方式，实际上还隐含了一种科学教育的方法，就是通过个例进行启发，让人能够发挥想象，做到“举一反三”。

这种“取象类比”的“诗性”思维方式，是中国古代科学思维的鲜明特征。它并不是一种数理逻辑式的推演，而是一种同样展现自洽、融贯与逻辑的关联性思维。中国古代科学的发明和创造，与这种“诗性”思维密切相关。这也使得我们研究中国古代的科学思维需要将其与宇宙观、观察经验、文化、风俗、政治、宗教等多方面的因素联系起来，而不能将其孤立。

我们再以中国古代关于霓虹的种种意象为例，说明中国古代的“取象类比”思维如何塑造了古代科学知识。“霓虹”是指双彩虹的大气现象，双彩虹中的主虹由日光在云气中经过两次折射和一次反射形成，其颜色按照红、橙、黄、绿、蓝、靛、紫的顺序排列；副虹由日光在云气中经过两次折射、两次反射形成，颜色较主虹更淡，且排列顺序与主虹相反。主虹颜色深，古人称为“虹”，副虹颜色浅，称之为“霓”。霓虹作为一种自然现象，在中国古代的典籍中有很多记载，殷商甲骨卜辞中就有关于“虹”的占验，之后的文献如《诗经》《楚辞》《礼记》《淮南子》《尔雅》《史记》等著作中都有关于霓虹的记载。

在秦汉时期，古人从气和阴阳的角度来解释霓虹的成因，《淮南子》指出：“天二气则成虹，地二气则泄藏，人二气则成病，阴阳不能且冬且夏。月不知昼，日不知夜。”认为霓虹的形成是阴阳二气相互作用的结果。《释名》曰：“虹，阳气之动。虹，攻也。纯阳攻阴气也。”霓虹有阴阳之分，虹为阳，霓为阴。基于这种认识，当霓虹这一现象出现时，古人看到的就不再只是彩虹，而是彩虹中所展现的自然秩序，即阴阳二气的运作规律。在中国文化中，阴阳又对应雌雄，所以霓虹已成一个重要的意象关联起了自然领域的阴阳之气和人文领域具有尊卑差异的雌雄之别。《诗经 · 鄘风 · 蝃蝀》就是借霓虹中阴阳的失序来喻指人事中不符合伦理规范的男女关系：

> 蝃蝀在东，莫之敢指。女子有行，远父母兄弟。朝隮于西，崇朝其雨。女子有行，远父母兄弟。乃如之人也，怀昏姻也。大无信也，不知命也。

蝃蝀就是指霓虹，这首诗是从霓虹（“蝃蝀”）联想到了女子私奔（“女子有行”）的意象。诗人将霓虹与女子不贞联系一起，是以霓虹乃阴阳二气交接而产生的乱象这一认识为基础，且霓虹是副虹，在主虹之上，即阴在阳之上，已失去了阳尊阴卑的秩序，以此喻指不合秩序与规范的男女关系。

霓虹是阴阳二气相互作用的结果，又因霓虹通常出现在雨后，使得霓虹又与中国古代重要的求雨祭祀活动关联起来。求雨仪式叫“雩祭”，“雩”就指虹。《周礼》言：“司巫掌群巫之政令，若国大旱，则帅巫而舞雩。”《后汉书·礼仪中》规定：“其旱也，公卿官长以次行雩礼求雨。”在求雨祭祀活动中有一个很关键的环节就是舞雩，雩就是霓虹，象征着“雨神”。汉代出土的画像石上多有“虹神”的形象，是古代的“司雨之神”。在《春秋繁露·求雨》篇所记载的求雨仪式中，“舞龙”同样是核心环节，“舞龙”就是“舞雩”，象征着“虹神”。不仅如此，《春秋繁露·精华》还进一步指明了阴阳和水旱之间的关系，以及在此基础上形成的祭祀仪式的差异：

> 大雩者何？旱祭也。难者曰：大旱雩祭而请雨，大水鸣鼓而攻社，天地之所为，阴阳之所起也。或请焉，或攻焉，何也？曰：大旱，阳灭阴也。阳灭阴者，尊厌卑也，固其义也，虽大甚，拜请之而已，敢有加也？大水者，阴灭阳也。阴灭阳者，卑胜尊也，日食亦然。皆下犯上，以贱伤贵者，逆节也，故鸣鼓而攻之，朱丝而胁之，为其不义也。

这段文字指出雩祭为旱祭而非水祭，原因在于这两种祭祀中阴阳的势力对比不同。水为阴胜阳，为以下犯上，旱为阳胜阴，符合尊卑秩序。与此相应，雩祭为请，水祭为攻，请乃针对尊者，攻乃针对卑者，尊卑有别。

霓虹的意象在政治领域中往往预示了某种灾异的发生，如“白虹贯日”的现象在古代就是以下犯上、君主或将遭遇危险的典型意象。此外，《后汉书·孝灵帝纪》有一则关于霓虹的重要记载，“秋七月壬子，青虹见御坐玉堂后殿庭中”。当汉灵帝看到这一现象时非常紧张，于是召蔡邕来议此事。《蔡中郎集·答诏问灾异》详细记述了蔡邕的回答。

虹著于天而降施于庭。以臣所闻，则所谓天投虹者也。不见尾足者，不得胜龙。《易》曰：“霓之比无德，以色亲也。”《潜潭巴》曰：“虹出，后妃阴胁主。”又曰：“五色霓出，至昭于宫殿。有兵革之事。”《演孔图》曰：“霓者、斗之精气也。”失度投霓见，态主惑于毁誉。《合谶图》曰：“天子外苦兵威，内奋臣无忠，政变不虚生，占不虚言。”意者陛下关机之内、衽席之上，独有以色见进，陵尊逾制，以招众变。若群臣有所毁誉，圣意低回，未知谁是，兵戎不息，威权浸移，忠言不闻，即虹霓所生也。抑内宠，任忠言，决毁誉，使贞雅各得其所。严守卫，整威权，机不假人，则其所救也。《易传》曰：“阳感天不旋日。”《书》曰：“惟辟作威，惟辟作福。”臣或为之，谓之凶害，是以明主尤务焉。

蔡邕以纬书为证，认为此次霓虹现于庭院喻指灵帝后宫之中床榻之上，有人借女色迷惑君主，逾越规制违背尊卑，故招来灾变。当时的汉廷也正经历了灵帝的宠妃何氏与权宦勾结，最终取得了皇后之位。何氏干政早已引起朝臣不满，蔡邕等人也正是借此机会讽谏灵帝要警惕后宫干政，应及时采取补救措施。

中国古代关于霓虹的认识和种种意象正是“取象类比”思维的产物，是在对自然现象观察和认识的基础上，通过想象和联想将霓虹中的自然秩序对应到人文领域中，使得霓虹具有了与民俗信仰、宗教祭祀、国家政治相关的象征意义。在这种思维方式下自然绝不是一个孤立独存的领域，自然与人文具有镜像对应的关系，自然为人文立法，自然秩序是建立人文秩序的基础，一旦自然失序必然会在人文领域有所体现，反之亦然。

“天人合一”的整体思维

在中国传统思想中，人与自然的和谐是极其重要的思维。孔子说：“天何言哉，四时行焉，百物生焉。”庄子说：“天地有大美而不言，四时有明法而不议，万物有成理而不说。”《易纬》的卦气说找到了一种象数语言把这种难以言说的自然和谐之美说出来，确实是一个伟大创造，但这并不是纯粹的自然哲学，其思想实质仍属于天人之学的范畴。这种天人之学一方面是援引天道来论证人道，把天道的自然规律看作是人类社会合理性的根据，另一方面又按照人道来塑造天道，把人们对合理社会的主观理想投射到客观的自然规律之上。《易系辞》说：“《易》之为书也，广大悉备，有天道焉，有人道焉，有地道焉，兼三材而两之，故六。六者非它也，三材之道也。”

中国古代的科学思想，经过春秋战国时期诸子百家的锤炼，再经过汉代易学的阐发，形成了“天人合一”的世界观。此“天人合一”的世界观，是整个中国思想的归宿，也是中国传统科学思维的基础。通过易学的整理，中国把殷周以来宗教的“天命观”转向了理性的“天道观”。“天人合一”的思想把反映自然规律的“天道”与规范人类社会的“人道”有机地统一起来，构成一种整体的科学思维，表现为宇宙的生成变化观、天人之间相互对应的感应说、宇宙发展变化的“循环论”。

与古希腊不同，中国古代不认为宇宙是由造物主创造出来的，而是从最原始的物质，按照其内在的自然原理生成变化出来的。《淮南子·天文训》说：“虚廓生宇宙，宇宙生气，气有涯垠，清阳者薄靡而为天，重浊者凝滞而为地。清妙之合专易，重浊之凝竭难，故天先成而地后定。天地之袭精为阴阳，阴阳之专精为四时，四时之散精为万物。积阳之热气生火，火气之精者为日；积阴之寒气为水，水气之精者为月；日月之淫为精者为星辰。”又说“未有天地之时，混沌状如鸡子，溟涬始牙，蒙鸿滋萌，岁在摄提，元气肇始。”也就是说，宇宙天地是由气的分化形成的，然后阴阳之气交感，就产生了万物。这是古代关于宇宙生成的认识，展现了古代重要的宇宙生成论的思想。

中国古代神话对于宇宙万物的生成也持一种自然生长的态度，例如，盘古开天地的神话这样说：“天地混沌如鸡子，盘古生其中。万八千岁，天地开辟，阳清为天，阴浊为地。盘古在其中，一日九变，神于天，圣于地。天日高一丈，地日厚一丈，盘古日长一丈。如此万八千岁，天数极高，地数极深，盘古极长。”当盘古长得极大而天地容不下时，盘古就自我毁灭，它的身体的所有部分分别成为日月星辰、山川河流、草木虫兽、金石矿产，等等。这样生成的宇宙万物与人体有着天然的对应关系。

如此生成的宇宙万物，就像生命体一样，是生长变化的，是演变的。《庄子·大宗师》将万物的生成比作“大冶铸金”，万物都在大熔炉中铸造出来。汉代的贾谊，在其《服鸟赋》中说：“万物变化兮，固亡休息。斡流而迁兮，或推或还。形气转续兮，变化而嬗。沕穆无穷兮，胡可胜言。”万物的变化是没有间断的，有的随波逐流而变迁，有的折转而又回返。形和气互相转化、接续、替代。形变成气，气又变成形，就这样代代相传。其间的奥妙，没法说得清楚。

《庄子》中甚至提出了生物进化的思想。《庄子·至乐》中说：“种有几，得水则为继，得水土之际则为蛙玭之衣，生于陵屯则为陵舄，陵舄得郁栖则为乌足。乌足之根为蛴螬，其叶为胡蝶。胡蝶胥也化而为虫，生于灶下，其状若脱，其名为鸲掇。鸲掇千日为鸟，其名为干余骨。干余骨之沫为斯弥，斯弥为食醯。颐辂生乎食醯，黄軦生乎九猷，瞀芮生乎腐蠸。羊奚比乎不箰，久竹生青宁，青宁生程，程生马，马生人，人又反之于机。”物类千变万化源起于微细状态的“几（机）”，“几”在水的滋养下生成各种各样、大大小小的生物。生物的高级形式从青宁演变为豹子，从豹子演变为马，再从马演变为人。这样的生物演化被认为是自发的，并没有像达尔文的进化论那样提出一种具体的“物竞天择，适者生存”机制，因为在生成宇宙论中，天地万物都是自发生成的，并不需要什么特别的机制。一切都像有生命的机体一样，自然而然地生长变化。

即使是矿物金属，也跟生物一样，也是共生的，处于生长变化中。《管子・地数》中说：“山上有赭，其下有铁；上有铅者，其下有银；上有丹沙者，其下有黄金；上有慈石者，其下有铜金。”这是指金属与矿的共生关系。而《淮南子》则进一步认为，金属是在自然中变化生成的。《淮南子・地形训》中说：“正土之气也御乎埃天，埃天五百岁而生缺，缺五百岁而生黄埃，黄埃五百岁而生黄汞，黄汞五百岁而生黄金。”这种变化显然是想象出来的，但也只有在这种生成宇宙观的影响下，才能产生这样的想象。这种想象也为炼金术提供了理论基础，而炼金术就是通过一系列的操作缩短这种天然的金属生成过程。

“天人合一”的宇宙观把天地人之间的关系不但看成是相互对应的，而且还是相互感应的。天人合一，强调人与自然是一个和谐的整体，按照自然而然的“道”来运行，即老子《道德经》所说的“人法地，地法天，天法道，道法自然”。这种天人合一的思想，贯穿于中国古代的科学思考之中。

汉代儒学大师董仲舒在其《春秋繁露》中提出“人副天数”的理论。《春秋繁露・人副天数》：“人有三百六十节，偶天之数也；形体骨肉，偶地之厚也。上有耳目聪明，日月之象也；体有空窍理脉，川谷之象也；心有哀乐喜怒，神气之类也。”这样儒家也提出了顺应自然与天地合德的思想，也就是《周易・文言》所说的“与天地合其德，与日月合其时，与四时合其序”。

在中国古代医学中，天人合一的思想表现得尤其突出。《黄帝内经》把人体看作是与“大宇宙”（天）对应的“小宇宙”。首先，天与人是同源的。《素问・宝命全形论》说：“夫人生于地，悬命于天，天地合气，命之曰人。”“人以天地之气生，四时之法成。”《灵枢・本神》则说：“天之在我者德也，地之在我者气也，德流气薄而生者也。”其次，天与人是同构的。《灵枢・邪客》说：“天圆地方，人头圆足方以应之。天有日月，人有两目。地有九州，人有九窍。天有风雨，人有喜怒。天有雷电，人有音声。天有四时，人有四肢。天有五音，人有五脏。天有六律，人有六腑。……天有十日，人有手十指。”这也就是董仲舒在《春秋繁露》中所证明的“人副天数”。最后，人体气血运行也是如日月运行一样。《灵枢·脉度》说：“气之不得无行也，如水之流，如日月之行不休，故阴脉荣其脏，阳脉荣其腑，如环之无端，莫知其纪，终而复始。”

这样的人体与宇宙的对应，按今天的科学来看，纯粹是一种附会，但它反映的是中国古代的一种思维方式，是一种天人对应的取象类比思维，也是把天人看成一体的整体性思维。

《周易》“象数”之学与科学

中国古代经典对中国古代科学思想和方法影响之大者，莫过于《周易》。李约瑟说,《周易》为中国古代认识自然科学和社会科学提供了基本的概念库。《周易》虽然起初只是占卜之书，其关于吉凶的判断主要是神谕性质的，但毕竟包含了大量对自然和人类社会现象的观察，并试图通过类比的方法进行了直观的解释。到了孔子时代，易学实际上已经发展为一种通过八卦符号对自然和社会现象进行解释的学问。孔子已经撇开《易经》的占卜功能，直接援引《易经》的卦爻辞，作为观察、处理问题的依据。到了战国末期，荀子已经声称“善为易者不占”。这就是说,《周易》已经主要不是占卜书，而是阐述天地之道的书。《周易系辞传》说：“易与天地准，故能弥纶天地之道。”又说：“古者包牺氏之王天下也，仰则观象于天，俯则观法于地，观鸟兽之文与地之宜，近取诸身，远取诸物，于是始作八卦，以通神明之德，以类万物之情。”这里实际上是给出了一种古代科学的方法论纲领，就是先观察天地之间的各种现象，然后进行分类、建立符号，通过符号去认识自然宇宙中事物的规律，然后分清各种事物的性质。也就是说，易学构成了中国古代进行科学探究的一种基本哲学和方法。

《周易》的这一功能在汉代得到了充分的发挥。汉代是一个恢宏的大时代，把天人关系的探究作为最大的学问，是汉代人文精神的体现。而支撑这种宏大的人文精神的科学基础就是“象数”的易学。汉代的象数易学，无所不包，涵盖了天文、地理、音律、算术、医学等科学。

汉代象数易对天文学的发展至关重要。汉武帝时，董仲舒提出“罢黜百家，独尊儒术”。这时的“儒术”已经是综合了阴阳家天道思想的儒术。阴阳家源出于战国时期齐国的邹衍，其思想特色为阴阳与五行两大思想传统的合流。《吕氏春秋》根据这种思想构造了一个十二纪的世界图式，也就是《礼记·月令》的世界图式。董仲舒用阴阳五行思想来阐发《春秋公羊传》的微言大义，就是把儒家的人文精神纳入到了阴阳五行的世界图式之中。董仲舒又援引阴阳五行讲符瑞和灾异。符瑞象征着自然与社会秩序的和谐，灾异象征着这种秩序受到了破坏。董仲舒的这种天人感应论，在汉代发展成为一种普遍的思维模式，对汉代的自然科学产生了极大的影响，其中数对天文学的影响尤甚。

天文历法受“象数易”的影响，可以从汉代的《三统历》看出来。汉武帝时进行太初改历，制定了《太初历》。但是《太初历》的文本并没有流传下来，《汉书·律历志》中记载的是后来经过刘歆改造的《三统历》。《三统历》虽保留了《太初历》的基本数据，但对历法数据根据“易数”进行了构造。天文历法是“天道”与“人道”的统一。《三统历》开篇这样说道：“经元一以统始，《易》太极之首也。《春秋》二以目岁，《易》两仪之中也。于春每月书王，《易》三极之统也。于四时虽亡事必书时月，《易》四象之节也。时月以建分、至、启、闭之分，《易》八卦之位也。象事成败，《易》吉凶之效也。朝聘会盟，《易》大业之本也。故《易》与《春秋》，天人之道也。”其中的“天道”是通过《易》来表达的，“天道”即《易》，也就是易的象数之学。

“象数易”的哲学落实到《三统历》中，就是要通过“天地之数”和“易数”来构造历法的“天文常数”。历法中的数，只有通过这根本的“天地之数”和“易数”演绎而来，才是有源头的、可靠的、真实的。这样的做法我们现在称之为“数字神秘主义”，但它其实是古代世界一种普遍的科学思维方式。古希腊的毕达哥拉斯、柏拉图都有类似的思想，就连近代天文学的奠基者开普勒也有这样的思想。这涉及什么是真实的问题。只有那些由基本的元素构成的事物才是真实的。在西方就是基本的数（毕达哥拉斯）或基本的形状（柏拉图），在中国则是表示“天地之数”的“河图”“洛书”、阴阳、五行、八卦之数。因此《三统历》中的历法常数，必须是从“天地之数”构造出来。同时这个构造也不是“随心所欲”，而是必须与天文观测的相吻合。

对《三统历》中的天文常数做一番分析，就不难看出这种“象数易”思维下的历法模型构造的性质。《三统历》的常数包括三个系统，一是日月运动基本参数“统母”，二是五星运动基本参数“纪母”，三是代表五星视运动过程的“五步”。有了这些基本常数，再用各种计算操作即“统术”“纪术”和“岁术”来推算日月五星在任何时刻的位置，年、月、日、二十四节气等安排，以及日月交食、五星会合、凌犯等各种天文现象。整个推算颇似现代计算机的编程计算，是一个“机械化”的运算过程。历法，可以说就是宇宙的数字模型。

统母：日法81；闰法19；月法2392；通法598；统法1539；元法4617；会数47；朔望之会135；会月6345；统月19035；元月57105；章月235；中法140530；周至57；七勒之数7/235；周天562120；岁中12；月周254；章中228；统中18468；元中55404；策余8080

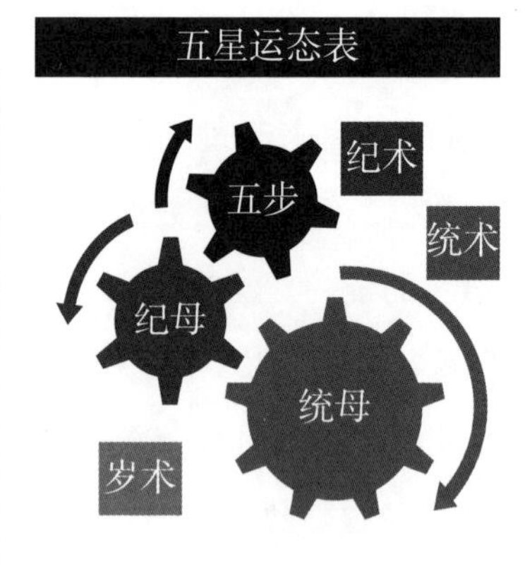

纪母（以岁星为例）：岁数1728；见中分20736（1728×1）；积中13；中余157；见中法1583；见闰分12096（1728×7）；积月13；月余15079；见月法30077（1583×19）；见中日法7308711（3×见月日法）；见月日法2436267（见中法×1539）

∧《三统历》中宇宙的数字模型

问题是这些数是怎么构造出来的？比如说日法 81 和月法 2392，这两个数实际上给出了朔望月的长度是 2392/81=29 又 43/81 日。这个朔望月的长度显然不是像我们通常所想的那样，是测量多少次以后平均一下得到的数值，因为不太可能直接测出 43/81 这样的分数。这个数值显然是构造的。但是构造的依据和过程是怎样的呢?

先讲“日法81”。《三统历》这样说:“太极中央元气，故为黄钟，其实为一龠，以其长自乘。故八十一为日法。”按音律，黄钟之律管长九寸，又为“天数”(即1、3、5、7、9)中最大的数。81这个数是“黄钟之数”，是音律的首律，代表宇宙的起始。

再看“月法之实2392”。《三统历》说:“元始有象一也，春秋二也，三统三也，四时四也，合而为十，成五体。以五乘十，大衍之数也，而道据其一，其余四十九，所当用也，故蓍以为数。以象两两之，又以象三三之，又以象四四之，又归奇象闰十九，及所据一加之，因以再两之，是为月法之实。”这段话翻译成算式，就是(49×2×3×4+19+1)×2=2392。但这个数据真的就可以完全凭这样的办法神秘地构造出来吗?应该不是这样，因为历法常数如果完全这样构造，那就没有任何实测的依据，变成十足的“神秘主义”了。

这个“月法之实”的数据来源其实就是“四分历”，春秋战国以来的历法都叫“四分历”，原因是它们取回归年长度为365日又4分之1日。又，关于历法中“闰月”的放置，春秋战国时早就总结出“19年7闰”的“闰周”，所以《三统历》说“闰法19”，并把它说成是“并终数为十九，晚穷则变”，意思是19为天地之终数9和10相加。通过这些数据，就知道19年中有235个月，6939又3/4日。这样一个月的日数就为29又499/940日。《三统历》觉得这个数与“易数”没有什么关系，于是就按照日法81去取近似之值。这个余数分母取了81，分子取42太小，取44太大，也只能取43了。于是一个月的日数成为29又43/81日，也即2392/81日。所以就得到了“月法之实2392”。

《三统历》的“天文常数”大体上都是照这样的思路构建的。奇妙的是，刘歆把它们构造得如此完美，以至于天文历法之数好像真的源于“易数”了。

我们不妨再来看看五星的“纪母”。以岁星(即木星)为例,《三统历》给出一组数据如下:

小周:12;岁数(小周乘坤策144):1728;见中分:20736;积中:

13；中余：157；见中法（见数）：1583；见闰分：12096；积月：13；月余：5079；见月法：30077；见中日法：7308711；见月日法：2436237。

其实这些常数都是相互关联、环环相扣的。其中“岁数”是一个关键参数，对于岁星来说，取1728。为什么是1728？先是有一个基本原则：

天以一生水，地以二生火，天以三生木，地以四生金，天以五生土。五胜相乘，以生小周，以乘乾坤之策，而成大周。

对于岁星来说，小周是“木金相乘”，得12。小周乘坤策144就得岁星岁数1728。古人认为岁星12年走一周天（这可能是“小周12”的真实来源），但实际岁星走得要快一些，刘歆认为144年就要超辰1次，于是1728年就超12次即为1周天（1周天分为12次）。也就是说1728年中岁星走了144+1=145周天。这样岁星的恒星周期即为1728/145。由恒星周可以算出会合周期为1728/1583。也就是说，1728年这个岁数中，岁星完成1583个会合周期运动。这就得到了“见中法（见数）：1583”。其他参数的确定，由此就顺理成章了，如下：

见中分：20736=1728×12（岁数中的中气数）

会合1次的中气数：$\frac{20736}{1583}=13\frac{157}{1583}$，于是：积中13；中余157

见闰分12096，岁数中的闰月数，19年7闰，所以：$1728\times\frac{7}{19}=\frac{12096}{19}$

见月法30077=19×1583；积月13；月余15079

1岁数中的朔望月数：$1728\times\frac{235}{19}=\frac{406080}{19}$

1会合周期中的朔望月数：$\frac{406080}{19}\div1583=13\frac{15079}{30077}$

见月日法：2436237=1539×1583=30077×81

见中日法：7308711=4617×1583；见月日法的3倍

（其中 1539 是日法 81 和闰法 19 的通分，这样倍后可以在历法计算中取得整日数，再 3 倍就可以取得 60 甲子的整倍数。）

这样，我们就看到了岁星“纪母”构造的全过程。其他行星也是一样。其中关键的数据是“岁数”。《三统历》中五星岁数的取值，竟然也与易数有关。为明了起见，列表如下：

《三统历》中五星岁数取值与易数

易数	五星岁数
徵 1；蓍 3；象 =3 蓍 =9	
卦 =2 象 =18（十有八变而成卦）	
易 =4 × 18=72（四营而成易）	
易又等于“参三统、两四时相乘之数”即：72=3 × 3 × 2 × 4	木星岁数 $1728=2^{6}\times 3^{3}$
乾之策 216=3 × 72；坤之策 144=2 × 72	金星岁数 $3456=2^{7}\times 3^{3}$
72 × 9=648（以阳九九之）	土星岁数 $4320=2^{5}\times 3^{3}\times 5$
72 × 6=432（以阴六六之）	火星岁数 $13824=2^{9}\times 3^{3}$
648+430=1080（阴阳各一卦之徵算策），其实质即以 1 爻 = 徵算策	水星岁数 $9216=2^{10}\times 3^{2}$
八卦小成 8 × 1080=8640	它们的最小同周期为 $2^{10}\times 3^{3}\times 5=138240$
引而伸之，即 8 × 八卦小成 =69120	
天地再之：69120 × 2=138240，并名之为“然后大成，五星会终”，即五星周期的最小公倍数	

五星的岁数的最小共同周期，正好等于《周易》的“大成”之数。这显然不是巧合，而是刘歆精心构造的结果。说明《周易》的象数之学在天文历法模型的构造中发挥了极其重要的作用。

出现这个情况不是偶然的，这是继董仲舒之后把儒家经义与阴阳术数结合的结果。汉宣元时期，孟喜、京房等人提出“卦气说”，实际上就是把阴阳术数与《易》相结合的产物。这本质上就是通过《易》的象数之学来研究天文历法、音律等。《三统历》就是在这样一种易学的气氛下产生的。我们不能把这种构造历法模型的方法简单地斥之为“迷信”或“数字神秘主义”，其实它也是一种科学思维的方式，是科学思维的一个方面。我们今天的科学，按照英国科学哲学家卡尔·波普的理论，就是构造假说，然后用观测和经验检验假说。假说的构造其实没有固定的方式，灵感可以来自各个方面，属于“发现的语境”。如此看来，刘歆构造出《三统历》的宇宙模型，用于推算日月五星运动，当然就属于科学的思维。而在中国古代，这样构造的历法模型，不断地接收天文观测检验，并且不断修正改正，恰恰展示了科学发展的合理过程。这样看时，汉代的象数易学，确实在一定程度上促进了天文学乃至其他科学如数学、音律学的发展。

《周髀算经》的宇宙模型

“象数易”的思维具有一定的演绎思维的性质，就是从基本的原理出发，构建理论模型。这样的思维从《周髀算经》中构造的“盖天说”宇宙模型中也可以看出来。所以有学者认为《周髀算经》的宇宙模型就是中国古代公理化思维的一种尝试。

《周髀算经》（以下简称《周髀》）约成书于公元前 1 世纪，是盖天说的代表作，其中构建了一个关于天地结构大小和天体运动的模型。这样数学化的宇宙理论，在中国古代并不多见。又因为其中涉及圭表测景等天文基本测量问题，所以在古代影响比较大，人们历来都把《周髀算经》作为一部重要的天文著作来对待。唐代规定它为国子监明算科的教材，故成为“经”。对《周髀》的观测基础、基本假设、数据构造等进行分析，可以看出其“公理化”思维的特点。

《周髀》的“公理”和“假设”

关于《周髀》中的前提假设，讨论比较多的是“天地平行”与影长“千里差一寸”两条。一般认为，“千里差一寸”隐含着“天地平行”的假设，即只要假设天地平行，就可以推出“千里差一寸”。也就是说“天地平行”是“公理”，“千里差一寸”是推论。但是，这一说法在《周髀》中并没有明确的叙述。《周髀》说“天似盖笠，地法覆盘”，天地显然不是两个平行的平面，至少是非常含糊的。因此把“天地平行”说成是《周髀》的“公理”，显然是不合适的。它最多不过是隐含的假设，其根据和真理性都没有明确的交代，是不明不白就被使用的“假设”。

这样的假设《周髀》中还有一些。盖天说模型的一些基本数据都与这些假设有关。按照上面的逻辑，如果我们承认这些数据的合理性，那我们就得认这些假设为“公理”。

首先是圆周和径的比例关系（不妨称之为“圆周率”）。根据《周髀》的数据，圆周率为 3。这个数据与实际数值相差甚远，而且汉代时已经有更准确的数值，但《周髀》及以后的天文宇宙模型，都坚持采用这一数值，实在令人费解。

其次，关于去极度与去北极距离的关系。《周髀》的“七衡六间”是要说明太阳（黄道）的去极度，解释四季正午影长的变化。太阳的去极度，是由太阳到北极的距离决定的。其中又有一个假设，即度与距离的关系按照夏至日所在内衡的周长确定的。即内衡周的四分之一长度对应圆周的四分之一度数。由于春秋分时太阳去极为四分之一圆周度，这就要求春、秋分衡的直径必须是夏至衡的直径的 3/2 倍，因为 $3 \times 2R=4 \times 3/2R$。由此知冬至衡径是夏至衡径的 2 倍。

再次，如果按照上面计算太阳在各衡的去极度，则会发现夏至去极和冬至去极与实测相差太大。于是又假设北极有四游，并通过这个假设修正冬夏至的去极度。这个假设的根据是什么，《周髀》并没有交代。

《周髀》的观测依据

《周髀》涉及的天文观测，作为构造模型的主要依据的，是圭表影长测量。这是中国天文学最为基础也是最重要的测量方法之一。《周髀》中提到的影长，一是周地夏至和冬至的影长；二是周地南北各千里地方的夏至影长；三是二十四节气时刻的影长；四是“北极四游”的影长。

第一项是容易实现的，夏至影长 1 尺 6 寸，冬至影长 1 丈 3 尺 5 寸。钱宝琮根据这两个数度推出观测地的地理纬度为 35 度 20 分 42 秒，当时的黄赤交角为 24 度 1 分 54 秒。与周都洛阳的地望有点差距，但可认为在误差范围之内。因此这一项我们可视之为实际测量。第二项说“正南千里，句一尺五寸。正北千里，句一尺七寸”。这看来不是实际测量，因为如果真是实际测量，则早就会发现影长变化将是一寸的好几倍。所以“千里差一寸”的说法，其来源至今是个谜。第三项说二十四节气的影长。这些数值，除了冬夏二至影长，显然不是实测，而是根据等间距内差推出来的，根据就是“七衡六间”和“千里差一寸”；或者说影长是随一年中的时间线性变化的。第四项是用圭表引绳望北极星，这也是一个可以操作的观测。《周髀》称这个可以确定“北极四游”，其半径为一万一千五百里。但是分析表明，这个数据与北极星绕北极的运动无法相合。所以这个数据很可能是为构建模型的需要而凑出来的。

《周髀》要解释的现象

作为一个宇宙模型，它一定要有解释或预测天文现象的功能。我们先看《周髀》关心什么天文现象。

首先是一些很基本的天文现象：①四季和二十四节气变化；②日出日落现象；③昼夜变化。四季和二十四节气变化《周髀》用“七衡六间”图来解释，也就是解释二十四节气影长的变化。这个解释看起来相当成功，但这样推出的二十四节气影长数据与实际测量相差甚远。日出和日落现象是与昼夜变化现象联系在一起的。《周髀》说：“冬至昼极短，日出辰而入申，阳照三，不覆九，东西相当正南方；夏至昼极长，日出寅而入戌，阳照九，不覆三，东西相当正北方。”照这个说法，可以推得冬至日出方位角是 135 度，夏至日出方位角 45 度。为说明这些现象，《周髀》不得不假设日光所及有一定的距离，而且这个距离的取值还能说明一些具体的细节，如不同季节的日出、日落方位，不同季节的昼夜长短等。《周髀》取日照半径为 167000 里（为什么取这个数值下文再论），可根据这个取值算出的日出入方位与《周髀》所说的相差甚远。如果取不同的可能的数值，冬夏至及春秋分的日出方位角如下表所示。

《周髀》日照半径取值对应日出方位

日照半径（里）	167000	178500	160000	《周髀》取值
夏至日出方位	44 度 58 分	39 度 30 分	48 度 2 分	45 度
冬至日出方位	121 度 51 分	112 度 40 分	28 度 19 分	135 度
春秋分日出方位	78 度 53 分	73 度 14 分	82 度 52 分	无

从表中可以看出，日照半径无论取什么数值，都无法满意地解释日出方位角的变化。

其次，《周髀》讲太阳离北极的距离，一方面用“七衡六间”模型，另一方面又用“去极度”的概念。“去极度”的测量，应该是汉太初改历前后的观测成果，与浑天说有关。太阳去极度在一年之中的变化，特别是二分二至时刻的太阳去极度，已经成为大家知道的数据，《周髀》自然不能忽略。用“七衡六间”的距离，再加夏至衡圈的弧长标准，算出来的二至去极度（实际上反映的是与黄赤交角的大小）与实际相差太大。于是又用“北极四游”来校正。计算夏至去极时要加上这个四游半径，而冬至时又要减去这个四游半径。这显然是属于“特设”假设，是不得不对模型所做的修正，几乎没有什么根据。

在测量方面，《周髀》还得要解释二十八宿的“距度”，于是又设计了一套用圭表引绳测恒星之间角距的方法。按照《周髀》的描述，测量的实际上是恒星的地平方位角差，根本不是恒星的距度。

另外，《周髀》还提到了一些现象，有些现象还不是在周地所能观测到的。《周髀》提到“春秋之日夜分以至秋分之夜分，极下常有光”。这似乎是讲北极地区的“极昼”现象。又提到“冬至之日去夏至十一万九千里，万物尽死；夏至之日去北极十一万九千里，是以知极下不生万物，北极左右，夏有不释之冰”。《周髀》所指显然就是北极地区的气候现象。这些知识从何而来现在不得而知，有人猜测是受古希腊的影响，可备一说。《周髀》既然把这些现象指出来，那就表明其模型是能说明这些现象的。“七衡六间”模型可以对此大致说明，具体细节则又要求对日照半径的取值有所限定。

《周髀》的特定性假设

从上面的分析我们已经看出，《周髀》的盖天说模型是极不严密的，实际是各种观测数据和理论假设的拼凑，离“公理体系”还有很大的差距。就算是一个粗略的“公理体系”，由所谓“公理”推出的推论或做出的预测与已知知识和测量结果相差太远，以至于不得不作一些附加的假设。这种“特定性假设”在《周髀》中很多，有的还试图加以说明，有的根本不交代理由，直接使用。前面已经提到一些这样的假设，如用夏至衡圈为标准计算去极度，冬夏至太阳去极的计算要加减“四游”半径等。现主要讨论与日照半径相关的“特定性假设”。

日照半径为什么取167000里？这个取值涉及几类观测数据的调和，使《周髀》陷入顾此失彼的困境。

《周髀》根据夏至影长（16寸）、冬至影长（135寸）、北极影长（103寸），按照“千里差一寸”的“公理”，推出夏至衡圈和冬至衡圈的半径，而且后者还必须是前者的2倍，才能使《周髀》关于春秋分去极的计算成立。这由不得人们怀疑这些测量数据的真实性。事实上，关于阳城冬夏至影长，古代文献中就有不同的说法，如《周礼》称：“日至之影，尺有五寸。”汉代文献多记为“尺有五寸”，也更精确的有1尺4寸8分。冬至影长，汉代文献大多记130寸，很少记135寸的。可见《周髀》最基本的测影数据来源就比较可疑，与当时大多数认定的不一样。这很可能是为了满足上面两衡半径比需要而修改过的数据。钱宝琮早已指出，《周髀》的这些数据不可能是在阳城实际测量的数据。由上面数据可算出夏至、冬至衡径分别为119000里和238000里。《周髀》又视天地范围为81万里，这在当时看来是一个完美的数字，日照半径只能取

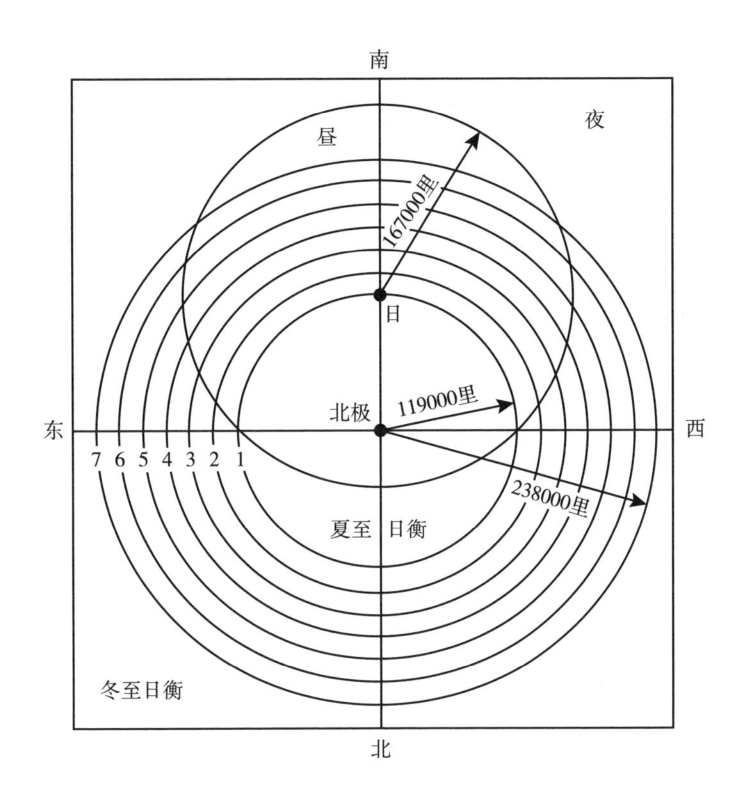

>《周髀》盖天说的“七衡六间”模型图

167000 里了。

日照半径取了 167000 里，又要解释春秋分时日照可达到北极，就必须假设北极有“四游”，四游的半径就应该是 119000 × 1.5−167000 里，即 11500 里。《周髀》还为这个“四游”构造了观测依据：北极星绕北极的运动。汉时北极星离真北极确有一定距离，这个说法初看似乎有道理，《周髀》还给出了数据。这些数据根据钱宝琮的推算，也完全不可能是任何地点的实测。而且还有一个更大的矛盾：北极的“四游”是周日运动，而大地的“四游”是周年变化，两者根本不是一回事。《周髀》用来作为“观测依据”，也就顾不上体系上的矛盾了。

太阳冬夏至的去极，本是由冬夏至衡至北极的距离来定。这样定出来的分别为 121.75 度和 60.875 度，与实际相差太大。《周髀》正好利用这个四游在作调整：冬至去极要减去四游的量，而夏至则加上四游的量。这样一来，凑出的数据（115.8671 度和 66.7679 度）倒是与实际数值（115.38 度和 67.25 度）相当接近，但却把去极度的概念偷换了。“北极”也不再是“天中”，而是一个成了一个绕天中四游的“北极璇玑”。这个“北极璇玑”绝不是什么宇宙理论上的发明，不过是不得已而特设的东西。

有意思的是，《周髀》模型的各项参数，如璇玑半径、七衡周长、日照半径等，只要唯一假定宇宙直径是 81 万里，就可以唯一确定。这个“81”，又是前面所说的“黄钟之数”，有“象数易”的思维中具有特别重要的意义，在《周髀》的盖天说模型中被认为是宇宙的大小，说明《周髀》的“公理化体系”，也是受到了“象数易”的影响。

《周髀》的性质及其对后世的影响

对《周髀》盖天说模型的解构，我们发现《周髀》基本上是用各种特设假设拼凑起来的模型，谈不上是一个严格的“公理化体系”。

《周髀》在构造系统时，已经了解很多天文学的知识和理论，包括浑天家关于距度、去极度的测量成果。还有当时“纬书”学者对于天地宇宙的各种理论，包括“地有四游”说。此外，《周髀》作者显然还知道一些中国域外之地的天文现象。《周髀》试图综合这些东西，构造一个“世界性”的宇宙模型，也就是说可以解释周地之外任何地方的天文现象，这一点确实比汉代的“地方性”的浑天说要高明。但是《周髀》的这种构造，对基本假设与实测不符的情况视而不见，对推导出来的结果与实测不同也视作大同小异而不顾，只求其本身体系的“完美性”。这样的构造实际完全失去了宇宙模型的意义。它是一个从错误的基本假设出发，按完美的思想构造出来的东西。这使得《周髀》成了一个僵化了的模型，没有进一步“精致化”的可能。

《周髀》宇宙模型的这一特点对中国古代天文学产生了深远的影响。从根本上来说，《周髀》的影响使得中国古代的宇宙论脱离了实际天文观测和天体运动计算，也就是说与实际天文历算之学基本上没有什么关系。比如《周髀》中完全不涉及日月五星的运动，而中国古代历法的重要内容恰恰与日月五星运动有关。宇宙论与历法计算脱节成了中国古代天文学的鲜明特点。这一特点造成的劣势到了明末清初西方天文传入就充分显现了出来，而且进一步阻碍了西方先进的天文学理论如哥白尼日心说的传入。

因此，对于汉代“象数易”的思维方式，我们一方面要肯定其作为一种科学思维方式在构建科学理论和模型的过程中所起的积极作用，另一方面也要认识到，这样的思维也极易陷于脱离实际观测的“数字游戏”，沦为“数字神秘主义”的伪科学。

“气”的哲学与科学

汉代的科学思想强调“天人合一”“天人感应”以及事物之间的对应和联系。那么在天与人、物与物之间，是什么在起中间的媒介作用呢？这就涉及中国古代哲学中一个重要的概念——“气”。“气”在中国古代的科学思维和知识体系中占有重要的地位。

“气”观念的萌芽经历了一个十分漫长和复杂的过程。在周代以前，“气”还不是一个独立的概念，它附属于具体的事物，如云气、水气、火气等。东汉的许慎在《说文解字》中说：“气，云气也，象形。”这应是指“气”最初的、具体的意义。从西周末年开始到春秋战国之际，“气”成了一个更具普遍性的概念，出现了“阴阳二气”和“六气”的思想。《左传·昭公元年》记载：“天有六气，降生五味，发为五色，徵为五声，淫生六疾。六气曰阴、阳、风、雨、晦、明也。分为四时，序为五节。过则为灾：阴淫寒疾，阳淫热疾，风淫末疾，雨淫腹疾，晦淫惑疾，明淫心疾。”从春秋战国到秦汉时期，“气”的哲学不断发展，特别是与“阴阳”“五行”观念相配合，构成了用于解释宇宙万物起源、变化及相互关系事物变化的一组概念。这一组概念，到了汉代，已经成为中国古代科学思维的基本观念。

“气”首先是“元气”，是万物的基本物质。战国末期的《鹖冠子·泰录》中说：“天地成于元气，万物乘于天地。”汉代的《淮南子·天文训》在论述天地宇宙生成时说：

> 天地未形，冯冯翼翼，洞洞灟灟，故曰太昭。道始于虚廓，虚廓生宇宙，宇宙生气。气有涯垠，清阳者薄靡而为天，重浊者凝滞而为地。清妙之合专易，重浊之凝竭难，故天先成而地后定。天地之袭精为阴阳，阴阳之专精为四时，四时之散精为万物。

这里的“气”，首先还是“元气”，是宇宙的初始物质。但是这宇宙之气又分为“清阳”和“重浊”两种不同而对立性质的气，也就是“阳”气和“阴”气。它们的运动、变化和相互相用，产生了天地、四时和万物。

这个气也是天体的质料。《史记·天官书》说：“天则有日月，地则有阴阳。天有五星，地有五行，三光者，阴阳之精气，本在地，而圣人统理之。”也就是说，天上的日月五星是地上的阴阳五行之气，只不过是气的精华。《淮南子·天文训》中则说得更具体：“积阳之热气生火，火气之精者为日；积阴之寒气为水，水气之精者为月。日月之淫气，精者为星辰。”也就是说，太阳为火之精气，月亮为水之精气。“日月之淫气”，是指阴阳交感产生的“精”，就是星辰了。东汉的张衡在其《灵宪》中也说：“地有山岳，以宣其气，精种为星。星也者，体生于地，精成于天。”这样看来，认为天上的日月星辰是精气，可以说是中国古代的共识。

气分阴阳五行，由此也可以解释自然界各种各样的现象，如风、雨、雷、电等。《淮南子·天文训》曰：“天之偏气，怒者为风；地之含气，和者为雨。阴阳相薄，感而为雷，激而为霆，乱而为雾。阳气盛则散而为雨露，阴气胜则凝而为霜雪。”董仲舒在《春秋繁露》中则把风雨雷电霹雳归结于为五行之气：“风者，木之气也”；“霹雳者，金气也”；“电者，火气也”；“雨者，水气也”；

“雷者，土气也”。

气的运行和变化决定四季的变化。在汉代，阴阳二气的消长决定寒暑的思想已经成为正统观念。《汉书·天文志》说：“日，阳也。阳用事则日进而北，昼进而长，阳胜，故为温暑；阴用事则日退而南，昼限而短，阴胜，故为寒凉也。”这里对阴阳消长的说明是结合太阳在一年中运动来进行的。按照《周髀》的盖天说宇宙模型，太阳在夏至时正午达到最北，冬至时正午达到最南，所以太阳往北时是“阳用事则日进而北”，往南时是“阴用事则日退而南”。由此可见，气的阴阳消长理论还可以跟具体的天文宇宙模型结合起来，以更加细致地解释寒暑、昼夜长短变化。

在中国古代医学理论中，气也是重要的概念。自然中的气是不断运动的，所以才有四季代换、昼夜交替和生物存亡。人是与“天”对应的，因此，人体也有气的运行。《黄帝内经》中：“气之不得无行也，如水之流，如日月之行不休，故阴脉荣其藏，阳脉荣其府，如环之无端，莫知其纪，终而复始。”人体中有经络，“血气”就在经络中运行，生命才能维持。阴阳及五行之气的运转影响人体的生理、病理。《素问·脉要精微论》：“四变之动，脉与之上下。春弦、夏洪、秋浮、冬沉。”《灵枢·顺气一日分为四时》：“朝则人气始生，病气衰，故旦慧；日中人气长，长则胜邪，故安；夕则人气始衰，邪气始生，故加；夜半人气入藏，邪气独居于身，故甚也。”

宇宙之气的变化和消长，还被用来解释音律的变化。《史记·律书》认为，十二律和十二月、二十四节气、十天干、十二地支一样，都是一年之内阴阳消长状况的不同表现。比如说“黄钟”律，是“阳气踵黄泉而出也”，说“夹钟”律，是“阴阳相夹侧也”，等等。也就是说，十二音律对应着宇宙之气的十二种状态，同时对应着二十四节气，于是就有人设想一种通过音律来测量宇宙之气的实验，叫作“候气”。

《后汉书·律历志》最早记录了“候气”实验，办法是这样的：在一密室中，将装有葭灰的律管按方位布置。到某一节气，与之相应的律管中的灰就会飞起来。比如与冬至这个节气相应的是黄钟律，与夏至这个节气相应的是蕤宾首治律曆孝武正樂置協律之官至元始中博徵通知鍾律者考其意義義和劉歆典領條奏前史班固取以爲志而元帝時郎中京房房字君明知五聲之音六律之數上使太子太傅韋玄成字少翁諫議大夫章雜試問房於樂府房對受學故小黃令焦延壽六十律相生之法以上生下皆三生二以下生上皆三生四陽下生陰陰上生陽終於中呂而十二律畢矣中呂上生執始執始下生去滅上下相生終於南事六十律畢矣夫十二律之變至於六十猶八卦之變至於六十四也宓羲作易紀陽氣之初以爲律法建日冬至之聲以黃鍾爲宮太簇爲商姑洗爲角林鍾爲徵南呂爲羽應鍾爲變宮蕤賓爲變徵（月令章句曰以姑洗爲角南呂爲羽則徵濁也）此聲氣之元五音之正也故各終一日其餘以次運行當日者各自爲

乾隆四年校刊

∧《后汉书 · 律历志》中关于“候气”的论述

後漢書卷十一

梁　剡　令劉　昭補幷注

律曆志第一

律曆志　律準　候氣

古之人論數也曰物生而後有象象而後有滋滋而後有數然則天地初形人物既著則算數之事生矣記稱大橈作甲子（呂氏春秋曰黃帝師大橈博物記曰容成氏造曆黃帝臣也月令章句大橈探五行之情占斗綱所建於是始作甲乙以名日謂之幹作子丑以名日謂之枝枝幹相配以成六旬）隸首作數（博物記曰隸首黃帝之臣一說隸首善算者也）二者既立以比日表（表卽晷景）以管萬事夫一十百千萬所用同也律度量衡曆其別用也故體有長短檢以度（說苑曰以粟生之十粟爲一分十分爲一寸十寸爲一尺十尺爲一丈）物有多少受以量（說苑曰千二百粟爲一籥十籥爲一合十合爲一升十升爲一斗十斗爲一斛）量有輕重平以權衡（說苑曰十粟重一圭十圭重一銖二十四銖重一兩十六兩重一斤三十斤）聲有清濁協以律呂三光運行

乾隆四年校刊

律。那么，冬至时刻，黄钟律管内的葭灰就会飞起来；夏至时刻，蕤宾律管中的葭灰就会飞起来。

这个实验背后的思想是，音律是宇宙之气的表现，也就是《后汉书·律历志》所说："天地之气合以生风；天地之风气正，十二律定。"实验的原理是：音律相同时，会发生共振现象。中国古代早就注意到这个现象。比如《庄子·徐无鬼》中提到鲁遽用"调瑟"来说明他要讲的道理："于是为之调瑟，废一于堂，废一于室，鼓宫宫动，鼓角角动，音律同矣。"意思奏置于堂上的瑟的宫音或角音，则置于内室的瑟的也发出宫音或角音。这是观察到了声音的共振现象。当然古人不用"共振"的概念，而是如《周易》中所说："同声相应，同气相求。"有了这样的思想、原理和观察，用律管来预测"候气"就成为可能。

这个"候气"实验的结果怎样，古书中没有明确的记载。根据我们今天知

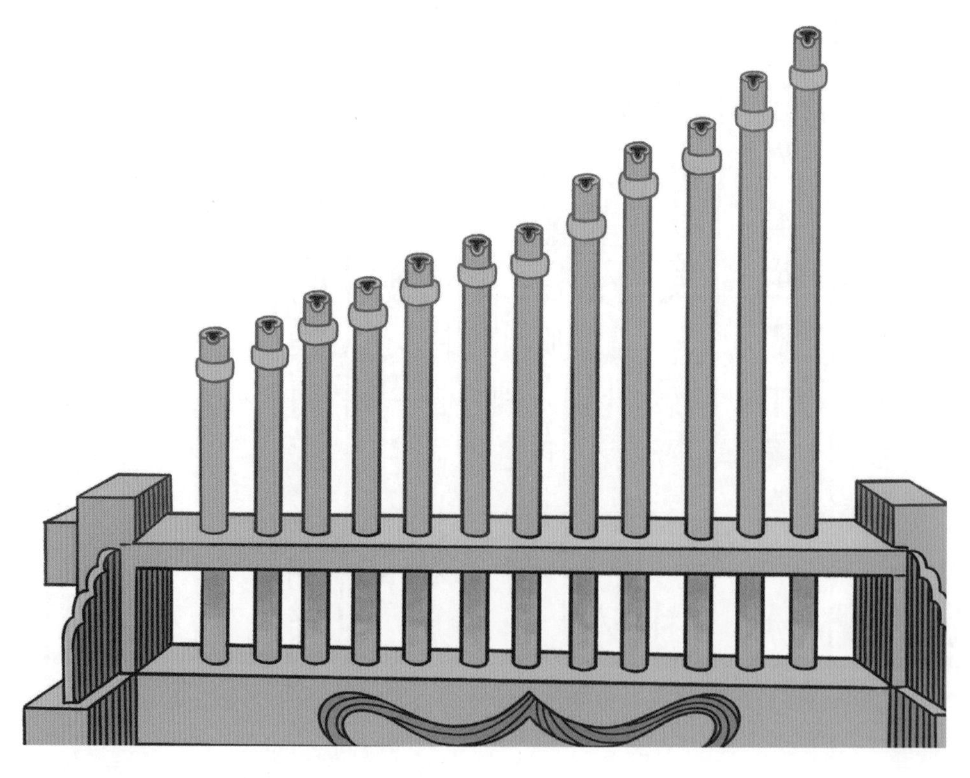

∧ 十二律管

道的科学来判断，应该不可能观察到设想的实验结果。但是能够设想这样的实验，本身就说明“气”的哲学在当时科学思维中的重要性。这个实验相当一种“思想实验”，建立在“气”的理论、音律理论以及必要的经验观察之上。“候气”实验，有点儿 像近代物理学中的迈克尔逊－莫雷实验：中国古代是探测“宇宙之气”，近代物理学是探测“以太”。它们的科学原理当然不同，但根据基本理论和原理用实验去探究宇宙的根本物质“气”或“以太”，有异曲同工之妙。

由此可见，“气”是中国古代哲学和科学中的根本概念。在天文宇宙论、人体医学、音律学等方面的研究中，都发挥着极其重要的作用。“气”是观念，是中国古代科学思维的核心概念之一。

第六章

科技大美

中国古代科技的积累与进步

魏晋南北朝战乱不断，多个政权并存，南北对峙三百多年。虽然战争对科学研究和科技文化典籍造成了一定的破坏，但是南北文化大融合以及战争的需求则在一定程度促进了中国科技的发展，使秦汉时期形成的以农、医、天、算为基础的科技体系又有了新的积累与进步，出现了一大批杰出的科学家，并取得了一些突破性的成果。至隋唐时期，随着经济和科技文化的繁荣，中国古代科技体系得以持续发展和提高，为宋元时期达到高峰奠定了基础。

从《齐民要术》到《王祯农书》

为了总结农业发展经验和指导农事生产，中国古代编写了大量的农学类书籍。北魏时贾思勰撰写的《齐民要术》是我国现存最早的一部完整的农书，它系统地总结了 6 世纪前我国北方的农业生产和农业科学技术成就，并为元代的司农司所编《农桑辑要》和后来的《王祯农书》，明代徐光启的《农政全书》等大小农学著作奠定了基础。从《齐民要术》至《王祯农书》，反映了我国农业生产和技术水平不断积累，不断发展，不断创新的过程，影响深远。

《齐民要术》

《齐民要术》全书约12万字，分为10卷、92篇。书中内容十分丰富，“起自耕农，终于醯醢（制酱醋），资生之业，靡不毕书”。除讲到农作物的种植、农具的改进外，还涉及林、牧、副、渔等业的技术知识。介绍了粮食作物、蔬菜和果树的栽培方法，各种经济林木的生产，野生植物的利用，家畜、家禽、鱼、蚕的饲养和疾病的防治，以及农、副、畜产品的加工，酿造和食品加工，甚至文具、日用品的生产，等等，对几乎所有农业生产活动都作了比较详细的论述。此外，书前还有《自序》和《杂说》各一篇，引用前人著作有一百五十多种，记载的农谚有三十多条。

贾思勰继承了我国农学注重天时、地利和人力三要素的思想，认为农业生产的基本原则是：“顺天时，量地利，则用力少而成功多。任情返道，劳而无获。”要求人们依据农作物自身生长规律，以及天时地利的具体特点，合理使用人力，以达“用力少而成功多”之效。这种强调因时制宜、因地制宜、精耕细作、合理经营的农学思想深刻地影响着我国农业科学技术的发展。

《齐民要术》不仅总结了前人的农业科学技术知识，而且反映了当时北方干旱地区的农业技术。首先，针对我国黄河中下游气候干燥少雨，《齐民要术》介绍了“耕、耙、耱”等一整套保墒抗旱措施，指出关键在于合理整地和中耕除草工作。贾思勰在《齐民要术》中，把“耕田”放在首位，系统地记述在不同的天时、地利情况下的不同的耕地方法和耕地深浅。如按时间不同分为春耕、夏耕、秋耕和冬耕，按先后顺序分为初耕和转耕，按深浅分为深耕、浅耕和逆耕，按方向分为纵耕和横耕。《齐民要术》的耕田技术是科学的总结，如“秋耕欲深，春夏耕欲浅”的经验。因为深耕，可以把生土翻到地面上，经冬天风化而变熟，使熟土层加厚，增加地力；春夏耕后马上得播种，耕深了把生土翻到上面来，反而对作物不利。《齐民要术》将耙、耱的作用提高到理论的高度，明确指出耙、耱具有保墒抗旱的功效，并具体总结了耙地的时间和次数。首先,《齐民要术》非常重视选育良种对于提高农畜产品的产量和质量的重要作用。该书记载的种子有 86 个品种之多，并且按成熟期、植株高度、产量质量、抗逆性等特性作了比较科学的分类。不同的品种各有特点，成熟有早晚，产量有高低，口味有美恶，有的耐旱，有的耐水，有的耐风，有的抵御病虫害的能力强，人们可以按照天时地利选择播种。其次,《齐民要术》还记述了保持和提高土地肥力,“用地养地”的措施和技术。例如,“谷用瓜茬”是利用瓜地施肥多的余力，把豆科作物和禾谷类作物、深耕作物和浅耕作物搭配起来，进行合理的复种和轮作，既能用地养地，又能提高土地的复种指数。再次,《齐民要术》中还反映了植物学和生物学知识，例如，用棠树做砧木，用梨树苗作接穗，梨结果大而甜等植物嫁接法。值得一提的是,《齐民要术》中还有我国独特的制曲、酿酒、制酱、作醋、煮饧（音形，xíng，糖稀的意思）以及食品保存和加工工艺的翔实记录，其中许多是现存最早的资料。最后,《齐民要术》还总结了许多畜牧业和兽医知识，特别是种畜的培育。例如，羊要选腊月、正月生的留种，母鸡要选形体小、毛色浅、脚细短、生蛋多、守窝的。书中收集兽医处方四十八例，使之成为最早记载兽医药的农书。

总之，贾思勰的《齐民要术》是一部有很高科学价值的“农业百科全书”。它内容极其丰富，其中有许多技术直到现在还在应用。该书继承了我国传统的“农本”思想，强调了农业是国富民足之本、长治久安之本和富国强兵之本，这与西方瓦罗的《论农业》强调的“农利论”有着本质的不同。瓦罗认为，农业只不过是赚钱的一个部分，农业经营不是单纯地获得产品，更重要的是获取利润。也就是说，中国古代农业与政治国家紧密相连，西方的古代农业只是一种经营活动。

《王祯农书》

581 年，隋一统天下，结束了政权分裂的状态，为农业生产创造了一个安定的政治环境。隋朝、唐初期为缓解社会矛盾，实行均田制、减轻徭役、鼓励垦殖等措施，为农业生产的发展创造了稳定的社会条件。隋唐时期，我国农业生产技术得到进一步提高，出现了耕地用的江东犁、整地用的铁锫（dā）等铁制农具，推广灌溉用的水车，兴修大型水利工程，使南方精耕细作水平达到一个新的高度。

随着农业生产的发展、农业技术的进步和经济文化的繁荣，这个时期出现了大量的农业著作，如隋代诸葛颖的《种植法》、唐代的韦行规的《保生月录》和韩鄂的《四时纂要》等。至宋元时期，我国南方农业技术达到一个新的水平，主要反映在扩大耕地面积、提高单位面积产量方面。与水争田，变山为田，人们千方百计地开辟农田。如在滨江海湖之地开垦出圩田，在多山丘陵之地人们开垦出梯田。这一时期，农作物分布发生了重大变化。水稻上升为粮食作物的第一位，不仅在南方广为种植，而且向北方推广。相反，北方小麦则向南方发展。南宋高宗绍兴十九年（1149 年），陈旉写成《农书》，第一次系统总结了南方水稻区域的农业技术和经营情况，并第一次专篇系统论述了土地的规划和利用。

宋元时期传统农具同样发展到高峰，具体体现王祯在元贞元年至大德四年（1295—1300 年）写成的《农书》（后人一般称之为《王祯农书》，以示区别）。全书分《农桑通诀》《百谷谱》和《农具图谱》三部分 22 卷，约 30 万字。其中,《农具图谱》部分占到了全书的 80%，附图 306 幅，是该书一大特色。《王祯农书》的《农具图谱》部分是在宋代基础上的进一步发展，不仅形象化地记录了当时流行的农业机械，甚至包括西晋刘景宣的牛转连磨、东汉杜诗的水排等已经失传的农业机械复原图，具有很高的研究价值。该书还描绘了当时世界最先进的农村所用机械，三十二锭水力大纺车，三锭脚踏棉纺车，五锭脚踏麻纺车等。王祯所记录的农业生产器具成为后世农书或类似所记农具的范本。《王祯农书》继承了我国“以农为本”“天时、地利、人力”，以及“精耕细作”等思想传统，总结了当时黄河流域旱田耕作和南方水田耕作生产实践，是一部内涵丰富、展示全面的集大成的农学全书。

唐宋的本草与方书

药物学作为中国传统医学的一个独立专门学科，经过长期的积累、发展，至唐宋时期已达到繁盛，出现了大量的有关药物知识记载的本草学著作以及将多种药物组合在一起进行疾病治疗的方剂学著作。中国古代本草、方书收载了大量中国本土和海外的药材，并在中国传统医学理论的指导下形成了自己独特的药物方剂构制、治疗理论，至今仍是人们用以预防、诊断和治疗疾病及康复保健的重要方法。

本草学的发展

所谓本草学是研究药物名称、性质、效能、产地、采集时间、入药部位和主治病症的一个专门传统医学学科，可分为医药本草、食疗本草和救荒本草等。作为中国传统医学的重要组成部分，近代以来习称为中药学。

本草之名始见于《汉书・郊祀志》。汉成帝建始二年（公元前 31 年），有“候神方士使者、副佐、本草待诏七十余人皆归家”。“本草待诏”已成专门官职。其后，又见于《汉书・平帝纪》。汉平帝元始五年（公元 5 年），有王莽征天下通晓“方士、本草”等人的记载，又有“而直言本草者，草类药为最多也”之说。至西汉，本草一词已频频出现。可见，两汉时期，本草学就已在中国传统医学中有了一席之地。早期经典《周礼》《尔雅》《诗经》《山海经》《离骚》等著作中对药物知识已有丰富的记载。《山海经》曾记载的植物、动物、矿物药多达 100 种。

《神农本草经》是我国现存最早的本草学专著，又称《神农本草》，简称《本草经》，托名神农氏撰。其成书年代约在东汉初期，全书共 3 卷（亦作 4

卷），载药360余种，分上品、中品和下品三品，记述药物的名称、性味、主治、产地、别名等，尤其是书中提出的君臣佐使、四气五味、七情合和、阴阳配合等药学理论，奠定了中医药物学的基础理论，对后世药物学的发展产生了重要影响。自《神农本草经》问世以来，后世医药学家均视其为药物学经典，并不断地传抄、增补。其中，南朝梁陶弘景编著《本草经集注》最为系统。全书包括序录在内共7卷，《集注》不仅突破了秦汉以来流行的“三品分类法”，首创按药物自然属性分类的方法，而且又增补了360余种新的药物，使药物的品种数目增加至730种。唐代苏敬等撰《新修本草》、宋代唐慎微撰《经史证类备急本草》、明代李时珍撰《本草纲目》的分类法都是在此基础上发展起来的。

唐《新修本草》，也称《唐本草》，是中国历史上第一部国家官修的本草学著作，也是世界医学史上第一部由国家颁布的具有法律效力的药典。唐高宗显庆二年至四年（657—659年），李勣、苏敬、孔志约等人奉诏编该书，内容共计54卷，分药图、药经、本草三部分。书中收载药既有本土药物也有外来药物，有844种之多，比《本草经集注》新增114种。因为该书收录有各地动植物的标本图录，达25卷，所以它不仅是一部图文并茂的药物学著作，而且是一部动植物形态学著作，在生物学史领域同样具有一定的价值。《新修本草》编订后，唐朝又出现了一些本草著作，如陈藏器对其增补的《本草拾遗》，专门记述食物治疗的《食疗本草》和食物鉴定的《食性本草》，以及记述国外引进药物的《海药本草》和少数民族地区的《滇南本草》。《唐本草》作为国家药典，比1498年欧洲出版的《佛罗伦萨药典》早839年，比1542年出版的欧洲《纽伦堡药典》早883年，比1778年俄国颁行的第一部国家《药典》早了1119年，在世界药物学史上占有重要地位。

两宋时期政府更加重视各类医药著作的修订。在本草方面，第一部就是宋太祖支持下的由刘翰、马志等奉诏纂修的《开宝本草》。第二部就是在宋仁宗支持下由掌禹锡、苏颂在《开宝本草》的基础上修成的《嘉祐本草》。之后，又仿《唐本草》附图经的做法，由苏颂奉诏编纂成《图经本草》。宋神宗元丰五年（1082 年），民间医家唐慎微撰《经史证类备急本草》31 卷，首开本草附列医方的先河，收录单方 3000 余个，是一部承前启后、继往开来的集大成药物学著作，在中国本草学发展史上占有重要地位。此书刊行后，受到宋朝政府的重视，整理修订出版，成为私著官修药典。《经史证类备急本草》除过去诸家本草的主要内容之外，还收录古今单方，以及经史百家中的有关药物，成为《本草纲目》问世前 500 年间最有影响的本草学著作，李时珍称赞“使诸家本草及各药单方垂之千古，不致沦没，皆其功也”。此书出版后，又多次修订，有政和六年（1116 年）曹孝忠校订本称《政和新修经史证类备用本草》、绍兴二十九年（1159 年）王继先等奉诏重修的《绍兴经史证类备急本草》。此外，还有政和六年（1116 年）寇宗奭《本草衍义》。全书虽仅有药物 472 种，但推翻了前人的性味论，首创气味论。受政府政策的影响与鼓励，宋代地方官吏和医学家也编撰了大量简约式的本草学著作。较著名的本草学著作，有日华子撰《日华子本草》、田锡撰《曲本草》、宗令祺撰《新广药对》等。

总之，唐宋时期本草学的发展及成就，不仅丰富了传统药物学的内容，而且对于研究农学、植物学、动物学、矿物学、微生物学和化学等提供了极为丰富的资料。尤其是唐宋时期官修《新修本草》《蜀本草》《开宝本草》《嘉祐本草》《大观本草》《政和本草》和医学家所撰《本草拾遗》《食疗本草》《海药本草》《本草衍义》《宝庆本草折衷》等，不仅在唐宋时期受到政府、医学家和士人的重视，而且也是后世本草学著作的重要知识来源，对明代刘文泰等奉敕撰《本草品汇精要》、李时珍撰《本草纲目》和国家中医药管理局主持编纂《中华本草》等产生了积极影响，在中国药物学史上占有重要地位。

方剂学的成就

方剂学是在中医学理论的指导下，研究治法与方剂的配伍规律及其临床运用的一门传统学科，内容包括方剂的基本理论与沿革、方剂的分类与治法、方剂的组成与变化、方剂的剂型和用法等，是中医学理、法、方、药的重要组成部分。

方剂古称“汤液”，其名始见于《梁书・陆襄传》。方剂的组成原则和配伍是按《黄帝内经》提出的“君臣佐使”理论，选择合适的药物配制而成，并按药味、药量和剂型增减变化。方剂的分类，主要有病证分类、组成分类、治法分类、剂型分类、临床学科分类等。方剂的传统剂型有汤剂、丸剂、散剂、膏剂、丹剂、锭剂、酒剂、条剂、线剂和栓剂等。方剂的治法有汗法、吐法、下法、和法、温法、清法、消法和补法“八法”。

先秦两汉时期，方剂学形成并得到初步的发展。中国最早的方剂著作是《汉书・艺文志》所载“经方”类医书，如《五脏六腑痹十二病方》《五脏六腑疝十六病方》和《风寒热十六病方》等，俱已亡佚。马王堆汉墓出土医书《五十二病方》是迄今发现最早的一部医学方书，载方 283 首，以病统方，有内服和外用之分。《黄帝内经》提出了有关药物辨证、治则治法、组方原则和组方体例等理论，尤其是书中提出的“君臣佐使”组方理论，以及将方剂分成奇、偶、缓、急、大、小、重“七方”，奠定了方剂学的理论基础；全书载方 13 首，剂型有汤、丸、散、膏、酒等，为方剂学的发展奠定了理论基础。东汉末年张仲景撰《伤寒杂病论》16 卷，创立了“六经辨证”施治原则，奠定了中医学理、法、方、药的理论基础，被后世誉为“方书之祖”。

魏晋南北朝时期，方剂学著作大量出现，药物剂型种类增加。现存最具代表性的方书著作有晋葛洪撰《玉函方》100 卷和《肘后备急方》8 卷，收录了大量救治急病的简、廉、便、验方剂。晋末刘涓子撰、龚庆宣整理《刘涓子鬼遗方》5 卷，是中国现存最早的外科专书，有外伤、痈疽、湿疹、疥癣等方剂 140 首。东晋医家陈延之撰《小品方》12 卷，又名《经方小品》，对《伤寒杂病论》以来的经验方进行了系统整理。南朝医家雷敩撰《雷公炮制论》3 卷，是中国最早的中药炮制学专著，原载药物 300 多种，详细地记述了每一种药物的净选、粉碎、切制、干燥、水制、火制、加辅料制等方法，对后世制药学影响很大。北齐医家徐之才《药对》提出了“十剂”之说，指出药有宣、通、补、泻、轻、重、涩、滑、燥、湿十种，“是药之大体”。

隋唐时期是方剂学发展的又一重要时期，一是出现了官修方书著作，方剂数量较前代增多；二是受政府医学分科的影响，出现了大量专科方书著作。隋朝大业年间（605—618 年），隋炀帝敕编《四海类聚方》2600 卷，是中国古代最大的一部官修方书，可惜早已佚亡。现存著名的有《千金方》和《外台秘要》等。唐高宗永徽三年（652 年），名医孙思邈撰《备急千金要方》30 卷，分 233 门，收方论 5300 首；永淳二年（683 年），撰《千金翼方》30 卷，分 189 门，收方论 2900 余首；两书汇集了唐以前大量的良方、验方和效方，被后世誉为“中国最早的临床百科全书”。唐玄宗天宝十一年（752 年），王焘撰《外台秘要方》40 卷，书中将疾病分为 1104 门，载方 6000 余首，保存了秦至唐中期 56 位著名医家的著作、方论和验效名方，具有极高的医史文献价值。唐武宗会昌年间，蔺道人撰《仙授理伤续断秘方》1 卷，书中总结治疗骨伤科的十三步骤，在临床方面具有重要参考价值。唐宣宗大中四年（850 年），昝殷撰《产宝》3 卷，是中国现存最早的妇产科专著。唐佚名撰《龙树眼论》，是中国早期治疗眼科疾病的一部专书，唐以后派生出了多种治疗眼科的著作。

两宋时期是方剂学发展的黄金时期：一是政府对方书编撰给予了空前的重视；二是本草学著作的大量编撰为方剂学提供了有力的理论支持；三是医学家撰写了数量众多的方书著作，不仅方书的卷帙和方剂数量巨大，而且理、法、方、药的结合更加成熟；四是医学呈现专科分科趋势，由唐代的医科、针灸科、按摩科、咒禁科等四科发展大方脉科、风科、针灸科、小方脉科、眼科、产科、口齿咽喉科、疮肿兼折疡科、金镞兼书禁科等九科。宋朝官修医学方书有《太平圣惠方》《神医普救方》《庆历善救方》《简要济众方》《熙宁太医局方》《政和圣济总录》和《太平惠民和剂局方》等。其中淳化二年（991 年）成书的王怀隐等敕撰《太平圣惠方》，是现存最早的一部官修方剂学著作，全书共 1670 门，100 卷，方 16834 首，成为当时国家医药学知识的一个标准。政和八年（1118 年），宋徽宗等敕编《政和圣济总录》200 卷，是政府官修的又一部大型医学方书，全书载方 20000 余首，代表了北宋 160 余年间医学理论、临床医学诸科和方剂学发展的最高成就。宋神宗至宋理宗时期官修《太平惠民和剂局方》，其名称先后有等，最后形成全书 10 卷，14 门，疾病 23 种，载方 788

首，包括治诸风附脚气，治伤寒附中暑，治一切气附脾胃、积聚，治痰饮附咳嗽，治诸虚附骨蒸，治积热，治眼目疾，治咽喉齿，治杂病，治疮肿伤折，治妇人诸疾附产图，治小儿诸疾附诸汤、诸香等，涵盖宋代前期医学九科和北宋中后期至南宋时期医学十三科的全部内容，是中国历史上第一部由政府编撰的成药药典。寇宗奭《本草衍义》在“十剂”基础上，增加寒、热二剂，将药物按功效分为“十二剂”。金正隆元年（1156年），成无己撰《伤寒明理药方论》四卷，其第四卷“方论”提出了“是以制方之体欲成七方之用者，必本于气味生成，而制方成焉”的重要观点，是第一部依据“君臣佐使”组方原理、分析了《伤寒论》中的20首方剂，把方剂学理论推进到一个新的阶段的著作。此外，宋代医学受医学分科的影响，出现大量专科方书。例如，郑春敷编《女科济阴要语万金方》，薛古愚撰《女科万金方》，佚名撰《咽喉口齿方论》，陈文中的《小儿病源方论》《小儿痘疹方论》等。

总之，唐宋时期方剂学的发展和这一时期本草学的进步密切相关，是医学临床诸科疾病诊治和用药的依据。本草、方书著作的大量涌现，反映了唐宋时期在药物认识、医学分科、辨证施治等方面的进步，其中绝大多数方书著作受到后世医家的重视并传播到国外，在中国乃至世界医学史上占有重要地位。

天文历法的一系列进展

中国天文历法体系自秦汉形成自己的独特范式后，随着天文仪器的进步、天文观测的不断积累和数学成就的应用，逐步走向成熟，登上高峰。魏晋南北朝时期我国天文学家发现了岁差、太阳和五星运动的不均匀性，以及月亮视差对日食的影响等天文规律，加深了对天体运动的理解。隋唐时期出现了刘焯创立的等间距二次内插法、僧一行创立的不等间距二次内插法，以及边冈的高次函数算法，把日月五星的各种周期性运动纳入到历法模型推算之中，使我国天文学体系日渐精确。至元代郭守敬为代表的天文学家团体，综合应用了前人的一系列新成就，最终把我国天文学体系推上当时世界天文学史的高峰。

虞喜发现岁差现象

所谓岁差就是因太阳、月亮和行星对地球赤道突出部分的摄引，使地球自轴的方向不断发生微小变化，从而使冬至点在恒星间的位置逐年西移，每年的移动值叫作岁差。西汉末年刘歆已经觉察到冬至点位置的变化，发现冬至点位置与一直以来都认为的牵年初度并不符合，他感到困惑，但又说不出什么道理，时而说冬至在“牵年初”，时而又说冬至“进退牵牛之前四度五分”(《后汉书 · 律历志》)。到了东汉末，刘洪才明白地指出“冬至日日在斗二十一度”(《晋书 · 律历志》)，但是他并没有把冬至点的这个变化引入到历法推算之中。

冬至点的这种位置变化到东晋时已是人所共知，但是对这种变化还没有提出一种理论来理行解释。直到约 330 年，东晋天文学家虞喜才创造性地提出了“岁差”的概念，开始探索岁差的规律。他发现太阳经过一个回归年（岁）之后，并没有回到原来在恒星间的位置（天），于是他认为“天为天，岁为岁”(《新唐书 · 历志》)，其间的差即为“岁差”。《新唐书 · 历志》对虞喜发现岁差有很好的解释，其中说道：“古历，日有常度，天周为岁终，故系星度于节气。其说似是而非，故久而益差。虞喜觉之，使天为天，岁为岁，乃立差以追其变，使五十年退一度。”（欧阳修,《新唐书 · 历志上》）意思是说，虞喜认识到古代“系星度于节气”即把一周天等同于一岁是错误的，于是提出“天为天，岁为岁”，冬至点自身在天上是在作渐退的移动，于是有“每岁渐差”的结果。他依据《尚书 · 尧典》“日短星昴，以正仲冬”的记载，知道尧时的冬至点在昴，他自己实测的冬至点在东壁，其间经历了 2700 多年。两相比较，他得出了冬至点每 50 年西移 1 度的岁差值。虽然这个数值与现代测定值 77.5 年差 1 度还有较大的偏差，但是虞喜不拘旧说，提出了“岁差”的理论，是天文学上的重大创新。南朝的天文家何承天对岁差进行了长时间的研究，经过 40 多年的观测，得出了 100 年差 1 度的岁差值。但是直到刘宋的祖冲之，才首先把岁差应用到历法推算之中，成为此后制定历法时必须考虑的因素。这是中国古天文历法一个重要的进步。唐以后的历法确定的岁差常数越来越准，到了宋代，已经达到了很高的精度，如北宋周琮的《明天历》确定的岁差值为 77.57 年差 1 度，已经非常准确了。

我们知道，古希腊的喜帕恰斯（Hipparchus）大约在公元前 129 年发现了岁差。他把自己对恒星黄经的观测与在他之前 150 年的前人的观测进行比较，发现黄道与赤道的交点（春分点）在黄道上发生了西移，于是他提出黄道岁差的概念，并给出每 100 年退 1 度的岁差值。虽然我国的虞喜发现岁差比喜帕恰斯晚了 400 余年，但是他是根据我国古代天文学传统以赤道坐标为主得出的赤道岁差。中西两种天文“范式”下得到的推算值与理论值相比较，虞喜赤道岁差比理论值小 28 年，而喜帕恰斯黄道岁差比理论值大 29 年。由此可知，中国天文学家独立发现的岁差现象，虽然起步晚，但起点并不低。虞喜关于岁差现象的发现和表述，是中国天文学史的重大事件，它把冬至点至冬至点的时间周期——回归年，从某特定恒星到该恒星的时间周期——恒星年区别开来，即所谓“天为天，岁为岁”，为提高一系列历法问题的推算精度开辟了新的道路。

张子信的三大发现

秦汉历法用日躔、月离和五星运态表来描述日月五星的视运动，这些运动被认为是均匀的。但是实际上它们的运动是不均匀的，在一个周期的不同阶段是有迟疾变化的。发现它们的迟疾变化，对于准确推算日月五星的位置以及日、月食、五星会合等特殊天象，非常关键。

北齐时民间天文学家张子信，在海岛上进行了三十多年的观测，利用浑仪发现了太阳和五星视运动的不均匀现象。在东汉初期，我国天文学家李梵、苏统等人已经发现了月行有快慢现象，至东汉后期刘洪在《乾象历》中利用这一发现推算交食发生的时间。因觉察到只考虑月亮运动的不均匀是不够的，所以在月行迟疾表中不得不加上特别的或正或负的修正值。太阳运动不均匀的幅度远小于月亮，利用中国古代测量天体的浑仪是很难发现的。张子信指出，“日行在春分后则迟，秋分后则速”，即从春分到秋分太阳的平均运动速度小一些，而从秋分到春分太阳的平均运动速度大一些。对此，唐代僧一行指出：“北齐张子信积候合朔加时，觉日行有入气差，然其损益未得其正。”所谓“合朔加时”指日月处于同一黄经时刻，“入气差”指除月亮运动均匀性影响外交食发生的时刻还与所在的节气早晚有关。意思就是，“入气差”是太阳运动不均匀性的反映，需要加进与此相关的修正值才能准确预测交食发生的时间。因此，张子信不仅建立了太阳运动不均匀性的概念，而且给出具体的入气差，即后世所说的日躔表。张子信对日行迟疾在一个周期中的具体时间段的测定还不尽正确，且比古希腊的喜帕恰斯提出的太阳运动不均匀性概念晚了 700 年左右，却是中国传统天文范式及工具下的独立发现，为后世太阳运动的更精确的研究开辟了新的方向。

张子信的第二个重要发现是五星运动的不均匀性。之前，古人对五星位置的推算依据是五星与太阳的一会合的平均时间（会合周期）及其在一会合周内的“顺、逆、留、伏等时间”平均值。他用浑仪经过 30 年的观测发现，前人这种方法即使加上太阳运动不均匀间的偏离情况，其推算结果与五星的实际位置仍然不合。受太阳运动不均匀性发现的启发，他认为，五星运动也应该存在不均匀性，其偏离大小与节气早晚有关。五星“入气加减，亦自张子信如，后人莫不遵用之”（欧阳修，《新唐书·志·历四下》），也就是说张子信用不同节气（指黄道 24 个定点）加不同修正值的方法，成为后世历法广为采用的方法。他用“五星见伏，有感召向背”来解释，即试图用中国传统的精气交感理论给出理论解释。

此外，张子信还发现月亮运动不均匀性对日食有影响。自刘洪在《乾象历》中提出判断发生交食的食限概念及具体数据后，其后历法一直沿用不弃。

在三国时期魏人杨伟的《景初历》中，已经提出了计算交食亏起方位角和食分的方法，在交食推算与预报进一步精准化的道路上迈出了重要的一步。但张子信经过细致深入的研究又发现，当合朔发生在黄道和白道交点附近而在“食限”之内时，如果月在黄道北则日食；如果月在黄道南，虽然在食限内，也可能不发生日食。现在我们知道，这是由在地球表面观测天体和在地心观测天体所产生的天体位置的视角差异（“视差”）造成的。张子信的这一发现，被刘焯在他的《皇极历》（604 年）推算交食时所采用，大大提高了日食推算和预报的精度。

综上，张子信关于日月五星运动不均匀性的三大发现，是基于前人研究的基础上，经过长期观测拥有大量一手资料和可靠的二手资料的条件下，加以认真分析研究获得的。这三大发现开辟了中国传统历法的新纪元，使历法由此焕然一新，为历法总体精度提高开辟了新路。自隋初刘焯的《皇极历》改平朔为定朔，创立二次等间距内插法用以推定五星位置、日月食起讫（初亏和复圆）时刻及食分等开始，至唐代李淳风《麟德历》对《皇极历》的改进后，平朔退出历史舞台，定朔为后世历法一直沿用。

天文仪器的创制革新

天文学离不开天文观测，而观测离不开仪器。但是，测量什么，用什么去测量，本身就隐含着对宇宙和天文现象的认识。汉代太初改历之后，浑天说占据优势，浑仪成为主要的天文测量仪器。浑仪是要测量天体运动的，因此要按对天体运动的认识来设计，这样测量的数据才有天文学意义。东汉时的傅安和贾逵，已经指出要以黄道测量日月运动的必要性，于是在浑仪上加上了黄道环，所制的浑仪称作“黄道浑仪”，以区别于“赤道浑仪”。与浑仪不同，浑象是中国古代一种表现天体运动的演示仪器，类似现代的天球仪。最早制作的浑象是战国时期的石申、甘德，之后东汉张衡制造了用漏壶滴水带动绕轴旋转的浑象。但总的来说，北魏之前的浑仪、浑象等天文仪器不够精密。

隋唐时期，伴随着对岁差、日月五星运动不均匀性等天象认识的深入和国力的强盛，天文仪器的改进也随之展开。唐贞观七年（633 年），李淳风立意改革，制造了一架新型浑天黄道铜仪。他吸收了北魏时孔挺所造铁浑仪设有水准仪的优点，“下据准基，状如十字”，这样就能使仪器安置水平。他在古代浑仪的六合仪（由子午双环、地平环和赤道环构成的外组环圈）和四游仪（内里一组环圈，是夹有窥管的四游环）之间，加了三辰仪（由赤道环、黄道环和白道环组成的中间一组环圈），使浑仪由二重变成三重圈环结构。而三辰仪的设置，恰恰反映了对天体运动的新的认识。三辰仪在赤道环和黄道环之外又增加白道环，其中赤道环用于量度恒星的位置，黄道环用以量度太阳的位置，白道环用以量度月亮的位置。三辰仪可以绕极轴在六合仪里旋转，作为带动窥管以照准天体用的四游仪可以在三辰仪中旋转，这样就可以用来直接观测日、月、星辰在各自轨道上的视运动。他对浑天仪的改进还不止于此。基于推算交食的需要，因黄道和白道的交点在黄道上有较快的移动，李淳风在黄道环上打了 249 对小孔，每过一个交点月，就把白黄移过一对孔眼，这样就可以使仪器的白黄两道与天上的白黄两道更好地相合，从而满足了观测上的需要。李淳风的浑天黄道仪是自东汉太史黄道仪之后第一架装有黄道圈的天文仪器，首次解决了黄道瞄准的问题。李淳风的浑天黄道仪还因第一次装上白道环而开创了后来僧一行的“黄道游仪”黄道圈位置转换的先河。自此，三重环圈结构（六合仪、三辰仪、四游仪）的浑仪被后人沿承下来。

开元九年（721 年），僧一行受命修订新历，提出了“须知黄道进退”，直接观测太阳视运动的要求，“请太史令测候星度”。当时由梁令瓒设计黄道游仪，先做木样，再铸铜仪。开元十三年（725 年）造成，唐玄宗亲为制铭，置于灵台以考星度。僧一行和梁令瓒的黄道游仪继承了李淳风的黄道浑仪的种种改进，但有三点创新：一是取消六合仪中的赤道环，加上卯酉环；二是相当于三辰仪中的赤道环上，每隔一度打一孔，使黄道环可以沿赤道环移动，白道环可以沿黄道环移动，以表示岁差现象；三是黄道环上不是 249 对小孔，而是每隔一度打上一孔。僧一行、梁令瓒制作的黄道游仪是中国天文仪器史的一件大事，它的使用取得了日月五星运动的一系列成果。

此外，僧一行、梁令瓒还在开元十三年（725 年）年底制造了一架浑象，被称为“水运浑天俯视图”。它用水激轮，每昼夜自转一周。同时，这架浑象还装有自动报时器，“立二木人于地平之上，前置鼓以候辰刻，每一刻自然击鼓，每辰则自然撞钟”，整个装置“各施轮轴，钩键交错，关锁相持”，这种类似于现代钟表擒纵装置，是天文钟和机械史上的一大创造，经适当发展完善就可以视为自动天文钟的始祖。水运浑天俯视图实际上是一台集演示日月恒星位置和测时、报时于一体的复合天文仪器，是后世进一步发展的复合天文仪器的先声，对后世天文仪器的制作产生了重大影响。

至宋元时期，我国古代天文仪器达到了高峰。北宋制造的天文仪器较多，不到百年的时间就制造了五架巨型浑仪。浑仪以增加圈环、灵活移动圈环来对应天上的黄道、赤道和白道，从而可以直接测量天体各种不同的坐标值，是汉以来不断改进浑仪结构的总体进程。但是越来越多的环，有的多达八九个环，不仅遮掩了黄道、赤道、白道附近的重要天区，而且多个环圈共用一个中心，运转、校正非常困难。因此，减少不十分必要的环和改变一些环的位置成为这个时间浑仪发展的变化趋势。沈括于熙宁七年（1074 年），提出取消白道环，并改变地平环、黄道环和赤道环的位置，以避免遮挡需要观测的天区。元初的郭守敬把这一思路贯彻到底，创造性地设计和制造了简仪。

简仪是一种崭新的天体测量仪器。它克服了传统浑仪环圈过多、遮挡天区、不够灵活和众多环圈同心而造成的安装困难等缺点，设计精巧，同时又非常适合观测。简仪改变了浑仪把测量三种不同坐标的圆环集中装配的做法，分解为两个独立的装置，即赤道装置和地平装置，从而简化了仪器结构。保留了四游、百刻、赤道、地平四环，增加了立运环。这样，除了北天极附近天区外，对绝大部分天空一览无余。为了测量天体的赤经，又在赤道环面上安装两条界衡，界衡两端用细线和极轴北端连接。另外，简仪在重叠的百刻环和赤道环之间安装四个圆柱体以减少摩擦阻力，颇似现代机械中的滚柱轴承装置。郭守敬的简仪，完成了汉以来浑仪自简单而变复杂，再由复杂而变简单的演变过

∧ 浑仪（左）和简仪（右）

现存放于紫金山天文台

程。这是对复杂的天体运动有了整体的认识之后，再大胆地简化仪器，以实现测量上的便捷，体现了天文观测上的深刻体验和仪器的聪明设计。

《授时历》的伟大成就

中国古代天文仪器的制造的改进，使天文观测的数据精度得到进一步提高，使大规模天文观测成为可能，为历法的制定创造了条件。终于在 1280 年，郭守敬、王恂等人在前人研究的基础上，集各历之精华，经“四海测验”和大

规模恒星观测而获得精确数据，运用宋代以来的数学最新成就，加上自己的创新，编制出我国古代最优秀的历法——授时历，把古代有历法体系推向高峰。

《授时历》反映了当时中国天文历法的最高水平。它所采用的天文常数值是比较精确的，如继承了南宋杨忠辅《统天历》的成果，定回归年的长度为 365.2425 日，与理论值仅差 23 秒，和现今世界通用历法《格里高利历》所使用的回归年长度值相同。《授时历》在日、月、五星运动的推算中有所谓的“创法五事”：一是将太阳周年运动有用定所分段，使用招差术推求每日每刻太阳的位置与运动；二是将近点月分成 336 段，使用招差术推求每日每刻月亮的位置与运动；三是使用弧矢割圆术进行黄道度数与赤道度数换算；四是使用弧矢割圆术计算太阳的去极度和黄道上各点离赤道的距离和赤道上各点离黄道的距离；五是使用弧矢割圆术计算白道和赤道的交点离春分点或秋分点的距离，从而提高计算月亮运动的准确性。所谓招差术就是三次内插法在历法问题上的应用，理论上当然可推广到任意高次。而弧矢割圆术就是将圆弧线段化成弦、矢等直线段来计算的方法，相当于球面三角形中求解直角三角形的方法，开辟了通往球面三角法的新途径。正是这两种新的数学方法，使《授时历》在计算上得以超越前人。此外,《授时历》还给出了二至后每隔 1 黄道度相应的赤道度表格、二分后每隔 1 赤道度相应的黄道度表格以及二至前后每隔 1 黄道度相应的太阳去度表格，将之作为引数，可用一次内插法求得任一黄道度或赤道度相应的有关数值。在对日食南北差与东西差以及赤道度与白道度变换的计算上，《授时历》还用到了二次函数算式。《授时历》既有对传统代数学方法的传承与发展，又有对几何学方法的应用与发明，是中国历法史上数学水平的崭新高度。

《授时历》还废除了繁杂的上元积年法（日月五星运动的统一起点问题。实际上要求取这样的起点就不得不人为调整这些众多的天体运动周期，必然造成所谓上元积年“世代绵延，驯积其数至逾亿万”的状况），改平气为定气，采用万分法统一天文常数等，避免了许多复杂的运算。为了给新历提供更准确的观测数据，郭守敬组织进行了大规模的“四海测量”，测量范围东西达六千余里，南北长一万一千余里，建立了 27 个测验站点，解决了不同地区日月交食分数时刻不同、昼夜长短不同、日月星辰去天高下不同等问题，这一测量活动内容之多，地域之广，精度之高，参加人员之众，在我国历史上是空前的，所选取的观测点，在地理纬度上均是具有代表性的地区，在扩大广度的同时，也考虑到天文观测的“地中”之说，重视前人经验，亦为后世之资。

《授时历》一直使用到明朝末年，长达 360 多年，成为中国施行最久的一部历法，而且还东传朝鲜、日本等地并被采用，其对国内外的天文历法都产生了巨大影响，在世界天文学史上占有突出的位置。

数学体系的发展与辉煌

前面已经讲到，汉代的《九章算术》奠定了中国古代数学的格局，其后的数学多以注解《九章算术》的方式进行。正是由于这样的数学传统的存在，才使得中国古代数学在新的历史条件下不断开新，引入新的数学概念和方法，推动中国古代数学不断前进。三国两晋南北朝时期，出现了赵爽的《周髀注》、刘徽的《九章算术注》和《海岛算经》、祖冲之的《缀术》、甄鸾的《五曹算经》和《五经算术》，以及《孙子算经》《夏侯阳算经》《张邱建算经》，进一步确立了中国古代数学的概念和算法体系，建立了自身的逻辑框架，形成了我国古代数学发展的第二次高潮。隋唐时期，数学发展主要体现在其“国家行为”的特点，在国家创办的学校中设置数学教育，在科举中设立明算科，并编纂《算书十经》(前述九部算经和唐初王孝通的《缉古算经》)作为教材，数学教育得以普及。这个时期，随着天文观测的进步，出现刘焯创立的等间距二次内插法和一行创立的不等间距二次内插法等重大成就。至宋元时代，我国数学达到了一个登峰造极的新阶段，理论水平迈向新的台阶，取得了高次方程数值解法、多元高次方程组解法、一次同余式解法，以及高次方程差分法等辉煌成就，把同时代的欧洲远远地抛在后面。

魏晋数学的理性追求

论三国两晋时期的数学家，当以刘徽为最。他是三国魏人，自幼学习《九章算术》。魏景元四年（263 年）著有《九章算术注》10 卷，后来第 10 卷单行本称为《海岛算经》。他通过对《九章算术》作注的形式，不仅解释了《九章算术》大部分算学概念，开创了算法的理论证明，发展了我国的逻辑证明体系，而且创立了“割圆术”等具有现代极限思想的一些新算法。

关于中国古代数学，有一种误解认为，中国古代数学缺乏像欧几里得《几何原本》那样严密的逻辑推理，只不过是解决一些具体问题的问题集。事实上，刘徽《九章算术注》的最重要特点就是算法体系论证。他在序中写道：“事类相推，各有攸归，故枝条虽分而同本干者，知发其一端而已。又所析理以辞，解体用图，庶亦约而能周，通而不黩，览之者思过半矣。”“事类相推”体现了我国传统的演绎推理的逻辑思想，而提出的“析理以辞”相当于逻辑推理，“解体用图”就是直观推理，二者的结合贯穿在刘徽对一系列数学问题或命题的推理证明之中。

例如，刘徽对《九章算术》中的勾股容圆公式进行了证明。所谓“勾股容圆”，就是求直角三角形中的内切圆问题。刘徽用两种方法对此进行了证

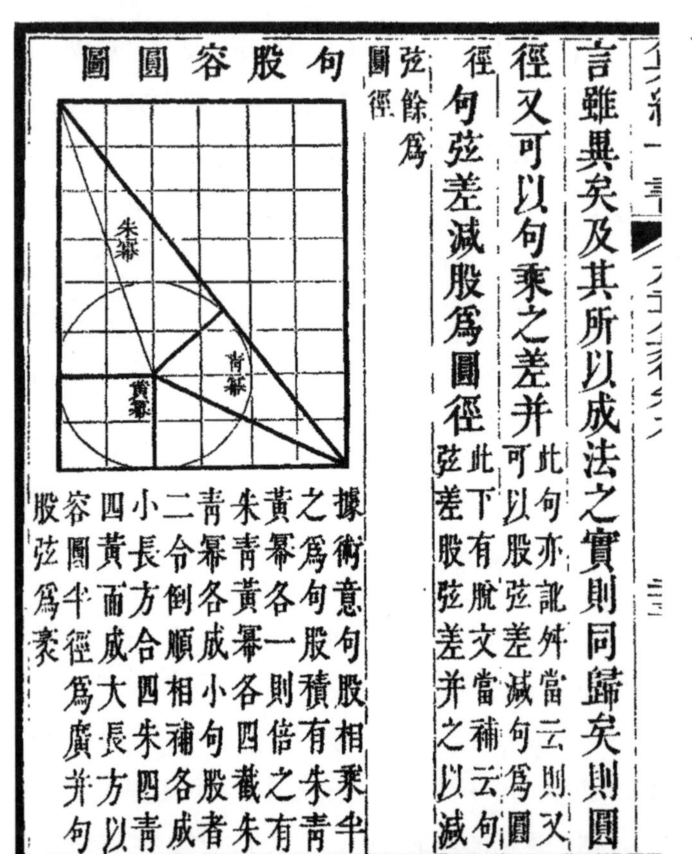
言雖異矣及其所以成法之實則同歸矣則圓
徑又可以句乘之差并
此句亦訛舛當云則又
可以股弦差減句爲圓
徑句弦差減股爲圓徑
此下有脫文當補云句
弦差股弦差并之以減
弦餘爲
圓徑
句股容圓圖

據術意句股相乘半
之爲句股積有朱青
黃冪各一則倍之有
朱青黃冪各四截朱
青冪各成小句股者
二令倒順相補各成
小長方合四朱四青
四黃而成大長方以
容圓半徑爲廣并句
股弦爲袤

<《九章算术》中的勾股容圆图

明。一是借助出入相补原理的证明。首先取一个容圆的勾股形，从圆心将其分割为 2 个朱幂，2 个青幂和 1 个黄幂，而黄幂就是以容圆的半径为边长的正方形。两个这样的勾股形拼为一个以勾 a 为宽，以股 b 为长的矩形，其面积则为 ab。取 2 个这样的长方形，把其中的形状各以类重新拼合，成为一个以容圆直径 d 为宽，以勾股弦之和 $a+b+c$ 为长的长方形，其面积为（$a+b+c$）d。即可有 $2ab=(a+b+c)\ d$，进一步得出容圆的直径为：$d=2ab/(a+b+c)$。

刘徽又用“勾股相与之势不失本率”的原理，也即相似勾股形对应边成比例的原理证明了勾股容圆公式。

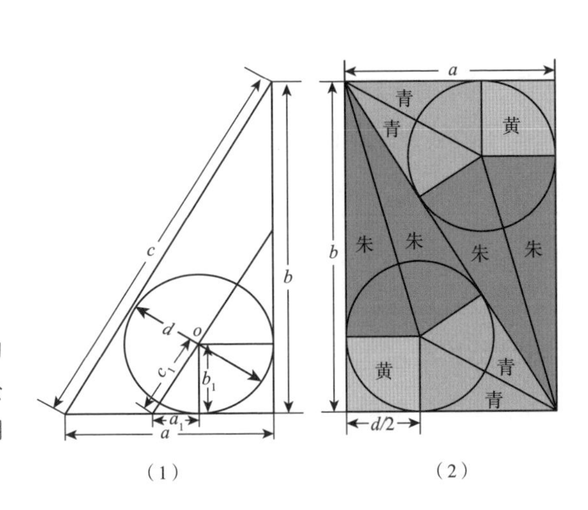

> 刘徽对勾股容圆公式的证明示意图

如图中（1）所示，过圆心作中弦，即平行于弦的直线。中弦与勾、股上的一段，及自圆心到勾股的半径，分别构成小勾股形，它们都与原勾股形相似，且其周长分别是原勾股形的勾与股。以勾上的小勾股形为例，设其三边为：a_1，b_1，c_1。显然 $a_1+b_1+c_1=a$。因为相似，所以 $a_1:b_1:c_1=a:b:c$，由衰分术可得：$b_1=ab/(a+b+c)$。因此容圆直径为：$d=2b_1=2ab/(a+b+c)$。这就是《九章算术》中给出的公式。

从刘徽对勾股容圆公式的证明可以看出，刘徽在证明时既运用逻辑推理，又运用直观的几何图形。刘徽对几何学原理的运用是非常熟练的，说明中国古代数学既有算术，也包含了几何。刘徽还用几何学的方法，发展了重差术。重差术的萌芽见于《周髀算经》，其中根据表影“千里差一寸”推出天高和日远的方法就是一种重差术。到了赵爽、刘徽时代，重差术的重表、连索、累矩三种基本的测量方法已经完备。

在数学的发展过程中，不可避免地要遇到概念、判断、推理等一系列的逻辑问题。中国古代数学也是如此。《九章算术》虽有丰富的数学概念，但没有定义。刘徽《九章算术注》则是把其中许多概念进行定义。在几何体性质部分，“幂”定义为“平面图形面积”，“积”定义为“几何体的体积”等；在算术部分，“方程”定义为“程，课程也。群物总杂，各列有数，总言其实”，即现在的线性方程组。古代“程”与“课”同义，指计量的意思。这种理解是准确的。再如，“率”作为《九章算术》最为重要的核心概念，刘徽明确定义为“凡数与相与者谓之率”，即满足“相与”条件的两个及以上的量就能构成“率”。通览《九章算术注》，其算法推理包括了形式逻辑中的三段论、关系推理、假言推理、类比推理、归纳推理等内容。如，刘徽说：“取立方棋八枚，皆令立方一寸，积之为立方二寸。规之为圆困，径二寸，高二寸。又复横规之，则其形有似牟合方盖矣。八棋皆似阳马，圆然也。”即用“牟合方盖”类比其引入的模型，用“阳马”来类比八棋的外形特点，就是类比推理。在《盈不足章》“良马驽马问”中，刘徽运用归纳推理得出“中平之积”，即前几项和公式。在《商功章》第 26 题中，通过一系列的“等价变换”，即通过演绎推理，给出一个完整的算法证明。

以《九章算术注》为代表的我国古代数学，和以《几何原本》为代表的古希腊数学相比，可称得上东西辉映，各具特色。二者共同之处在于都使用逻辑方法推导或证明有关数学问题，甚至是相同的数学问题。所不同的是，古希腊数学属于公理化体系方法，而中国古代数学属于算法体系。我国著名数学家吴文俊在研究以刘徽注《九章算术》为代表的中国古代数学后就指出：“贯穿在整个数学发展历史过程中有两条发展路线，一是公理化思想，另一是机械化思想。”并强调说，“在历史长河中，数学机械化算法体系与数学公理化演绎体系曾多次反复，互为消长，交替成为数学发展中的主流。”受此影响，吴文俊开创了崭新的数学机械化领域，并提出了用计算机证明几何定理的“吴方法”。

极限思想方法的应用是区分初等数学和高等数学的重要标志。正如恩格斯所说：“初等数学，即常数的数学，至少就总的说来，是在形式逻辑的范围内活动的。”无论中国古代数学，还是西方古代数学体系，都局限于常量数学，即初等数学的范围。但是，刘徽首创“割圆术”，成为世界上第一个明确提出并使用数学极限思想方法的人。过去求圆的周长与面积，一般采用“周三径一”，即 $\pi=3$，误差很大。经过研究，刘徽发现“周三径一”实际上是圆内接正六

> 刘徽的割圆术示意图，图中显示从六边形割 1 次为十二边形

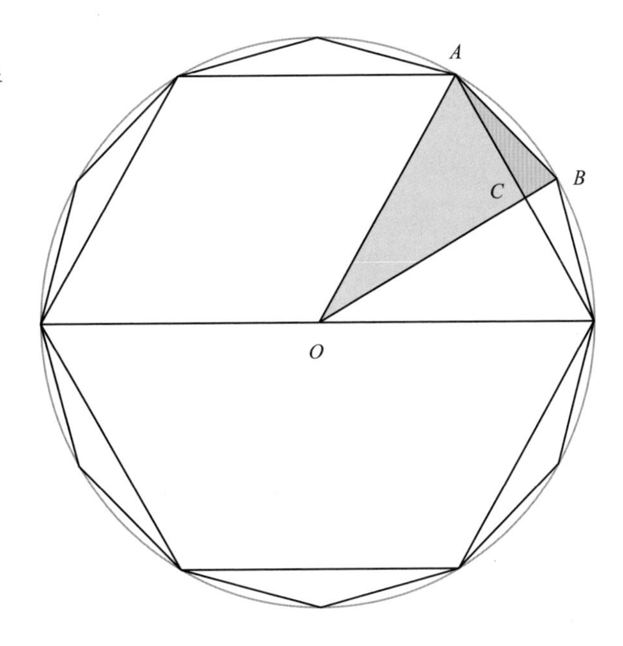

边形周长与直径的比值，不是圆周长与直径的比值，由此计算的面积是圆内接正六边形的面积，不是圆的面积。他以内接正六边形为起点割圆，割 1 次为 $6\times2=12$ 边形，割 n 次为 $6\times2n$ 边形。他认为："割之弥细，所失弥少。割之又割，以至于不可割，则与圆合体而无所失矣。"也就是说，当圆内接正多边形边数无限多时，其周长的极限就是圆周长，其面积的极限就是圆面积。在这种极限思想的指导下，刘徽创造了"割圆术"，开创了圆周率研究的新纪元。他用割圆术求直径为 2 尺的圆的周长，取 5 次割圆后的近似值为 314 寸，两者相约，得圆周率为 157/50，且自称之为"徽术"，后来被称为"徽率"。刘徽关于圆周率的计算追赶并超越了古希腊的阿基米德，奠定了此后中国在圆周率计算方面领先于世界一千多年的理论和数学方法的基础。

说到圆周率，不能不提到南北朝的祖冲之。据《隋书·律历志》记载，祖冲之算得的圆周率为 $3.1415926<\pi<3.1415927$，并给出密率为 355/113，约率为 22/7。祖冲之给出的圆周率值，精确到 8 位有效数字，直到 1247 年才被中亚数学家阿尔 – 卡西超过。祖冲之是怎样求得这个值的，史书上没有记载。设想他是利用刘徽计算圆周率的程序求得，那就需要割圆 11 次，计算正 6×2^{11} 边形的面积。至于 355/113 的密率，则是分母小于 16604 的接近圆周率的最佳分数，它于 1573 年才被数学家奥托重新发现。后来，荷兰工程师安托尼兹也得到同样的结果，西方称之为"安托尼兹率"，其实称"祖率"才符合历史。

总之，刘徽《九章算术注》从实际问题出发，经过分析、提高，再抽象出一般的原理、原则和方法，最终达到解决一大类问题的目的，大大提高了中国古代数学的理论逻辑水平。此外，他在十进分数、解方程、求弧田面积、求圆锥体积、求球体积等许多方面提出了精辟的见解，对中国古代数学在数论、代数、几何等方面发展做出卓越的贡献。

隋唐数学的国家教育

魏晋时期刘徽通过"析理以辞"建立一种算法推理理论体系的努力，把我国古代数学的理论水平提高到一个新的境界。南北朝时期何承天、祖冲之、祖暅等秉承了这种“非实用”理论探讨和批判精神，在推证球体积公式和推算圆周率做出的不朽的功绩。关于球体体积的计算,《九章算术》认为，外切圆柱体与球体体积之比等于正方形与内切圆面积之比。刘徽虽纠正了这个错误，指出“牟合方盖”（垂直相交两圆柱体的共同部分）与球体体积之比才等于正方形与内切圆面积之比，但没有给出公式。祖冲之的儿子祖暅应用“缘幂势既同，则积不容异”，即“等高处横截面积相等的两个同高立体，其体积也必然相等”原理，得出了球体体积公式为 $V=(4/3)\pi R^3$（R 为球半径）。这个著名的“祖暅原理”在西方也叫卡瓦列利（Cavalieri，意大利人）公理，但比祖暅晚了约一千年。

隋唐时期是我国第二次“大一统”的帝国时代,“国家行为”成为这个时期数学的特点。隋朝结束了长达 300 多年的分裂动乱的状态，为长治久安开科举选士之先河，并将数学列入国学之中。在国子寺中设立算学，置博士 2 人，助教 1 人，学生 80 人，进行数学教育。唐代沿用这一做法也在国子监设置算学馆。据《贞观政要》所记:“国学增筑学舍四百余间，国子、大学、四门、广文亦增置生员，其书、算各置博士、学生，以备众艺。……四方儒生负书所而至者，盖以千数。俄而吐蕃及高昌、高丽、新罗等诸夷酋长，亦遣子弟请入于学，于是国学之内，鼓箧升讲筵者，几至万人。儒学之兴，古昔未有也。”国家教育盛况空前。唐代数学教育另一项重大贡献就是李淳风奉诏选编的“十部算经”。据《旧唐书·李淳风传》称:“先是，太史监侯王思辩表称《五曹》《孙子》十部算经，理多踳驳。淳风复与国子监算学博士梁述、太学助教王真儒等受诏注《五曹》《孙子》十部算经。书成，高宗令国学行用。”李淳风注释的十部算经是:《周髀算经》《九章算数》《海岛算经》《孙子算经》《张邱建算经》《五曹算经》《五经算数》《缉古算经》《缀术》和《夏侯阳算经》。这“十部算经”后在北宋元丰七年（1084 年）雕版刊刻，后由清代孔继涵首次命名为《算经十书》，流传至今。它不仅在后世千余年的数学教育、数学人才培养及数学知识的传播方面发挥了重要作用，而且传至朝鲜、日本等地，营造了“国际数学交流”文化。

隋唐数学的国家行为使中国古代数学成为治国理政的重要工具，服务于实际的社会生活。王孝通的《缉古算经》(原名《缉古算术》）是唐初时期的一部重要著作，问世后不久，即被列入“十部算经”中，用作数学教科书。为什么要写此书，他在《缉古算经》表中清楚地表明：“夫为君上者，司牧黔首，布神道而设教，采能事而经纶，尽性穷源，莫重于算。昔周公制礼，有九数之名。窃寻九数，即《九章》是也。……伏寻《九章・商功篇》有平地役功受袤之术，至于上宽下狭、前高后卑，正经之内，阙而不论，致使今代之人不达深理，就平正之门，同欹邪之用。斯乃圆孔方柄，如何可安？臣昼思夜想，临书浩叹，恐一旦瞑目，将来莫睹，遂于平地之余，续狭斜之法，凡二十术，名曰《缉古》。”也就是说，数学作为治国理政的工具，他要讨论与国家治理密切相关的土方工程工作量的计算方法问题。《缉古算经》共有二十个问题，除第一问为天文历法计算问题外，其余全为土建工程有关的几何问题。如“开河筑堤”诸问题描绘了宏大的土建工程场面，可视为当时“国家项目”的生动写照。这些问题主要是通过列出二次或三次方程来求解的。王孝通的主要成就是用开立方的运算方法，解决工程中上下宽窄不一、前后高低不同的沟渠等工程的施工计算问题。如何列出解题所需要的三次方程问题，在当时是很难的事。直到宋元时代“天元术”出现后，这一问题才得到解决。不管怎样，这是世界数学史上关于三次方程数值解法及其应用的最早记述。此外，唐中晚期，随着农业上两税法的推行以及工商业的发展，还出现了不少实用算术的著作，如龙受益的《算法》、江本的《一位算法》、陈从运的《得一算经》，以及现存的韩延的托名之作《夏侯阳算经》等。《夏侯阳算经》是为地方官吏和普通百姓提供适用的数学知识和计算技术的书，共 3 卷，83 个例题。书中记录了化多位乘除为一位乘除、用加法代乘法、用减法代除法等化繁为简的筹算算法。

值得一提的是，基于“君权神授”的观念和“历以合天”的追求，隋唐天文学与数学拥有共同的“国家行为”特点，并在历法改革和水利工程等实际应用中相辅相成，取得了共同的进步。刘焯基于改历的需要而引入二次内插算法及其构造原理，并由一行发展为不等间距，从数学的方面推动了天文历法精度的大幅度提高。

宋元数学的巅峰之作

说宋元数学达到了我国古代数学的高峰，其重要的标志就是学人蔚起，著作如林，成就斐然。秦九韶的《数书九章》给出了高次方程的数值解法——“大衍求一术”（现代数论中一次同余式组解法），比西方早 800 多年。李冶的《测圆海镜》最早提出了天元术，杨辉的《详解九章算法》收录的贾宪三角（又名杨辉三角，西方也叫帕斯卡三角形）——二项展开式——的研究差不多比西方早 500 多年。朱世杰的《四元玉鉴》给出了四元高次方程组的建立和求解问题，代表了宋元数学的最高成就，比西方早 300 多年。具体而言，主要体现在三个方面：一是由演段法到天元术，并经二元术、三元术发展为四元术代数方程或方程组解法；二是高阶等差级数研究；三是求解联立一次同余式方法。

演段法是一种推导方程的几何方法。演就是推演的意思，段就是方程各项的图解，因常用一段一段的面积表示，故称段。演段就是用面积方法建立方程的过程。这一方法是根据刘徽、赵爽《九章算术》中推证几何图形的面积或体积的出入相补原理发展而来的。宋代数学家刘益在《议古根源》中最先将出入相补发展成为演段术一百问，后蒋周的《益古集》将此法进行了完善。演段法的局限性在于只能列出二次方程，难以用面积表示更高次的方程。建立更为简便的高次方程的方法成为数学发展的迫切要求。李冶的《测圆海镜》最早提出了用天元术解决上面的问题。列方程解决实际问题一般需要两个步骤，先根据问题设立未知数，再按题设条件列出包含未知数的方程，即“造术”。例如，天元术中“立天元一为某某”，就是我们现在数学中所说“设 X 为某某”的意思，在方程的书写方式上，天元术在一次项旁边写上“元”字，或在常数项旁边写上太字，元每上一层就增加一次幂，太字每下一层即负幂指数增加一次，如果系为负，则在其上加一捺。写成现在的形式就是 $x^2-5x+6=0$。天元术与目前的列方程除符号和排列方式外并无不同。把各种各样的未知数用统一的符号表示，让它像已知量一样参与运算，这是数学思想的极大突破，为一般性方程理论的建立奠定了基础。李冶的《测圆海镜》不仅以天元术列出许多高次方程，还化分式为整式，标志着天元术已经成熟。李冶还专门为初学天元术的人写成《益古演段》，共 3 卷，64 个问题，大大促进了天元的应用与发展。很快，在此基础上，我国数学家李载德建立了二元术解决了二次方程组的解法问题，刘大鉴建立了三元术解决了三次方程组的解法问题。至朱世杰《四元玉鉴》用天、地、人、物立元，改天元术的各项系数学纵列成行为四元术既有纵列又有横列的方阵形状，用以表示包含四个未知数的多项式或方程，解决了四元高次方程组的建立和求解问题。四元术是继天元术之后的又一杰出成果，代表了宋元数学的最高成就。在代数领域，这一成就在世界上处于领先地位，直到 18 世纪法国数学家贝祖（Bézout）提出了高次方程组解法理论才超越了朱世杰。

我国古代高阶等差级数学理论分垛积术和内插法两类。垛积术始于北宋沈括，他的隙积术给出了一个二阶等差级数求和公式。后来南宋杨辉又进一步研究了不同类型的二阶等差级数问题。而二次内插法始于隋朝刘焯，在其《皇极历》中使用了等间距内插法，后来唐代一行又发展为不等间距二次内插法。金代赵知微首创三次内插法，并为元代王恂、郭守敬的《授时历》广泛采用。在前人的基础上，朱世杰依次研究了二阶、三阶、四阶和五阶的垛积招差问题，得到统一的三角垛积公式和四次等间距内插法公式。这一公式用现代的符号表示分别就是：

$$\sum_{r=1}^{n}\frac{r}{p!}(r+1)(r+2)\cdots(r+p-1)=\frac{1}{(p+1)!}n(n+1)(n+2)\cdots(n+p)$$

$$f(n)=nd+\frac{1}{2!}n(n-1)d^2+\frac{1}{3!}n(n-1)(n-2)d^3+\frac{1}{4!}n(n-1)(n-2)(n-3)d^4$$

其中 p 是垛积的阶数，n 是垛积层数，d、d^2、d^3、d^4 分别表示一次差、二次差、三次差和四次差。朱世杰在高阶等差级数方面的成就，比格雷戈里（J.

Gregory）和牛顿的同类工作早300多年。

中国古代求解联立一次同余式方法也叫“大衍求一术”。这个问题可能与天文历法的“上元积年”计算有关，又与《周易》的“大衍之数”相附会，所以秦九韶称之为“大衍求一术”。联立一次同余式问题，最早见于《孙子算经》中的“物不知数”问题：“今有物不知数，三三数之剩二，五五数之剩三，七七数之剩二，问物几何？”列成一次余式组如下：

$$x \equiv 2 \pmod 3$$

$$x \equiv 3 \pmod 5$$

$$x \equiv 2 \pmod 7$$

《孙子算经》的解法是分别对“三三数之余一”“五五数之余一”“七七数之余一”预置包含另外两个因数的系数，如对“三三数之余一”满足条件的就是 $5 \times 7 \times 2=70$；另外两个系数分别是21和15。因为余数分别是2、3、2，所以所求数是：$x=70 \times 2+21 \times 3+15 \times 2=233$。显然233是符合条件的解，但不是最小解，如果连减 $3 \times 5 \times 7=105$，也是解，直到余数小于105，就是最小解。这就是：$x=233 \equiv 23 \pmod{3,5,7}$。秦九韶就是从《孙子算经》的“物不知数”问题开始一次同余式组的理论研究的，在《数书九章》卷一、卷二中有专题论述。一次同余式问题与中国古代天文历法计算理想的历法起算点“上元”有关。从汉代的《三统历》以后，直至宋代的各家历法都要计算“上元积年”，但是具体怎么算的，在历法中没有留下记载。秦九韶首次一次同余式组求解推广到解决各种数学问题之中。他举出的例题就不是“孙子问题”中的3、5、7之类的简单因素，而是包括了分数和小数。为解决上述预置系数问题，秦九韶更是把这个问题与《九章算术》的更相减损术挂起钩来，因为要控制所有式子的余数为一，所以他把这种算法叫作“大衍求一术”。秦九韶系统给出了求解一次同余式组的一般计算步骤，解法水平之高，西方现代数学家欧拉（Euler，1707—1783年）、高斯（Gauss，1777—1855年）才达到他的水平。这两项都是世界级的数学成就。此外，《数书九章》还提出与海伦公式等价的三斜求积公

今有物不知其數三三數之賸二五五數之賸三七七數之賸二問物幾何

荅曰二十三

術曰三三數之賸二置一百四十五五數之賸三置六十三七七數之賸二置三十幷之得二百三十三以二百一十減之即得凡三三數之賸一則置七十五五數之賸一則置二十一七七數之賸一則置十五一百六以上以一百五減之即得

<《孙子算经》中关于“物不知数”问题的记载

式，改进测望技术，使用并简化解线性方程组的互乘相消法等。另外，秦九韶使用了成熟的十进小数表示法。

宋元时期，中国古代数学取得如此辉煌的成就绝不是偶然的。恩格斯在其《自然辩证法》中谈到科学与数学的发展时说：“科学的发生和发展从开始便是由生产所决定的……如果说，在中世纪的漫长黑夜后，科学以梦想不到的力量一下子重新兴起，并且以神奇的速度发展起来，那么我们也得把这个奇迹归功于生产。”生产力的发展对数学的促进无疑是决定性的。

前面我们已经提到，宋元时期科学和技术的各个领域都达到了较高水平，科学家和技术发明家灿如繁星，如天文学家郭守敬、地理学家朱思本、农学家王祯、医学家刘完素、机械制造家苏颂、建筑学家李诫、发明家毕昇及以博学著称的沈括等。指南针、活字印刷及多种火器制造技术也是在这个时期完成的。因此，数学与其他学科竞相发展是自然而然的。另一个重要原因要归功于宋元时期数学教育延续了隋唐数学教育政策。北宋算学教育制度始于元丰七年（1084 年）刊刻《算经十书》，以作教材。据《宋史》记载，崇宁三年（1104 年）"将元丰算学条制，修成敕令"，并在国子监内设立算学馆，"生员以二百一十人额，许命官及庶人为之"。不久，在校学生已达 260 人，其中主讲博士为 4 人，超过了唐代。算学馆相当于现在大学里的数学系。政府还鼓励地方建立这样的学校，拨给一定数量的农田，称"学田"，作为主要经济来源。与唐代相比，数学家的地位得到空前提升。一向被视为"六艺之末"的数学，在北宋不仅为古代数学家封爵造像供奉，包括祖冲之、刘徽、耿寿昌、张衡、刘洪、何承天、张邱建、夏侯阳、甄鸾、刘焯、王孝通、李淳风等达七十多人，并教化官员与其平起平坐。金元时期这一传统得以延续，并形成了学校、书院、职官性教育等官私共存的多元化数学教育体系。

宋元数学教育为数学人才辈出奠定了扎实的社会基础。所谓水涨船高就是这个道理。当然，宋元数学的发展也离不开传统和积累。从汉至唐，方程理论已有了相当的发展，三次方程问题也已得到解决。北宋贾宪发明了解高次方程的增乘开方法，常数项为正，而刘益的正负开方术则各系数可正可负，并给出四次方程的一般解法。到了南宋的秦九韶、李冶，给出任意次方程的解法。这一系列的发展，可以说是顺理成章。数学是一门思维的科学，因此也必然深受我国自然哲学的影响。如，天元术中的"元"字或许从道教用语借用而来。葛洪《抱朴子·畅玄》云："玄者，自然之始祖，乃万殊之大宗也。""元"在道教那里能生化成万物，天元术中的"元"也有此意，能推出各量。还有，《四元玉鉴》中"一气混元""两仪化元""三才运元""四象会元"便来自《周易》。《系辞传》曰："《易》有太极，是生两仪，两仪生象，四象生八卦。"宋代理学与科学相关的观点，即格物致知对宋元数学产生了一定的影响。程颐说："格者，至也，言穷至物理也。"他还认为："穷物理者，穷其所以然也。"朱世杰的

《四元玉鉴》卷首语中提到的“理”就是指这种“物理”。一句话，宋元数学的辉煌离不开社会提供的物质基础、教育培养的从事数学研究的大量人员、数学自身的积累和数学家所具有的哲学思想等必要条件。

炼丹术与化学

古代科学经常是与巫术、宗教，甚至迷信混在一起。天文学与占星术的关系是我们大家熟悉的，炼丹术与化学的也是这样。自古以来，人类总有长生不老的理想。秦汉时期，就有一些方士到海中求不死之药，以实现长生不老或羽化登仙。汉武帝时有个叫李少君的方士，自称能通过祭灶而招来鬼神，招来鬼神之后就能使丹砂变成黄金，用这种黄金制作的餐具，进饮食物就可延年益寿。这样的炼金术无疑是一种巫术，但是在其过程中方士们进行了许多化学操作。他们把化学物质用火烧，用水煮，或者蒸馏，并把多种物质放在一起，使它们发生化学反应。于是炼金术也就成了化学的起源。由于中国古代的炼金术不只是想炼黄金，而是想用丹砂和其他化学物质的混合物或化合物来制造长生不老之药，所以一般中国古代的炼金术称为“炼丹术”。也正是因为这个特点，中国炼丹术与医学的关系也十分密切。

后汉魏伯阳著有《周易参同契》一书，阐述炼丹、内养之道。《周易参同契》用阴阳变化来讲炼丹理论，其中大量使用阴与阳、雌与雄、龙与虎的隐喻。例如，把汞称作“龙”，把铅称作“虎”，于是描写汞与铅的化学反应，读起来像是龙与虎的互动与变化。再如，书中所载：“河上姹女，灵而最神，得火则飞，不见尘埃。”这是指汞与硫反应生成硫化汞的化学变化。万事万物都由阴阳交变而来，“雌雄设陈”和“一阴一阳”，丹药的炼制也符合这样的道理。

魏晋南北朝时期，道家思想和道教非常盛行，方术深深地渗透到了士大夫阶层，炼丹术因此也颇为风行。晋代的葛洪（282—363年）曾在晋王朝做过官，但是到了晚年就隐居罗浮山，专心于炼丹术。葛洪著有《抱朴子》一书，其中《金丹篇》说："余考览养性之书，鸠集久视之方，曾所披涉篇卷，以千计矣，莫不皆以还丹金液为大要者焉。"所谓"还丹"，是指水银经焙烧而成氧化汞（丹砂）。所谓"金液"，即"金液之华"，是指丹砂、雄黄、雌黄的混合升华物。[①]

随着中国炼丹术的发展，所用金石药物的品种日益增多。汉代的《淮南万毕术》中提到丹砂、铅、铜、硫黄、胡粉、云母等，不及十种。但在《抱朴子》中，金石药物已达二十多种。由于炼丹家们多用隐语，因此弄清这些金石药物的化学成分还是相当困难的。不过大体上可以知道它们包括汞、铅、砷、铜、铁、铝、锡、钠、钙、钾、镁等金属及其化合物，如丹砂、水银灰、铅丹、雄黄、砒霜、曾青、玄石、明矾、胡盐、石灰、硝石等，以及金、银、硫黄、各种硅酸盐等。另外，它们还包括许多有机化合物。这样看来，这一时期的炼丹术大大丰富了人们对化学物质的认识。

炼丹家们在炼丹时要有专门的丹房和器具，相当于现代化学要有化学实验室和器材。他们对丹房的要求还有很多讲究，需要选择清静幽雅、风水吉祥的地方，而且炼丹时还要有虔诚的态度。南宋时吴悮（一作吴俣，号高盖山人、自然子）著有《丹房须知》，其中记载不少前人关于丹房的要求。比如，唐代天台山道士司马承祯这样论及丹房的建造："炼丹之室，岁旺之方择地为静室，不可太大，不可益高。高而不疏，明而不漏，处高顺卑，不闻鸡犬之声、哭泣之音、濑水之响，远离车驰马走及刑罚决狱之地。唯是山林、宫观、净室皆可。"（《丹房须知》）这听起来有点神秘，但是选择清静而干净的空间，也是现代化学实验室的基本要求。

炼丹中使用各种器具，也反映了化学实验技术的积累和进步。东汉时，炼丹术尚处于初创期，炼丹设备还比较简陋，药鼎不过是土釜，直接放在炉

① 赵匡华，周嘉华．中国科学技术史：化学卷［M］．北京：科学出版社，1998：384．

火上加热。但是到东汉以后，就有专门的药鼎和丹炉了。唐人孟要甫《金丹秘要参同录》中说："既得鼎，须制炉。炉者，是鼎之匡廓也。鼎若无炉，如人之无宅舍城郭，何以安居。故炉以烧鼎，收藏火气。"此后丹炉也有了一定形制，而且用炭烧炉。最早出现的丹炉大概是《周易参同契》中提到的"偃月法鼎炉"，但其形制已不可考。隋唐时罗浮道士"青霞子"苏元朗在其《太清石壁记》中记有"造丹炉法"："其炉下须安铁镣，可十二三条，长一尺四，四方厚四分，布其堑上，相去可二分。镣下悬虚，去地二寸。中开阔四寸半，前后通门，拟通风来去。其镣上着火，其火为风气相扇，极理快然。此法为要。"对制造丹炉有如此翔实的描述，说明炼丹已经成为一种相当专业的技术。

我们再看药鼎。它是中国炼丹术中的反应器，药物在其中受热烧炼。药鼎种类繁多，但大致上可分两大类。一类就是简单的反应釜，最初不过是带盖的陶质大坩埚，到唐代时发展为上下铁釜，称作上下"合子"，内外用"六一泥"密封。再往后就有用金、银、铜、铁、土做的各种"合子"。

另一类则由火鼎和水鼎两部分组成，所以也叫水火鼎。火鼎是药物加热或温养的处所，即反应室；水鼎一般贮水，起冷却作用。这样的设计，大概是为了药物在鼎中受到"水火相济"的天地造化之功。根据火鼎和水鼎的相对位置不同，水火鼎可以分两种。如果火鼎在下，水鼎在上，则叫既济鼎，因为《周易》六十四卦中的既济卦为火（离卦）下水（坎卦）上。反之叫未济鼎，因为未济卦为水（坎卦）下火（离卦）上。大约在宋代，出现了专置水火鼎而制造的未济炉和既济炉。《丹房须知》《稚川真人校证术》等丹经中载有这两类丹炉和药鼎的插图，使我们得以比较确切地了解当时制作炼丹设备的精湛技艺和精心设计。未济炉内上方的圆筒形器是火鼎，其中贮药料，四周以炭火加热；下方球形器为水鼎，水从该鼎的上方左侧管注入，过剩的水及蒸汽从右方侧管溢出。既济炉下方圆筒有三足者为火鼎，四周以炭火加热；上方碗形器为水鼎，可以起冷却或冷凝器的作用。

此外，各种丹经中还记有各种各样的成套的水火鼎，还有各种各样的鼎

> 未济炉与既济炉
> 引自：《丹房须知》

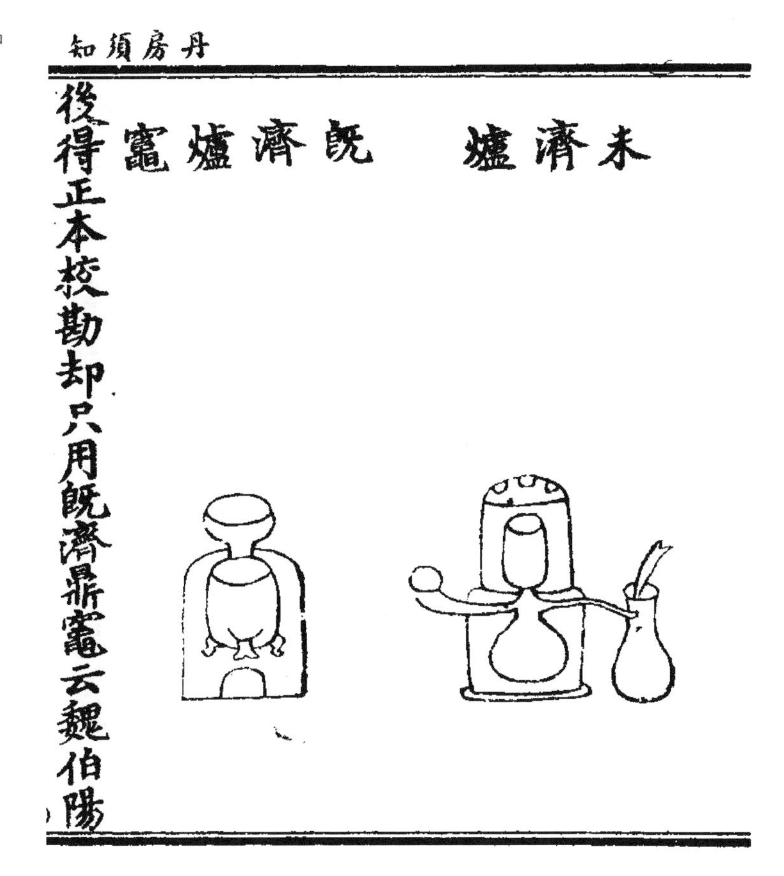

器。《丹房须知》中还绘出了一种丹家专门设计制造升炼水银蒸馏器，这表明中国炼丹术中提取水银工艺发展到宋代开始由未济式向真正的蒸馏式的过渡。

炼丹术除了使用设备之外，还要对药料进行各种各样的加工，由此发展出一系列辅助性的方法和工艺。首先说研磨。一般就是为了使反应物细碎，表面积加大，使药物混合后更容易相互接触，发生化学反应。但有时也把两种或数种物料混合，一起研磨，而在此过程中促成了某种变化。例如，把硫黄与水银混在一起研磨，这时便生成了黑色硫化汞。其次是水飞。这既是一种分离方法，也是一种提纯方法。其操作是把物料放于研钵中加清水研磨，研后倾出上层悬浊液，用另器贮存。待其澄清后，取其细腻之沉淀物。再次

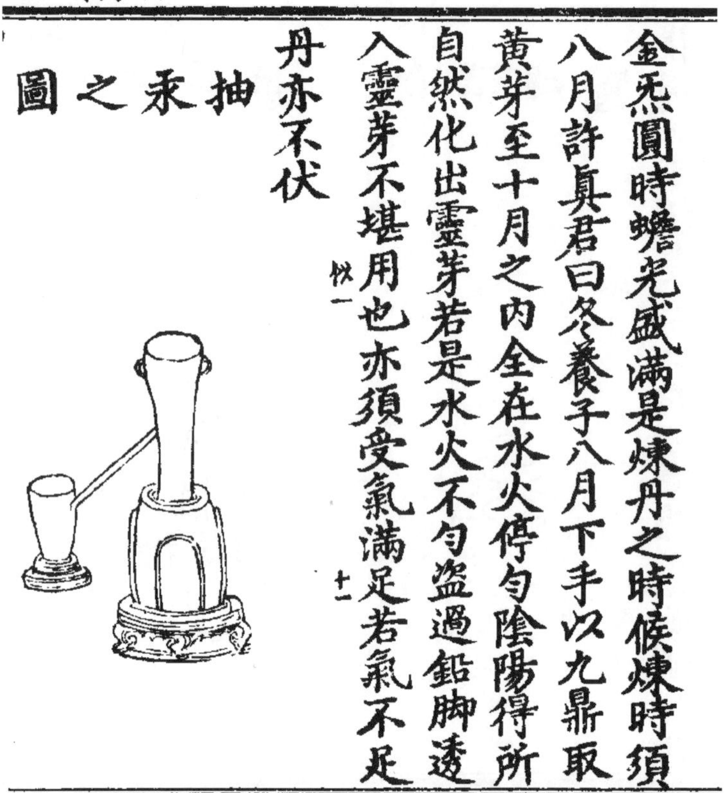
丹房須知

金汞圓時蟾光盛滿是煉丹之時候煉時須八月許真君曰冬養子八月下手以九鼎取黃芽至十月之內全在水火停勻陰陽得所自然化出靈芽若是水火不勻盜過鉛脚透入靈芽不堪用也亦須受氣滿足若氣不足丹亦不伏

抽汞之圖

< 抽汞蒸馏器

引自:《丹房须知》

是“悬胎煮”。这是用沸水浸取并与过滤相结合的操作。具体操作方法是把药料置于布袋中，扎紧并悬在锅中煮。这样一来，药物中的可溶部分便溶解，进入水中，而丹家认为这样可以除去药物的毒性。此外还有“点化”“伏火”之类。所谓“点化”就是用小量药物使大量药物发生变化。所谓“伏火”，意思是指将某种物质以火制伏，起杀毒作用。这些操作的具体过程究竟如何，现在也很难搞清楚。

炼丹术对中国古代医药的贡献突出。中医使用化学药物的时间上是远远早于西方。这是因为中国古代炼丹术从一开始就与医药合流。炼丹家探究长生不老的矿物，总是要对其药理进行研究。因此，历代炼丹大师大多兼通医学，研究医方。如葛洪著有《玉函方》和《肘后备急方》，梁朝炼丹大师陶弘景则有

《神农本草经集注》和《效验施用药方》，隋唐时期的“药王”孙思邈以《千金要方》《千金翼方》等而闻名，同时也著有《太清丹经要诀》《烧炼秘诀》《龙虎通玄雇》等炼丹专著。宋代编制的大型方书如《圣济总录》《太平圣惠方》《太平惠民和剂局方》等医药方书，就包含许多丹药，如“震灵丹”“地仙丹”等，其来源几乎都是炼丹术及方士的医疗实践。

中国古代的炼丹术引发了对一系列化学反应的认识。其中最突出的就是关于汞化学的认识。汞化学的基础就是从丹砂升炼水银，涉及多种化学反应。其中采用适当的添加剂通过隔绝空气的加热而从硫黄中提炼出水银来，是了不起的化学发现。涉及的化学反应如下：

$$HgS + 2SO_3 \overset{\triangle}{=\!=\!=} Hg\uparrow + 3SO_2\uparrow$$

$$HgS + Fe \overset{\triangle}{=\!=\!=} FeS + Hg\uparrow$$

$$HgS + Cu \overset{\triangle}{=\!=\!=} CuS + Hg\uparrow$$

$$HgS + Pb \overset{\triangle}{=\!=\!=} PbS + Hg\uparrow$$

$$2HgS + C \overset{\triangle}{=\!=\!=} 2Hg\uparrow + CS_2\uparrow$$

其中用碳置换出硫黄中的汞，就是中国古代常用的“升炼水银法”。

此外，中国炼丹术也促进了对合金学的研究。炼丹家试图将铜、铅、铁、汞等金属变为金、银，虽然不可避免地遭到了失败，但他们还是制成各种各样黄色或白色的合金，对古代的合金学做出了贡献。

还有，中国古代火药的发明，也同炼丹术有关。火药的基本成分包括硫黄、硝石和炭，其中硝石的利用是火药发明的关键。中国炼丹家对硝石的研究从汉代就开始了，见于马王堆出土的帛医方中。而硫黄是炼丹术最常用的药料。至晚在唐代，炼丹家们就发现了硫黄与硝石合烧时出现的爆炸性现象，或者说遭遇过这样的灾难，所以才会研究“伏硝石法”“伏硫黄法”，即事先对硝石和硫黄进行预处理以改造它们爆烈的化学性质。这一切最终导致了火药的发明。

总之，炼丹家在炼丹过程中不断地尝试各种物料及其化合物、炼制方法和

∧《天工开物》中关于升炼水银的插图

工艺，实际上就是在进行一些化学研究。所以说，炼丹术就是现代化学的早期形态。炼丹术虽然没有在获取“长生不老之药”上取得什么进展，但因为这个目标的驱动，促进了对化学物质、化学反应和化学工艺的认识，其成果往往可以转化到冶金、制药、染料制作、食品加工，乃至火药的发明等实用的技术成果之中。这样看时，我们就不能把炼丹术当作巫术或迷信而简单地加以否定，而是要把它看作是对未知世界的一种探究，是古代科学的一部分，对古代科技，特别是古代化工技术，起到了重要的促进作用。中国古代在药物、火药方面的成就，有炼丹术的一份功劳。

∧ 各种炼丹器具

引自:《丹房须知》

卷下第三

包外别以鉛煎花銀一斤爲細末珠子鋪蓋入甕鼎中仍以八兩銀水海下貯三水笕銀爲之者合抱抵定藥陁至底水笕直通水海仍用脂礬塞定令乾進水頻添温湯外用通身封固仍再掛入丹竈之中發火二斤三方輪換再養七日其丹種始通靈乃號真鉛也其銀不再用再取入地坑中掛起再一火三斤出者其色碧綠真死

鼎器圖

小兒藥室

第七章

经世致用

古代科技与国家治理

现在我们把目光聚焦到中国古代科技与社会。中国古代科技在宋元以前就取得如此多的成就，是什么因素促进了它的发展？有一种说法，说中国的农业文明，不利于产生科技。可是正是在这样的农业文明中，产生了当时其他文明无可匹敌的科技文明。宋元时期，中国的航运非常发达，意大利旅行家马可·波罗在中国看到的泉州等港口，比他见过的地中海地区的港口还要大。航海用指南针，造船用铁钉，轴向舵和水密舱用于远途的船只。内陆运河体系完备，南方生产的水稻源源不断地通过运河运往北方。钢铁业发达，铁制品、瓷制品大量出口，繁荣了贸易，增强了经济活力。天文学得到特别的重视，受到国家持续的支持，使得仪器制作、天文测量和历法制定成为常态化的天文活动。北宋时期苏颂水运仪象台的制作、元初郭守敬天文仪器的改进及《授时历》的制定，是当时天文学成就的标志。北宋时期，医学被当作“仁政”来看待，从皇帝到士大夫都重视医学，因而在宋代特别重视本草和方书的编撰，医疗制度完备。对于频发的瘟疫，国家则有积极应对。水的治理是中国农业文明的基础，隋唐宋以来的运河和水利建设，使中国古代的农业经济和国家社会政治融为一体。天文大地测量在唐代和元代都规模巨大，覆盖东西南北广阔的疆域，因此也是古代国家建设的重要方面。由此看来，中国古代科技高度发展是因为科技对于国家政治和国计民生有用，因而受到重视。也就是说，古代科技的发展是与国家治理的需要相契合的。

“天文灾异”与国家政治

中国古代天文学带有很强的政治性质。天文学与国家治理、国家政治和统治者的意识形态是密切相关的。李约瑟就指出中国古代天文学具有官方性质，因而在儒家政治统治力极强的官僚社会具有重要的政治意义。天文学与国家政治的关系一个重要表现就是关于“天文灾异”的论说。中国古代的“天文”实际上指的就是天象。天文学上一些奇异的天象，如日月食、彗星流星、客星新星、五星会聚等，还包括一些奇异的大气现象，都被认为是“灾异”。它们的出现常常预示着国家政治上的变故。除了大气异象，自然界也有许多如雷电、风暴、水旱、地震、瘟疫、蝗灾之类奇异现象，这些现象也带有灾害性质，所以亦被称为“灾异”。同样，这些“灾异”的发生，也被视为是国家政治得失的反映。因为这个缘故，中国古代就特别重视对“天文灾异”现象的观察，留下了许多宝贵的记录。例如，中国最早的编年史《春秋》中就记有 37 次日食；历代的正史大多有专门的《天文志》《五行志》，记录奇异天象和其他“灾异”现象。

关于“天文灾异”的论说，实际上是儒家经学传统的一部分。儒家经典《春秋》《易经》《尚书》《周礼》等多部涉及“天文灾异”。《春秋》中记录了日食、彗星、山崩地震等自然现象和比较严重的灾害，暗示了自然界的这类变异和人类社会政治事变有着某种关联。汉代的董仲舒对此有明确的阐述。他用阴阳学说对《春秋》中的“天文灾异”进行了讨论，提出了“天人感应”的学说，认为“天”出于对人君的仁爱，会以“灾异谴告”的形式对国家政治的过失提出警告，所谓“灾者，天之谴也；异者，天之威也。谴之而不知，乃畏之以威。……凡灾异之本，尽生于国家之失”。但是，董仲舒的“天人感应”说又有其另一面，就是认为“天”与“人”之所以能够相互感应，是因为“天人相副”“天人同类”；从基本组成，到结构功能，乃至情感欲望，“天”“人”都是同类的。这就使其“天人感应”说建立在“天”“地”“人”相互对应而成一个统一体的宇宙观之上。这种“天人合一”的宇宙观可以说是“天文灾异”论说的哲学基础。董仲舒以《春秋》为本，以历史比附的方法论说“灾异”，实际上把儒学传统中的最重要的学问——史学——与“天文灾异”之学联系了起来，“天文灾异”成了史学的一部分。

《易经》是对中国古代学术思想影响最大的一部儒学经典，它为人们描述自然和人类社会提供了一种普遍的概念库。《易经·系辞下》说：“古者包牺氏之王天下也，仰则观象于天，俯则观法于地，观鸟兽之文与地之宜，近取诸身，远取诸物，于是始作八卦，以通神明之德，以类万物之情。”取象类比，是《易经》所反映的基本思维特征，也是用易学研究自然与社会的基本方法。顾名思义，易学特别强调自然界的变化，因而对各种变异自然就比较重视。同样也是在汉代，易学被孟喜、京房等发展成一种阴阳“灾异”学。他们提出“卦气说”，把《易经》的六十四卦与一年的节气相配合，建立了一种自然宇宙变化的秩序。但是自然界又不可能完全按照固定的秩序变化，所以在正常秩序之外必有非正常的变化，这种非常的变化就被看作是“灾异”。这样，风雨寒温等气候的异常变化，都被认作是“灾异”“谴告”。这实际上是发展了一套较董仲舒更为细致的“天文灾异”说。“灾异”现象的范围大大扩大，不一定专指那种特别奇特的自然现象如日食、彗星、地震等。“灾异谴告”所涉及的人事也不再局限于国家大政，而是扩展到个人的政治活动。这样，以易学为主导思想的“灾异”学说，可以被运用到官僚之间的政治斗争中。当有人对某种政治措施或见解表示不满时，就可以借“灾异”提出批评或反对意见。“灾异”学说成为政治斗争的工具。

再来看另一部重要的儒学经典《尚书》。此书中的相当一部分内容，是劝说君王要重视“历象日月星辰，敬授人时”，即要重视天文历法的研究，使人民能够按照时令去安排生产与社会活动。这种按照自然界的物候时令来安排人间事务的思想成了中国古代社会活动的一种组织方式。作为一个以农业经济为主的国家，按季节从事农业生产是头等大事，而且效果会很好。这就使人们相信，其他的事务，如宗教祭祀等活动，最好也要按照“月令”进行。这种“月令”思想在汉代以前其他一些著作中有更详细的发挥，如《吕氏春秋·十二纪》《礼记·月令》《淮南子·时则训》等。天文历法因为事关人类社会中最重要的活动，如农业生产活动，因而也就是最大的政治。如果国家和人民生活按照“月令”进行，那人和自然的关系就和谐；如果不按“月令”进行，那人和自然的关系就不和谐，自然和人类社会就会出现各种怪异。可见“月令”在为人类生活提供秩序的同时，也为“天文灾异”学说提供了理论根据：违背秩序就是“非常”，必将导致怪异。

《尚书》中尤为经学家们重视的是《洪范》一章。董仲舒说服汉武帝独尊儒术之后，经学便特别强调经世致用，即所谓强调“以经术缘饰吏治”，提出以《春秋》断案，以《诗三百》当谏书，以《禹贡》治河，等等。在通经致用方面，经师们谈的最多的就是《洪范》“灾异”之说。儒学的根本精神，就是试图为封建王朝建立长治久安之策。董仲舒提出的“天人感应”的“灾异谴告”说，可以说是劝告君王实施开明政治的最有力的工具。董仲舒之后，汉代言“灾异”的经学家可以说是层出不穷。《汉书·眭两夏侯京翼李传》“赞”说：“汉兴，推阴阳言灾异者，孝武时有董仲舒、夏侯始昌，昭、宣则眭孟、夏侯胜，元、成则京房、翼奉、刘向、谷永，哀、平则李寻、田终术。此其纳说时君著明者也。”其中刘向等特别重视《尚书·洪范》。刘向作《洪范五行传论》，用五行理论对“灾异”学说又一次进行了系统的阐述。这样就建立了与董仲舒的《春秋》“灾异”学及京房的易学“灾异”学在形式上完全不同的五行“灾异”学。这几种不同的有关“天文灾异”的论说，都是从儒家的经学中发展出来的。后来的“天文灾异”论说，大致不出这三种形式。

具体论述实现儒家统治理想的经典要算是《周礼》了。它描述的是一个理想化的官僚制度。经学家们要“经世致用”，其最终目的就是要按照他们认定的理想政治模式来治理国家。官制是政治模式的重要组成部分。西汉末，王莽就是运用这样的“经世致用”，大谈“灾异感应”之说、“谶纬”之说及“五德终始五行相生”之说，把自己装扮成当代周公，为其篡夺汉家统治提供理论根据。这时《周官》制度自然就成为最受崇尚的官僚制度。王莽“受禅”仪式，就是一班公卿、大夫、博士等根据《周官》和《礼记》等书议定的。

《周礼》中有“保章氏”一职：

> 保章氏掌天星，以志星辰日月之变动，以观天下之迁，辨其吉凶。以星土辨九州之地，所封封域，皆有分星，以观妖祥。以十有二岁之相，观天下之妖祥。以五云之物，辨吉凶、水旱，降丰荒之祲象。以十有二风察天地之和，命乖别之妖祥。凡此五物者，以诏救政、访序事。

由此可见，观察“天文灾异”，也是官僚政治活动中的一个重要部分。

从以上的讨论我们可以看到，关于“天文灾异”的学问，实际上是儒家经学的一部分。

儒家要做到“经世致用”，就必须使其学术明确地为政治服务。但为政治服务并不意味着一定与追求“客观知识”相矛盾。要使政治主张有更强的说服力与合法性，就必然要借助学术的权威，而学术的权威则来自对自然与社会的“正确”认识。中国古代对自然与社会的认识，主要是建立在“天”“地”“人”相互对应、无所不包、统一和谐的宇宙观上。这种宇宙观重视“统一”“秩序”与“和谐”，同时又对“不统一”“非秩序”“不和谐”的现象特别敏感，好像只有通过对后者的观察与研究才能达到对前者的认识。也就是说，要通过观察“非常”现象来达到对“有常”规律的认识；要通过对“灾异”的警觉以及相应的补救措施来维持天人之间的和谐状态。这就使得《易》的变化哲学成为影响人们最深刻的哲学，人们无时无刻不在注视甚至期望自然与社会中的“变异”。所以“天文灾异”[1]学说，也就成为这种哲学指导下的知识活动中的一个必不可少的部分。

---

① 孙小淳．北宋政治变革中的“天文灾异”论说［J］．自然科学史研究，2004（3）：218-231.

李约瑟倾向于把这种探索“自然”的知识活动视为道家思想或道教的专长，其实对“天文灾异”等自然现象的研究同样受到儒家的重视。正是因为儒家把这种学问与政治结合起来，才使其受到充分的重视。

北宋时期的天文与政治

中国天文学到北宋时期发展到了一个高峰，而正是在这个高峰阶段，我们看到天文学与政治的密切关系。

北宋时期，天文历法的改革特别频繁，从 960 年到 1127 年，167 年之间共进行了 9 次改历，每次都制定一部新历法，在天文测量和计算上都有改进和创新。为了改历，就要制造新的天文仪器，北宋的天文机构至少进行了 8 次天文仪器的制作。苏颂（1020—1101 年）制造的水运仪象台则是北宋天文仪器制造和机械工程的高峰。水运仪象台是集浑仪观测、浑象演示和报时装置于一体的自动化天文台。用这些天文仪器，钦天监的天文官员们进行了多次恒星观测，其观测精度也比以前大有提高。1010 年，韩显符新制浑仪，观测“外官星位去斗、极度”。所谓“去斗”“极度”就是指离开冬至点（当时冬至在斗宿）和离开北天极的度数，是中国式的赤道坐标。1034 年，杨维德等为编撰《景祐乾象新书》，测量了全天星座的入宿、去极度数，星表虽已亡佚，但在《宋史·天文志》中保存了这一次测量的二十八宿距星的位置坐标。1049—1053 年，周琮、于渊、舒易简等人铸铜仪，对周天星官做第三次测量，测量成果被王安礼收录在《灵台秘苑》中，包括了 345 个星官距星的入宿、去极度。1078—1085 年所做的第四次恒星观测，其成果后来画成了星图，1247 年左右由王致远按黄裳原图（约绘于 1190 年）刻石，这便是著名的苏州石刻星图。1102—1106 年，姚舜辅等人进行第五次恒星观测，测量精度最高。恒星位置度数给出了度以下的少（1/4）、半（1/2）、太（3/4）等值，说明仪器精度提高。其中二十八宿距度误差绝对值平均只有 0.15 度，可以说是空前的。

在计时仪器方面，北宋的漏刻技术也达到了前所未有的高度。燕肃（961—1040 年）的莲花漏采用三级漏壶机制，计时稳定度和精度大大提高，为精确的天文测量提供了计时上的保障。沈括（1031—1095 年）在天文仪器方面也研究颇深，撰写了《浑仪议》《景表议》《浮漏议》，是探讨天文测量仪器的专论。

宋代为什么改历如此频繁？这是因为天文历法不仅具有科学的性质，还具有政治的性质。根据《尚书·尧典》，“观象授时”是古代帝王的首要政务。只要历法制定好了，国家各行各业的事业就会兴旺发达。因此，天文历法是与帝王统治的合法性联系在一起的。谁颁布历法，就意味谁拥有统治天下的“天命”。所以在汉代时，有“王者易姓受命，必改正朔”的说法。此外，历法的好坏，象征着的是不是得当。按照“月令”的传统，好的国家治理意味着按照时节开展生产和社会活动，而时节是由天文历法来确定的。天文历法预测天文现象，如果预测得准确，则表明政治顺畅；如果预测不准，则表明政治上出了问题。这时就需要通过改历来进行改进或纠正了。北宋时期，受这种思想的主导，有新的皇帝即位，就需要有一部新的历法来表明国家政治的“新气象”。①

北宋国家对天文的重视，表现在对天文机构的政策和管理上。北宋司天监常设岗位有 100 多个，由两类官员组成：一类是“技术官”，负责编制年历、天文测量、维护漏刻、选择吉日等工作，技术官之首就是“司天监”。另一类是地方部门负责行政管理的官员，叫作“差遣官”，首长为“提举司天监”。北宋皇帝经常派遣既懂天文又被皇帝信任的高级官员去“提举”司天监，担任过这一职务的官员有司马光、王安礼、陈绎、沈括、陈襄等，他们在当时都是深受皇帝信任的高级官员。这也说明了天文和星占对于皇帝是如此重要，必须要派信任的人去监管。

北宋司天监的天文技术官员，其来源有多种途径。一是从前朝接收，北

---

① 孙小淳. 宋代改历中的“验历”与中国古代的五星占［J］. 自然科学史研究，2006（4）：311-321.

宋从后周接收的天文官有王处讷、王朴等。二是从民间征召。这一办法达到了两个目的，一方面把民间懂天文的人征召上来为国家所用，另一方面又把民间“私习天文”的人清除掉。比如在 977 年，地方政府向中央政府报告了 351 名民间懂天文者，只有 68 人被司天监录用，其余人竟然遭到流放。三是通过“荫补”的办法，即录用天文官员的子孙。这一做法有一定的合理性，因为天文不允许民间私习，那只能由天文官员们父子相传了。例如，王处讷的儿子王熙元、苗训的儿子苗守信都是以“荫补”入职司天监的。对司天监天文工作有贡献的人，皇帝有时还会发布奖励诏令，允许他们推荐自己的后代进入司天监。北宋通过这些办法，使得司天监总有足够的人员，从而可以开展观测、改历、星占等天文活动。当然“荫补”时间久了，就有弊端，就是司天监越来越多的天文技术官，不学无术，只会做一些简单的例行工作，并不具有真正的创新能力。

北宋政府在维持司天监的同时，还在宫廷内建立了“翰林天文院”，设有“司天台”。建立这一机构的目的是防止司天监官员在上报天文观测数据时事先串通，使得观测数据看起来符合预期。一旦有什么奇异的天象，两个天文机构可以独立地向皇上报告情况。但是，在具体运作过程中，这个目的并没有达到。因为在上报之前，司天监的官员和司天台的官员一样也是事先串通好了的。此外，北宋政府为了制造天文仪器和从事天文观测，还建立“浑仪漏刻所”这样的专门机构。

维持上述天文机构，本身就是对天文学的巨大支持，再加上经常进行的天文仪器制作和大规模的天文观测项目，北宋政府对天文学的财政投入是相当大的。据研究，北宋政府用于天文的经费占全年财政收入的千分之一左右，这是非常大的经费支持，说明北宋国家对天文学的支持是巨大的，而且是稳定的。这也说明了为什么中国天文学在北宋时期取得了如此大的成就。

但是事情还有另外一面。北宋政府对天文的支持无疑是促进了天文学的发展，但是由于其政治目的很强，有时又会对天文学的发展起到阻碍的作用。一个典型的案例就是沈括在熙宁年间（1068—1077 年）主持的天文历法改革，由于司天监内部种种因素的干扰，最终没有取得预期的目标。

宋代的改历，一方面是天文历法本身发展的需要，另一方面也是国家政治的需要。任何一部历法使用一段时间后，就会出现预测天象与实际发生天象不合的情况，如预报日月食不准、预测五星运动位置不准等，照理发现不准就有必要修改。但是由于改历具有特别的政治意味，所以改历不是说改就改，而是要在一定的政治条件下才能改。在北宋时期，一般只有在新皇帝即位时，才能改历；而新皇帝即位，还必须改历。这就使得历法改革受到政治因素影响极大。这从两位天文学家在改历上的遭遇可以略见一斑。

周琮是宋仁宗时期的天文学家。宋仁宗在位 40 余年（1022—1063 年），对天文学特别重视。他在位期间，政府组织了两次大规模天文观测，制作了大量新的仪器，观测精度也大有提高。从技术上来讲，这无疑是改历的良好时机。但是当周琮在 1024 年发现新制的历法《崇天历》预报日食不准，提出要修改历法时，就遭到天文官员刘羲叟等人的反对，甚至欧阳修、司马光等高级官员也反对，理由之一就是皇帝还在位时，不宜改历。这样，周琮在司天监工作 40 多年，观测精确，积累很多，但就是不能改历。

1063 年，宋仁宗驾崩。宋英宗即位时，朝廷催令制定新的历法。这时周琮的运气似乎来了，他的改历建议马上得到批准，1065 年，《明天历》颁布。然而这部历法显然是周琮在年老匆忙之间制定的历法，还没用几年，就出现预报月食不准的情况。就当时的天文历法水平，预报日食不准还情有可原，预报月食不准则完全不可原谅。于是皇帝震怒，竟然下令重新使用之前被废止的《崇天历》，周琮之前得到奖励也都被收回。这对周琮来说无疑是一个极大的打击。但这绝对不仅仅是周琮本人的过错。因为当他年富力强时，发现历法有问题而且有能力改历时，却不能做；而当他年衰力弱时，英宗即位又急需新的历法，这时周琮只能对旧的历法修修补补，做一些简单的数据调整，以满足当时的急需。这种情况下出现严重问题就不足为怪了。

再看沈括和卫朴在宋神宗时的改历工作。1068 年，宋神宗即位，这时又需要改历。当时政治上的形势是以王安石为首的改革派与以司马光为首的保守派之间的激烈斗争。经过几年的斗争，1072 年，在王安石的建议下，神宗命令沈括提举司天监，主持改历。

沈括计划利用这次改历来好好解决天文学上的一些重要问题，特别是火星运动问题。他认为过去的改历，往往没有做必要的实际观测并在观测基础上改进计算模型，只是对旧历的参数做一些调整，把积累偏差消去以凑合当前而已。他新造仪器，计划进行 3—5 年的观测；引进特别擅长计算的卫朴，从事历法计算。但当时司天监的大多数天文官，都是世袭的，对天文并没有太多钻研，只会照公式做例行的计算，也没有兴趣认真改进历法。这些人出于对卫朴嫉妒，不但不配合进行天文观测，而且屡兴诉讼，妄图排挤卫朴。虽然他们最终没有搞倒卫朴，但沈括雄心勃勃的天文观测计划只能不了了之。最后卫朴也只能步前人后尘，对旧历的天文参数增增减减以造新历，以满足神宗的需求，这就是《奉元历》。本来试图解决的火星运动问题，更是无法现实。

北宋时期，天文学因为涉及国家政治的基本需求而得到国家持续不断的支持，因而总体上来看是不断发展的。天文机构因此也成了官僚机构，时间久了就有人浮于事、裙带关系、例行公事等种种积弊，使得科学上真正重大的、关键的创新和突破变得困难。因此，天文学与国家政治的紧密关系，此种情况下又对天文学的发展起了阻碍作用。

宋代的医学与“仁政”

医学在中国古代作为“仁政”之学和加强统治的有力工具，受到宋朝皇帝、政府官吏、医学家和士人的高度重视。北宋除了对天文学重视之外，对医学也很重视。北宋的医疗卫生发生了重大变化，促成这一变化的主要因素有：政府积极的行动、皇帝本人的兴趣、印刷术的进步、人口的南移、生产和贸易的扩大及多发的流行病。北宋政府在医疗卫生事业中发挥了至关重要的作用，其核心的思想就是儒家的“仁”，医学被认为是“仁政”的体现。

宋朝皇帝普遍重视医学，多次将医学视作“仁政”，从国家战略的角度和加强统治的目的出发，积极发展医学。如宋太宗称医学“广兹仁义”，宋仁宗称“仁政之本”“至仁厚德”，宋徽宗称“仁政之急务”“仁政之用心”“仁政之大者”，宋高宗称“仁政所先”，宋宁宗称“推广吾仁”，宋理宗称“圣心至仁”等，认为“治病良法，仁政先务”“救恤之术，莫先方书”，因而对医学的发展采取了鼓励与支持的政策。

宋朝皇帝对医学的认识和态度，对于营造整个社会重视医学起到了政策性的导向作用。宋太宗在《太平圣惠方·序》中指出：“朕尊居亿兆之上，常以百姓为心，念五气之或乖，恐一物之失所，不尽生理，朕甚悯焉！所以亲阅方书，俾令撰集，冀溥天之下，各保遐年，同我生民，跻于寿域。”[①]宋徽宗在《圣济经·序》中也指出：“使上士闻之，意契而道存。中士考之，自华而摭实。可以养生，可以立命，可以跻一世之民于仁寿之域。”[②]在《政和圣济总录·序》中，宋徽宗进一步指出：“朕作《总录》于以急世用，而救民疾，亦斯道之筌蹄云耳。”[③]宋朝最高统治者的态度使中国古代医学中“济世利人”的思想得到了进一步的弘扬，《太平圣惠方》明确指出：“夫济时之道，莫大于医。去疾之功，无先于药。”宋代出现了大量以“仁”“惠民”“济众”“普救”“济生”等命名的方书，如贾黄中敕撰《神医普救方》、周应敕撰《简要济众方》、杨士瀛编撰《仁斋直指方论》、严用和所撰《严氏济生方》等，充分反映了医学在仁政教化方面发挥的重要功能。

受皇帝的影响，宋代各级官员和士大夫也认识到了医学是一种“仁政”，体现了一种新的统治方式。天命，之前通常与占星术和历法联系在一起。但是

---

① 王怀隐. 太平圣惠方：校点本（上册）[M]. 郑金生，汪惟刚，董志珍，校点. 北京：人民卫生出版社，2016：9.

② 赵佶. 圣济经[M]. 刘淑清，校译. 北京：人民卫生出版社，1990：9.

③ 赵佶. 圣济总录：校点本[M]. 郑金生，汪惟刚，犬卷太一，校点. 北京：人民卫生出版社，2013：8.

∧陕西韩城盘乐村宋代墓葬壁画《行医图》及其所载的药书《太平圣惠方》和“大黄”“白术”药包图

北宋的知识分子如欧阳修、王安石等，更加强调“天视自我民视，天听自我民听”的民本思想，认为天命太过深奥，不如切合民情的政策。政府的合法性和权威可以通过其对人民的仁慈待遇来证明。医学则能体现这种仁慈。因此，宋代文人也普遍重视医学。如范仲淹（989—1052年）就有“不为良相，便为良医”的理想和追求；苏轼、沈括甚至还著有《苏沈良方》，思想出发点是“未尝不以慈悲方便救护为念”。因为士大夫的重视，把医学和儒家理想结合起来，所以在宋代产生了所谓的“儒医”，指那些不必以行医为职业但懂得医学的知识分子。宋代士大夫还通过为医书写序、跋的形式来宣传医学。如宋绶撰《诸病源候论校正·序》，夏竦撰《新刊补注铜人腧穴针灸图经·序》，苏轼撰《简要济众方·跋》，蔡襄撰《圣惠选方·序》，苏颂撰《图经本草·序》，王安石撰《庆历善救方·后序》，黄庭坚撰《庞先生伤寒论·序》，张耒撰《庞安常伤寒论·跋》，朱熹撰《伤寒补亡论·跋》，楼钥撰《增释南阳活人书·序》，文天祥撰《金匮歌·序》等，这些都为弘扬医道、传播医学起到了积极作用。

在宋朝皇帝、政府、医家和士人等不同社会阶层将医学视作“仁政”的前提下，宋代医学在以下领域取得了重要的发展和成就。

第一，应对不同阶级、阶层发生的普通疾病、传染病和牲畜疫病，是宋朝政府关注的核心问题。在疾病防治体系中，国家医学首先关注的是宫廷医疗，其次是军队和政府官吏，最后是普通民众，呈现出了鲜明的等级差别。从疾病救治地区来看，国家医学关注最多的首先是京城和军营驻地，其次是经济发达地区，最后是南方瘴疾流行地区。传染病因其发病急骤、传播速度快和死亡率高的特性，成为宋朝政府应对的重点，不仅将“疫灾”提升为国家“四大灾害”之首，而且建立了以各级政府为主导、社会民众力量为辅助的疫病防治体系，采取了医学、经济、政治等措施加以应对。地方官吏是宋代防治瘟疫的基层力量，采取了上报疫情信息、派遣医官诊疗、发放药物救治、施粥赈济灾民和控制地方巫术等措施。在国家的重视和引导下，宋代社会对瘟疫的态度发生了显著的变化，认识到医药知识是防治疫病的根本和关键，“按方剂以救民疾”和“依方用药”成为宋代社会发展的新方向。这些措施的有效实施，在一定程度上控制住了疫情蔓延和疾病传播，促进了新医学著作的编撰、新药品的研制和政府职能的转变，在中国瘟疫防治史上做出了积极贡献。

第二，医学机构的建立和管理是宋朝政府发展医学的制度保证。宋代建立的医学机构，主要有隶属于入内内侍省的翰林医官院和御药院，隶属于殿中省的尚药局，隶属于尚书省礼部的祠部司、太医局和国子监医学，隶属于门下省编修院的校正医书局，隶属于群牧司的牧养上下监，隶属于枢密院的皮剥所、医马院，隶属于尚书省太府寺的香药库、榷易院、熟药所、和剂局和惠民局等，负责行政、药政、教育、校书、治病、兽医、制药和卖药等。同时，为了宣传体恤民众的思想和强化对地方的控制，宋朝政府建立了许多临时医院和慈善机构，如安济坊、病囚院、福田院、漏泽园、慈幼局和保寿粹和馆等，在贫民疾病治疗和弘扬仁政方面发挥了一定作用。

第三，医学人员的选任与磨勘是宋朝政府发展医学的关键。宋朝政府建立了较为完善的医学人员选拔制度、致仕制度、差遣制度、酬劳制度、考课制度和磨勘制度，形成以科举试补法为主、荐补法和荫补法为辅的选拔制度，从而在一定程度上保证了公平竞争，选拔了大批出身寒微的医学人才。从职业身份来看，有大方脉科、小方脉科、风科、口齿科、咽喉科、眼科、耳科、疮肿科、折伤科、针灸科、产科、金镞科、书禁科等人员，其中儒医的出现是宋政府重视医学的结果。这些医学人员先后参加了政府组织的医学活动，为宋代专科医学知识的发展和疾病医疗做出了重要贡献。

第四，海外香药的传入、药品买卖与药品赏赐是宋朝政府发展医学的基础。宋代，海外贸易发达，东南亚、阿拉伯、非洲和中亚喀喇汗王朝、西州回鹘等地的香药大批来华，数量巨大。宋政府在太府寺设香药内库、香药外库，掌管海外香料和药材。又设京师榷易院，负责香药买卖，收市药之值。海外香药及其药品，不仅进入官修医学本草和方书之中，而且也成为宋政府防治疾病、赏赐大臣和笼络周边政权的有力工具。

第五，医学教育及课程设置是宋朝政府发展医学的重点。医学教育及课程设置最能反映统治阶级的意志，也是最高统治者希望医学在国家政治中扮演何种角色的问题。有关宋代太医局的教育目的、课程设置、考试之法和遴选之法，是宋代医事诏令关注较多的一个问题，也是宋朝政府发展医学的重点问题，经历了“庆历新政”时期的初建、“熙丰变法”（一作“王安石变法”）时期的改革、“崇宁兴学”时期的大发展和南宋时期的重置与罢废等阶段，从而选拔了大批医学人才。

第六，前代医学文献校定和新医书编撰是宋朝政府发展医学的文化基础。宋政府制定了访求医书、校定医书、编撰医书、刊刻医书和推广医书等措施，不仅校定了宋以前的大部分医学著作，而且编撰了体现宋代特征的新本草、新方书和新针灸著作。其中官修本草学著作有《开宝重定本草》20卷、《嘉祐补注神农本草》21卷、《嘉祐图经本草》20卷、《大观经史证类备急本草》31卷、《政和新修经史证类备急本草》31卷、《绍兴经史证类备急本草》32卷、释音1卷；官修方书有《太平圣惠方》100卷、《神医普救方》1000卷、《庆历善救方》1卷、《简要济众方》5卷、《熙宁太医局方》3卷、《政和圣济总录》200卷、《增广校正和剂局方》5卷、《增广太平惠民和剂局方》10卷；官修针灸学著作有《新铸铜人腧穴针灸图经》；官修兽医学著作有《景祐医马方》1卷、《绍圣重集养马方》2 卷、《蕃牧纂验方》2 卷。受国家重视与政府政策的支持，宋代医学家、地方官吏、文人、道士、僧人等兴起了编撰医书的热潮，先后撰写了 1000 余部医学著作，其中综合性方书和专科方书占据了绝大多数。在印刷术的推动下，医书不仅成为政府弘扬仁政和强化统治的新工具，而且也成为政府发展医学的文化基础，促进了本草学、方书学、伤寒学、运气学、温病学、脉学等医学理论、教育和实践的发展，也影响了官僚士大夫、医家和文人对医学的态度。

第七，运气学说的阐发与应用是宋朝政府构建新医学理论的尝试。“运气学说”来源于北宋政府对《黄帝内经》的四次校勘，宋徽宗时期依据其理论编撰了《政和圣济经》和《政和圣济总录》，成为医学生学习和考试的内容。政和七年至宣和三年（1117—1121 年），宋徽宗连续五年发布了“来年岁运诏”和“十二月令诏”，进一步将运气学说应用到历法和疾病防治，从而形成了一种新的解释疫病成因的理论——“五运六气说”，反映了在疫病理论方面巨大的创新。受此影响，刘温舒撰《素问入式运气论奥》《运气全书》，沈括撰《物理有常有变》，刘完素撰《素问玄机原病式》等，其实质都是对医学实践进行新的理论研究和探索。

第八，控制和改造巫医是宋朝政府发展医学的外部动力。北宋时期，巫术开始从汉唐时期的上层社会转向民间，其内容和组织形式发生较大变化。巫术流行不仅威胁地方统治和中央集权的强化，而且与宋政府重建儒家伦理道德秩序严重相冲突，引起宋代皇帝、各级政府和医学家的普遍重视，并采取了限制、打击和改造的措施，强制巫医或从事巫术研究的知识分子改学官方医学或农学，其措施包括：一是改革落后旧俗，禁“弃去病者之俗”；二是以法律监督，促其改造；三是明令禁止，加以取缔；四是颁布医方，发放药物，推行官方医学知识。政府的重视引起地方官员的积极回应：一是揭露巫医诈钱扰民的行径；二是禁止巫医的非法活动；三是发放药品，推广本草、方书著作，公布治病药方；四是强制巫医改学官方提倡的医学知识或农业技艺。宋朝政府对巫医的控制和改造取得一定的成效，但“略无效验而终不悔”的认知体系和治疗

∧南宋李唐所绘的《村医图》

台北故宫博物院藏

实践，决定了巫医仍将在宋代乃至宋以后的社会中长期存在。①

总之，中国古代医学在两宋时期获得全面大发展，与宋朝政府将医学作为“仁政”治国思想，确立政府在整个社会的正统和权威地位密切相关。医学不仅充分发挥了“惠民”“济民”“救民”的作用，而且成为儒学以外弘扬“仁政”和加强统治的有力工具。承直郎、澧州司户曹事、医学家寇宗奭在《本草衍义》中明确指出：“凡为医者，须略通古今，粗守仁义，绝驰骛能所之心，专博施救拔之意。”在宋朝政府和医学家的重视下，宋代医学在药物学、方剂学、临床诊断学、传染病学、妇产科学、儿科学、外科学、眼科学、耳鼻咽喉口腔科学等方面取得了突出的成就，出现了大量产生重要影响的医学著作、临证医案和中药名方，有力地弘扬了“医乃仁政”的思想。

水利和运河

中国古代的国家治理与治水是分不开的。传说中的大禹，就是通过治水而为建立统一的国家奠定了基础。据《史记·夏本纪》记载，“当帝尧之时，洪水滔天，浩浩怀山襄陵，下民其忧”。先是由帝尧命禹的父亲鲧治水，结果“九年而水不息，功用不成”。帝舜继位后，举鲧之子禹治水，通过测量、疏导、组织、规划，终于控制了水患。②

中国古代是以农业为主的文明，水利灌溉技术就成为大规模农业生产的必要条件。这也说明为什么早在良渚文化时期，就有大规模的水利灌溉工程。工程遗址由 11 条水坝遗址组成，修筑于两山之间的谷口位置，分为南部的低水坝群和北部的高水坝群，它们能拦蓄出 13 平方千米的水面，总库容量约 4600

① 韩毅．政府治理与医学发展：宋代医事诏令研究［M］．北京：中国科学技术出版社，2014：22-26.

② 周魁一．中国科学技术史：水利卷［M］．北京：科学出版社，2002：204-218.

万立方米，分别约为杭州西湖水面的 1.5 倍和容量 4 倍，具有防洪、灌溉、运输等多种功能。这样的水利工程是与良渚文化大规模的水稻耕作农业相配套的。而在水路运输方面，河南省南阳的黄山遗址，发现了约 5000 年前的屈家岭文化时期的运河和码头，说明早在史前时代，先民就利用河道，并开凿运河以进行物资的水路运输。早期水利工程和运河的出现，说明中国古代社会早在史前时代就进入了有组织、有规模的国家文明阶段。

到了春秋战国时期，已经出现了比较完备的水利工程的思想，在《管子》中就有很多关于水利思想的论述，特别注重从农业生产的需要方面论述水的利用和水的治理。《管子·度地》认为，水害为“五害”之一，“善为国者，必先除其五害”。这就等于把兴修水利工程看成是关系到治国安邦的大事。《管子》认为，治水关系到国家的富强，因此要设专门的官员“司空”来管理。司空的职责就是“决水潦，通沟渎，修障防，安水藏，使时水虽过度，无害于五谷”。关于水利工程的兴修，《管子》认为组织管理非常重要，首先要委派专门治水的官吏，其次组织治水工程的施工队伍，最后要备好必要的治水工具和材料。此外，《管子》对水利工程技术方面的问题也有论述：一是要选择施工季节，主张在开春时动工；二是修建堤坝要沿着河边、顺着水流，而且堤坝就是上小下大的梯形；三是要修建水库，洪水来时可以蓄水分洪，干旱的时候又可以引水浇地，达到灌溉的目的。

《管子》中的水利工程思想，反映了当时水利建设已经达到了相当高的水平。我国的水利设施在春秋战国时期也出现了一个规模空前的发展高潮。当时著名的水利工程有芍陂（quèbēi）、漳水十二渠、都江堰和郑国渠四大工程。

芍陂是一座大型蓄水灌溉工程，位于安徽寿县安丰城南，是公元前 6 世纪末由楚国令尹孙叔敖主持修筑的。水库的设计巧妙地利用了当地东、南、西三面较高而北面低洼的地形特点，因势筑成。陂周约百里，灌田近万顷，大大促进了当地的水稻种植。

漳水十二渠是专为灌溉农田而开凿的大型渠道，由魏文侯时（公元前 424？—前 387 年？）的邺令西门豹主持修建。漳水自西向东流过邺，雨季时河水宣泄不畅，时常泛滥成灾。西门豹首先破除了当地为“河伯娶妇”以消水灾的迷信，组织民众开凿了十二条大渠，引水灌溉，并设水门调节水量，变水害为水利，使邺地大片盐碱地变成了水稻田。

都江堰位于四川灌县（四川省旧县名，今都江堰市），是秦昭王（公元前306—前251年）时，蜀郡太守李冰主持修建。都江堰所在成都平原，在古代是一个水旱灾害十分严重的地方，都江堰的修建根治了岷江水患。都江堰渠首枢纽包括鱼嘴、飞沙堰、宝瓶口三个主要工程，分别起到分水、泄洪排沙和引水作用。鱼嘴将岷江分为内外两江，外江泄洪，内江引水，位置的选择使其能够合理分水，既能防洪，又能满足成都平原灌溉的需要。都江堰将岷江水引入成都平原腹地，打开了成都平原与长江的通道，并逐渐演变成一个系统性的以灌溉为主的水利工程。都江堰的兴建，使成都平原大约三百万亩良田得到灌溉，从此“水旱从人”“沃野千里”，四川成为“天府之国”。成都平原的粮食从此能够源源不断地运输到关中平原，运输到秦国征服战争的前线。

郑国渠是秦国修建的另一大型水利工程，是由韩国的一位名叫郑国的水利专家于公元前246年设计开凿的。据《史记·河渠书》记载，郑国渠“凿泾水自中山西邸瓠口为渠，并北山东注洛，三百余里”“溉泽卤之地四万余顷，皆亩收一钟”，渠成之后“关中为沃野，无凶年”。郑国渠干渠故道宽24.5米，渠堤高3米，深约1.2米，据此可以想象当年的工程何等壮观。渠首的选择也十分科学，谷口（即瓠口）是泾水进入渭北平原的一个峡口，其东是一片西北略高，东南稍低的广阔平原，渠首选在这里，使得郑国渠总体上成为一个全自流灌溉系统。

都江堰和郑国渠的相继修建，使秦国的农业生产大大发展，是秦国能够称雄六国进而完成统一全国大业的重要因素之一。

秦汉统一之后，水利工程在规模、技术和类型上都有重大的发展。汉武帝雄才大略，在他在位的五十多年中，汉朝兴修了许多大型的水利工程。元光年间（公元前134—前129年），汉武帝采纳了郑国之前的意见，修建了引渭水

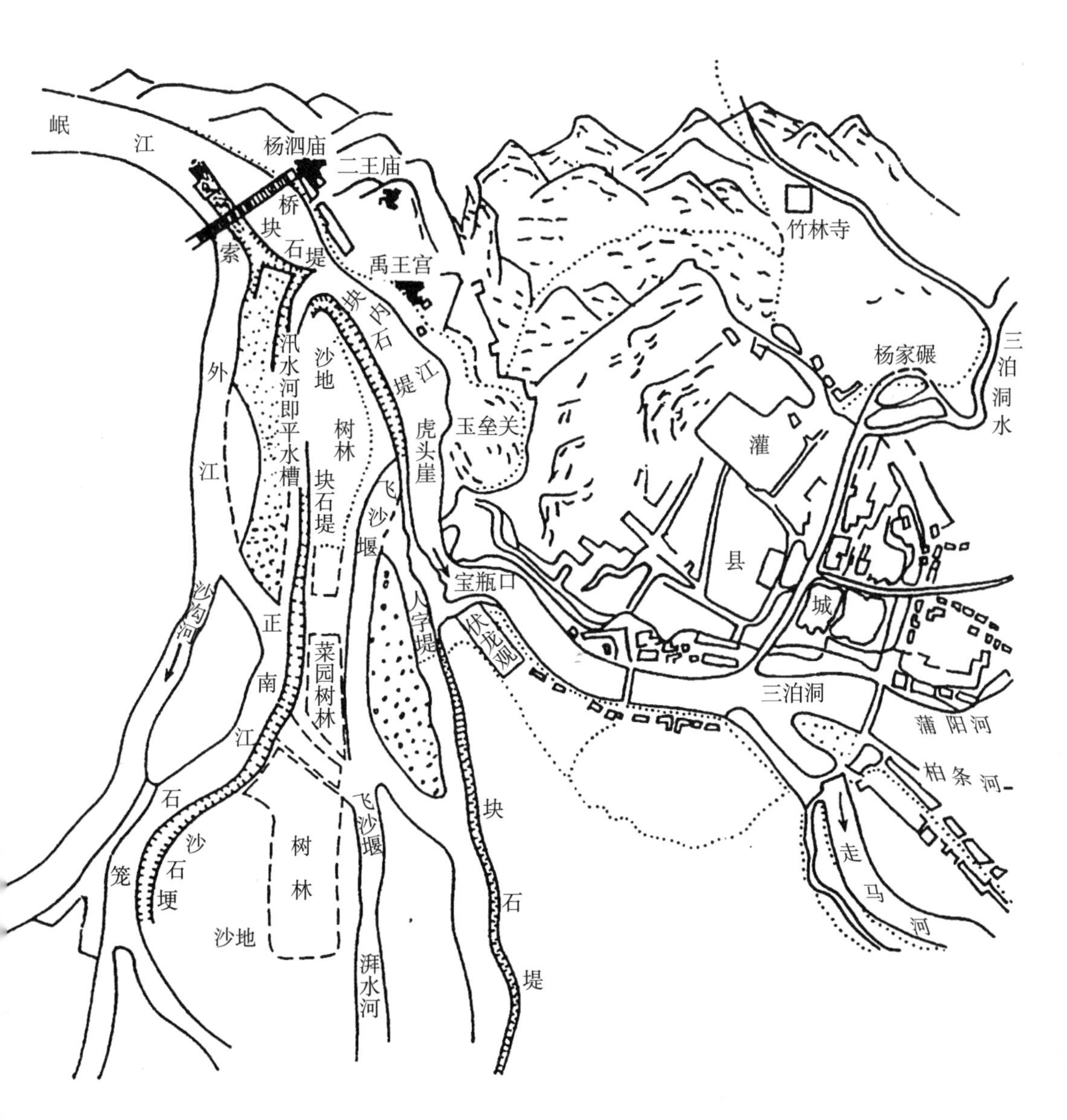

∧ 清宣统年间绘制的都江堰水利工程示意图

引自：吕兰，《灌县岷江分水图》

从长安向东直通黄河的渠道，全长三百余里，既缩短了漕运路线，又灌溉了万顷农田。元鼎六年（公元前 111 年），开凿六辅渠，以灌溉郑国渠灌溉不到的高地。元封二年（公元前 109 年），堵塞了二十余年前黄河在瓠子口的决口，使黄淮之间的大片洪泛区恢复了生产。此后，汉代水利工程的修建更是有增无减。其中最著名的是汉武帝太始二年（公元前 95 年）在赵中大夫白公提议下开凿的白渠，引泾水向东南流入渭水，长二百余里，浇地四万五千多顷，使关中地区的农业生产得到进一步的发展。这一时期大型的水利工程还有关中的灵渠和成国渠；河南、安徽的引淮水渠和山东西部地区的引汶水渠，灌溉面积均在万顷以上。此外，在今内蒙古、甘肃和山西还修建了大量的水渠，引黄河和汾水灌溉农田，使黄河流域的灌溉面积空前扩大。宁夏平原引黄灌溉，使这一地区河渠纵横，农田成片。至于各地兴修的小型渠道和在山区兴建的蓄水陂塘，更是不可胜数。总之，汉武帝时期修建的水利工程，盛极一时，反映了汉帝国超强的建设和治理能力，为后世农田水利事业和农业生产的发展，奠定了良好的基础，使得水利成为中国古代的“立国之本”。

在中国古代，水路也是交通运输的重要方式。粮食等物资的运输，离不开水运。而正是运河，把中国各地联结为一个经济统一体。而其中最重要的就是连接南方和北方的大运河体系的建设。

大运河的开凿在战国时代就开始了，到了隋唐时期，为了加强对南方的政治、军事控制，并漕运南方的稻米丝帛，以满足北方中央政权机构的需要，发起了运河的大规模开凿。先是由隋文帝命令宇文恺率水工开凿广通渠，“决渭水达河，以通运漕”，把渭水由大兴城引至潼关，长达三百余里，这样就使运往关内非常方便。在隋炀帝当政后，在兴建东都洛阳的同时，又发起开凿以洛阳为中心的大运河工程。大业元年（605 年），征发河南、淮北民工一百多万开凿通济渠，自洛阳引谷水、洛水至黄河，又以板渚引黄河水，疏通莨荡渠故道入淮河。另又征发淮南十几万人疏通邗沟，由山阳（今江苏淮安）引淮河水经扬子（今江苏扬州南）进入长江。这个工程极为浩大，运河“水面阔四十步，通龙舟。两岸为大道，种榆柳，自东都（洛阳）至江都（今扬州），二千余里，树荫相交”，沿岸建有驿站和离宫，工程于当年秋完成。大业四年（608年），又征发河北民工一百多万人开凿永济渠，引沁水南通黄河，北达涿郡（今北京），长两千多里。大业六年（610年）再开江南河，由京口（今江苏镇江）引长江水直通余杭（今浙江杭州），进入钱塘江，全长八百余里，水面阔十余丈。

大运河工程浩大，动用数百万民工，全长四五千里，沟通了海河、黄河、淮河、长江和钱塘江五大水系，是世界水利史上的伟大工程之一。完成这样巨大的工程，一方面要运用测量、计算、机械、流体力学等多方面的科学技术知识，解决一系列科学技术上的难关；另一方面又要有强大的组织和管理能力，是中国古代把科技知识用于国家建设和国计民生的典范。大运河开凿之后，成为我国南北交通的大动脉，对于加强南北经济联系、促进国家统一，发挥了积极的作用。运河中“商旅往返，船乘不绝”，运河两岸，商业都市繁荣。唐代开始还利用大运河和南方河流、湖泊构成了一个全国性的水路交通网络，“天下诸津，舟航所聚，旁通巴汉，前指闽越，七泽十薮，三江五湖，控引河洛，兼包淮海。弘舸巨舰，千轴万艘，交贸往还，昧旦永日”。这显然是一个高度发达的水路交通运输体系，为唐宋以来我国的经济繁荣和国家政权的巩固，起了重要的推动作用。

到了宋元时期，水利和运河更加成为国家的经济事业。北宋时期，在黄河和海河流域又兴修了许多河渠和水道，扩大了黄河南北地区的灌溉面积。北宋兴修的农田水利工程有一万多处，灌田三千六百多万亩。其中具有代表性的是福建莆田的木兰陂，是把引水和蓄水、灌溉和排洪统一起来综合利用的大型水利工程，既可抗旱，又可排洪，起到了防洪、灌溉、航运、水产等多方面综合利用的效果。木兰陂水利工程，在选址和设计上都体现了科学性和合理性，陂址选择在河流较宽直的地段，水流平缓且地质基础好；枢纽工程采用堰闸式坝段设计，能够适应洪枯季水流量相差极大的情况，又能利用洪水来排沙，避免淤积。

元代建都大都（今北京）。1292年，在天文学家和水利学家郭守敬的主持

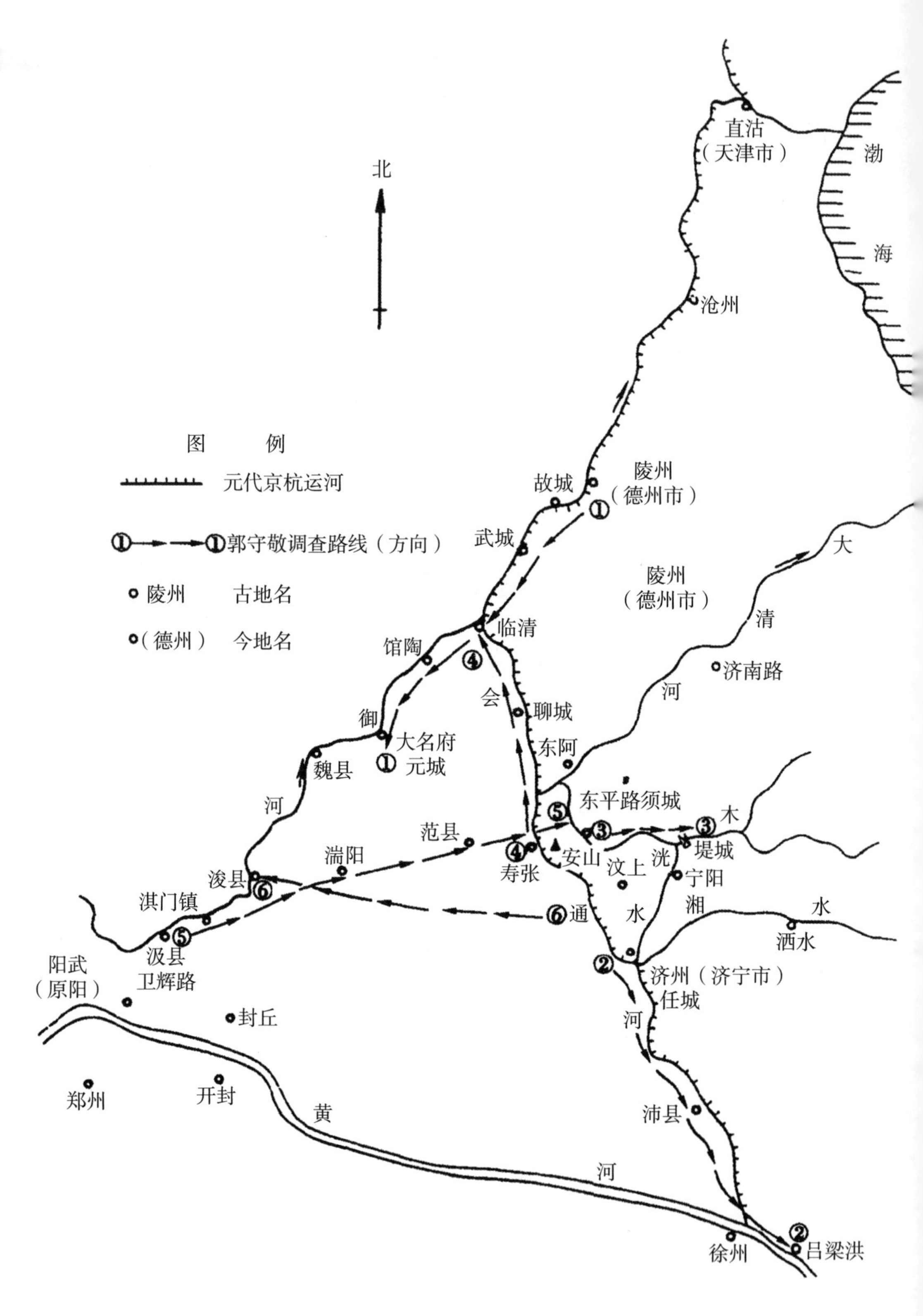

^ 元代郭守敬勘察路线与元会通河经行示意图

引自：周魁一，《中国科学技术史：水利卷》

下，对隋代开凿的南北大运河进行改造，截弯取直，自临清以南选择了山东以西的平原地带，开济州河、会通河等与江苏的运河河道相连，凿成京杭大运河，纵贯河北、山东、江苏、浙江四省。由于大运河穿过海河、黄河、淮河、长江四条巨大的江河，工程非常复杂。郭守敬在大都西北设计修筑了长六十四里的白浮堰，将大都西北昌平白浮诸水引进大都城，解决了通惠运河的水源问题。白浮堰先引水西去，直逼西山山麓，然后顺着平行山麓的路线引向东南。这样既可截拦、汇合沿途的泉水和河水，增加渠水的流量，又可保持渠道坡度下降的趋势，使水大致沿 50 米等高线平稳顺利流入大都翁山湖（今颐和园昆明湖）。白浮堰的行经路线和现在的京密引水渠基本吻合，表明郭守敬当时已经掌握了高超的地形测量技术。为解决运河水流高落差的情形下的行船问题，郭守敬以一系列闸坝来控制运河水流，保证来往船只的通航。1293 年，总长一百六十余里的京通运河开通，从此南北大运河实现了杭州到大都的京杭大运河的全线贯通，漕运到大都的粮食由每年几万石猛增到一百几十万担。忽必烈自上都返大都途经运河终点码头积水潭时，见舳舻蔽水，盛况空前，十分高兴，欣然命名“通惠河”。通惠河的开凿和白浮堰引水的成功，不仅解决了大都的漕运问题，而且开辟了大都的水源，为大都城的建设奠定了基础。京杭大运河的贯通，使之成为我国南北交通的大动脉，在国计民生中发挥了极大的作用。

地理、地图与帝国：天文大地测量

地理和地图，对于统一的帝国来说，可以说是必备的知识。战国时期的《禹贡》，就其内容来说，实际上就反映了古代国家的政治经济思想。《禹贡》把国土分为九州，即冀州、兖州、青州、徐州、扬州、荆州、豫州、梁州、雍州。这九州的划分既不是自然区又不是经济区，更像是为了统一王朝的治理而提出的理想的行政区划。书中先描述各区的水文、土壤、植被等自然条件，再描写各区在贡品、田赋和运输路线等方面的特点和差异。特别提出“五服制”，即以王都为中心，按照距离王都的远近，以五百里为单位，由近及远划分为甸服、侯服、绥服、要服、荒服等五服，并规定了各服该交纳的贡赋。由此可见,《禹贡》中的地理学，反映的是一种统一帝国的政治理想，由此开创了中国古代地理学为国家政治服务的基本格局。

何为中国？王都的中心应该在哪里？中国古代认为大地是平直而有限的，因此地面自然就有一个中心，古人称这个中心为“地中”。要建立一个帝国，自然就希望把王都建在“地中”。这就是《周礼》为什么专门设有“大司徒”之职,“以土圭之法，测土深，正日景，以求地中”，即用圭表测影的方法定“地中”，规定八尺之表，夏至正午影长为一尺五寸的地方为“地中”。把国都建在这里，因为是“天地之所合也，四时之所交也，风雨之所会也”，所以“百物阜安，乃建王国焉”。但是我们今天知道，这样的“地中”实际上不是唯一的，同一地理纬度上任何地点都满足这一条件。至于选影长一尺五寸的地方为地中，更是具有随意性，由此可见,“地中”概念实际上在科学上并不成立，但却具有政治意义。

“地中”的影长为一尺五寸，那“地中”南北的影长为多少呢？中国最早有“千里差一寸”的说法，南北差千里，夏至影长就差一寸，这个说法的依据是什么到目前还没有搞清楚，而且实际情况也不是这样，但秦汉时期却作为“公理”一般的存在,“盖天说”关于天地结构和大小的推论，都是基于这一“公理”。但是自汉至隋，越来越多的天文学家根据实际测量发现,“千里差一寸”的说法根本不能成立。于是有隋代的天文学家刘焯提出进行实际的天文大地测量来测验这一说法。他的建议因为他病死而没有实施，到了唐代，才在天文学家僧一行主持下进行。

僧一行（683—727 年），原名张遂，魏州昌乐（今河南南乐县）人，是唐代佛教密宗的代表人物，也是著名的天文学家。唐开元十二年（724 年），僧一行根据唐玄宗要求测定地中的诏令，组织了全国 13 个点的天文大地测量。

∧ 周公测景台遗址（河南登封观星台）

这次测量到开元十三年（725 年）结束，其中以天文学南宫说等人在河南的测量工作最为重要。南宫说选取了几乎位于同一南北线上的白马（今河南滑县）、浚仪（今河南开封）、扶沟（今河南扶沟）和上蔡（今河南上蔡）四个地点，分别测量了其北极出地高度和夏至日影长度。南宫说等人的测量，证明“千里差一寸”说法与实际情况完全不符，所以《新唐书·天文志》说下结论说：“旧说王畿千里，影差一寸，妄矣！”根据一行、南宫说等人的测量，可以推出地球子午线（尽管一行还没有明确的地球观念）一度的长度为当时的 351 里 80 步，大致相当于现在的 160 千米，比相当纬度所在每度 111 千米偏大了约 50 千米。虽然误差较大，但这是世界上第一次子午线长度的实测，在世界科技史上写下了光辉的一页。

“千里差一寸”的说法被否认了，但是“地中”有概念还是没有被否定，因为“地中”还是一个政治概念。就像今天选哪里为地理经度的起算点一样，也是国际政治影响的结果。阳城是传统上所认为的“地中”所在地，所以南宫说在开始天文大地测量之前，就在告城立石，说是当年周公测影之处，这也是为了加强都城即“地中”的理论。“地中”定了，天文大地测量的范围理所当然就是天下的范围，也就是帝国影响力的范围。僧一行所选的测量地，北至铁勒（今俄罗斯贝加尔湖附近），南至安南（今越南北部），可见盛唐帝国的政治经济影响范围之广。

到了元代，因为蒙古军队的征战，中国在地理上疆域范围更加扩大，所以由天文学家郭守敬组织了比唐代僧一行所实施的更大规模的天文大地测量，叫作“四海测验”。郭守敬的“四海测验”，选择了 27 个观测点，其中最北点到“北海”（今俄罗斯通古斯一带），最南点到“南海”（今黄岩岛）。需要指出的是，郭守敬的测量显然已经不是为了证明“千里差一寸”的谬误，而是另有目的。测量所选取的点也不是全处在同一南北线上，而是东南西北都有，东面到高丽（今朝鲜开城）和登州（今山东蓬莱），西面到西凉州（今甘肃武威）。郭守敬进行“四海测验”很可能另有两个目的。一是当时的天文历法推算已经注意到“时差”现象，即月食这样的天象，在东西方观察到的时间不一样，这是由于不同地点的经度差，即“地方时”差造成的。在成吉思汗西征时，天文学家耶律楚材随行。1220 年 5 月，成吉思汗驻军寻斯干城（今乌兹别克斯坦撒马尔罕），这时发生了月食。按照当时金朝使用的《大明历》推算，月食时间应为半夜，但是耶律楚材在寻斯干城观测，发现天黑不久月食就发生了。耶律楚材据此提出了“里差”的概念，相当于由东西两地距离造成的地方时的差异，也就是郭守敬所说的“时差”。所以郭守敬的“四海测验”有测定“时差”的目的。与此同时，“四海测验”也有为地图测绘测定标准位置点的目的，为全国的地图测绘服务。

隋唐时期政府对编纂全国性的地理、地图著作非常重视，目的是要掌握全国各地的山川、物产、户籍、风俗等情况。隋炀帝时，“普诏天下诸郡，条其风俗物产地图，上于尚书”，汇集成《诸郡物产土俗记》151 卷、《区宇图志》129

卷、《诸州图经集》100 卷。这些著作都是以“图经”的形式为主。“图”指地图。“经”指地图的说明文字，是对以《汉书·地理志》为代表的地理学体系的丰富和发展。

隋唐时期全国性的、地区性的地理学著作大量出现，其中以贾耽、李吉甫的著作最为著名。贾耽（730—805 年），字敦诗，河北沧州人，曾任宰相。他一生嗜书好学，对山川地理风俗的调查，坚持三十年之久而不懈怠，“是以九州之夷险，百蛮之土俗，区分指画，备究源流”。他著有《古今郡国县道四夷述》40 卷。785 年，唐德宗命令他绘制《海内华夷图》，于 801 年完成。《海内华夷图》是当时的全国大地图，画法师承裴秀的“制图六体”，图广 3 丈，纵 33 尺，比例尺为一寸百里（即 1∶1800000）[①]。图中以黑色书写古时地名，以红色书写当时地名，使“古今殊文，执习简易”，这也是制图史上的一项创新，为后世的历史沿革地图所沿用。此图虽已失传，但它在唐宋时期是影响较大的一幅全国性地图。

李吉甫（758—814年），字弘宪，赵郡（今河北赵县）人，也担任过宰相。他著有《元和郡县图志》54 卷，“分天下诸镇，纪其山川险易故事，各写其图于篇首”，记述了当时全国 10 道所属州县的沿革、通道、山川、户口、贡赋和古迹等。该书中篇首的图已佚亡，因此后来以《元和郡县志》流传于世。作为曾为宰相的官员，李吉甫撰写该书的目的是满足国家政治、经济和军事管理的需要，为政治和军事提供必备的地理知识，即为了“扼天下之吭，制群生之命”。该书继承和发扬了《汉书·地理志》的传统地理学体系，也是现存最早的魏晋以来所著述的全国性地理书。

地图的绘制，事关国家的疆域。宋代面临辽金等北方政权的竞争之势，对疆域地图特别重视。中央所藏各州府地图相当丰富，宋真宗还诏令“翰林院遣画工分诣诸路，图上山川形势，地理远近，纳枢密院”。淳化四年（993 年）用绢 100 匹制成大型地图《淳化天下图》，其规模之大，是很少见的。宋代地

① 1 里 =1800 尺，1 尺 =10 寸。

图，在史籍中多有记载，其中有一些实际图样保存至今。税安礼的《历代地理指掌图》，成书于北宋元符年间（1098—1100年），全书共有图44幅，包括总图《古今华夷区域总要图》和《历代华夷山水名图》各一幅，《历代区域沿革图》三十九幅，《天文分野图》二幅，以及《唐一行山河两戒图》一幅，此图上绘出两条山脉，对中国的地形特点把握较为准确。程大昌的《山禹贡川地理图》，是现存最早的印刷地图，完成于南宋淳熙四年（1177年），有地图三十幅。原绘本用不同颜色表示水、河、州郡等地理要素，刻本改为用不同的线条表示。今存最早的刻本是淳熙八年（1181年）的泉州州学刻本。

宋代有多幅石刻地图保存至今，分别是北宋时石刻的《九域守令图》，南宋时石刻的《华夷图》《禹迹图》和《地理图》。

四川荣县的《九域守令图》，是荣州刺史宋昌宗立的一块图碑，刻于宣和三年（1121年），图长宽各1米多，据计算比例尺约为1∶1900000。图中山东半岛和海南岛等地的形状比较准确，四川地区的水系比较详细。此图有县级以上行政地名一千四百多个，是我国迄今所见最早的以县为基层单位的全国地图。

苏州文庙的《地理图》，系黄裳所作，宽约1米，长约2米，1247年刻石，王致远为之作跋。图上山脉具层峦叠嶂之形，有中国画的特色；图中地名和方框具有定位性质，显然是依据实测刻制的。《地理图》与同在文庙的《天文图》构成一个体系，表明当时对于天文和地理的重视。

西安碑林有1136年的石碑，正面和反面分别刻有《华夷图》和《禹迹图》，两图长宽各约0.77米。《华夷图》相当于当时的世界地图，《禹迹图》相当于全国地图。图上面记有“岐学上石”等字，说明这两幅地图是供教学普及用的。“禹迹图”首先采用“画方计里”画法，每方的边长相当于地上百里，比例尺为1∶4500000。图中有横方70，竖方73，共计5110方。图上所绘河流和海岸线相比于《华夷图》更加精确，代表了宋代绘制地图的水平。①

到了元明清时代，中国的疆域大大超过了宋代，与域外的交流也日益增

① 曹婉如，郑锡煌，黄盛璋．中国古代地理图集：战国—元［M］．北京：文物出版社，1990：19–60.

多，地图和测量的范围也大大增加，地图绘制开始受到西方的影响，越来越具有世界地图的性质。

朱思本的《舆地图》是元代重要的地图。朱思本为南宋遗民，在江西龙虎山为道士，在入元大都之前，游历考察地理二十余年。至大四年（1311 年），他虽然拒绝返儒入仕，但是以“朝中大夫”之名，周游各地，名义上是代为天子祭祀名山大川，实际负有“随地为图”的任务。至元三十一年（1294 年），《元一统志》已经编成，这是元朝政府组织编撰的全国性的地方志，朱思本因而也可以利用刚刚新编成的《元一统志》。有了这些基础和条件，朱思本编成了《舆地图》。《舆地图》在实地考察、搜集资料、制图方法等方面都有极高的成就。就实地考察而言，他在《自序》中说：“每到一地，往往讯遗黎，寻故道，考郡邑之因革，核山河之名实，验诸滏阳、安陆石刻《禹迹图》、樵川《混一六合郡邑图》。”就搜集资料而言，除了充分利用《元一统志》外，朱思本还广泛吸收前人的成果，如《水经注》《元和郡县志》《元丰九域志》等，还注意利用藏文等少数民族文献资料。在地图画法上，朱思本在裴秀、贾耽的基础上重振“计里画方”法，所绘《舆地图》比前代更为精细详尽，图画上的山川湖泊、城镇区域注记也大大增加，因此对计里画方的精确度要求更高。这种计里画方法经朱思本的提倡，到元明两代又开始盛行。直到明末意大利传教士利玛窦来华传入西方的绘图法后，更科学的经纬度才开始逐渐代替计里画方法。

明代嘉靖年间（1522—1566 年）地理学家罗洪先重绘《天下舆图》，经过反复比较之后，发现朱思本《舆地图》是他见到的地图中最正确、最可靠的地图，于是他就以朱思本的《舆地图》为基础，加以增补扩大，名为《广舆图》。他说：“尝遍观天下图籍，虽极详尽，其疏密失准，远近错误，百篇而一，莫之能切也。访求三年，偶得元人朱思本图，其图有计里画方之法，而形实自是可据，从而分合，东西相侔，不至背舛。于是悉所见闻，增其未备，因广其图，至于数十。”（《广舆图·序》）《广舆图》初刻于嘉靖三十二年到三十六年（1553—1557 年），全图集包括《舆地总图》《两直隶和十三布政司图》《九边图》《诸边图》《黄河图》《漕河图》和《海运图》以及相邻地的域外地图。继承《舆地图》,《广舆图》也采取了“计里画方”绘图方法，并制定了二十四个图例符号，从而使每幅地图的准确度和清晰度都提高了一大步，是我国最早的综合性地图集，能够满足国计民生的基本需求。

明朝在洪武二十二年（1389 年）前后还绘制了《大明混一图》彩绘绢本。此图是一巨幅明王朝及其邻近地区的地图，所绘范转东起日本，西达西欧，南括爪哇，北至蒙古，还包括了非洲部分地区，是一幅名副其实的世界地图。

到了明末，西方的地图绘制理论和方法传入中国，中国的地图测绘进入一个新的发展阶段。

《坤舆万国全图》是意大利来华传教士利玛窦与李之藻于万历三十年（1602 年）所绘的世界地图，后由宫中太监依照原图彩色摹绘。绘图采用椭圆形等积投影，绘有当时已知的世界五大洲：亚洲、非洲、欧洲、美洲和南极洲。因为是在中国使用，所以为方便起见，把中国放置在地图的中央。图外四角又绘有一些有关天文地理的小图，内容为南、北半球图，日、月食图，九重天图，天地仪图，中气图等。

到了清代，康熙皇帝特别重视西方科技知识，计划利用西方测绘技术对清帝国版图进行天文大地测量。他命令钦天监等部门使用以法国人为主的一批传教士进行测量，测量开始于康熙四十七年（1708 年），完成于康熙五十六年（1717 年）。康熙五十七年（1718 年），由法国传教士杜德美将各省的地图合成为一幅全国总图。这就是《皇舆全览图》，由意大利传教士马国贤制成铜板，共 47 块，其中有图者 41 块，每块长 39.8 厘米，宽 92.2 厘米。全图以通过北京的子午线为本初线。东至东经 30 度（今朝鲜半岛），西至西经 40 度（今新疆哈密）。这次测量总共测得 641 个地点的经纬度，因而本质上又是一次大规模的“四海测验”，是清帝国建设的一个重要方面。测量开始使用西方的地理经纬度概念，康熙亲自定二百里合子午线 1 度，因此这次测量也是对地球子午线长度的一次测量。这种以地球的形体来定长度度量标准的做法，西方到法国大革命时期才开始采用，当时以赤道之长来定标准的米制。《皇舆全览图》的测量数据还表明，纬度越高，子午线每度的长度就越长，这说明地球是一个扁圆体，而不是像法国巴黎天文台台长雅克·卡西尼所说是长圆体。当时欧洲正是牛顿的地球扁圆说与卡西尼的长圆说彼此对立、相持不下的时候，在清帝国进行的测量实际为解决当时的重大科学问题，提供了极其宝贵的数据。也就是说，在接受西方科技知识的同时，中国已经开始进入近代科学的话语体系了。[①]

① 曹婉如，郑锡煌，黄盛璋．中国古代地图集：清代［M］．北京：文物出版社，1997：102.

第八章

巧夺天工

中国古代的制造与发明

科学与技术是两类不同且相互联系的人类实践活动，新的技术发明创造，不仅是新的科学问题的来源，而且是解决新的科学问题的工具和条件。生产的发展，经济的繁荣，前代的积累，以及中外科学技术的交流，使得许多技术领域在宋元时代达到了高峰。从改变人类文明进程的“四大发明”，到大型天文仪器的创制，再到关乎人类生产生活的各种工农业技术，技术精妙、巧夺天工，展示了中国人独特的创造性思维和过人智慧。晚明时期宋应星的《天工开物》（1637 年），这一足以与一百四五十年以后法国狄德罗编纂的《百科全书》（1772 年）相匹敌的书籍，书中不仅总结了中国人的技术成就，而且通过书名表达了中国人的技术观和自然观。

四大发明

讲到中国古代的科技发明，影响最大的应该就是“四大发明”了。所谓“四大发明”，是由“三大发明”的说法演变而来的。最早“三大发明”的提法，是文艺复兴时期的意大利数学家杰罗姆·卡丹（Jerome Cardan，1501—1576 年）提出的。他说：磁罗盘、印刷术和火药这三大发明，是“整个古代没有能与之相匹敌的发明”。西方近代科学奠基人之一弗朗西斯·培根（Francis Bacon，1561—1626 年）也说：“这三种东西已改变了世界的面貌。第一种在航海上，第二种在文学上，第三种在战争上。由此又引起了无数变化。这种变化如此之大，以至于没有一个帝国，没有一个宗教教派，没有一个赫赫有名的人物，能比这三种科学发明在人类的事业中产生更大的力量和影响。”（《新工具》）马克思也说：“火药、指南针和印刷术，这是预告资产阶级社会到来的三大发明。火药把骑士阶层炸得粉碎，指南针打开了世界市场并建立了殖民地，而印刷术变成了新教的工具，总的说来变成了复兴的手段，变成对精神发展创造必要前提的最强大的杠杆。”没有中国的印刷术、指南针和火药的发明，没有中国这三大发明的传入欧洲，欧洲的文艺复兴和宗教改革、世界新航路的发现至少要晚上百年。

1838 年，英国伦敦传道会来华传教士麦都思（Walter Henry Medhurst）写了一本书，叫《中国的现状与传教展望》（*China，It's State and Prospects*）。书中第一次明确提出了“火药、指南针和印刷术”这“三大发明”是中国的发明。而另一位英国伦敦传道会传教士汉学家艾约瑟（Joseph Edkins）在 1884 年出版了一本书叫《中国的宗教》（*Religion in China*），书中他把造纸术与“三大发明”并列，并认为是中国的“四大发明”。到了 20 世纪 40 年代，英国学者李约瑟在重庆正式提出了“四大发明”的概念，使世界对中国古代的发明创造能力刮目相看。尽管中国古代的科技发明数量远远超过“四大发明”，但“四大发明”的提法大大改变了世界对中国古代科技文明的看法。

造纸术

纸可谓是人类文明的载体。文字发明之后，人类急需一种便捷的书写材料。在纸发明之前，中国古代书写文字的载体先后有岩石、陶器、甲骨、金石、竹简、木牍、缣帛等，到春秋战国时期开始普遍用竹简和缣绢。《墨子·明鬼下》篇中说：“古者圣王必以鬼神为其务，鬼神厚矣。又恐后世子孙不能知也，故书之竹帛，传遗后世子孙。”“竹帛”就是指竹简和缣帛，这是战国至秦汉时期乃至纸张出现之后很长一段时间里主要的书写材料。竹简和缣帛作为书写材料虽然远比金石等材料适宜，但仍有很大缺陷：简牍笨重，缣帛昂

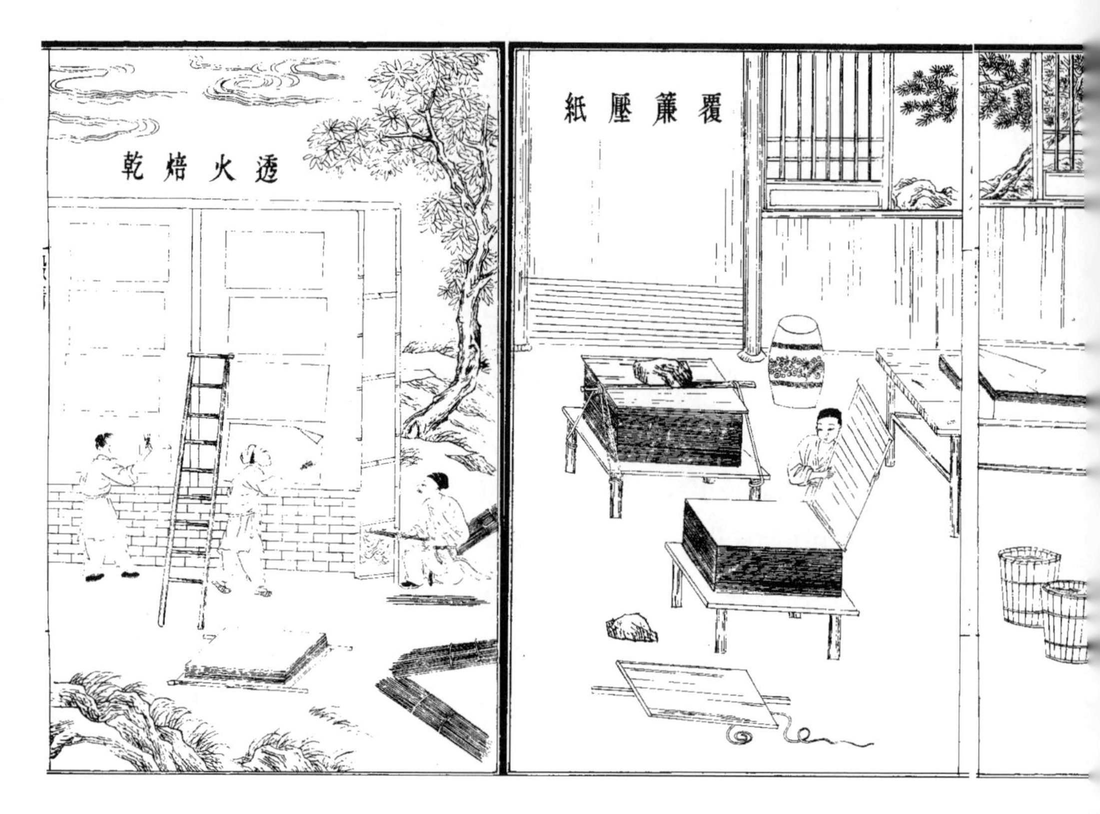

∧《天工开物》中的造纸场景

贵。正是在这样的背景下，造纸术应运而生。

造纸术一般认为是东汉蔡伦（？—121 年）发明的。《后汉书·蔡伦传》记载：“自古书契多编以竹简，其用缣帛者谓之为纸。缣贵而简重，并不便于人。伦乃造意用树肤、麻头及敝布、渔网以为纸。元兴元年奏上之。帝善其能，自是莫不从用焉。故天下咸称‘蔡侯纸’。”但是 20 世纪以来的考古出土的一些古纸，其年代都在蔡伦之前，如西汉时期的“灞桥纸”“金关纸”“罗布淖尔纸”等，这表明造纸术在蔡伦之前已经诞生并不断发展。但是，蔡伦对造纸术无论是原料还是技术工艺都进行了大胆创新。除麻头及敝布、渔网等废旧材料，他又增加了树皮，开拓了新的原材料领域；除淘洗、碎切和泡沤之外，他还可能用石灰进行碱液烹煮，加快了生产效率，提高了纸张质量。“蔡侯纸”的问世，标志着书写材料由竹帛向纸张转变，之后，人们开始普遍用纸张书

写。例如，东汉学者崔瑗（公元77—142年）在写给他的友人葛龚的信中写道："今遣送《许子书》十卷，贫不及素，但以纸耳。"意思是说，素帛太贵了，用不起，只能用纸来写。到了东汉晚期，纸的产地越来越多，造纸技术也不断改进。山东东莱出现一位造纸名家左伯（165—226年），其所造"子邑之纸，研妙晖光"。韦诞（179—253年），三国时著名书法家，他将左伯纸、张芝笔和自己的"仲将墨"此三样并称，声称有了这些"利器"，就可以"尽径丈之势，方寸千言"。也就是说，纸与笔墨配合，极大改进了书写的方式。

东汉末三国时期，书写上还是处在纸张与简帛并用的时代，但是到了晋代，随着纸张质量的不断提高，人们逐渐习惯于用纸张而不愿意再去使用昂贵的缣帛和笨重的简牍了。到了东晋末年，甚至出现了政府明令禁止宫中使用简牍，一律改用黄纸的情况。纸张的大量使用也促进了汉字书写艺术的进步和汉字字体的变迁。汉字字体一改汉代流行的隶书和篆书，而向楷书过渡，并发展到行书和草书。这都与书写材料纸有关。

纸的发明在印刷术产生之前就对社会文化的发展起了极大的促进作用。政府公文、买卖书契、学校课本、佛经道藏，都需要大量用纸。魏晋南北朝时期，佛教盛行，寺院鼓励信徒大量抄写佛经，这也需要用纸。敦煌石窟中发现的大量写本经卷，反映了当时用纸来抄写经卷的盛况。

隋唐时期，社会经济文化十分繁荣，纸的需求量猛增，促进了造纸技术的蓬勃发展。唐代制造的皮纸，有藤纸、楮皮纸和桑皮纸，以其品质在造纸业中占据上风。唐代的藤纸，生产于浙江地区，品质很高，为当时的高级公文用纸。唐代生产的皮纸作品多有传世，广为人知的唐冯承素所摹《兰亭序》用的就是楮皮纸。故宫博物院藏唐代画家韩滉（723—787 年）的《五牛图》用的是桑皮纸。

唐宋时期在造纸方面取得了很多技术成就。唐代的笺纸，采用研光、施胶、施蜡、染色等方法对原抄纸进行精加工，生产出来的纸“研妙辉光”，有各种染色。如唐代的黄蜡纸，外观呈黄色或淡黄色，质硬而光滑，抖动时发出清脆的声音。唐代染色纸以“薛涛笺”最为著名，这种笺纸是诗人薛涛为写短诗的特殊需要而制作，篇幅较小，色彩可人。到了宋以后，造纸原料开发和制作技艺上又都有很多的成就。宋代以竹纤维产生竹纸，价格低廉而品质优越。

∧ 画在桑皮纸上的《五牛图》

宋代印书业发达，所用纸张多为竹纸。宋元时期皮纸技艺的代表作为“匹纸”，其大小可五十尺为一幅。制造这样巨幅的纸张，对造纸设施和操作技巧均有极高的要求。宋代对纸的使用还有一个重要的创新，就是纸币的发行，当时叫作“交子”，是用桑皮纸制作的。

中国的造纸术为中国古代社会经济文化的发展，做出了重要的贡献。与此同时，造纸术也传播到国外，对世界文明产生了重要的影响。造纸术先是传到朝鲜、日本及东南亚地区，后传到欧洲和美洲。12—13 世纪，阿拉伯人将唐代的造纸术传入欧洲。

造纸术不仅为人类提供了一种崭新的便于使用的图文载体，促进了人类文化的传播和发展，而且为印刷术的发明奠定了重要的物质基础。没有造纸术，印刷术也就无从谈起。中国造纸术的发明、发展和普及又催生了印刷术在中国的诞生。

印刷术

印刷术被称为“文明之母”。印刷术发明之前，文化知识的传播主要靠人抄写。印刷术的发明使知识的传播和积累发生了革命性的变化。近代思想的启

蒙和科学革命的发生，都离不开因印刷术导致的知识准确而快速的传播。中国在唐朝贞观年间（627—649 年）发明雕版印刷，比欧洲早约 700 年。北宋庆历年间（1041—1048 年），毕昇发明活字印刷术，比德国谷腾堡早约 400 年。印刷术的发明不仅对中华文明的长久兴盛，而且对世界文明的近代化，均做出了重要的贡献。

印刷术的发明不仅需要纸张、笔、墨等物质条件，而且需要懂得反文印刷的原理。纸张至三国两晋南北朝时期已普遍使用，笔墨在先秦时已开始使用，至东汉已相当发达和精妙。刻字技术历史更为久远，例如，殷商时代的甲骨文，先秦以来的印玺，秦汉时代的刻石。此外，丝织品上的精巧的镂空版印花技术和石刻上的摹搨技巧也为印刷术的诞生带来了启示和经验。这些为印刷术在中国的诞生奠定的坚实的物质和技术基础。从技术原理上看，或许中国的印刷术是从印章，经由墨拓石碑到雕版，再到活字版这样的发展过程。不管怎样，从印章发展为雕版印刷，除纸的发明与普及等技术条件，还要有大量的社会需求。可以说，到了唐代，这两个条件都已经具备，于是雕版印刷就应运而生了。

有记载说，唐贞观十年（636 年），长孙皇后卒，唐太宗看到其生前写的《女则》十篇，讲历代善女故事，认为此书“足垂后代，令梓行之”。“梓行”就是付诸印刷的意思，说明当时已经有雕版印书了。唐冯贽编撰《云仙散录》引《僧园逸录》云：“玄奘以回锋纸印普贤像，施于四众，每岁五驮无余。”唐代玄奘法师于贞观三年（629 年）西游印度，645 年回国，664 年圆寂。这也可以作为当时存在雕版印刷的旁证。

目前在国内发现的最早的雕版印书当是敦煌发现的《金刚经》，书中有“咸通九年（868 年）四月十五日王玠为二亲敬造普施”刊语一行。王玠为普通民间信佛弟子，能这样出资印书，说明当时印书已经很普遍了。该印本书卷首释迦牟尼说法的扉页图画，妙相庄严，镂刻精美，堪称是世界印刷史上的冠冕。

在朝鲜半岛和日本，发现了比《金刚经》更早的佛经印本。1996 年，在韩国庆州佛国寺释迦塔石塔内发现木版印刷的《无垢净光大陀罗尼经》，系新罗圣德王三年至景德王十年（704—751 年）间刊印，而在日本发现了 770 年宝龟本

《无垢净光根本陀罗尼经》。但这些都不能说明雕版印刷起源于朝鲜或日本，因为唐朝与朝鲜半岛新罗文化交流频繁，贞观十三年（639 年），新罗、高句丽、百济都派子弟入唐国读书，这些人从唐带经卷回国是很正常的，况且庆州本佛经中还使用了武则天新创的文字，更能说明这些佛经是在唐代中国刻印的了。

宋代经济文化发达，科举盛行，国家大力提倡刻书。国子监等机构刻印儒家经典、本草医书等，除颁发各地外，还许可印卖。国家提倡，士大夫爱好，使得两宋时代的刻书成为一时风气。宋代刻印了各种类书，促进了文化传播和知识普及。中国古代的很多典籍，也是依靠宋代的印本流传下来。宋代不仅首次雕印了先秦汉代的诸子百家著作，而且出版了不少科技方面的著作，且以医学最多。与此同时，印刷术还用于印制中国最早的，也是世界最早的纸币——“交子”。

∨ 两宋时期印制的纸币“交子”（右）和“会子”（左）

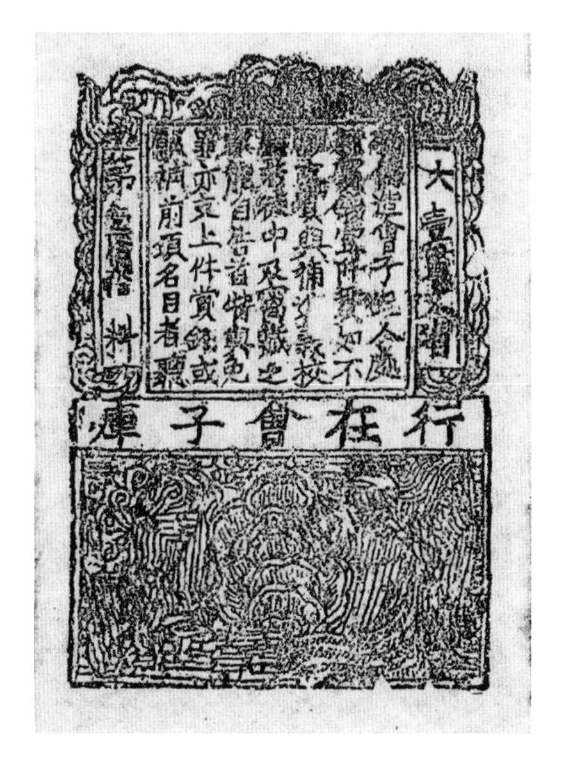

雕版印刷在宋元时期还出现了套印、版画及彩印技术。现存最早的雕版套印实物，当是元代中兴路（今湖北江陵）资福寺所刊《金刚经注》。卷首扉画用红黑两色，正文经注用朱墨两色，书名“金刚般若婆罗密经”为红色。雕版用两色，这是首创。到了明代，套印技术由两色发展为三色、四色，甚至五色。明末湖州套印极为发达，有凌、闵两家。两家套印图书 144 种，大多数为朱、墨两色，三色者 13 种，四色者 4 种，五色 1 种。

明代印刷版画特别发达。所印书中的插图少则数幅、数十幅，多则有一两百幅。不仅数量大，而且质量也大大超越宋元，达到版画艺术的高峰。明末民间说唱、词话、小说、戏曲流行，出版商为了迎合读者的喜好，推销书籍，无不插图。版画约可分为四派：北京派、南京派、建阳派、徽州派。徽州版画纤丽细致，姿态妍美，人物眉目传神，栩栩如生，物件精心雕镂，巧夺天工。明万历（1620 年）以后，徽派版画又创彩色印刷技术，以颜色涂于刻版上，印出的彩色版画一版而具数色，五彩缤纷，绚丽夺目。

雕版印刷中还有很多创新。宋人不仅利用木版、铜版作为印刷工具，而发明用蜡来印刷，这样可以快速刻印，追求信息传播的时效。明朝还有人用锡版来印造伪钞，遭到极刑。

印刷品的大量需求，激发人们去发明新的更高效的印刷技术。活字印刷术就是这样的创新。首先发明活字印刷术的是宋朝的平民毕昇（约 970—1051 年）。宋人沈括在《梦溪笔谈》对此做了详细而明确的记载：“庆历中，有布衣毕昇，又为活版。其法用胶泥刻字，薄如钱唇，每字为一印，火烧令坚。先设一铁版，其上以松脂、腊和纸灰之类冒之。欲印，则以一铁范置铁版上，乃密布字印，满铁范为一版，就以火炀之，药稍熔，则以一平版按其面，则字平如砥。若止印三二本，未为简易，若印数十百千本，则极为神速。常作二铁版，一版印刷，一版已自布字，此印者才毕，则第二版已具，更互用之，瞬息可就。”这个印刷术与现在的铅字印刷在原理上基本一致，只不过毕昇用的是泥活字。毕昇这一发明，在当时并没有引起重视，如果没有沈括记录下来，此事恐怕已被遗忘。

活字印刷在技术原理上无疑是先进的。但是在实际应用中，新的活字印刷术还不能一下子替代雕版印刷。因为雕版印刷具有技术成熟、使用广泛的优势，而活字印刷要求排字工人至少会认字，而且印刷品还有版框栏线四角不衔接、长短不一，墨色浓淡不均，个别字倒排，隔行线痕迹等缺点，因此活字印刷术在发明之后并没有得到大量的推广。尽管如此，活字印刷在宋元时期还是有一定的流传和运用。南宋时周必大（1126—1204 年）于光宗绍熙四年（1193 年）自印《玉堂杂记》，据他自己说是“用沈存中法，以胶泥铜版，移换摹印”。沈存中即沈括，“沈存中法”当是指沈括在《梦溪笔谈》中记录的毕昇的活字印刷术。周必大用铜版、铁版的效果是一样的。周氏所印《玉堂杂记》，是世界上第一部活字印刷本。此外在西夏、元代也有活字印本的存在。

活字印刷技术在使用过程中也不断发展。先是有元朝的王祯用木活字代替泥活字。王祯著有《王祯农书》，他在安徽旌德县做县令时，就开始写作此书。他感到这部书字数较多，雕印不如活字印刷有效，于是请工匠刻木活字约 3 万个。为了在排版时取字方便，王祯制造了两个木质大轮转盘依号数存放木字，一人坐在中间，左右俱可推轮盘找字，这样减轻了劳动，提高了效率。王祯本想用木活字印刷《王祯农书》，后来因调到江西做官，而江西方面已经将《农书》雕刻成版，所以也未用木活字。王祯在旌德时，只用木活字印刷《旌德县志》，全书 6 万多字，不足一个月时间印成了百部。到了明清时期，又有锡活字、铜活字、铅活字依次出现，活字印刷术就逐步流传开来。清代时，活字印刷已经是相当普遍了。

中国的印刷术，从 7 世纪诞生的雕版印刷，到 11 世纪发明的活字印刷，都是世界科技史上的重大发明，其在中国的推广和运用，反映了中国古代社会对于知识及其传播的高度重视，是文明高度发展的产物。印刷术传到国外以后，激发了西方的石印、铅印技术，从而促进了西方近代文明的产生。中国的印刷术对于世界文明的发展，厥功至伟。

火药

火药是人类文明的推进剂。“钻木取火”结束了人类茹毛饮血的原始生活。火药的发明大大增强了人类改造自然的能力，结束了雄霸千年的冷兵器时代，改变了世界的发展格局。

中国是火药和早期火药武器的起源地，中国人发明的火药又称为“黑火药”。与西方人后来发明的“黄火药”有所不同，黑火药是由硝酸钾、硫黄和木炭三种粉末混合而成。中国至晚在10世纪已经完整记载了火药的发明，而欧洲最早提及火药则是在13世纪末，这时火药已在中国被广泛地用于军事目的。恩格斯在1857年发表的《炮兵》中写道：“在中国，还在很早的时期就用硝石和其他引火剂混合制成了烟火剂，并把它使用在军事上和盛大典礼中。”并在1875年《德国农民战争》一书中谈到了中国发明的火药传入欧洲的过程：“现在已经毫无疑义地证实了，火药是从中国经过印度传给阿拉伯人，又由阿拉伯人和火药武器一道经过西班牙传入欧洲。”中国火药技术很可能是13世纪以后随蒙古军西征直接或通过阿拉伯人间接传入欧洲的。元太宗窝阔台（1186—1241年）、拔都（1209—1256年）、速不台（1176—1248年）率15万大军第二次西征（1236—1242年），携带火铳、火箭、喷火枪、炸弹（火炮）等大量火器，配合骑兵攻城和大规模野战，于1238年春以火炮攻陷俄罗斯重镇莫斯科，于1240年占领基辅。13世纪前半叶，欧洲人在本土上亲自体验了来自中国的火药威力，必定千方百计地探求制造火器的技术，这就使得中国火药技术直接传入欧洲。

硝酸钾俗称硝石，作为火药的核心成分。中国是世界上最早利用和提纯它的国家。据李时珍（1518—1593年）《本草纲目》（1596年）记载：“硝石，诸卤地皆产之，而河北庆阳诸县及蜀中尤多。秋冬间遍地生白，扫取煎炼而成。”先秦时期《五十二病方》记载了医药家已把硝石用作药物。西汉时期《三十六水法》则记载了炼丹家经常把硝石作为实验试剂，也就是说，公元前三世纪中国人已经掌握了硝石提纯技术。至于硫，早在先秦时期中国人就已知道并使用它。

中国最早发现火药混合物。古代的炼丹家常常把硝石、硫黄和雄黄等混在一起加热。炼丹家的好奇心和冒险精神促使他们不断变化原料的配方，导致了火药的发明。隋唐孙思邈在《丹经内伏硫黄法》中记载硝石、硫黄和炭化皂角子混合后用火点燃后能猛烈燃烧。唐元和三年（808 年），炼丹家清虚子撰的《太上圣祖金丹秘诀》记载了“伏火矾法”：“以硫黄二两，硝石二两，马兜铃三两半，研末，拌匀，入罐，放入地坑中与地平，将弹子大小的烧红的木炭，放入罐内，烟起，用湿纸四五重复盖，再用两块砖压上，用土掩埋。”伏火矾法比伏火硫黄法前进了一大步，加入了皂角子，能使燃烧持续进行。成书于唐末五代时期的《真元妙道要略》则记载了：“有以硫黄、雄黄合硝石并蜜烧之，焰起，烧手面及烬屋居者。”蜜经烧后成木炭，起到了木炭来源的作用。该书又指出：“硝石宜佐诸药，多则败药。生者不可合三黄等烧，立见祸事。”即明确将硝石与硫黄、雄黄和雌黄等物烧之，立刻发生爆炸。中国原始火药混合物的发现为火药在军事上的应用拉开了序幕。

宋元时期，火药的配方已经脱离了初始阶段，各种药物成分有了比较合理的定量配比，并且在军事上得到实际应用，火药和火器制造开始成为军事手工业的重要部分。《宋会要辑稿》记载：“（咸平三年）八月，神卫兵器军队长唐福献亲制火箭、火球、火蒺藜。”两宋时期火药武器的大量使用，推动了火药的研究和配方的改进，已由唐代火药硫、硝比例 1∶1 发展到宋代的 1∶2 甚至为 1∶3，这与后世黑火药中硝占 3/4 的配方相接近。北宋末年，人们在抗金战争中还发明了“霹雳炮”“震天雷”等杀伤力较大的火炮。据《金史》记载：“火药发作、声如雷震，热力达半亩之上，人与牛皮皆碎迸无迹，甲铁皆透。”特别值得一提的是，中国最早发明了管形火器。1132 年，南宋陈规守德安时用“长竹竿火枪二十余条”。元代则已经出现称之为“铜将军”的铜铸火铳。中国国家博物馆珍藏的元至顺三年（1332 年）铜火铳是已发现的世界上最古老的铜炮。管形火器的出现在兵器发展史上是一个重大的突破，它为近代枪炮的不断

∧《天工开物》中关于火药的制作流程

发展奠定了初步基础。

明代火器是在继承元代已有的基础上又有新的发展，出现了金属火铳、火炮、火铳箭、集束火箭、二级火箭等火药武器。中国火箭技术经宋、元的发展，到明代时达到历史上的高峰。《武备志》载有两种二级火箭：火龙出水箭（或出水火龙火箭）和“飞空砂筒”。美国化学史家戴维斯（Tenny L. Davis，1890—1949 年）写道：“17 世纪以前中国人的创造才能凸显在各种特殊领域，他们发明的携带装有高效炸药的火箭在今天仍然是有用的战术技术。”他还指出，“茅元仪（约 1594—1640 年）在约 1621 年写的《武备志》

中，包括中国早期军用烟火制造技术资料和许多清晰而毫不含糊的插图，其中有装置沿头部方向喷火的枪和能发射 300—400 步的火箭。”他的结论是：“总之，在《武备志》出版之际，中国人在火箭的战术应用方面远远超过了欧洲人。”

火药和火器对科学技术发展所产生的影响不逊于对社会政治、经济和军事方面的影响。火药和火器不但破坏了中世纪封建经济和政治统治并为资本主义制度的到来开辟了路，还摧毁了中世纪陈腐的思想体系，并催生了新科学和新技术的产生。

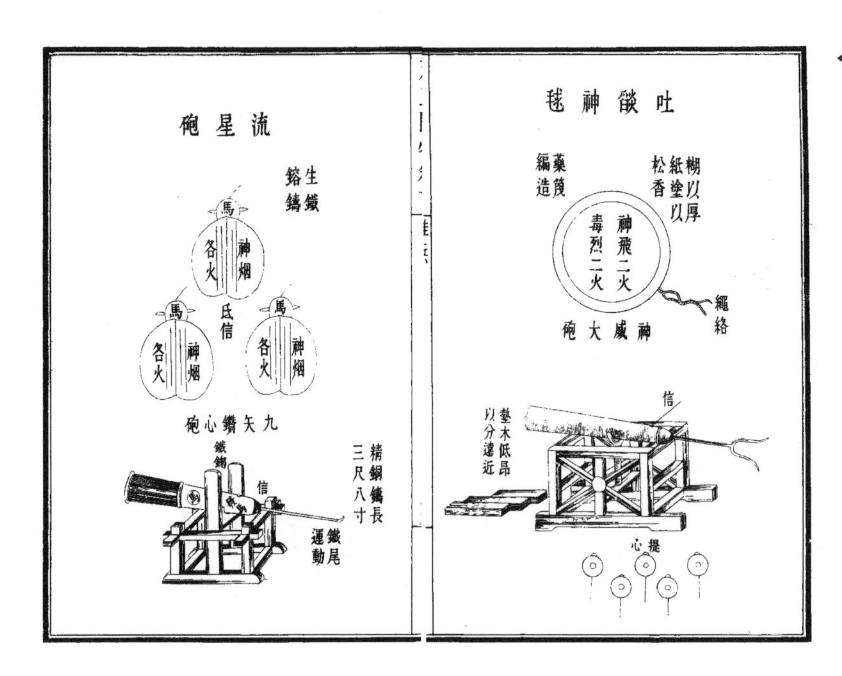

《天工开物》中关于火器的记载

指南针

指南针又称罗盘，是一种由磁针和方位刻度盘构成的指示南北方位的仪器。人类的日常生活和社会活动，如水陆出行、建屋采矿、地图测绘、行军打仗等都需要辨明方向，从事科学技术研究更需测定准确的方位。中国指南针的发明堪称人类文明进程的导航仪，是一件划时代的大事。在古代中国，方向测定不仅是个人出行的需要，而且被看作国家的一件大事，就天象观测一样设专门官员掌管。

指南针的发明并非一步到位，是中国人自战国以来确定方位的近千年间的实践过程中不断探索的产物。古代最初用天文学方法确定方向，通常用圭表测定日影和以北极星定向。但是靠昼观日影、夜观星象能辨别方向有很大的局限性，遇到阴晦天气，昼不见日、夜不见星时，特别是在海上航行时，靠天体定向就显得无能为力。中国人早在战国时期不但发现了磁石的吸铁性，还发现了它的指极性，并用天然磁石制成世界上最早的指示方向的仪器——“司南”，从而最终发明了指南针。《山海经 · 北山经》指出，灌题山“其中多慈石”。《韩非子 · 有度篇》里有“先王立司南以端朝夕”的记载，“端朝夕”就是正四方的意思。而这里的“司南”大概是用天然磁石制成的，样子像勺，圆底，置于平滑的刻有方位的“地盘”上，其勺柄能指南的磁体指向仪器，即所谓“司南之杓，投之于地，其柢指南”。这是人们在长期使用磁石的过程中，对磁体指极性认识的实际应用。司南的发明和使用将人类测定方向的方法从观测天上的太阳和极星转移到人类所生存的地球上，这是中国人认识自然界观念上的一次飞跃，比欧洲人 12 世纪末才知磁石的指极性早一千多年。

“司南仪”在汉晋、南北朝得以应用和发展。东汉天文学家张衡（公元 78—139 年）在《东京赋》中说：“鄙哉予乎！习非而遂迷也，幸见指南于吾子。”这是双关语，既指行路迷途中幸有指南仪而知返，也指人生迷途。虽然我国对司南及其功用多有提及，但鲜有形制和用法的记载，只有东汉思想家王充《论衡》中做过这样的描述：“司南之杓，投之于地，其柢指南。”这可能是因为用天然磁石琢磨司南时，容易因打击、受热而失磁，所以司南的磁性较弱，而且它与地盘接触处转动摩擦的阻力又较大，难以达到预期的指南效果，这是导致司南在相当长时间内未能得到广泛使用的主要原因。经改进后，至唐代出现了主要用于陆上堪舆测量的指南针。

随着航海事业的发展，人们迫切需要更好的指向仪器。经过长期的实践与反复的试验，到宋代，人们在人工磁化方法和使用磁针的方法两个方面的探索，取得了重大进展，最终导致了指南针的发明和广泛的应用。在《武经总要》前集卷十五中，载有制指南鱼的方法：“用薄铁叶剪裁，长二寸、阔五分，首尾锐如鱼形，置炭火中烧之，候通赤，以铁钤钤鱼首出火，以尾正对子位，蘸水盆中，没尾数分则止，以密器收之。用时，置水碗于无风处，平放鱼在水面令浮，其首常南向午也。”从现代的知识看，这是一种利用强大地磁场的作用使铁片磁化的方法。把铁片烧红，令“正对子位”，可使铁鱼内部处于较活动状态的磁畴顺着地球磁场方向排列，达到磁化的目的。蘸入水中，可把磁畴的规范排列较快地固定下来。而鱼尾略为向下倾斜，可起增大磁化程度的作用。人工磁化方法的发明，在磁学和地磁学的发展史上是一件大事。但该法所得的磁性仍较弱，其实用价值还不大。之后，北宋科学家沈括在其《梦溪笔谈》谈到了指南针另一种人工磁化的方法："方家以磁石摩针锋，则能指南。"从现在的观点来看，这是一种利用天然磁石的磁场作用，使钢针内部磁畴的排列规则化而让钢针显示出磁性的方法。这种既简便又有效的方法为具有实用价值的磁体指向仪器的出现，创造了重要的技术条件。关于磁针的装置方法，沈括提到了"水浮"、置"指爪及碗唇上"以及"缕悬"三种，并指出第一种"水浮多荡摇"、第二种虽"运转尤速"但"坚滑易坠"等缺点。他认为，第三种方法较好，"其法：取新纩中独茧缕，以芥子许蜡缀于针腰，无风处悬之，则针常指南"。沈括描述的北宋人用于陆上旅行及航海用的指南针也称水浮式指南针或湿罗盘。此外，南宋时又出现以枢轴将磁针支承于方位盘中间的旱罗盘。南宋陈元靓在《事林广记》介绍了"指南龟"的制作方法："以木刻鱼，如拇指大，腹开一窍，陷好磁石一块子，却以蜡填满。用针一半佥从鱼子口中钩入，令没放水中，自然指南。以手拨动，又复如初。""以木刻龟子一个，一如前法（木鱼法）制造，但于尾边敲针入去。用小板子安以竹钉子，如箸尾大。龟腹下微陷一穴，安钉子上，拨转常指北，须是钉尾后。"简单地讲，就是将一块天然磁石安装在木刻的指南龟腹内，在木龟腹下挖一光滑的小穴，对准了放在顶端尖滑的竹钉子上，使支点处摩擦阻力很小，木龟便可自由转动以指南。这就是后来出现的旱罗盘的先声。

指南针一经发明，很快就被应用于航海。成书年代略晚于《梦溪笔谈》的朱彧所著《萍洲可谈》卷二中，已有明确记载："舟师识地理，夜则观星，昼则观日，阴晦则观指南针。"而后，徐兢的《宣和奉使高丽图经》也有类似的记录："是夜，洋中不可住，惟视星斗前迈。若晦冥，则用指南浮针，以揆南北。"南宋人赵汝适也说："舟船来往，惟以指南针为则，昼夜守视惟谨，毫厘之差，生死系矣。"到元代，不论昼夜阴晴都用指南针导航了，官方文书规定，海上航行"惟凭针路定向行船，仰观天象以卜明晦"。到明代郑和下西洋，与之相应的还出现了某些航线的以罗盘（指南浮针）指示海路的著作。这表明了指南针在航海中的重要性更加显著，同时说明指南针的制作技术和使用技巧臻于成熟。从此，人类获得了全天候航行的能力，第一次得到了在茫茫大海上航行的自由。人们陆续开辟了许多新航线，缩短了航程，加速了航运，促进了各国人民之间的文化交流与贸易往来。

中国人发明的指南针被欧洲人称为“引路石”或“指路天使”，可能是意大利旅行家马可·波罗（Marco Polo，1254—1324 年）从 1292 年离华带回欧洲的。恩格斯开列从古代到中世纪的一些发明年表时，则认为磁针、印刷、活字和麻纸这些来自中国的发明是欧洲“古代从未想到过的”，并且特别说“磁针从阿拉伯人传到欧洲人，1180 年前后”。换言之，中国指南针于 1180 年左右通过阿拉伯人传到欧洲，这是接近历史实际情况的。擅长于海上航行的欧洲人，从中国引进指南针、船尾舵和水密隔舱后，可以安全进行海上贸易，进而作海上探险，不但完成地理发现，进而以火器开拓殖民地。指南针的发明及在世界范围内的应用，使西方中世纪的海图与航技，发生了根本变革，使水道勘测工作建立在科学的基石之上。

张衡地动仪与苏颂水运仪象台

天文仪器是人类感觉器官的延伸，是研究天文现象和运动规律的重要工具和手段。中国古代天文仪器种类繁多，大体可分为：表、圆仪、浑仪等测角仪器；圭表、晷仪、日晷等测时类；漏壶、更香、秤漏等守时仪器；浑象、浑仪、假天等演示仪器；还有集测时、定向和演示等多种功能于一体的综合类仪器，如张衡的地动仪，唐开元年间（713—741 年）的浑天仪和苏颂的水运仪象台等。我国古代天文仪器在经历了先秦时代的萌芽、两汉时代的奠基、隋唐时代的发展之后，在宋元明初达到了鼎盛。中国古代的天文仪器，以制作精美、构思精巧和用途广泛见长，其中张衡地动仪和苏颂水运仪象台颇具代表性。

张衡地动仪

地震是一种自然现象，年年有，月月有，大的地震会造成重大的人员伤亡和建筑物破坏。在古代，地震被认为是“阴阳失衡”所致，国君失德引起的，是上天降下的警示，但是对于这样的重大灾难人们并不会听之任之，国家仍会设立专门的部门积极应对。汉代应对的部门是灵台（天文台），张衡就是时任东汉时期灵台的负责人。

在张衡生活的那个时代，较大的地震时有发生，地震自然是张衡十分关切的研究对象。基于对地震及其方向性的认识，特别是从当时建筑中有一种所谓都柱（即宫室中间设柱）的启示，张衡于 132 年首创了世界上第一架地震仪——地动仪，比西方近代地震仪早 1700 多年。理论和试验表明，张衡地动仪原理正确、结构精妙、工艺精湛，是中国古代少有的科技杰作。

《后汉书·张衡传》具体描述了张衡地动仪的结构形状、工作机理和准确可靠性：

> 阳嘉元年，复造候风地动仪。以精铜铸成，圆径八尺，合盖隆起，形似酒尊，饰以篆文山龟鸟兽之形。中有都柱，傍行八道，施关发机。外有八龙，首衔铜丸，下有蟾蜍，张口承之。其牙机巧制，皆隐在尊中，覆盖周密无际。如有地动，尊则振龙，机发吐丸，而蟾蜍衔之。振声激扬，伺者因此觉知。虽一龙发机，而七首不动，寻其方面，乃知震之所在。验之以事，合契若神。自书典所记，未之有也。尝一龙机发而地不觉动，京师学者咸怪其无征，后数日驿至，果地震陇西，于是皆服其妙。自此以后，乃令史官记地动所从方起。

可以看出，张衡的候风地动仪是由两部分组成的，一部分是都柱，就是表达惯性运动的摆；另一部分是设在摆的周围与仪体相接联的八个方向的八组杠杆机械，两者都装置在一座密闭的铜仪体中。地震时仪体随之震动，摆由于自身惯性而与仪体发生相对位移，从而失去平衡而倾斜，推开一组杠杆，使这组杠杆与仪体外部相连的龙头吐丸，落入蟾蜍之中，通过击落的声响和落丸的方位，来报告地震和记录地震的方向。可惜的是，张衡发明的候风地动仪并没有流传下来。有关该仪器的文献著作，如北齐时信都芳所撰《器准》，隋初临孝恭的《地动铜仪经》，虽然都传有图式和制法，但这两部书在唐以后都亡佚了。目前有范晔《后汉书・张衡传》、袁宏《后汉纪・汉顺帝纪》和司马彪《续汉书》等几部文献对此仪有一个大致的概述，以至出现了后世学者对其有不同的看法并进行了许多不同的还原复制工作。

张衡地动仪以科学的“都柱八道”的杠杆组合、“龙首吐丸”的巧妙机构和艺术的精细装饰造型展现了古代中国人的技术传统和智慧。张衡的候风地动仪虽然不能提前预测地震，也不能报告地震的震级和震中具体位置，但仍不失为科学史上的一项重大突破。它不仅令当时的人们叹服于他的奇思巧技，也得到了当今中外科学家的高度评价。现代地震学的奠基人英国工程师米尔恩（John Milne）第一个向西方宣传张衡地动仪。1883 年他把《后汉书・张衡传》中关于地动仪的记载翻译成英文，把其称为“中国验震器”，至今西方国家仍沿用这一说法。他绘制复原张衡地动仪模型，反复试验，认为“张衡是第一位利用悬垂摆惯性原理测震成功的人”，并高度评价说：“张衡地动仪的价值决不仅在于它是一个古老的发明，更重要的是，它竟以极其相近的思路留给了现今时代的科学仪器以许多有意义的启迪。”或受此影响，米尔恩等人成功制作了第一台现代悬垂摆地震仪。

苏颂水运仪象台

水运仪象台是北宋元祐年间（1086—1094 年）由苏颂、韩公廉主持建造的一台大型自动化天文仪器。它高近 12 米，基宽约 7 米，集浑仪、浑象与报时装置于一体，用漏壶水力为动力，由“擒纵装置”实现枢轮的间歇式运

∧ 苏颂水运仪象台场景复原图

动，再通过传动机构把转动传递给浑仪、浑象及报时机构，随天球周日视运动而运转，堪称是一座自动化的天文台。与意大利天文学家 J · 卡西尼（Jacques Cassini）研制的用时钟装置带动天文望远镜随天球周日视运动而旋转的装置相比，早了 600 多年。

水运仪象台是 11 世纪末我国杰出的天文仪器，是中国古代天文仪器史上的巅峰之作，在天文观测技术和机械技术上都有极高的成就，国际上对水运仪象台的设计给予了高度的评价。英国著名科技史专家李约瑟曾说，水运仪象台“可能是欧洲中世纪天文钟的直接祖先”，苏颂把时钟机械和观察用浑仪结合起来，在原理上已经完全成功。因此可以说他比罗伯特 · 胡克（Robert Hooke，1635—1703 年）先行了六个世纪，比方和斐先行了七个半世纪。仪象台上层为了观测得方便，设计了活动的屋顶，是现代天文台活动圆顶的雏形；中层的浑象每一昼夜自转一圈，形象地演示了天象的变化，是现代天文台的跟踪器械——转仪钟的先驱；其下层报时装置的擒纵器机构是后世钟表的关键部件，因此说它是钟表的祖先。

苏颂在元祐元年（1086 年）奉命检查当时正在使用的浑仪，想到制造浑象、浑仪配合的仪器，并建议先造木样试验成功后再造铜器，并推荐韩公廉具体主持建造。经过七年的不懈努力，苏颂、韩公廉等人最终完成了这座大型仪器，并在 1094 年初把它的设计和制造过程图文并茂地、详细地整理成《新仪象法要》。据书中记载，水运仪象台为木构建筑，台面呈正方形，上窄下宽，四面以木为柱，共分三层。上层是一个露天的平台，设有浑仪一座，用龙柱支持，下面有水槽以定水平。浑仪上木板屋顶覆之，屋顶可根据实际需求开合，便于观测。中层是一间没有窗户的“密室”，里面放置浑象。天球的一半隐没在“地平”之下，另一半露在“地平”的上面，靠机轮带动旋转，一昼夜转动一圈，能够真实地反映天体的周日视运动。下层包括报时装置和全台的动力机构等。设有向南打开的大门，门里装置有五层木阁，木阁后面是机械传动系统。

水运仪象台的动力系统是保证仪器能够精确报时、演示天象的关键部件之一。水仪象台是由枢轮（巨大的水轮）来驱动的，运转过程中要保证枢轮持续匀速运转。因此该仪器使用了铜壶滴漏这一中国传统仪器，它在壶架上设置了一高一低、一大一小两个方形水槽：天池、平水壶。天池起着蓄水池的作用，水从天池中流入平水壶中。平水壶可以接受天池的水源，同时设有泄水管和一定口径的渴乌，使半水壶可以保住一定的水位高度。如此整套漏壶系统即可保持恒定流量，保证枢轮具有恒定转速。不仅如此，为了使流水循环使用，仪象台设有打水的操作车水机械。车水机械由升水下轮、升水下壶、升水上轮、升水上壶、河车和天河组成。打水人搬动河车（即舵轮），将水从升水轮（即筒车）分两级提高，灌入天河（即受水槽）中，从而使一定数量的水循环不息，带动枢轮不停运转。

在动力系统的基础上，水运仪象台上有一套控制枢轮匀速转动的装置，即擒纵装置。擒纵装置安装在枢轮上方和近傍，由天条、天关、天锁、格叉和关舌等零件组成。当枢轮不转动的时候，在枢轮圆周上的钩状铁拨子架在格叉之上。若枢轮边缘受水壶内接受漏水未到一定重量，天关则会卡住枢轮使它不转动。当枢轮的受水壶接受漏水达到一定重量时，格叉处因压力增大而下降，同时经过天条使天关被提上升，由格叉经天条推动横杆，使横杆右面下降，左面上升，这样就使枢轮转动。但枢轮转过一壶之后，格叉处所受压力去掉，关舌和格叉等又上升，同时经过天条又使天关下落，枢轮又被阻止。这样，只要能保证枢轮受水等时性，也就能保证枢轮转动的等时性。此外，水运仪象台还设有两套齿轮系统，起点是枢轮，其终点分别是浑仪和浑象。两套轮系有着复杂的结果，起分动和减速作用，并带动浑象和报时装置平稳运行。

根据这台自动化水运仪象台观察所绘制的星图，在世界科技史上居于领先地位。西欧直到 14 世纪文艺复兴以前，观测到的星数是 1022 颗，比苏颂星图少 422 颗，晚了 300 余年。西方科技史专家蒂勒、布朗、萨顿都认为：从中世纪到 14 世纪末，除了中国的星图，再也举不出别的星图了。

苏颂制造的水运仪象台，适应了当时北宋政权制定精确历法的现实需要，而国家财政的支持则是水运仪象台成功建成的保证。它前后耗时 7 年，投入资金达五万贯，相当于北宋财政收入的千分之一（据统计，1086 年北宋的财政收入约为4800万贯）。2011年中国财政收入为10.39万亿人民币，当年开始建造的500米口径球面射电望远镜（Five-hundred-meter Aperture Spherical radio Telescope，FAST，即“中国天眼”），2020年正式投入使用，共耗资约11.5亿元，约为财政收入的万分之一。相比之下，水运仪象台称得上是当时的“国之重器”，可以说是宋朝的国家“大科学装置”项目。

制瓷与冶金技术

人类文明离不开材料，材料的进步会引起生产工具和生产方式的变革，生产力也因此获得巨大的发展。近代以前，历史上出现了石器时代、青铜器时代、铁器时代，近代也有钢铁时代、高分子时代的说法。材料大体分金属材料、无机非金属材料和合成高分子材料，中国前两种材料的生产和研制遥遥领先西方世界。

制瓷技术

瓷器是中国古代独创的一项重大发明，历史久远，万年有余，不仅对中国的经济社会生活产生过重大影响，而且对世界各国的经济社会生活也产生了一定的影响。“CHINA”一词，既代表中国，也代表中国的瓷器。瓷器是从陶器发展演变而成的，从新石器时代晚期印纹硬陶的出现，商周时代的原始瓷诞生，再到东汉时期的青釉瓷的问世，最后到宋代制瓷技术达到高峰，至今已有近1700多年的历史。中国的瓷器以高超的技术水准和传统文化艺术的典型特征，享誉古今中外。

在陶器出现之前，人类使用的器物都是由天然物质通过物理过程直接制成的，例如，木器、石器、骨器等。陶器则是利用自然界中存在的黏土经过一系列手工程序烧制而成的器物。陶制储存器可以用来蒸煮食物，储存水和食物；陶制纺轮、陶网坠和陶刀等工具则在生产中发挥了重要的作用。陶器为人类的定居生活提供了极大的便利，进一步推动了农耕文明的发展。我国的新石器时代遗址中遗存着大量陶器，陶器也是这一时期工艺技术水平的代表。黄河中游地区仰韶文化（约公元前 5000—前 3000 年）的彩陶既是日常生活用品，也是艺术珍品。山东龙山文化（约公元前 2500—前 2070 年）的蛋壳黑陶高柄杯，厚度仅 1—3 毫米，非常坚硬，代表了这一时代制陶技术的最高水平。商代陶器有灰陶、红陶和黑陶，也有少量供奴隶主使用的釉陶和白陶，其中白陶制作技术代表当时最高水平。中华人民共和国成立后，在我国河南、江西、江苏、安徽、陕西、甘肃等黄河中游和长江下游地区的一些西周遗址中发现了一

< 明代青花瓷

些“青釉器”或其残片。它们大多呈灰白色，烧制温度需1000℃或1200℃以上，胎质基本烧结，吸水性较弱，表面施有一层石灰釉，这些特征虽已与瓷器具备的条件非常接近，但原料质量不高，烧成温度偏低，仍有吸水性、胎色白度不够等许多指标达不到瓷器的标准。总之，学术界把这种可以认为是瓷但不是陶的商周时期的“青釉器”，叫作原始瓷或原始青瓷。

原始瓷出现后，经过漫长的发展，终于在东汉晚期出现以越窑为代表的青瓷窑。越窑青釉瓷是世界上第一件真正的瓷器，它以南方盛产的瓷石为原料，氧化铁和氧化钛的含量都比较低，烧成温度已达到1300℃，呈透明的玻璃釉状，达到了成熟瓷器的标准。青釉瓷在造型和装饰上也形成了自己的特色，成了当时及后世所推崇的艺术珍品。南北朝时期青釉瓷烧制已较为普遍，白釉瓷也在北方出现，开启了世界白釉瓷的历史。到了唐代，白釉瓷的烧制已经成熟，有“类雪”之誉，并形成“南青北白”两大体系，为后世颜色釉瓷和彩绘瓷的发展提供了物质和技术基础。白釉以邢、巩、定窑为代表。其技术成就首先表现在原料的使用和胎釉配方的改进。瓷胎中使用了含高岭石较多的二次沉积黏土或高岭土和长石，形成了我国北方高铝低硅质瓷的特色；釉的配方中的长石，使釉中氧化钾的含量大大增加，大大改进了釉的质量，开启了我国传统的钙釉向钙碱釉和碱钙釉的变化。其次是烧成温度。北方白釉瓷的烧成温度一般超过了1300℃，邢巩两窑的烧成温度分别达到1370℃和1380℃，实现了我国制瓷高温技术的又一次突破。

由宋及清，中国瓷器始终独步全球，在烧制技术、艺术审美上都达到了历史高峰。官窑、哥窑、汝窑、定窑、钧窑、磁州窑、耀州窑、吉州窑、建窑、龙泉窑和景德镇窑等名窑，无一不以颜色釉瓷、彩绘瓷或雕塑陶瓷而闻名于世。

中国古代生产的瓷器，不仅满足国内的需求，还是对外贸易的重要商品。与丝绸相同，中国的瓷器以其精妙绝伦的技术和精致华美的艺术，引起世界人民的惊叹，几个世纪以来一直被海外视为珍宝，甚至成为财富和地位的象征，并对他们的生活方式和文化产生了巨大的影响。

冶金技术

人类的冶金技术经历了三次大发展，即中国商周青铜冶铸技术、战国秦汉铸铁、生铁炼钢技术和欧洲近代冶金技术的出现。人类冶铜技术起源于西亚，比中国早一千多年，但中国后来居上，在商周时期迎来了繁盛。同样，人类冶铁技术发端于土耳其境内，但中国再次后来居上，在秦汉时期发扬光大，率先进入铁器时代，并使中国的冶金技术领先世界达二千年之久。经考证，中国古代至少有 10 项领先欧洲的冶铁制钢技术。

人类最早使用的天然金属铁是陨铁，主要由铁镍合金组成。在人工冶铁技术发明之前，中国已懂得利用天然的陨铁来制造工具。我国陆续发现公元前 14 世纪至公元前 9 世纪的陨铁制品，主要为铜铁复合器物。这些器物用铁作为工具的刃部，可见当时铁的珍贵与人们对铁和青铜两种金属材料不同性能的深刻认识。中国的冶铁业是从青铜冶铸业中产生的，青铜冶铸业又是从制陶业中产的。制陶业的高温技术包括对炉温和炉气的控制被商周青铜冶铸业所继承和发扬，形成了以铸为主的工艺传统和技术观念。

中国冶铁技术的起始约在公元前 10 世纪，虽起步不早，但掌握块炼铁技术不久便发明了生铁冶铸与生铁制钢技术，实现了铁器化。铁质农具、工具和兵器的广泛应用，极大地提高了劳动生产效率，促进了农业经济发展，对中国古代社会、政治、经济、军事和文化等诸多方面产生了重要影响，给中国古代社会带来了一系列巨大而深刻的变化。

早期炼铁技术分两种，一种是块炼法，另一种是生铁冶炼法。最早人工冶铁制品为块炼铁，在 1150℃左右时用木炭将铁矿石直接还原而成，出炉时为固态铁块。约从公元前 1000 年开始，中国出现人工冶铁。新疆哈密焉不拉克等古墓群出土有早期铁器，经分析检测为块炼铁。但是，块炼铁是铁矿石在较低温度下从固体状态被木炭还原的产物，所以质地疏松，还夹杂有许多来自矿石的氧化物，例如，氧化亚铁和硅酸盐。这种块炼铁在一定温度下若经过反

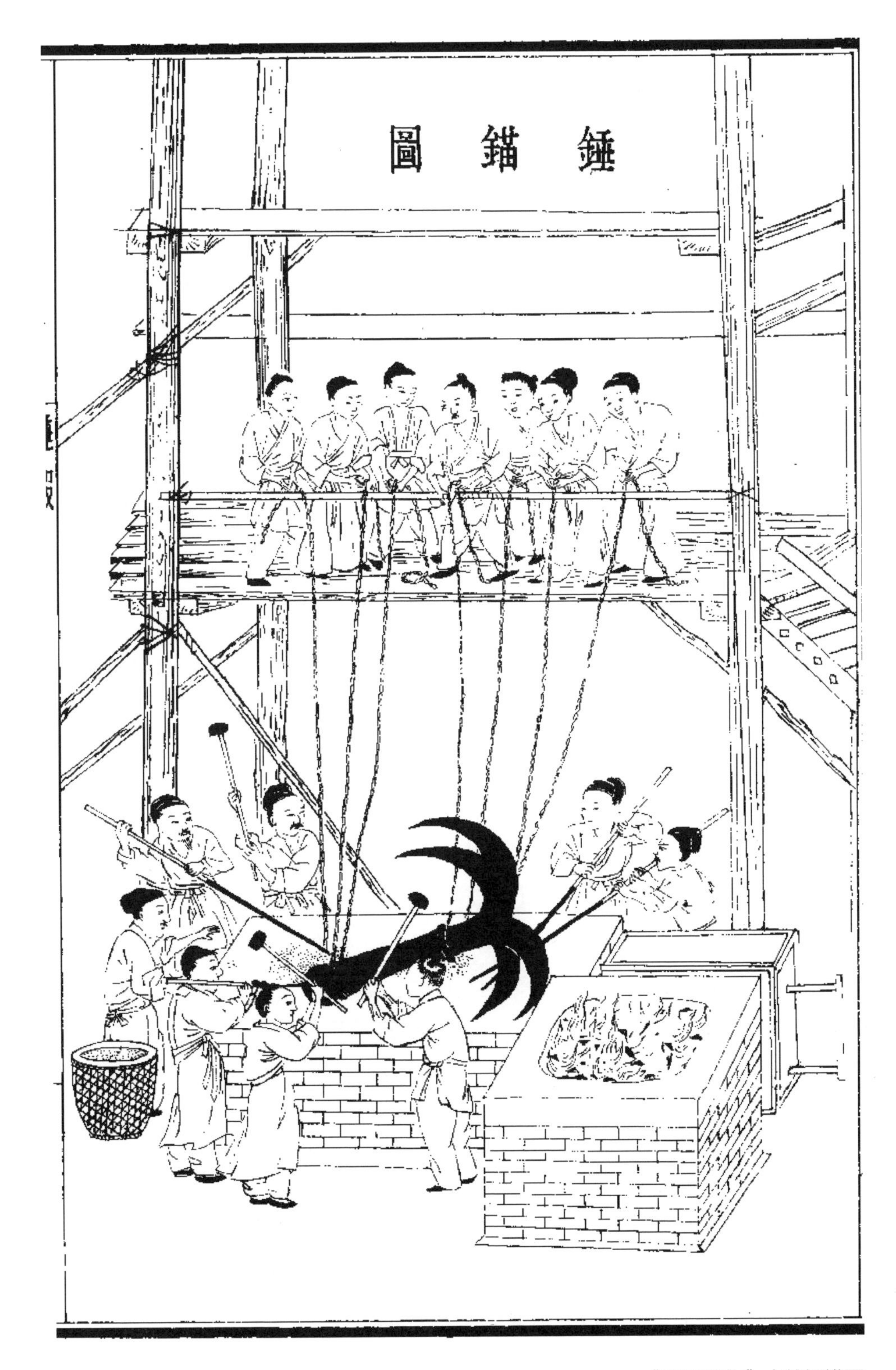

∧《天工开物》中的锤锚图

复锻打，便可将夹杂的氧化物挤出去，机械性能得以改善。如在反复加热过程中，块炼铁同炭火接触，碳渗入而增碳变硬，则成为块炼渗碳钢。从江苏六合程桥东周墓出土的铁条，就是块炼铁的产品。春秋末期和战国初期的一些锻造铁器也是以块炼铁为材料。从河北易县武阳台村的燕下都遗址 44 号墓中曾出土 79 件铁器，经分析鉴定，它们的大部分都是由块炼铁锻成的，这证明至迟在战国后期块炼渗碳钢的技术已在应用。随后出现生铁冶炼技术，由铁矿石在 1150—1300℃条件下还原冶炼而成。得益于成熟先进的高温技术（烧陶技术和冶铜技术留下了很好的冶炼炉子和一整套的陶范铸造技术），中国最早冶炼并使用了生铁（碳含量大于 2.11%）。目前发现的世界上最早的生铁是山西天马—曲村遗址出土的公元前 8 世纪的残铁器。考古发掘的早于公元前 5 世纪的铁器中经鉴定 41 件，其中有 23 件是由生铁制成，表明中国当时已形成了与西方不同的块炼铁和生铁并行发展的钢铁技术体系。生铁因出炉时呈液态，可以连续生产，直接浇注成型，冶铸过程简化，生产效率与块炼铁法相比大为提高。生铁冶炼技术和随后发明的生铁制钢技术，构成了具有中国特色的古代钢铁生产体系，并遥遥领先于世界各国，使得我国工具制造进入了一个全新领域，生产力得到极大的提高，促进了社会的发展。

以生铁冶铸技术为基础，中国发展出一整套独特而且先进的钢铁冶炼和加工工艺。一是铸铁脱碳技术。它是将生铁铸件在氧化气氛中进行退火，可制成脱碳铸铁，或进一步脱碳成为钢或熟铁制品，则其硬度和韧性可适合多数情况的要求。战国晚期遗址中发现了退火较为完全的铸铁脱碳钢农具和易于加工的熟铁板材，表明这一生铁制钢技术已经基本形成。由于铸铁脱碳工艺比块炼渗碳钢简单且成本低，所以很快得到广泛应用。二是铸铁韧化技术。它是在用退火方法改善白口铁脆性的基础上，将铸件重新加热，可使白口铁中的渗碳体分解为石墨，石墨聚成团絮状或球状，可得到韧性铸铁。我国在公元前 5 世纪已经认识热处理的作用，而且创造出铸铁退火韧化这一极为重要的热处理工艺，对战国、秦汉时期生产力的发展起到了重要的推动作用。三是炒钢技术。它是一种以生铁为原料入炉熔融并鼓风搅拌，使生铁中的碳氧化，从而将生铁炒炼成熟铁或钢的新工艺。最早的文献记载见于东汉于吉所撰《太平经》（约1世纪），目前经鉴定最早的炒钢制品是徐州狮子山楚王陵出土的5件矛和凿，属于公元前2世纪中叶。四是百炼钢。“百炼钢”的技术兴起，使钢的质量较前提高。这种初级阶段的百炼钢，是在战国晚期块炼渗碳钢的基础上直接发展起来的，二者所用原料和渗碳方法都相同，因而钢中都有较多的大块氧化铁—硅酸铁共晶夹杂物存在；但不同的是增多了反复加热锻打的次数。锻打在这里不仅起着加工成型的作用，同时也起着使夹杂物减少、细化和均匀化，晶粒细化的作用，显著地提高了钢的质量。百炼钢技术始于东汉，经过多次折叠锻打，组织致密，成分均匀，有较好的力学性能，所以多用来制作宝刀名剑；此外还有灌钢技术。魏晋南北朝时，新的灌钢技术出现。它是将生铁炒成熟铁，然后同生铁按一定比例配合后一起加热，由于生铁的熔点低，易于熔化，待生铁熔化后，它便“灌”入熟铁中，使熟铁增碳而得到钢。这种方法比生产炒钢容易掌握，也使钢铁技术较为完备，成为南北朝以后的主要方法。关于灌钢，最早有明确的文献记载是在南北朝，宋代沈括的《梦溪笔谈》中也有灌钢工艺记载。明代初期对已有的“灌钢法”进一步优化，出现了“生铁淋口法”，尔后再有苏州冶铁工匠提升为“苏钢法”。生铁淋口法即利用熔化的生铁，作为熟铁的渗碳剂，使这种熟铁的刀口炼成钢铁。这一创造性的技术成就，至今仍应用于一些小农具的生产上面。另外，还陆续出现了夹钢、贴钢、生铁淋口、焖钢等多种制钢技术。

中国古代钢铁技术十大发明[①]

序号	技术	发明时间	
		中国	欧洲
1	生产出生铁并铸成实用器物	公元前6世纪或更早	14世纪
2	用退火技术生产韧性铸铁	公元前5世纪	18世纪

① 韩汝玢，柯俊．中国科学技术史：矿冶卷［M］．北京：科学出版社，2007：8.

续表

序号	技术	发明时间	
		中国	欧洲
3	铸铁脱碳钢	公元前 5 世纪	—
4	用铁范成批铸造生产用具	公元前 4—前 3 世纪	19 世纪
5	用生铁炒炼熟铁或钢材	公元前 2 世纪	18 世纪
6	冶炼灰口铁	公元前 2 世纪	17 世纪
7	百炼钢	1—2 世纪	6 世纪
8	灌钢	3—4 世纪	—
9	水排鼓风用于冶铸； 活塞式木风箱用于冶铸	1 世纪 17 世纪	14 世纪 18 世纪
10	煤用于冶铁； 焦炭用于冶铁	10 世纪 16 世纪	17 世纪

纺织技术

衣食住行是人类的基本生活需求，“衣”排在第一位，已从蔽寒遮羞上升到文明礼仪。中国与世界其他文明一样，其纺织技术在科技史中占有极为重要的地位。中国古代纺织技术经历了漫长而辉煌的历史，原始的葛麻、质朴的棉、奢华的丝一一粉墨登场，演绎了一幕幕精彩绚烂的锦绣画面。

旧石器时代中期，中国先民由于打猎和采集活动的需要，就能制作出简单的初具雏形的绳索和网具；到旧石器时代晚期，为了抵御大自然的侵凌并保护自己，又创造出缝纫技术，能搓捻出符合穿针引线要求的较细线缕，并利用这样的线缕编制织物，在新石器时代晚期渐渐地产生了原始的布帛。在距今五千年前后的浙江吴兴钱山漾遗址中，除了发现苎布外，还出土有一段丝带和一小块绢片。这个阶段，多半是野生麻类和其他野生植物的纤维，利用蚕丝织作才刚刚开始。中国是世界上最早利用蚕丝的国家，并在相当长的时间内是唯一这样的国家。原始的纺纱方法是搓捻和续接，织造方法是编席结网发展起来的，像编席一样完全用手编结，故有古人“编，织也”之说。

商周的纺织生产是当时社会生产的一个重要内容，技术上已有较大提高。周代设有专门的官吏，出现了大量的麻纺、丝纺和少量毛纺。这个时期，还没有棉花，麻类原料的处理技术是“浸沤”，葛类原料的处理技术是“煮”。纺织产品出现了缯、帛、素、练、缟、纱、绢及多彩织物锦等。更为重要的是，这个时期丝织物除有平纹、斜纹、重经重纬组织、变化斜纹组织，出现提花技术。瑞典远东博物馆有一件中国商代青铜钺附有这样的丝织物残片。提花技术是中国古代在纺织技术上的一项重大贡献，对世界纺织技术的发展产生了很大影响，西方的提花技术是中国汉代以后传过去的。随着纺织业的发展，染色也成为一个专门的行业，从而促进了染色技术的发展。这时人们已能利用矿物颜料和植物染料给服饰着色，已有黄、红、紫、蓝、绿、黑等色。纺纱工具是缫车、纺车、织机。

∧古代手摇纺车（汉代画像石）

到了春秋战国时期，民间已经在大量使用一种简易的踞织机进行纺纱作业。这是一种用两根横杆、一个“纡子”和一把打纬刀组成的纺纱机。女人在织造时，把经纱的一端系于木柱上，另一端系于织工的腰部，所以也叫腰机。这种踞织机没有机架，卷布轴的一端系于腰间，双足蹬住另一端的经轴不断循环产出织物。它也可以说是当代织布机的鼻祖，直至汉朝，它都是当时女性从事纺织工作的主要专用工具。

汉唐时期，是我国纺织品生产的极盛时期之一。汉武帝元封元年（公元前110年），朝廷自民间征集的绸帛就达五百万匹，可见当时纺织业的兴盛状况。长沙马王堆汉墓出土的大量纺织品，有各种质地和式样的成衣50多件，单幅丝织品46卷，以及绣枕、巾、袜、鞋等，种类繁多，五光十色。在众多衣物中，有一件薄如蝉翼的禪（dān）衣，重仅49克，可与现代的乔其纱相媲美，反映了当时纺织技术已达很高的水平。宋代的纺织丝绸图案色彩及始于唐代的织金丝绸又有了新的发展，织入金线之锦的品种更多，如红捻金锦等，在印花工艺上取得较大进展，已有绞颂、夹颌、蜡绷和介质印花等数种。介质印花是唐代在印染技术上最主要的成就，分碱剂印花、媒染剂印花和清除媒染剂印花3种，为人们提供更加丰富多彩的织物。

宋元时期，随着社会经济的发展，在各种传世纺车机具的基础上，逐渐产生了一种有几十个锭子的大纺车。大纺车与原有的纺车不同，其特点是：锭子数目多达几十枚及利用水力驱动。这些特点使大纺车具备了近代纺纱机械的雏形，适应大规模的专业化生产。以纺麻为例，通用纺车每天最多纺纱3斤，而大纺车一昼夜可纺一百多斤。纺织时，需使用足够的麻才能满足其生产能力。水力大纺车是中国古代将自然力运用于纺织机械的一项重要发明，如单就以水力作原动力的纺纱机具而论，中国比西方早了四个多世纪。花楼织机出现在唐代晚期，在宋代才达到顶峰。它首次把提花工作从织造工作中分离出来，并由一人专职来负责操作，此人就是“挽花工”。织造时，织工和挽花工一起协调配合织作：挽花工高坐在花楼上，用手提拉花束综，以使经线形成开口。而下面的织工则同时配色和引梭打纬。作为最先进的织布机，它一共有多达

1800个构件，以适应大型、复杂、多彩的织物纹样的织造要求。元代元贞年间（1295—1297年），黄道婆把从海南黎族人民那里学到的先进的棉纺织技术传入内地，并改进了擀、弹、纺、织等工具，极大地提高了纺纱效率。此外，她用错纱、配色、综线等技术，织制出有名的乌泥泾被，推动了松江一带棉纺织技术和棉纺织业的发展，使松江在当时一度成为全国棉纺织业的中心。

我国是一个统一的多民族国家，在广西、云南、贵州、湖南等地区的少数民族都织制传统织物，具有鲜明的特色和高超的技艺。如苗锦是苗族人民织制的传统提花织物。分素锦和彩锦两种。素锦仅黑白两色，又叫高山苗锦；彩锦色彩绚丽，变化丰富。侗锦系侗族人民生产的织锦，其配色多黑色，也有蓝白及用彩的，以平纹为地组织，浮纬显花，纹样多几何化花卉禽兽。壮锦，是壮族的传统织物，使用的纤维材料有麻、棉和丝，组织为平纹地组织上的挖花彩纬显花，纹样大多为几何框架内填以图案化鸟兽花卉，色彩对比强烈，色调鲜明。

建筑技术

中国古代建筑具有悠久的历史传统，以其高超的技术成就、精湛的艺术水准和独特的审美风格，在世界建筑史上自成系统、独树一帜，是中华民族科学文化史的重要内容。从历史上看，建筑技术的发展是围绕着材料、结构和施工等方面进步变革而展开的。结构材料的生产和结构方法的发展在建筑技术中占有极为重要的地位，没有这些就谈不上建筑。通常来讲，有什么样的材料，就是有什么样的结构方法。

中国建筑技术大体从结构上讲有土工建筑、木结构建筑、砖结构建筑等多种材料结构方式。其中，土和木应用最早，使用最广。世界上大多数民族多用土制成土坯，用土坯砌筑墙体。除此之外，我国古代劳动人民还发明了夯土技术，许多大型建筑工程，如城墙、高台、陵墓、墙体等都是用夯土版筑技术建造的。据考察，秦汉长城多是就地取材，用夯土筑成。从敦煌西南玉门一带汉长城看，墙身残高4米，下部宽3.5米，上部宽1.1米，就是用土夯成，距地面50厘米开始铺纵横交错的一层芦苇，厚6厘米，用作防碱夹层，可使墙身坚固，不易倒塌。秦汉长城，绵延万里，穿越崇山峻岭、流沙溪谷。如此庞大、艰巨的工程，表现了中华民族的勇气和智慧。

夯土技术的发展使得较大规模的宫殿式建筑群落开始出现。这时的宫殿建筑是夯土与木结构相结合的高台建筑形式，它是由许多单体建筑聚合在一个阶梯形的夯土台上，如秦代的咸阳新宫、朝宫等。宫殿上的多层楼阁、封建坞壁上的门楼和望楼都是用木架构成，即是一种在梁柱上再加梁柱的迭架技术。木结构技术的发展奠定了后世木构高层建筑技术的基础。中国特有的“斗拱”结构，形式多样，有直拱、人字拱、单层拱和多层拱等。斗拱与挑梁、斜撑同时发展，既用于承托屋檐，也用于承托平座，反映了那时的匠师已经有了合力、分力等经验力学知识。建筑屋顶同样出现了多种形式，如四坡顶、歇山顶、卷棚顶、悬山顶、四角拈山顶等，再加上金碧交辉的油饰彩画、精美绝伦的雕刻艺术和光彩夺目的镏金琉璃等，形成了中国古代建筑完善的艺术整体。木结构建筑是中国古代建筑的主体结构形式，至宋辽金元时已相当纯熟，形成了以某一标准用料尺度作为基数的比例制度和一系列的技术规范。北宋李诫用时多年终在1100年编成《营造法式》一书。全书36卷，357篇，3555条，对历代工匠传留的经验作了全面系统的总结，成为当时中原地区官式建筑的规范。《营造法式》属于条例、规范类具有法令性质的专书，这在世界建筑史上是绝无仅有的。该书图文并茂，有房屋仰视平面图、横剖面图、局部构件组合图、部件图、雕饰图等，用者一目了然。该书将“材分八等”，标明我国传统的“以材为祖”的木结构的各种比例数据，反映了我国传统的木工特点。建于辽清宁二年（1056年）的应县木塔，是世界上现存最高的木构高层建筑。它继承了汉、唐以来富有民族特点的重楼形式，广泛采用斗拱结构，共用斗拱六十多种，每个斗拱都有一定的组合形式，有的将梁、坊、柱结成一个整体。它经受住了元明两代的多次地震的考验，至今巍然屹立。

砖构技术在秦汉同样得到了很大发展。西周时期已出现铺地砖瓦，战国时期出现了空心砖和小条砖，至西汉晚期小条砖取代空心砖并逐渐模数化，形成了固定 4∶2∶1 的长、宽、高的比例，使垒砌墙体时可灵活搭配。为防止砖块脱落，人们还发明了榫卯砖、企口砖等。随着不断的实践，初期的砖砌技术向着相互拉结的方向发展，形成了多种式样新颖的垒砌技术，如西汉中叶的筒拱结构、东汉时期的迭涩结构。自北魏起，随着佛教盛行，寺塔大兴，出现了木塔、砖塔和砖石塔等建筑。隋唐时期形成了砖塔建造的第一次高潮。宋代形成了砖塔建造的第二次高潮。唐代砖塔简洁质朴，如长安香积寺塔、嵩山法王寺塔等。宋代砖塔多采用八角形，个别的为六角形，极少数为过去的方形。砖塔形制丰富多样，有苏州大报恩寺塔为代表的回廊式、九江能仁寺塔为代表的穿壁式、定县开元寺塔为代表的穿心式等。江浙一带多是砖木混合结构，江西湖南一带多是砖石混合结构。此外，宋代砖塔将唐代的空筒式结构改变为外壁、楼层和塔梯连为一体的形式，横向拉力增大，抗震性能增强，至今还有许多宋代砖塔存留下来就是结构优越的明证。

随着社会经济的繁荣和交通运输的需要，中国古代相继建造了不少桥梁，至宋元时期达到高潮，并在传统的拱桥和梁桥方面的建造技术取得不少突破。著名的有北宋时汴梁的虹桥、泉州的洛阳桥和金代中都（北京）的卢沟桥等。隋唐时期有著名的赵州安济桥，被誉为“天下之雄胜”。虹桥是这个时期拱桥的代表作，用木梁相接成拱，不用支柱，易架设又便于通航。洛阳桥是这个时期梁桥的代表作，并首创“筏形基础”，即在江底沿桥位纵轴线抛掷数万立方大石块，筑成一条宽 20 多米、长 500 多米的石堤，提升了江底标高 3 米以上，然后在这个石堤上筑桥墩。这是桥梁史的一大创新，是现代桥梁工程中“筏形基础”的先声。此外，匠师们还发明了种蛎固基的方法，在桥基和桥墩上养殖海生动物牡蛎，利用牡蛎的石灰质贝壳附着在石块繁殖生长的特性，使桥基和桥墩的石块通过牡蛎壳相互联结成一个整体。据后世记述与研究，利用潮汐的涨落控制运石船高低架设 20—30 吨重的石梁。这种浮运架梁法，在现代桥梁

> 辽清宁二年（1056 年）建造的
佛宫寺释迦塔（山西应县木塔）

工程得到广泛应用。北京的卢沟桥美观坚固使用至今，马可·波罗曾在其游记中称赞这座桥是“一座美丽的石头桥，讲起来，实在是世界上最好的独一无二的桥”。

航海造船技术

中国是个大陆国家，也是一个海洋国家。中国有着漫长的海岸线与众多的岛屿，航海历史悠久，至少从公元前3世纪起，至15世纪中叶止，中华民族的古代航海造船技术始终居于世界领先地位。

航海事业

远古时代中国人已懂得“木浮于水上”的道理，并能利用火与石斧制造独木舟。进入夏、商、周后，中国人已能制造木板船与风帆，有了一定规模的短距离的航海活动。春秋战国时期，中国开始对远方水域进行海洋探险和进行大规模的海上作战，积累了丰富的造船航海技术经验。至秦汉时代，中国不但造船技术上取得了进步，出现大型远洋船和控制航向的尾舵，而且出现了秦人徐福船队远航日本，以及西汉远洋船队驶出马六甲海峡，到达印度半岛南段的航海壮举，并在此基础上形成了我国历史上第一条印度洋远洋沿岸航线，“海上丝绸之路”，标志着我国古代造船技术已经成熟。

唐代，我国航海事业获得了空前的发展，不但南方“海上丝绸之路”全面兴旺，航迹不但遍及东南亚、南亚、波斯湾沿岸，而且北方航路上，与渤海国（是中国历史上一个少数民族政权）、朝鲜半岛、日本列岛的交往频繁，开辟了西北太平洋上的堪察加半岛与库页岛航线和横越东海的中日南路快速航线。据记载，842年，我国航海木帆船船长李邻德驾驶海船自宁波启程，沿我国海岸北行经山东、辽宁到朝鲜，然后到日本。859 年，我国航海商船由宁波开船，趁西风直放日本嘉值岛那留浦，全程仅需 3 天，创造了中日间航程的新纪录。1281 年，我国航海商船船长郑震的海船从泉州载使臣出国，经 3 个月时间到达斯里兰卡。之后郑震在 3 年当中三度往返印度洋航线，每次均用 3 个月时间。

宋元时期，指南针的发明和应用，使得我国航海事业的发展进入长期活跃的鼎盛时期。海运事业的发展导致了导航设施的诞生。在北洋航线上，1311 年常熟船户苏显在西暗沙处以己船 2 只竖立旗缨，作为航标。以后元政府又在成山龙王庙前高筑土山，日间悬布帆，夜间点灯火指引海船航行导致了灯塔、港口的出现。在南洋航线上，南宋政府已在杭州设立灯塔，其他重要港口也有相应措施。我国国内沿海的海运以元代最为发达。元代海运以运输江浙一带的米粮到大都（今北京），由南宋朱清和张瑄所开创。元代海运最盛时年运粮 360 万石。元代海运的巨大发展，一方面和造船技术的发展紧密相关，另一方面和新航线的开辟也是分不开的。13 世纪末，熟悉我国北洋航线的千户殷明略不仅制订出了中国和朝鲜半岛、日本之间的航线，还在我国北方沿海，开辟了一条由长江口直达天津的新航线，航程仅需 10 天左右，被后人誉为“殷明略航线”。据元代大航海家汪大渊所撰的《岛夷志略》介绍，当时中国远洋船队就已与约 120 个亚非国家与地区建立了海上贸易关系。

造船技术

宋代造船业趋于鼎盛，船型多，用途广，产业发达兴旺。1169 年，水军统制官冯湛吸取了“湖船底”“战船盖”“海船头尾”的优点，打造出一艘综合型的新式桨船。该船“长八丈三尺，阔两丈，计八百料，用桨四十二支，载甲士二百人”。湖船底可以涉浅，战船盖可以迎敌，海船头尾可以破浪，所以，这种新型桨船性能极佳，江河湖海无往不可，犹如一种新式中型快速舰艇。它体现出我国船工已能十分熟练地把几种船型的长处综合在一起，创造出新的船型。1179 年，马定远在江西造一种新型的战渡两用的马船，暗装女墙、轮桨，可以拆卸，运军马则以济渡，遇战则以迎敌。平常作渡船使用，战事时可以立即改装为战船，体现出船舶设计思想的灵活性。1203 年，池州秦世辅创造铁壁铧嘴海鹘战船。这是一种新式大中型战舰，长十丈，宽一丈八尺，深八尺五寸，底板阔四尺，厚一尺，一千料，两边各有橹五支，可载一百五十人。十橹海鹘战船，结构特别坚固，具有冲角，能冲击敌船，故称铁壁铧嘴战船。此外，宋代还创造出旁设四轮每轮八楫俗称“飞虎战舰”的小型车船，能载战士二三百人中型车船，甚至载千余人的大型车船。大型车船一般长二三十丈，吃水一丈左右。1272 年的襄阳之战，张贵制无底船百余艘，中竖旗帜，军士立于两舷，引诱敌军跃入溺死。此外，宋代水军配备的战舰有海鳅、双车、十棹、得胜、水哨马、水飞马、大飞旗捷、防沙平底等各种战船，官方船只有暖船、浅底屋子船、腾浅船、双桅多桨船、大小八橹、海鹘船、破冰船、浚河船等特种船，民间船的船型更多，达千百种。

宋代遣使出洋，除必要时由官方特别制造巨型海船“神舟”以外，一般多雇用民间大型海船，加以装饰彩绘，称为“客舟”。《宣和奉使高丽图经》称：“客舟长十余丈，深三丈，阔二丈五尺，可载二千斛粟，以整木巨枋制成。甲板宽平，底尖如刃……每船十橹。大桅高十丈，头桅高八丈。后有正拖，大小二等。碇石用绞车升降……每船有水手六十人左右。”至于特制的神舟，其长度、宽度和深度往往是客舟的两三倍。1078 年，安寿出使高丽，在明州（今宁波）造万斛船两艘。1122 年，路允迪、傅墨卿和徐兢出使高丽，又造两艘神舟，形制更大。1974 年，福建泉州湾发掘了一艘宋代海船。全船共分 13 舱，复原后的泉州古船长 34.55 米，宽 9.9 米，排水量 374.4 吨。自龙骨至舷侧有船板 14 行，1—10 行由两层船板叠合而成，11—13 行则以三层船板叠合。技术上采用以搭接和平接两种方法，并用麻丝、竹茹、桐油灰舱缝。历史记载或考古发掘两方面都说明了宋代船舶性能和船舶结构各方面达到了相当高的水平。

宋元时期，无论从船舶的数量或质量上都体现出我国造船事业的高度发展。宋代全国各地每年造船 3000 多艘。元代每年造战舰 5000 多艘。宋元海船因航行安全受到中外人士的一致赞誉。它巨大坚固，常以“巨木全木方，搀叠而成”；结构精良，拥有水密隔舱，增加了船体横向强度。我国航海造船技术至宋元时期达到了如此高的水平，并非幸致，而是经过很长时期的艰苦努力所致。

我国造船技术自古以来就具有优良的传统和民族的特色，自成体系。西方木帆船其纵向主要构件是龙骨，而我国木帆船，更依靠两舷或更多大樇的夹持（大樇是船的两舷水线附近坚强有力的前后纵通材，成株巨木直压到头）。西方

∧ 宋代海鹘船

引自:《武经总要》

木帆船横向主要构件是一条一条的肋骨；而我国木帆船横向强度靠短间距的横舱壁，在受力较大的地方，更设有粗大的面梁。西方木帆船船壳板的连接采用搭接方式；我国木帆船的船壳板的连接，多采用平接方式。平接方式要比搭接优越。西欧船只到 11 世纪才开始采用平接方式。在航海方面，用指南针导航、用船尾舵掌握航向，以及有效地利用风力是远洋航行的三大必要条件，这在我国都先后发明与具备了。而我国的指南针和船尾舵西传之后，至 15 世纪，西方的木帆船才开始了海上的远航，从而开辟了一个航海的新时代。

《天工开物》中的技术世界

把科学知识运用于国计民生是中国古代科技的重要特征，宋元时代达到高峰，并在明代得到进一步的发展，不仅有享誉世界影响深远的四大发明，而且有着数量众多、门类齐全的工农业技术发明，带来商品经济的繁荣。十六七世纪的中国明代末期被史学家称为“天崩地解”的时代，在这个世界科学技术正从古代和中世纪向近代科学技术过渡转变的时期，中国出现了许多“别开生面”的科技启蒙思想家及其著作，其中李时珍的《本草纲目》、宋应星的《天工开物》、朱橚的《救荒本草》、徐光启的《农政全书》和徐霞客的《徐霞客游记》最为突出。《天工开物》一书虽然篇幅不大，只有三册，却从某种意义上来说，可以与 18 世纪中叶法国的狄德罗编撰的《百科全书》相媲美。狄得罗是以科学技术的角度，讴歌近代文明的诞生。宋应星则是对在中国古代文明中发挥关键作用的传统技术的礼赞。

明朝末年是政治上极为动荡不安的时期。北有满族、蒙古人的侵扰，还有南方沿海地区的倭寇之患。国内宦官与东林党彼此倾轧，争权夺利。人民深受党祸之苦，朝廷威信一落千丈。尽管如此，这一时期，以江南地区为中心的经济还是极为活跃的。刺激这些经济活动活跃的因素是当时的海上贸易。中国向外出口瓷器、丝绸、茶叶、钢铁制品等，而世界各地开采的白银大量流入中国，世界贸易成为以白银为本位的经济体系，而中国是这个体系的“龙头”。明代的中国，在一定程度上成为世界的制造工厂。就是在这样旺盛的生产需求背景下，宋应星这部百科全书式的技术著作得以问世。

宋应星（1587—1666 年），字长庚，明代江西省南昌府奉新县北乡人。他出身于名门高第，万历四十三年（1615 年）考中举人，可是后来却屡考进士不中。科举道路的失败使他转向“与功名进取毫不相关”的实学，研究与国计民生有关的科学技术。后来在崇祯七年（1634 年）他出任江西分宜县教谕之职。《天工开物》就是他在这个时期写成的。在经济和产业方面，江西虽然不比江苏和浙江，但是有中国首屈一指的瓷器生产基地景德镇，当时的气候土地还适合栽培各种农作物，还有丰富的煤和铁铜等金属矿藏资源。他生活在这个产业之乡，对主要的生产技术自然是十分关心的。《天工开物》的特色就在于它是根据宋应星在实际中观察和学习到的东西写成的。它不是当时阳明心学家们的高谈阔论，而是讲述各种生产技术细节的实用著作。

《天工开物》刊于明崇祯十年（1637 年），全书共有上、中、下三册，十八卷。上册为《乃粒》《乃服》《彰施》《粹精》《作咸》《甘嗜》六卷，讲的是与吃穿有关的农业和农副业；中册为《陶埏》《冶铸》《舟车》《锤锻》《燔石》《膏药》《杀青》七卷，与陶瓷、冶金、造纸等手工业有关；下册为《五金》《佳兵》《丹青》《曲蘖》《珠玉》，几乎涵盖了所有国民经济生产领域，以及从原料到产品的全部生产过程。此书体例特意从《乃粒》开始，而以《珠玉》结尾，强调“乃贵五谷而贱金玉之义”，即认为民食五谷最为重要，而金玉只不过是富贵人家的玩物，无关国计民生。书中提倡对事物多予见闻与试验，注重生产过程中的原料配比关系，反对方士炼丹求仙之说。

中国古代主要是农业文明，农业生产在国民经济中的地位始终处于首位。但是从《天工开物》的内容来看，不仅对农业生产技术和生产过程介绍得详细周全，而且对冶金、纺织和兵器制造等技术也有详细的介绍。在冶金方面，《天工开物》介绍了炼铁的全部过程，从采矿到冶炼再到锻铸。书中有生动的采煤场景插图，从图中可以看到当时煤矿工已经掌握了矿井支撑、排风等技术，而煤的开采也从侧面说明了钢铁冶炼对焦炭的基本需求。书中有生铁、熟铁的连续冶炼，也说是将炼铁炉与炒钢炉串联使用的技术，并记录了灌钢、炼锌、铸钱、泥型铸釜和失蜡铸造的方法，其中不少工艺至今仍在应用，如有名的王麻子、张小泉剪刀就是使用了“夹钢”“贴钢”技术。在纺织方面，《天工开物》中有古代最详细的大型提花织机插图，它可以说是古代最复杂精密的纺织机械了。书中用大篇幅介绍了棉纺技术，反映了明末在江南地区高速发展的棉纺织业状况。在兵器方面，《天工开物》中介绍的火器中不但有水雷、地雷、“万人敌”等炸弹型武器，也有鸟铳、佛郎机等管状武器。这也说明在农业文明中，工业制造也是生产力的重要方面，工业技术也可以从农业文明中生发出来。

《天工开物》反映出的科学上的实证精神、研究上的严谨作风和批判精神，得到梁启超在《中国近三百年学术史》中的高度评价：“《天工开物》是用科学方法研究食物、被服、用器，以及冶金、制械、丹青，珠玉之原料工作，绘图贴说，详细明备。……不独一洗明人不读书的空谈，而且比清人专读书的实谈还胜几筹，真算得反动初期最有价值的作品。”《天工开物》所展现的丰富技术世界，被日本的三枝博音和薮内清分别视为“中国有代表性的技术书”和“足以与十八世纪后半期法国狄德罗编纂的《百科全书》相匹敌的书籍”。

《天工开物》的书名本身，就很好地概括了中国古代的技术思想，即强调自然力（天工）与人力的配合。人通过对自然规律的认识，利用科学技术从自然资源中开发产品，以满足人们的需要。这一思想传统由来已久，《尚书·皋陶谟》中就说：“无旷庶官，天工人其代之。”中国古代理想社会中的各种官职，如《周礼》中所记，都是有一技之长的科学技术人员。这样的技术观，一方面说明人能“巧夺天工”，创造出与自然造物一样完美的事物；但是另一方面说明技术还必须本之于自然，人只是把自然的功能，即所谓“天工”开发出来，而不是主张对自然资源进行无节制的使用和破坏。技术首先是“天工”，而不是人力。这种技术观，与中国传统的“天人合一”的世界观是完全一致的。

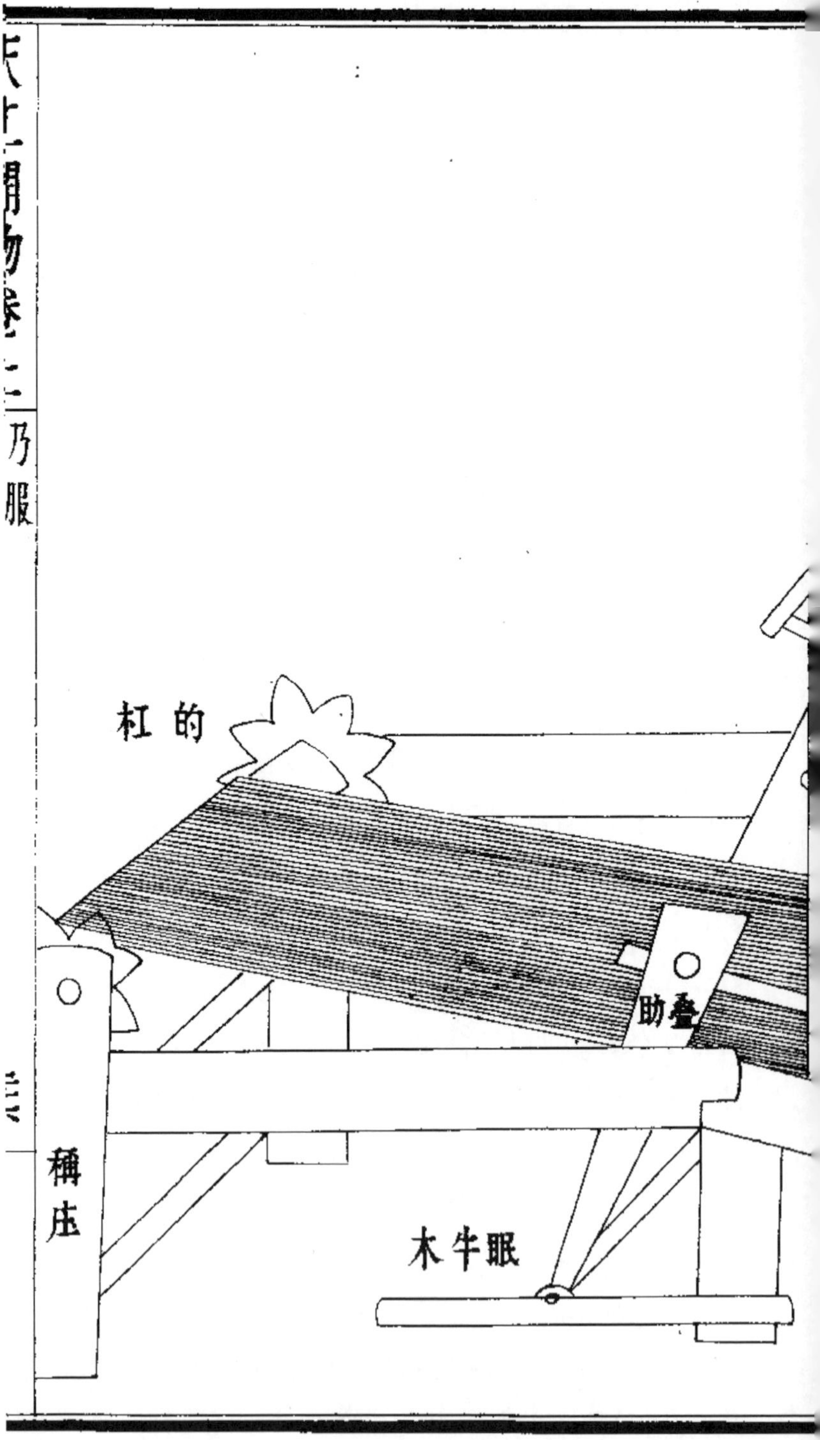

>《天工开物》中的提花织机

天工開物卷上 乃服

杠的

助叠

稱压

木牛眼

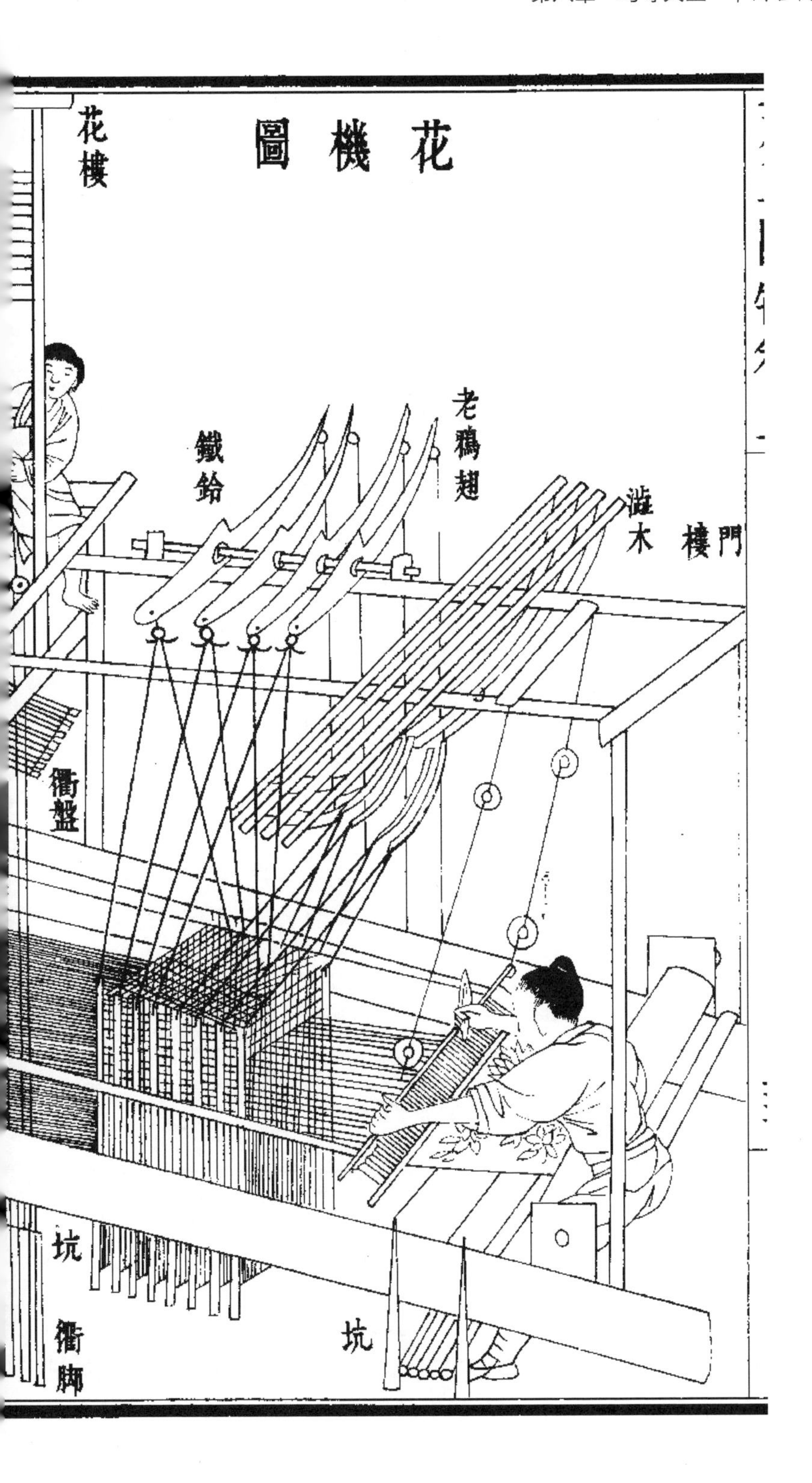
花機圖
花樓
老鴉翅
鐵鈴
涩木
門樓
衢盤
坑
衢脚
坑

第九章

科学气质

中国古代的科学家典范

Legacy of Civilization 文明的积淀

谈论科学，总离不开从事科学研究的人，即科学家。可是在近代科学产生之前，并没有以科学为职业的“科学家”。西方是如此，中国也是如此。我们把从事科学研究的人物称作古代科学家。中国古代科学家的身份是多种多样的，多数是朝中官员，但也有民间人士、宗教人物、方技隐逸乃至布衣平民。中国古代社会儒家政治起主导作用，国家采用科举取士，为政府服务，因此大多数知识分子是因为职责的需要，而对科学产生兴趣。他们从事的科学研究工作，往往是面向国家政治经济需要的。他们胸怀中国士人的普遍理想，即《大学》中所说的“治国、平天下”。

关于科学精神，美国社会学家默顿提出了科学的“精神气质”，包括普遍主义、公有主义、无私利性和有条理的怀疑主义。中国当代也正在讲“科学家精神”，包括“爱国、创新、求实、奉献、协同、育人”等。那么，中国古代的科学家究竟具有怎样的精神气质呢？我们这里选择中国古代一些杰出科学家，通过他们的学术事迹、科学成果和科学思想，展现中国古代科学家的精神气质。他们分别是东汉的张衡、魏晋的贾思勰、南北朝的祖冲之、唐代的孙思邈和僧一行、北宋的沈括、元初的郭守敬和明末的徐霞客和徐光启。

历数穷天地的科学巨星——张衡

要论在世界科学史上的科学巨星，东汉的张衡（字平子，公元 78—139 年）毫无疑问是极其耀眼的一颗。与古希腊托勒密、阿基米德等科学家相比，他在科学史上的地位一点也不逊色。他的好友崔瑗评价他是“道德漫流，文章云浮，数术穷天地，制作侔造化，奇技伟艺，磊落焕炳”。今人郭沫若称誉他是“如此全面发展之人物，在世界史上亦所罕见”。张衡的贡献，成就于他的时代，也超越了他的时代。

太阳系中有一颗小行星叫“张衡星”，月亮上也有一座环形山叫“张衡山”。一千九百多年前的张衡的名字上了太空，和天地共存，与日月同辉。这是张衡作为一位中国杰出的科学家得到世界公认的标志。

张衡于东汉章帝建初三年（公元 78 年）诞生于南阳郡西鄂县石桥镇（今河南省南阳市石桥镇）的一个官宦人家。他的祖父张堪做过蜀郡太守和渔阳太守。东汉时期的南阳郡，山明水秀，地理条件十分优越。“于显乐都，既丽且康”，张衡在 33 岁时写的《南都赋》这样开头，接着他歌颂了南阳的壮丽的山川、优美的风景、肥沃的土地、丰富的物产和多姿的风俗，字里行间包含着他对故乡的无限热爱。

东汉时期，一般有条件的仁宦家庭的儿童，在六七岁时便入学，学习儒家经典，到十六七岁时，便出外游学，投奔名师，最后学业有成，就能做官。张衡少年时代就熟读经典。他天资聪明，读书又用功，十多岁时就相当有学问，能写得好文章。十七岁时的张衡，就怀着远游的志向，离开家乡，踏上了游览名胜、访师求学的旅途。他首先到关中瞻仰西京名胜，游览三辅。东汉时把长安附近的京兆尹和左冯翊、右扶风合称为“三辅”，在西汉时是中国最富庶的地区，山川秀丽，名胜极多，虽经西汉末年的战乱破坏，但气势依存。张衡当时最大的兴趣是文学，西汉时司马相如笔下的上林苑、扬雄笔下的甘泉，东汉班固描写的西京长安，令他神往。他在“三辅”往来游息于渭河平原，考察当地民俗风情，登临太华山终南山，欣赏山川风云景色，尤其对长安的宫廷建筑、文物典章、市井制度、财货聚散、豪富王侯等都有仔细的观察和深切的认识。这样的游历在青年张衡心中埋下了深深的家国情怀。

游历“三辅”之后，张衡到了东汉的京都洛阳。他“观太学、遂通五经，贯六艺”，师从当时著名的儒学大师同时也是天文学家和文学家贾逵（公元30—101年），同时结识了后来成为他好友的崔瑗，此外还有马融、王符、窦章等，后来他们都成为名闻当时的贤士。这些游学经历，为张衡后来在科学和文学上取得杰出成就打下了坚实的基础。

张衡在20岁时被南阳太守鲍德召回家乡，充任南阳主簿，相当于鲍德的助理。这一时期，张衡专心读书，并精读了扬雄的《太玄经》。正是扬雄及其《太玄经》，引起了张衡在学术志趣上的转变，张衡开始关注科学。

关于张衡地动仪,《后汉书》中有明确的记载。其中的关键构件是“都柱”，就是简单的立柱。人们往往以为这样灵敏的柱子根本立不起来，立起来了也会因为各种轻微的干扰而倾倒，而且是“乱倒”，于是对张衡的地动仪产生了怀疑。但是对地动仪立柱的科学实验证明，都柱不仅可以立起来，而且不会乱倒,“立柱验证”完全可行。张衡地动仪完全可以检测到发生在千里之外人所感觉不到的地震，不愧为中国古代最伟大的技术发明之一。

张衡地动仪也不局限于是一种技术上的发明，它的背后是科学的思维、细致的观察和务实的科学应用。张衡认为地震是地下阴气受逼引起迸发而造成的，而“气之动”即为“风”，所以张衡把他的地动仪叫作“候风地动仪”。张衡地动仪所用的动物形象具有象征意义，即龙象征风，蟾蜍象征地下的阴气，但同时也相当是基于对地震现象的观察。我们知道，地震发生之前，蟾蜍这样的动物往往先有警觉而做出异常的行为。张衡对这些现象肯定是有所观察的，这就是地动仪用蟾蜍承接铜丸的原因。今人评价张衡，有时受“后见之明”的影响，认为张衡研究“候气”“风角”是搞“迷信”，殊不知这正是张衡时代

∧ 冯锐设计制作的悬垂摆地动仪复原模型（左），王振铎设计制作的都柱式地动仪复原模型（右）（张瑶　供图）

的科学思维的逻辑所在。而张衡在研究“风角”的同时，又明确反对“图谶”之类的迷信，可见在张衡的思想里，理性的探索与非理性的迷信的界限还是明确的。

地震在古代被认为是重大的灾异。在汉代董仲舒构建的“天人合一”灾异论说中，像地震这样的灾异自然要受到重视，因为这是国家治理的一部分。据《后汉书》记载，从公元 96 年到 125 年的约 30 年中，就有 23 年发生过较大的地震。张衡地动仪的发明，正是满足了当时社会政治的需求，从中可以看到张衡这样的科学家的社会责任感。

张衡是才能多面的科学家，他的科学研究涉及天文、数学、地理、机械等方面。中国古代天文学在汉代以前就有很悠久的历史。到了汉武帝时期，经过太初改历，建立了中国古代天文学的“范式”，使天文历法成为一种数字化的宇宙模型，不仅包括了对日月五星运动的推算，而且包括了对人类社会历史变迁的研究，用司马迁的话说是“究天人之际，通古今之变”的大学问。太初改历过程中的天文观测、宇宙论之争和理论构建，正是张衡在天文学上创新发明的时代背景。

关于恒星，司马迁说“唐都分天部”，他在《史记·天官书》中，综述了汉代的星空，把星空描述为“天人对应”的体系，与古希腊的星座体系形成鲜明的对比。张衡无疑是秉承了这个传统，他在《灵宪》中写道：“星也者，体生于地，精成于天，列居错跱，各有所属。……在野象物，在朝象官，在人象事，于是备矣。”天上的星星，就是地上事物的宣气，天地在本质上是对应的。张衡所定的星官体系是超越了《天官书》的。《天官书》描写 80 多个星官，800 多颗恒星。而《灵宪》说：“中外之官，常明者百有二十四，可名者三百二十，为星二千五百，而海人之占未存焉。”所谓“海人之占”，很可能是指中原地区不可见而在南海地区可见的南天恒星。

关于行星运动，《太初历》（即《三统历》）以对行星周期性运行的观测为基础，建立了行星运动的计算模型。《三统历》已经把金星和水星与火星、火星和土星区分开来，采取不同的数字模型，张衡则在《灵宪》中对这两类行星做了进一步区分，认为前者“附于月”，后者“附于日”，相当于现代天文学中对“内地行星”与“外地行星”的区分。张衡还进一步认识到，行星运动的快慢与其在天上的高度（也就是离开地的距离）有关，即所谓“近天则迟，远天则速”，这也是符合行星运动实际情况的科学论断。

张衡《灵宪》中还提出了关于月食成因的理论。他的月食理论，打破了之前的“月照天下，食于蟾蜍”的神话，采用“自然主义”的阴阳理论来进行解释，提出了“暗虚”的理论：“月光生于日之所照，魄生于日之所蔽，当日则光盈，就日则光尽也。众星被耀，因水转光。当日之冲，光常不合者，蔽于地也。是谓暗虚。在星星微，月过则食。”即月食是由日光因地遮蔽而形成的“暗虚”造成的。这是对月食成因的科学解释。

在天文宇宙论方面，张衡更是当时先进的“浑天说”的代表。关于宇宙论

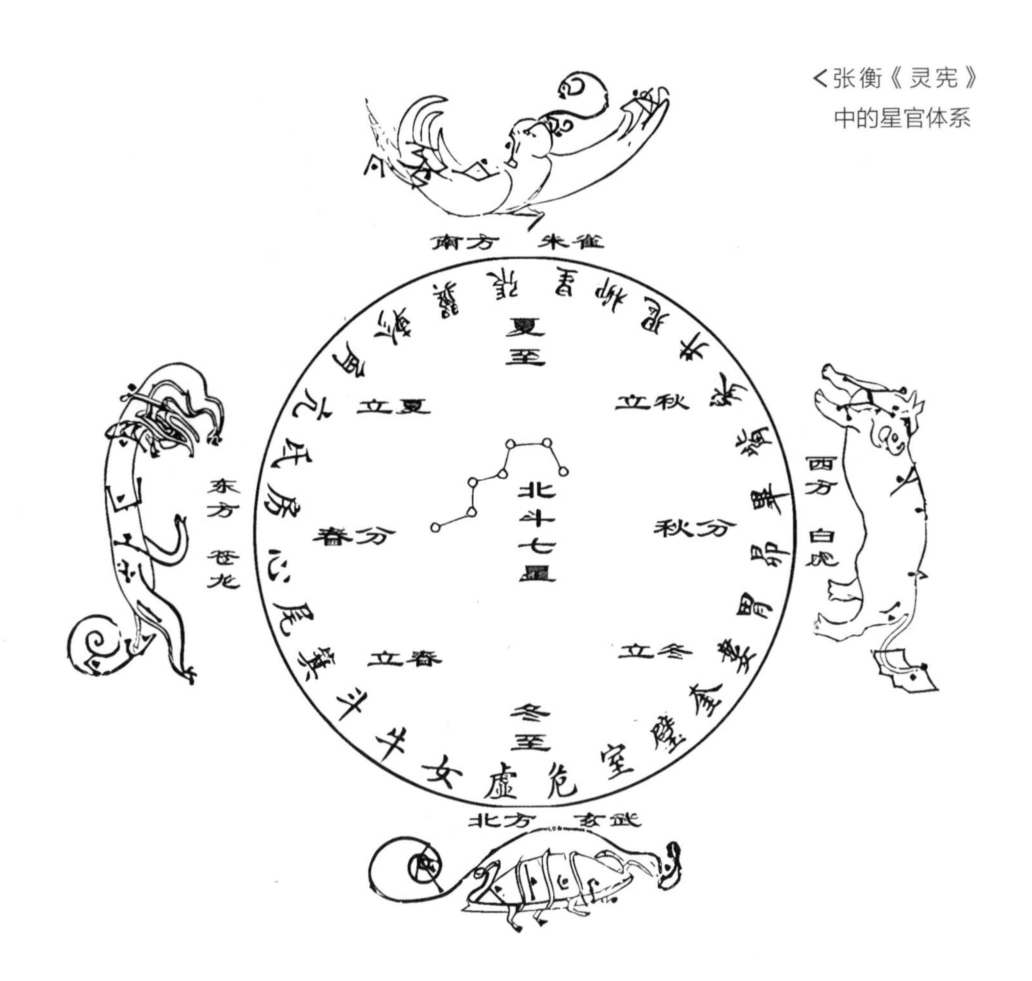

张衡《灵宪》中的星官体系

的“浑盖之争”，在西汉时期就已开始。西汉思想家扬雄就经历了从支持“盖天说”到支持“浑天说”的思想转变，写出了著名的“难盖天八事”，从天文观测和哲学思辨的角度，指出的“盖天说”的不可信和“浑天说”的优越性。而关于浑天说，他说：“或问浑天。曰：落下闳营之，鲜于妄人度之，耿寿昌象之。”这说明在太初改历的时候，从民间招募上来的天文学家落下闳就已经使用基于浑天说的天文仪器——浑仪来进行天文测量了。张衡则对浑天说进行了高度的概括，他在《浑天仪注》中说：“浑天如鸡子，地如鸡子中黄，”形象地描述了浑天说的模型，与现代天文学的天球相当。

张衡的宇宙论思想，实际上还远超于浑天说之上，在哲学上有很高的高

∧ 东汉时期的浑仪与张衡浑天说示意图

度。张衡认为，人们看到的世界是有限的，在这个范围之外，就“未之或知也。未之或知者，宇宙之谓也。宇之表无极，宙之端无穷”。宇宙在空间和时间上都是无限的，这和当代科学的时空观是一致的。他在《灵宪》的开头部分，讨论天地起源和宇宙演化的问题，与以托勒密为代表的西方古代认为宇宙结构万古不变的思想大异其趣，却与20世纪的宇宙演化学说相通，说明张衡的宇宙论思想的先进性。

张衡对科学的探索，很多是出于他对外在世界的兴趣和丰富的想象力，有些想象甚至来源于古代的神话。传说尧帝时有一种叫作“蓂荚”的植物，初一生长一叶，初二生长一叶，直到十五共生长十五叶，之后就一天落一叶，直到三十落完。张衡正是从这样的神话中获得了灵感，创制了他称之为“瑞轮蓂荚”的“自动化日历”。照着同样的思路，他还创制了水运浑天仪象，开创了中国古代制造水运自动化天文仪象的传统。这一传统在唐宋时期得到进一步的发展，直到北宋的苏颂制造出集天文观测、演示和报时系统为一体的自动化天文台而达到顶峰，李约瑟称之为“世界上最早的天文钟”。张衡把神话的想象变成了科学的现实。此外，张衡还制作了指南车和记里鼓车，还制造了会自动飞的“独飞木雕”，虽然具体的制作方法没有流传下来，但这些表明张衡作为天才的机械发明家的地位是得到公认的。所以他的好友称他“制作侔造化”是非常贴切的。

张衡在数学上也有很高的成就，他著有《算罔论》一书，可惜没有流传下来。他对圆周率有专门的研究。中国古代在天文计算中经常采用“径一周三”，即认为圆周率的数值为3，这显然是很不准确的。但是张衡对圆周率的认识远不至于此。他在《灵宪》中说：“悬象著明，莫大乎日月。其径当周天七百三十六分之一，地广二百四十二分之一。”据此可以得出《灵宪》中的圆周率为736/242=3.04. 这个值未免太小，其中“周天”和“地广”的数据是值得怀疑的。据数学史家钱宝琮的考证，《灵宪》中“周天”和“地广”应该分别是730和232，这样得出的圆周率为730/232=3.1466，这个数值比张衡的另一个圆周率近似值$\sqrt{10}$=3.1623还要精密。显然，由于张衡的研究，中国古代对圆周率的认识突破了“径一周三”的局限。

最后要说的是，张衡不仅是伟大的科学家，也是伟大的文学家和思想家。他的《四愁诗》，开创了中国古代“七言诗”的新风；他的《二京赋》《南都赋》以一种包举宇内的气度，描写了帝乡的山川河流、物产矿藏、手工农业、民俗风情等，具有极强的文化感染力；他的《思玄赋》更是一部星空的畅想曲，把天上星星的秩序与人间社会的秩序融为一体。没有博大的人文情怀，张衡不可能写出这样的诗赋。而他的这种人文思想，恰恰构成了他的科学思想的基础。“道德漫流，文章云浮”，正是张衡博大人文精神的恰当评价。

在张衡身上，我们看到的是一种科学精神和人文精神的完美结合。他热爱家乡，志向宏大，满满的社会责任感，这些从他的《南都赋》中就可以看出来。他充满好奇心，对自然现象有仔细的观察和思考，所以才有对月食、地震、霓虹等现象的研究。他想象力丰富，甚至从古代神话中获得灵感创造出自动化的天文仪器。他认为自然有规律可循，宇宙有其秩序，所以才能写出天文

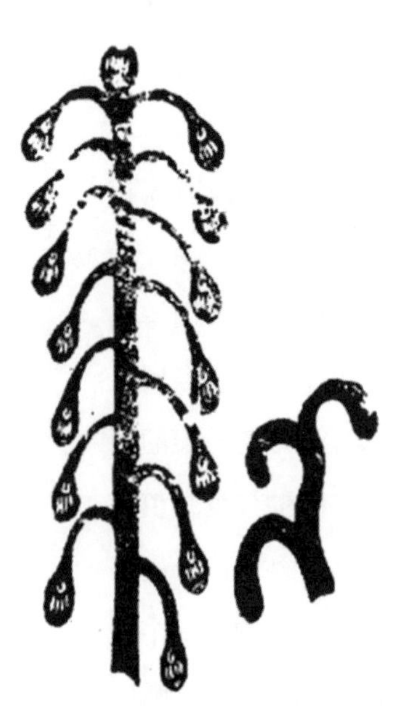

∧ 神话传说中的植物蓂荚及张衡创制的“瑞轮蓂荚”复原图

宇宙学的宏论《灵宪》，测“天步”，究“天心”。他又是一位能工巧匠，具有实验精神，所以才能做出如此多的技术发明。汉代博大的人文精神就包含了丰富的科学精神，正是这些，造就了伟大的科学家张衡。

精益求精、广智求真的科学家——祖冲之

科学，讲究的是好奇求真、刨根问底、精益求精的精神，也就是我们常说的“为科学而科学”的探索精神。中国古代有没有这样的精神？答案是肯定的。南北朝的数学、天文、机械学家祖冲之就是体现这种科学精神的一个范例。

祖冲之（429—500年），字文远，生于丹阳郡建康县（今江苏南京），籍贯范阳郡遒县（今河北省涞水县），是南北朝时期杰出的数学家、天文学家。他出身世家，其祖父祖昌是刘宋朝管理土木工程的“大匠卿”，父亲祖朔之做“奉朝请”，学识渊博。祖冲之从小就受其祖父和父亲的教导，遍读经书典籍，对自然科学和文学、哲学，特别是天文学产生了浓厚的兴趣。祖冲之“专攻数术，搜炼古今”，同时又不“虚推古人”，秉持“亲量圭尺，躬测仪漏，目尽毫厘，心穷筹策”的科研态度。他在刘歆、张衡、郑玄、刘徽、何承天等前人在天文历算成就的基础上，进行继承性批判，坚持实验考核、躬亲测量、细致推算、校正错误，取得了对后世影响深远的研究成果。例如，他把圆周率的计算精确到小数点后七位，他编制的《大明历》在天文学上有许多重要的创新。

圆周率的计算，是世界数学史上的重要课题。中国早期使用的圆周率比较粗略，汉代的《周髀算经》和《九章算术》中都认为“径一周三”，即圆周率取值为3，东汉张衡推算出的圆周率值为3.162。三国时王蕃取圆周率数值为3.155。魏晋时刘徽创立了“割圆术”，以内接正多边形的周长逼近圆周长，边数从6边增加至192边，求得圆周率的值比3.14稍大一些。祖冲之认为，刘徽研究圆周率的成绩最大，并在刘徽开创的探索圆周率的精确方法的基础上，提出了“约率”（22/7）和“密率”（355/113）。这个密率约等于3.1415927，首次将圆周率精算到小数第七位。直到16世纪，阿拉伯数学家阿尔·卡西才打破了这一纪录。这个“密率”被后世称为“祖率”。祖冲之对圆周率的研究，显然不是为了直接实用的目的，而是对“割圆术”数学问题本身的精益求精的研究。

祖冲之的数学研究成就还汇集于他和他的儿子祖暅所著的数学专著《缀术》中。《缀术》内容深奥，时人称其精妙，书中除包括圆周率和球体体积的计算外，可能还涉及三次方程的求解问题。在唐代数学教育中，《缀术》的学习时间定为四年，是“十部算经”中学习时间最长的一种。但这本书内容过于高深，以至于“学官莫能究其深奥，故废而不理”。后来，《缀术》传至朝鲜，但10世纪以后，《缀术》渐渐在各国失传了。

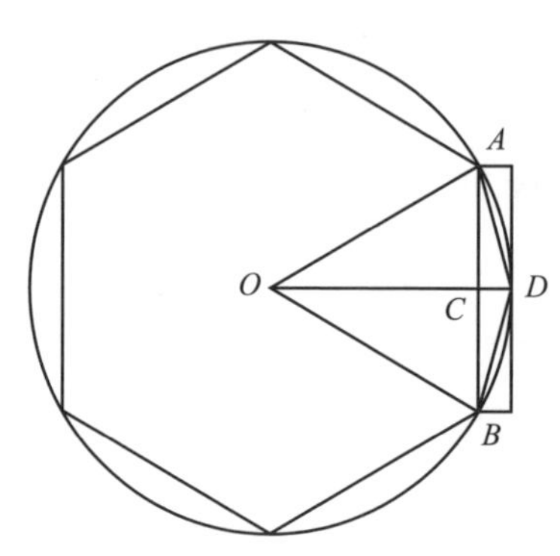

< 祖冲之和他的割圆术示意图

祖冲之在天文学上的成就，首先是历法推算中最先考虑岁差的影响。我们今天知道造成岁差的物理机制是地球极轴的方向在空间绕黄极的进动，造成每年太阳运行一周（实际上是地球绕太阳运行一周），不可能完全回到上一年的冬至点上，总要相差一个微小距离。按现代天文学家的精确计算，大约每年相差 50.2 秒，每七十一年八个月向后移一度。这种现象叫作“岁差”。中国古代认识岁差是一个漫长的过程，经西汉的邓平、落下闳、东汉的刘歆、贾逵等人，一直到东晋的虞喜才开始确定岁差现象的存在。他给出的岁差是冬至日每五十年退后一度。南朝刘宋初年，何承天认为岁差每一百年差一度，但是他在他所制定的《元嘉历》中并没有应用岁差。祖冲之继承了前人的研究成果，不但证实了岁差现象的存在，算出岁差是每四十五年十一个月后退一度，而且在他制作的《大明历》中应用了岁差。这是历法上了不起的重大创新。

其次是首先提出“交点月”的概念。祖冲之认为，月亮相继两次通过黄道、白道的同一交点的时间（即“交点月”）长度为 27.2123 日，与现今推算值仅相差十万分之一日，即不到 1 秒。由于日食、月食的推算都涉及黄白交点，日月只有在交点附件会合或对冲才会发生日食或月食，所以祖冲之确定的交点月长度对于准确预报日月食具有十分重要的意义。祖冲之在他制订的《大明历》中，应用交点月推算出来的日、月食时间比过去准确，和实际出现日、月食的时间都很接近。

最后是对闰周的改进。中国古代历法是阴阳合历，要协调阴历和阳历，就得在若干年中的某些年份（闰年）增加一个闰月，这样闰年就有 13 个月。战国以来历法都定闰周为“19 年 7 闰”，但是到了 412 年，北凉赵𢾺创作《元始历》，打破古闰周，而是采用“600 年 221 闰”的闰周。祖冲之吸取了赵𢾺的理论，加上他自己的观察，认为 19 年 7 闰的闰数过多，每 200 年就要差 1 天，而赵𢾺 600 年 221 闰也不十分准确。因此，祖冲之提出了 391 年 144 闰月的新闰法。祖冲之的闰周精密程度极高，按照他的推算，一个回归年的长度为 365.2428141 日，和今时的推算值仅相差 46 秒。一直到南宋的《统天历》，才采用了比这更精确的数据。

祖冲之的《大明历》采取了一系列的改革，是一部先进的历法。南朝大明六年（462 年）祖冲之上表给南宋孝武帝刘骏，要求推行新历，但却受到刘骏的宠臣戴法兴的极力反对。戴法兴拘泥于陈腐的传统观念非难祖冲之，他无视祖冲之提出的“冬至所在，岁岁微差”的事实，死守冬至点是“万世不易”的错误观点，反而责骂祖冲之“诬天背经”。他还以闰法的设置，是“古人制章”，“此不可革”为口实，攻击祖冲之改革闰周是“削闰坏章”。戴法兴既为刘骏的宠臣，“天下畏其权，既立异议，论者皆附之”。当时朝臣中没有一个人支持祖冲之，面对着权臣的孤立，祖冲之没有畏缩，而是挺身而出，撰《历议》与戴法兴进行针锋相对的论战。他用亲自观察测量的事实驳斥戴法兴，指出日月星辰的运行，“迟疾之率，非出神怪。有形可检，有数可推”，人们对天体运行规律的认识，在不断进步，“艺之兴，因代而推移”，不应该“信古而疑今”，并且一针见血地指出戴法兴的责难只不过是“厌心之论”而已。祖冲之的大明历，由于重重阻挠以及改朝换代等历史原因，经历刘宋、南齐两代，直至他死后十年，才在他的儿子祖暅的坚决请求下，于梁天监九年（510 年）正式颁行。祖冲之对科学真理的坚守终于取得了胜利。

∧ 祖冲之与《大明历》

除对数学、天文历法的贡献外，祖冲之还是一位机械发明家。祖冲之设计制造过水碓磨、铜制机件传动的指南车、千里船、定时器等。在中国古代，指南车的名称由来已久，但其机制构造则未见流传。三国时代的马钧曾造指南车，至晋再次亡失。东晋末年刘裕攻长安，得后秦统治者许多器物，其中也有指南车，但“机数不精，虽曰指南，多不审正，回曲步骤，犹须人功正之”。南朝宋昇明年间（477—479 年）萧道成辅政，“使冲之追修古法。冲之改造铜机，圆转不穷而司方如一，马钧以来未有也”。祖冲之所制指南车的内部机件全是铜的，它的构造精巧，运转灵活，无论怎样转弯，木人的手常常指向南方。

祖冲之改良了水碓磨。在西晋初年，杜预改进发明了“连机碓”和“水转连磨”。一个连机碓能带动好几个石杵一起一落地舂米；一个水转连磨能带动八个磨同时磨粉。祖冲之又在这个基础上进一步加以改进，把水碓和水磨结合起来，生产效率就更加提高了。这种加工工具，中国南方有些农村还在使用着。

祖冲之还设计制造过一种千里船，史载“又造千里船，于新亭江试之，日行百余里”。它可能是利用轮子激水前进的原理造成的，一天能行一百多里。

祖冲之曾制造过“欹器”。这种器具用来盛水“中则正，满则覆”，古人常放置在身边以自警，“晋时杜预有巧思，造欹器三改不成”。南齐永明年间竟陵文宣王萧子良“好古，冲之造欹器献之”。祖冲之制造的指南车“圆转不穷，而司方如一”，为马钧以来所没有过的，他还制造过“日行百余里”[①]的“千里船”和水碓磨等。另外，祖冲之在任南齐朝长水校尉时，曾写了《安边论》，提出“开屯田，广农殖”的主张。

汲古通今、知行并重的农学家——贾思勰

中国古代“以农立国”，自远古以来，积累了丰富的农业生产经验，形成了完备的农学体系，在两千多年中形成了400多种农书，而北魏（亦称后魏）贾思勰的《齐民要术》是其中继往开来、影响深远的一部。关于《齐民要术》中的农业知识和农学思想，我们在前面已有介绍，这里我们聚焦这本农书的作者贾思勰。他是怎样的人？何以写出如此不朽的农学名著？从《齐民要术》中我们可以看到贾思勰怎样的科学思想和科学方法？

关于贾思勰的生平，史书中留下的记载很少，只是因为《齐民要术》各卷开头有“后魏高阳太守贾思勰撰”一行字才知道他曾任北魏高阳（今山东青州）太守，至于他的籍贯生平，则史无明文。不过据清代学者姚振宗的考证[②]，认为贾思勰和《魏书》里的贾思同、贾思伯是同宗同族的兄弟，均为山东齐郡益都（旧治在今山东省寿光市南）人。当代农史学家梁家勉推断《齐民要术》

① 《南齐书·祖冲之传》。

② ［清］姚振宗．隋书经籍志考证——二十五史艺文经籍志考补萃编（第十五卷）［M］．刘克东，尹承，整理．北京：清华大学出版社，2014.

便任耕種三歲後根枯莖朽以火燒之耕荒畢以鐵齒
鍋楱俎候切再徧杷之漫擲黍穄勞郎到切亦再徧明年乃
中為穀田凡耕高下田不問春秋必須燥濕得所為佳
若水旱不調寧燥不濕燥耕雖塊一經得雨地則粉解濕耕堅垎胡洛反數年不佳諺
曰濕耕澤鋤不如歸去言無益而有損濕耕者白背速鋤榛之亦無傷否則大惡也春耕尋手勞
古曰耰今曰勞說文曰耰摩田器今人亦名勞曰摩鄙語曰耕曰摩勞也秋耕待白背勞春多
欽定四庫全書　齊民要術　卷一　二
本曰倕作耒耜倕神農之臣也呂氏春秋曰耜博六寸
爾雅曰斪斸謂之定犍為舍人曰斪斸鉏也一名定纂
又曰養苗之道鉏不如耨耨不如剗剗柄長三尺刃廣
三寸以剗地除草許慎說文曰耒手耕曲木也耜耒端
木也斸斫也齊謂之鎡基一曰斤柄性自曲者也田陳
也樹穀曰田象形從口從十阡陌之制也耕種也從耒
井聲一曰古者井田劉熙釋名曰田填也五穀填滿其
中犂利也利發土絕草根耨似鉏以薅禾也斸誅也主

∧《齐民要术》中关于农耕的记载

的写作时间“大致应在永熙二年（533 年）至武定二年（544 年）”之间，据此梁氏推测贾思勰当出生在延兴三年（473 年），卒年大约“在东魏武定（543—550 年）年间，还很可能跨入北齐（551 年以后）时代，年龄逾七十以上”。[①]

尽管如此，我们还是可以通过对《齐民要术》内容和其中写作风格的分析来了解贾思勰的科学思想。《齐民要术》篇幅巨大，内容丰富，涉及作物栽培、耕种技术、农具使用、果木蚕桑、畜牧兽医、农产品加工等多个方面。内容全

① 倪根金. 梁家勉农史文集［M］. 北京：中国农业出版社，2002.

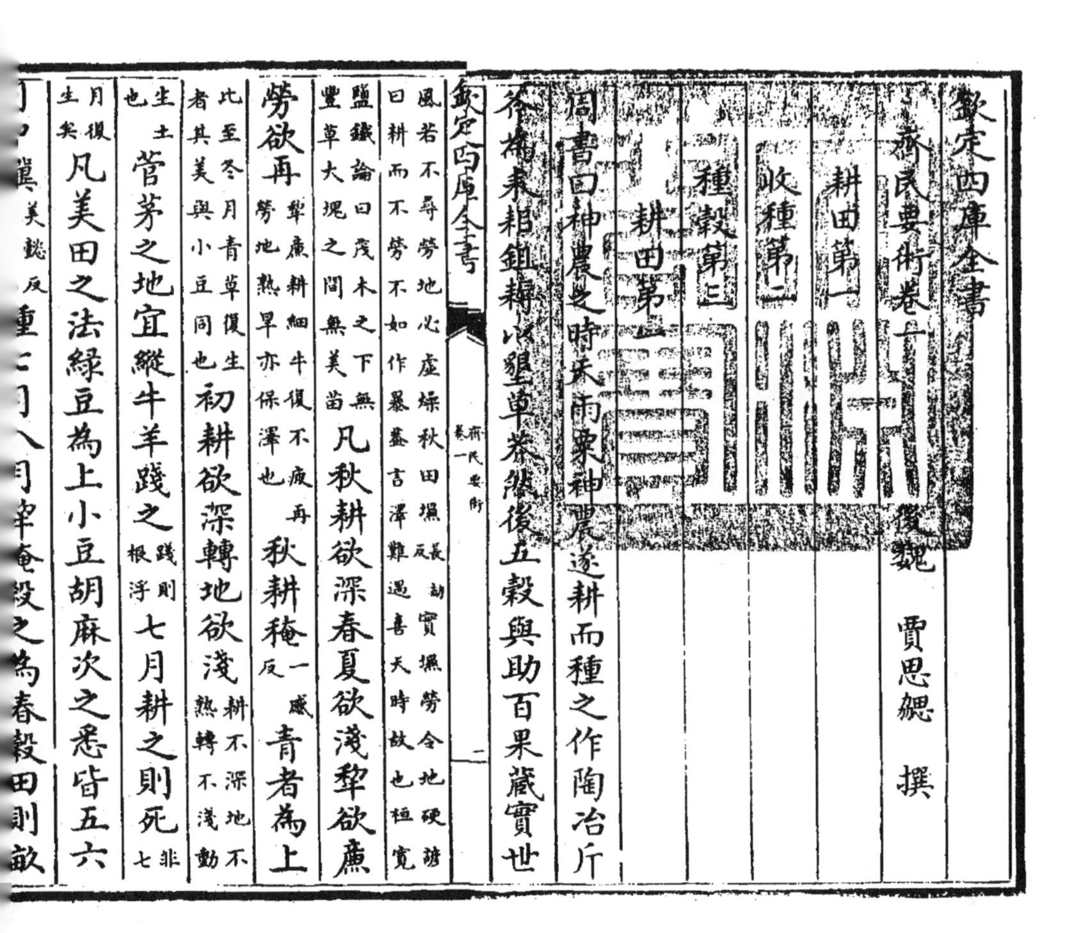

欽定四庫全書

齊民要術卷一　　後魏　賈思勰　撰

耕田第一

收種第二

種穀第三

耕田第一

周書曰神農之時天雨粟神農遂耕而種之作陶冶斤斧為耒耜鉏耨以墾草莽然後五穀興助百果藏實世

欽定四庫全書　　齊民要術　卷一

風若不尋勞地必虛燥秋田㙞實濕勞令地硬諺曰耕而不勞不如作暴蓋言澤難遇喜天時故也桓寬鹽鐵論曰茂木之下無豐草大塊之間無美苗　凡秋耕欲深春夏欲淺犂欲廉勞欲再　犂廉耕細牛復不疲再勞地熟旱亦保澤也　秋耕稀一感反青者為上　比至冬月青草復生者其美與小豆同也　初耕欲深轉地欲淺　耕不深地不熟轉不淺動生土也　菅茅之地宜縱牛羊踐之　踐則根浮　七月耕之則死　非七月復生矣　凡美田之法綠豆為上小豆胡麻次之悉皆五六月中穊美懿反種七月八月犂稀殺之為春穀田則畝

面是《齐民要术》的特点，正如贾思勰在该书序中所说："起自耕农，终于醯醢（酱醋制造），资生之业，靡不毕书。"

"农时"是《齐民要术》的主导思想。中国的先民从朴素的宇宙观出发，认为一切自然事物都有它们的本性，有天然的道理，同时也与人类的活动密不可分。一切天然的或人为的事物，都要探本溯源，探究它们之间的关系，从来不孤立片面地看问题。农作物也是大自然不可分割的一部分，它们所表现的对时间、空间的本性要求，正是它们的自然属性。所以才有"不违农时""相地之宜"等说法。这正是贾思勰写作《齐民要术》的主导思想。他在书中极力强调的耕作方法，诸如讲究时令、注意保墒、选种育种、施肥灌溉、轮作套作等，都体现了“顺天时，量地利，尽人力”的思想。贾思勰反复强调，要顺从自然法则，同时尽自己的努力，以人和配合天时、地利，才能取得农业生产的丰收。

《齐民要术》的书名，也在一定程度上反映了贾思勰的农学思想。“齐民”的意思是什么？学界有多个解释。一种解释是：齐民就是平民。根据是现行《齐民要术》在序之后的一段文字：“《史记》曰：‘齐民无盖藏。’如淳注曰：‘齐，无贵贱，故谓之齐民者，若今言平民也。’”另一种解释是：齐民即全民。齐者，全也。又一种解释：齐民即齐地之民。理由是贾思勰为齐人，在写作过程中也曾“询之老成，验之行事”，多处提到山东的情况。中国农史学者曾雄生提出，“齐民”是治理人民的意思。孔子说：“道之以政，齐之以刑，民免而无耻；道之以德，齐之以礼，有耻且格。”《大学》中说：“欲治其国者，先齐其

要須東向開户草屋也大率小麥生炒蒸三種等分曝
蒸者令乾三種合和碓胏淨簸擇細磨羅取麩更重磨
唯細為良麤則不好剉胡葉煑三沸湯待冷接取清者
溲麴以相著為限大都欲小剛勿令太澤擣令可團便
止亦不必滿千杵以手團之大小厚薄如蒸餅劑令下
微浥浥剌作孔丈夫婦人皆團之不必須童男其屋預
前數日數著猫塞鼠窟泥壁令淨掃地布麴餅於地上
作行伍勿令相逼當中十字阡陌使通容人行作麴王
五人置之於四方及中央中央者面南四方者面皆向
内酒脯祭與不祭亦相似今從省布麴訖閉户密泥之

欽定四庫全書　卷七　齊民要術　十

勿使漏氣七日開户翻麴還著本處泥閉如初二七日
聚之若止三石麥麴者但作一聚多則分為兩泥閉如
初三七日以麻繩穿之聚五十餅為一貫懸著户内開
户勿令見日五日後出著外許懸之晝日曬夜受露霜
不須覆蓋久停亦爾但不用被雨此麴得三年停陳者
彌好
神麴酒方淨掃刷麴令淨有土處刀削去必使極淨及
斧背椎破大小如棗栗斧刀則殺小用故紙糊席曝之

^《齐民要术》中记载的酿酒方法

家。”先齐家，后齐民，才是贾思勰著书立说的目的。《齐民要术》序中有多处引用管子、孔子、淮南子、晁错等人的言论。如《管子》说：“一农不耕，民有饥者；一女不织，民有寒者。”又说：“仓廪实而知礼节，衣食足而知荣辱。”《论语》中记老者言：“四体不勤，五谷不分，孰为夫子？”这些都是从治国治民的角度来提农耕。贾思勰还说：“耿寿昌之常平仓，桑弘羊之均输法，益国利民，不朽之术也。”所以，贾思勰的“齐民要术”，是“治理人民的重要方略”。

贾思勰的青少年时代，正值北魏孝文帝实行改革的“太和盛世”，政权稳定、社会经济繁荣。但到他晚年时，北魏由盛转衰，由统一走向分裂，社会由稳定走向动荡不安。出于对国家和社会的忧虑，贾思勰才着手撰写《齐民要术》。他在该书的序中反复引述历朝圣人贤相的重农理论，不厌其烦地列举汉代一些提倡课督农桑、为朝廷和百姓发展农业生产做出贡献的地方官员的光辉事迹。他希望统治阶级可以向前人学习，重视农业生产，希望百姓可以受到农

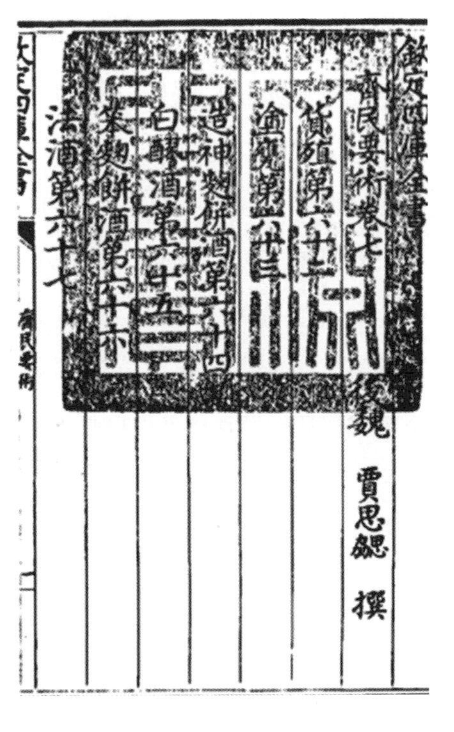
欽定四庫全書

齊民要術卷七

後魏　賈思勰　撰

貨殖第六十二

塗甕第六十三

造神麴并酒第六十四

白醪酒第六十五

笨麴并酒第六十六

法酒第六十七

欽定四庫全書　齊民要術

掃地地上布麴十字立巷令通人行四角各造麴奴一枚訖泥戶勿令泄氣七日開戶翻麴還塞戶二七日聚又塞之三七日出之作酒時治麴如常法細剉為佳

造酒法用黍米一斛神麴二斗水八升米初下米五斗必令五六十遍淘之二酘七斗米三酘八斗米滿二石米已外任意斟裁然要須米微多米少酒則不佳冷煖之法悉如常釀要在精細也

神麴粳米醪法春月釀之燥麴一斗用水七斗粳米二

欽定四庫全書　齊民要術　九

欽定四庫全書　卷七

石四斗浸麴發如魚眼湯淨淘米八斗炊作飯舒令極令以毛袋漉去麴滓又以絹濾之麴汁於甕中即酘飯

业指导，勤于田亩、善于经营之道。为此，贾思勰“采捃经传，爰及歌谣，询之老成，验之行事”，查索历史上关于农业生产和农业科学技术的文献资料，同时搜集口口相传的农谚、走访采信农学专家，并亲自进行农业实践。他归纳、吸收了前人的农学成就，总结、发展了当时黄河中下游地区旱作农业的生产经验，并最终写就了这部名为《齐民要术》的农学巨著。

贾思勰的科学思想和科学方法，体现在《齐民要术》序中所说的“采捃经传，爰及歌谣，询之老成，验之行事”这 16 个字中。

所谓“采捃经传”，就是广泛搜集历史上与农业生产和农业科学技术有关的文献资料。贾思勰深刻地认识到，农业科技的创新离不开对农业科技既有传统的继承，只有在对传统进行批判继承的基础上才有可能实现创新。根据著名农史学家石声汉先生的详细统计,《齐民要术》征引前代文献超过 150 种，就包括久已失传的《氾胜之书》《四民月令》《陶朱公养鱼经》等有价值的农书[①]。征引内容包括重农理论、农业政策和农业技术等，都是可信可取的。但与此同时，贾思勰并不是盲目地引鉴前人的农业知识和经验，而是持一种怀疑态度，有意地对其进行辨别、批判和吸收。比如《周礼》中有“仲冬斩阳木，仲夏斩阴木”，东汉郑玄注:“阳木生山南者，阴木生山北者。冬则斩阳，夏则斩阴，调坚软也。”[②]也就是说郑玄认为冬夏分别砍伐山南山北的树木，目的是调节木材中的阴阳之气，使木材达到最佳的软硬程度。但贾思勰根据自身经验和实地考证，认为“《周礼》关于伐木的规定，主要是根据气候变化来调节木材的生长节奏”[③]，而郑玄的论断是缺乏根据的。像这样“拨乱反正”的例子在《齐民要术》中随处可见，这突出反映了贾思勰求真、求实、怀疑、批判的科学精神。

所谓“爰及歌谣”，就是参考广大劳动群众在生产实践中总结出来的农业谚语。劳动群众是农业生产的直接参与者，也是农业科学技术知识的主要创造者。由于他们备受贫困和压迫，能够接受文化教育的机会很少，因此无法将在

---

① 石声汉．从《齐民要术》看中国古代的农业科学知识［M］．北京：科学出版社，1957.

② ［汉］郑玄注,［唐］贾公彦疏．周礼注疏［M］．北京：北京大学出版社，1999.

③ 赵美岚，黎康.《齐民要术》中的科学方法辨析［J］．农业考古，2010（4）：372.

农业生产实践中获得的经验、发明的技术和创造的知识用文字记录下来，而只能通过身教口授传给下一代。“口授”的最好形式是农谚（即俗语）或歌谣，因为它们通俗易懂、生动活泼、朗朗上口，更便学习和流传①。贾思勰非常重视这些农谚和歌谣，并常引用它们来说明所讨论的问题。据有关学者统计，《齐民要术》中“至少有45条农谚”，它们中除了从前代史书典籍中征引以外，绝大多数是贾思勰从民间采集来的②。如《齐民要术·种麻第八》中有“五月及泽，父子不相借”，其要说明的就是种麻赶时间，即使是父子之间也来不及互相帮忙。这一农谚既说明了问题，又生动有趣，令人印象深刻。

所谓“询之老成”，就是向有经验或一技之长的老农或知识分子请教。贾思勰非常重视实践经验，他曾说：“智如禹汤，不如尝更。”③意在说明即使拥有像大禹、商汤这样的圣贤智慧，也不如亲身实践来得实在。关于从农业实践中获得的经验，贾思勰在《齐民要术·耕田第一》中有许多精彩论述，如“菅茅之地，宜纵牛羊践之”，意思是应该把牛羊放到菅茅生长的田中去践踏，这样的话草根浮动，经翻耕日晒后，便会死掉。又如“凡谷田，绿豆小豆底为上，麻、黍、胡麻次之，蔓菁、大豆为下”，意思是凡是种谷子的田地，将绿豆和小豆的茬作为底肥是最好的，其次是麻、黍和胡麻的茬，最差的是蔓菁和大豆的茬。这是在讨论轮作制度时，对作物与土壤营养成分之间关系的精准把握。再如“选好穗纯色者，劁刈，高悬之，至春，治取别种，以拟明年种子”④，意思是在种植五谷时，要选取成色较为纯正的谷穗单独种植，作为下一年的预备种子。这是古人为了获得品质更高的种子而建立的种子田模式，是我国古代在人工选种育种技术方面的一项重要发明创造，于今而言也是有科学依据的。以上这些农业生产经验如果不是出于老农在长期生产实践中的深刻体会、精心总结，是不会被轻易得到的。贾思勰走访田间地头，虚心向老农请教生产经验，

① 金秋鹏．中国科学技术史·人物卷［M］．北京：科学出版社，1998.

② 倪根金．《齐民要术》农谚研究［J］．中国农史，1998，17（4）：79.

③《齐民要术·序》。

④《齐民要术·收种第二》。

这不仅丰富了《齐民要术》的内容，而且使其结论有据可循。

所谓“验之行事”，就是以亲身实践来检验前人和今人的农业经验和农学知识。比如《齐民要术・种蒜第十九》中载有：“并州豌豆，度井陉已东；山东谷子，入壶关、上党，苗而无实。”意思是如果并州的豌豆种在井陉，山东的谷子种在壶关、上党，就会只长苗而不结实。这是贾思勰亲自观察到的现象，而非听信传闻（“皆余目所亲见，非信传疑”）。并且对于这一现象，他思考一番后，推测是由土地不适宜造成的。又如贾思勰在《齐民要术・养羊第五十七》中自述：“余昔有羊二百口，茭豆既少，无以饲，一岁之中，饿死过半。……余初谓家自不宜，又疑岁道疫病，乃饥饿所致，无他故也。”可见他曾亲自养过羊，但由于照料不周而损失惨重，他现身说法，用自己失败的教训来说明给羊囤积冬季粮草的必要性。贾思勰通过亲身观察、调查和实践来检验前人的农学理论和农业技术知识，从而得出正确的、科学的经验和规律，这样的例子在《齐民要术》中比比皆是。正所谓“实践出真知”“实践是检验真理的唯一标准”。

贾思勰当过太守，但是他对农业的研究，不是停留在嘴上纸上，而是亲自去做，有了体验，再记录下来。他总结出来的经验是经过实践的。比如贾思勰为了掌握养羊的经验，他买了 200 只羊，自己亲自去养。对种地，贾思勰更是不辞劳苦，到田头，住老农的窝棚，虚心向老农求教。贾思勰重视传统，“采捃经传”是吸收先民的农业智慧；重视农业生产的实际过程，为此他“爰及歌谣，询之老成，验之行事”。传统的继承和具体的实践，极大地增强了《齐民要术》的科学性和可靠性。

道家“药王”——孙思邈

孙思邈（541/581—682 年）是我国历史上著名的医药学家和养生学家，是隋唐时期养生学和医学相结合的集大成者。他还是中国历史上著名的寿星，关于他的年龄有多个说法，自 101 岁到 141 岁不同，甚至还有 165 岁之说，这给他的医术和养生方法增添了一些神秘色彩，以至于他在道教中被奉为“真人”，在中医学界被尊为“药王”。

孙思邈是京兆华原（今陕西铜川市耀州区孙家塬）人，自幼聪颖好学，自谓“幼遭风冷，屡造医门，汤药之资，罄尽家产”。他 18 岁立志学医，“颇觉有悟，是以亲邻中外有疾厄者，多所济益”，20 岁时精通诸子百家学说，善言老庄，兼好佛典。孙思邈淡泊名利，拒绝入朝做官，而是一边行医，一边采药。他曾先后到过陕西的太白山、终南山，山西的太行山，河南的嵩山以及四川的峨眉山等地。他广泛搜集单方、验方和药物的使用知识，在药物学研究方面，为后人留下了宝贵的财富。

孙思邈医术精湛，医德高尚，西魏、北周时期名将独孤信称其为“圣童”。孙思邈认为“人命至重，贵于千金，一方济之，德逾于此”，故所著方书大多以“千金”命名，撰有《备急千金要方》30 卷、《千金翼方》30 卷、《千金髓方》20 卷（也有 30 卷之说）、《千金月令》3 卷、《存神炼气铭》1 卷、《神枕方》1 卷、《医家要妙》（又名《医家要钞》）5 卷，题名孙思邈撰《银海精微》2 卷等，一生著述颇丰。孙思邈在吸收秦汉魏晋南北朝以来张仲景、华佗、王叔和、皇甫谧、范汪、陈延之、褚澄等前代名医学术思想的基础上，在大医精诚、方书编撰、伤寒温病、妇科疾病、杂病证治和食疗养生等学术理论和临床实践方面做出了重大贡献。

第一，孙思邈提出了“大医习业”和“大医精诚”论，较为系统地论述了医者必须恪守的职业准则和道德规范，是中国医学史上一件划时代的大事。关于“大医习业”，主要是指医生必须掌握的基础医学知识、临床医学知识和其他方面的知识。孙思邈认为，凡欲为大医，必须掌握三方面的知识：一是精熟《黄帝内经·素问》《黄帝针经》《针灸甲乙经》《明堂流注》、十二经脉、三部九候、五脏六腑、表里孔穴、本草药对，以及张仲景、王叔和、阮炳、范汪、张苗、靳邵等名医的著作；二是熟读上述医著中的方剂配伍及其主治，“寻思妙理，留意钻研”；三是博览群书，遍读五经、三史、诸子、《内经》、庄老、阴阳禄命、诸家相法、《周易》六壬、五行修王、七耀天文等著作，“并须探赜”。孙思邈提出的上述三方面的知识，包含了中国古代与医学有关的全部知识，“若能具而学之，则于医道无所滞碍，尽善尽美矣”。关于“大医精诚”，其核心是“精诚”二字，包含医术和医德两方面，孙思邈指出：“凡大医治病，必当安神定志，无欲无求，先发大慈恻隐之心，誓愿普救含灵之苦。若有疾厄来求救者，不得问其贵贱贫富，长幼妍媸，怨亲善友，华夷愚智，普同一等，皆如至亲之想。”这两篇著名的医论，不仅系统论述了“医学”和“医德”的关系，而且强调了“精诚”和“德才”并重的重要性。

第二，孙思邈编撰的《备急千金要方》和《千金翼方》，被誉为“中国古代临床医学百科全书”，在疾病学、诊断学、方剂学、药物学和养生学等方面取得了显著的成就。其中《备急千金要方》又名《千金要方》，约成书于永徽三年（652 年），辑录了大量唐代以前的临床验效之方，对后世医家影响极大。全书共 30 卷，233 门，收方论 5300 首。其中卷一为医学总论及本草、制药等，首篇所列《大医精诚》《大医习业》是中医伦理学的基础，《治病略例》《处方》《用药》《合和》《服饵》《药藏》是中医药物学和诊断学的重要内容之一；卷二至卷四为妇科病；卷五为儿科病；卷六为五官科病；卷七至卷二十一为内科疾病，包括诸风、脚气、伤寒、杂病、消渴、淋闭等症，大多按脏腑顺序排列；卷二十二至卷二十三为外科疾病，包括疔肿、痈疽、痔漏等；卷二十四为解毒并杂治；卷二十五为备急诸术；卷二十六至卷二十七为食治并养性；卷二十八为平脉；卷二十九至卷三十为针灸孔穴主治。该书总结了唐代以前的医学成就，在药学、疾病、方剂理论等方面有积极的创新，如将妇科病、儿科病分开论述，奠定了宋代妇科、儿科独立设置的基础；内科杂病方面提倡以“五脏六腑为纲，寒热虚实为目”的做法，开创了用脏腑分类方剂的先河；有关飞尸鬼疰与肺脏证治、霍乱与饮食、消渴与痈疽等关系的论述，显示了相当高的疾病观察和认识水平。《千金翼方》共 30 卷，189 门，载方论 2900 余首，成书于唐高宗永淳元年（682 年），是《千金要方》的重要补编。该书卷一至卷四为药录纂要和本草，共收载药物 800 余种，主要摘录自唐朝官修《新修本草》一书，尤其是对其中 200 余种药物的采集、炮制、产地、药性、主治的介绍极为详尽，具有较高的价值；卷五至卷八论妇科疾病，包括妇人妊娠、求子、产乳、产后、产脱、月经不调等疾病的治疗；卷九至卷十论伤寒，主要选取了《伤寒论》中六经经方汤证，如桂枝汤、麻黄汤、青龙汤、柴胡汤、承气汤等；卷十一为小儿疾病，论述了小儿常见病、疑难杂病和五官疾病等治疗；卷十二至

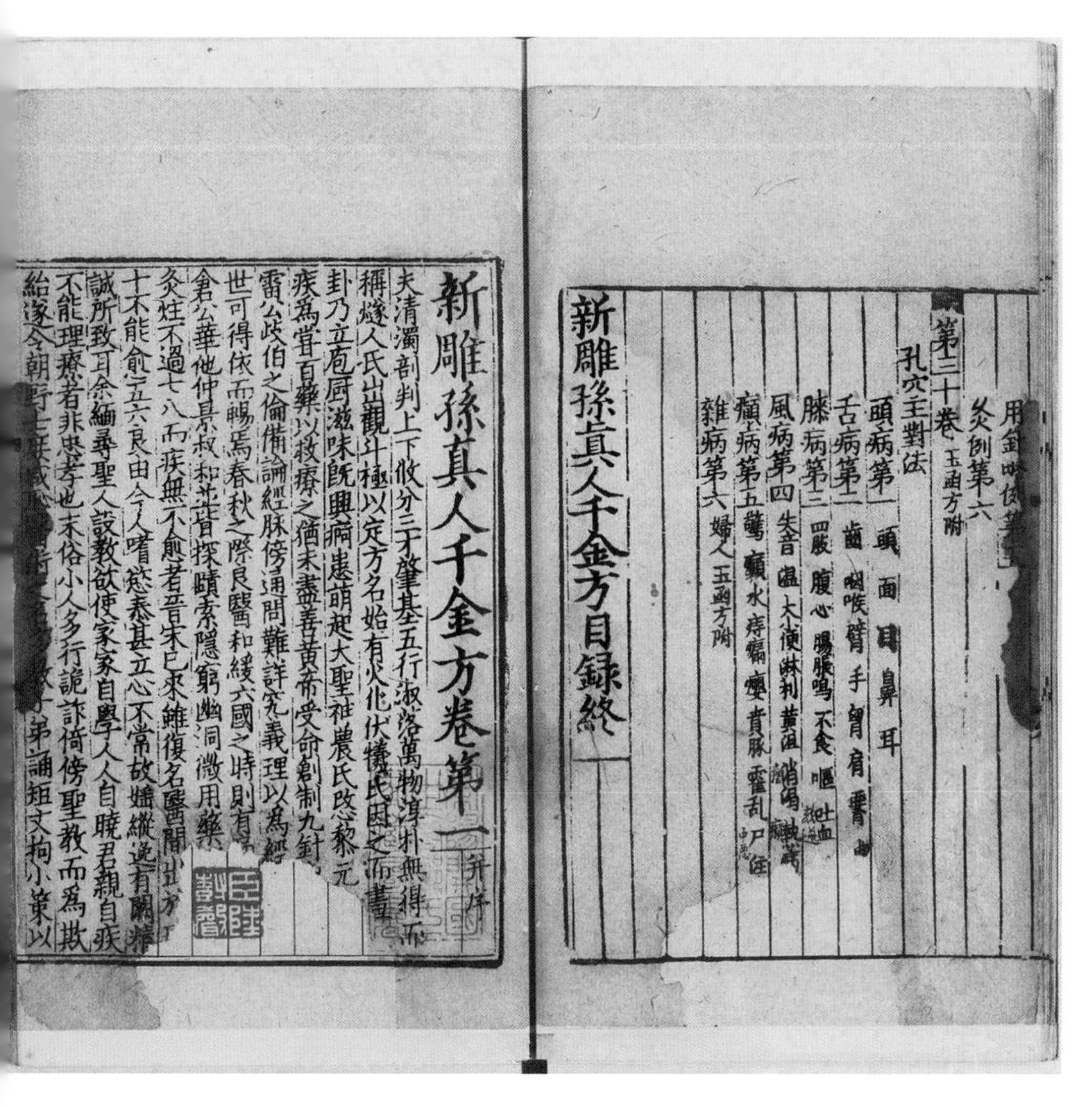

新雕孫真人千金方卷第一 并序
夫清濁剖判上下攸分三才肇基五行俶落萬物淳朴無得而
稱燧人氏出觀斗極以定方名始有火化伏羲氏因之而畫
卦乃立庖厨滋味既興痾瘵萌起大聖神農氏愍黎元
疾爲嘗百藥以救療之猶未盡善黄帝受命創制九針
雷公岐伯之倫備論經脉傍通問難詳究義理以爲經
世可得依而暢焉春秋之際良醫和緩六國之時則有
倉公華他仲景叔和並皆探賾索隱窮幽洞微用藥
灸姓不過七八而疾無不愈者晉宋已來雖復名醫間出方
士不能愈之五六良由今人嗜慾泰甚立心不常故媱縱逸有闕攝
誠所致耳余緬尋聖人設教欲使家家自學人人自曉君親自疾
不能理療者非忠孝也末俗小人多行詭詐倚傍聖教而爲欺
紿遂令朝野士庶咸[illegible]教子弟誦短文構小策以

灸例第六 玉函方附
第三十卷
孔穴主對法
頭病第一 頭 面 目 鼻 耳
舌病第二 齒 咽喉 臂 手 胸 肩 背
腹病第三 四肢 腹 心 腸脹鳴 不食 嘔吐 欬逆
風病第四 失音 溫 大小便 淋利 黄疸 消渴
癲病第五 驚 癲 水 痔 瘤 癭 賁豚 霍乱 尸注 中惡
雜病第六 婦人 玉函方附
新雕孫真人千金方目録終

∧ 孙思邈《千金要方》的书影

卷十五为中医养生内容，介绍了养性、辟谷、退居、补益等养生长寿的方法及其疾病治疗的关系等；卷十六至卷二十五为内科，论述了中风、杂病、万病、飞炼、疮痈等疾病的治疗；卷二十六至卷二十八为针灸，介绍了选取穴法和五脏、大肠、膀胱、消渴、淋病、水病、猝死等疾病的治疗；卷二十九至卷三十为禁经，论述祝由符禁科内容。尤其是书中伤寒部分，增加了宋代林亿等校正以前张仲景《伤寒论》的内容，弥足珍贵。《备急千金要方》与《千金翼方》问世后，受到历代政府和医家的重视，在国外也有一定的影响。宋人叶梦得在《避暑录话》中称赞："今通天下言医者，皆以二书为司命也。"

第三，孙思邈系统收集和研究了伤寒与温病方论，丰富了中国古代传染病学的研究。孙思邈对伤寒颇有研究，取得了较高的成就。鉴于唐初"江南诸师秘仲景要方不传"，孙思邈一方面在《备急千金要方》设立"伤寒方"19类，用于治疗伤寒和温热之病；另一方面在其晚年大力研究仲景学说，收集诸家方论和《伤寒论》要妙，在《千金翼方》中加以著录，对张仲景《伤寒杂病论》的辑集、研究和传播做出了重要贡献。孙思邈对《伤寒杂病论》给予了很高的评价，认为"伤寒热病，自古有之。名贤濬哲，多所防御。至于仲景，特有神功"。他在研究《伤寒论》的过程中，采用了"以方证同条，比类相附"的方法编排《伤寒论》条文，使之更加清晰，便于检索，并指出"方虽是旧，弘之惟新"。孙思邈对《伤寒论》中的"太阳病"极为重视，指出"夫寻方之大意，不过三种：一则桂枝，二则麻黄，三则青龙。此之三方，凡疗伤寒不出之也"。其提出的桂枝、麻黄、青龙三方学说，深得后世医家的赞誉，明代医家喻昌在此基础上提出了"三纲鼎立"之说。孙思邈在《备急千金要方·伤寒》中把温病、温疫防治放在突出的位置，指出"伤寒病"为"难治之疾"，而"时行""温疫"是由"毒病之气"所引起。为了预防"温疫转相染著"，孙思邈在"伤寒方"中首列"辟温方"，收载了汉魏以来临床上常常使用的屠苏酒、太乙流金散、雄黄散、雄黄丸、粉身散、虎头杀鬼丸、辟温杀鬼丸、赤散、葳蕤汤等，用于预防疫病。

第四，孙思邈在中国古代妇科、儿科疾病诊治方面提出了独到的见解，为后来妇科、产科、儿科独立成科做出了重要贡献。孙思邈鉴于妇人、小儿之病，“比之男子十倍难疗”，于是在《备急千金要方》中提出了“先妇人、小儿，而后丈夫、耆老”的治疗原则，在《备急千金要方》中首列“妇人方”，次则“少小婴孺方”，《千金翼方》卷五至卷八中详细论述了妇科、产科、儿科的常见疾病、危难重症及其治疗方药。关于妇科，孙思邈在继承了《黄帝内经》《伤寒杂病论》的基础上，将“胞中”（即子宫）疾病诊治作为妇科疾病的基本理论，进一步完善了以子宫为病机定位的“子宫学说”，提出了祛瘀、补虚、清热调经三法，并详列各种方剂，按病证选用。关于产科，以及由此引发的产难、子死腹中、逆生、胞胎不出、崩漏出血等危难重症，孙思邈提供了羚羊角散、真珠汤、牛膝汤等验方。针对妇人产后五脏虚羸、气血不足，孙思邈收载了大量补益之方，如柏子仁丸、大五石泽兰丸、增损泽兰丸、补益当归丸、白芷丸、紫石英柏子仁丸、钟乳泽兰丸、大泽兰丸等十多首方剂。关于儿科，唐代以前医学著作中虽有儿科内容，但大多较为简略，唐代医学四科之“医科”中虽设有“少小”，但未有教材流传下来。孙思邈鉴于“六岁以下，经所不载，所以乳下、婴儿有病难治者，皆为无所承据”，于是“博撰诸家及自经用有效者”，在《备急千金要方》中特设“少小婴孺方”1卷，详细论述了新生婴儿防护、断脐和裹脐处理、小儿常见病防治、小儿营养不良、小儿寄生虫治疗等内容，具有极高的医学价值，尤其是书中所列紫丸、黑散、择乳母法等现仍用于儿科疾病的诊疗。

第五，孙思邈编撰《药录纂要》3卷，收录在《千金翼方》前三卷之中，保存了唐高宗年间官修《新修本草》中大字正文部分的全部内容。《新修本草》又名《唐本草》，由本草、药图、图经三部分组成，是中国乃至世界医学上最早的国家药典，北宋初年逐渐散佚，被《开宝本草》所取代，其内容大多保存在北宋著名药学家唐慎微所撰《经史证类备急本草》一书中。由于《新修本草》仅存日本藏唐写卷子本残卷和敦煌出土卷子本残卷，所以《千金翼方》所载本草药物、有名未用数目196种、唐本退20种等，成为后世辑校《新修本草》的重要来源之一，具有极高的学术意义和文献价值。

总之，孙思邈是隋唐时期一位集大成的医学家，对中国古代医学的发展做出了重要贡献。宋代医官高保衡、孙奇、林亿等在校正《备急千金要方》时，称赞孙思邈“厚德过于千金，遗法传于百代”；在校正《千金翼方》时又称赞孙思邈为“一代之良医”，其医书“辨论精博，囊括众家，高出于前辈”。政和五年（1115年）正月，宋徽宗采纳曹孝忠的建议，详细地制定了地方医学的学生来源、考试规则、医学教材、医学教授、差遣补授和医学管理等内容，规定“三科学生，各习七书”，其中《备急千金要方》是当时方脉科、针科、疡科三大科学生学习的公共教材，《千金翼方》是疡科学生学习的教材。清四库馆臣在《钦定四库全书总目》中称赞“二书本相因而作，亦相济为用，合之亦未害宏旨也”。清初名医汪琥在《伤寒论辨证广注》中指出：“不观《外台》方，不读《千金》论，则医人所见不广，用药不神。”清代名医徐大椿在《医学源流论》中称赞：“其用意之奇，用药之巧，亦自成一家，有不可磨灭之处。”近代中医学家谢观在《中国医学源流论》中论述隋唐间医籍时，称赞孙思邈的《备急千金要方》《千金翼方》、王焘的《外台秘要方》为“医家之鸿宝”。

“大慧禅师”科学家——僧一行

僧一行，俗名张遂，根据其开元十五年（727年）卒时年四十五，则当生于683年。又据日本高僧最澄所撰《内证佛法相承血脉谱》记载，一行出家时年21岁。开元五年（717年）一行受召入朝。四年后，受命改历，直至去世。一行除兼具高僧、儒学修养深厚的士族子弟之外，也是一位伟大的科学家。[①] 他编订的《大衍历》，在中国古代科技史上具有里程碑式的意义。他所进行的地球子午线测量，其规模之大和精度之高都达到了前所未有的程度，在世界上

① 郭津嵩．僧一行改历与唐玄宗制礼［J］．中央研究院历史语言研究所集刊，2022，93（2）：368–407.

也得到了公认。

一行的祖辈为官宦世家，但其出生时已家道中落，从孩童时起，幸得邻里王姓老妪的接济聊以度日。[①] 但是贫苦的生活并没有妨碍他的天资聪颖，他自幼“聪敏，博览经史，尤精历象、阴阳、五行之学”，而且记忆力超强，有所谓“读书不再览，已暗诵矣”。到成年时，一行就以学识广博，为世人所熟知。21 岁时，一行父母相继去世。当时武三思慕其学行，请与结交，但是一行不屑与之为伍，出家为僧，“隐于嵩山，师事沙门普寂”。到 34 岁时，“往荆州当阳山，依沙门悟真以习梵律”。这时他的学识更加纯青，声名远播。717 年，唐玄宗闻得一行的学识，于是派其叔父张洽前往当阳山，强行命令一行到长安，置光太殿，担任玄宗的顾问。其间，一行致力于佛学研究，从事佛经翻译工作，后来成为密宗的代表人物。正是通过佛学的研究和翻译，一行与来自印度的僧人学者有广泛的交流，接触到了印度的天文学知识，所译佛经中也有许多涉及天文历法，比较有代表性的包括《梵天火罗九曜》《宿曜仪轨》。

721 年，当时行用的《麟德历》出现推算日食不验的情况，于是玄宗诏令一行进行历法改革，制定新历。一行从此把主要精力放在历法的测算和编制上，直到开元十五年（727 年）去世。在此六年中，前三年主要为造历种种准备工作，包括仪器的制造、四海测验、测量计算各种天文数据等，后三年正式编撰新历，最后制定了《大衍历》，于开元十五年颁行。一行为了制定历法，可以说是鞠躬尽瘁，死而后已。也正是在改历过程中，一行施展了他的科学才能，取得了一系列重大的成就。

首先是他领导的天文大地测量工作。这是一次极大规模的测量工程，测量地点北至铁勒（今蒙古高原及贝加尔湖一带），南到安南（今越南北部），其范围之广，在世界上前所未有，是世界上最早的大范围地球子午线实测。测量的内容包括北极出地高度，冬夏至和春秋分晷影长度，以及冬夏至漏刻长度等。

这次子午线测量的最大成果就是对影长“千里差一寸”旧说的彻底否定。

① 严敦杰．一行禅师年谱［J］．自然科学史研究，1984（1）：35-42.

圭表测影是中国古代最重要的天文测量项目，可以定季节、定方位、测时刻。古代的传统认为，“地中”八尺表的夏至正午影长是一尺五寸，这个“地中”就在阳城（今河南登封）；同时认为，如果把表向南每移一千里，影长将缩短一寸，往北每移一千里，将增加一寸，就是所谓的“千里差一寸”。自春秋战国以来，“千里差一寸”的说法被认为是不容怀疑的论说，汉代的《周髀》，就以此建立盖天说的宇宙模型。[①]即便是东汉时候的浑天家张衡，对此也没提出过疑问。但是到了南北朝时期，南宋朝的天文学家何承天，把在交州所测夏至影长与阳城所测夏至影长相比较，发现“阳城去交州，路当万里，而影实差一尺八寸二分。是六百里而差一寸也”。又于南梁大同中期，在金陵测量得夏至影长为一尺一寸七分强。北魏信都芳把这个测量与在洛阳测得的一尺五寸八分相比较，发现金陵离开洛阳的南北距离大约千里，而影差已达四寸，相当于二百五十里而影差一寸。显然，“千里差一寸”的正确性在南北朝时已经受到怀疑。正是一行及其助手南宫说等人，根据滑州白马（今河南滑县）、浚仪（今河南开封）、扶沟（今河南扶沟）、上蔡（今河南上蔡）四地的测量数据，得出结论：“大率五百二十六里二百七十步[②]，晷差二寸余。而旧说王畿千里，影差一寸，妄矣。”更进一步，一行等人还测量每个测量地点的北极高度，把北极高度与影长联系起来，说明一行当时可能隐约有了地圆的概念。[③]但是，一行坚守其历算家的角色，未谈及新的天地模型，甚至把宇宙论讨论排除在历算之外。[④]

为制定新历，一行还制作了多种天文仪器。首先是黄道游仪。一行在奉诏修历之初就上奏说：“今欲创历立元，须知黄道进退，请太史令测候星度。”因为之前的历法都是依赤道推算，所以并没有黄道游仪。在梁令瓒做成游仪木样之后，一行上书说：“黄道游仪，古有其术，而无其器，以黄道随天运动，难用

① 黎耕，孙小淳．汉唐之际的表影测量与浑盖转变［J］．中国科技史杂志，2009，30（1）：120–131.

② 此处的“里”为“唐里”，1 唐里≈ 459 米，1 唐里 =300 步。

③ 傅大为．论《周髀》研究传统的历史发展与转折［J］．清华学报，1988，18（1）：1–41.

④ 王广超.《周髀》中“勾股量天”与“计算日影”传统的演变——试论中国古代天文学中的宇宙论与计算［J］．自然辩证法研究，2021，37（6）：85–91.

常仪格之，故昔人潜思。”为测量北极出地高度，一行还发明了一种名叫“覆矩”的测量仪器。这应该是一种象限形的测角仪器，在圆弧上有刻度，直角顶上挂一重垂线，观测时令一直边对准北极，则重垂线在圆弧上所指的度数，即为北极的出地高度。可能是由于使用时要把矩角倒过朝下，所以称为“覆矩”。[①] 一行还对晷漏做了改进。在《历本议》中，他指出：“观晷景之进退，知轨道之升降，轨与历名舛而义合，其差则水漏之所从也。”可见，一行是把晷漏的消长与太阳在黄道上的不同位置有机地联系起来加以考察，其见解是十分科学的。

经观测，一行发现，古今二十八宿去极度大都发生了变化，二十八宿中有斗、虚、毕、觜、参、鬼六宿的距度，古今不同。另外，一行还对太阳盈缩总体规律做了科学的描述，纠正了前代历家的失误，并为后世历家所因循，其影响非常深远。在历算领域，一行做出的另一个重大的转变是将岁差引入历法计算，一行以后，各家历法无一例外地均采用了岁差法。他还对月食食限和食分的计算法作了新的探索，给出了一个简捷的新算式，此算式与现代算法只差

∧ 僧一行和梁令瓒设计制作的黄道游仪

① 刘金沂．覆矩图考［J］．自然科学史研究，1988，7（2）：112–118.

0.55°，精度远超前代各历法，对此后历算家产生巨大的影响。

一行的天文学成就是多方面的。从对中外历法的全面系统研究，天文仪器的制造，四海测验的组织与实施，恒星位置的测量，太阳、月亮、五星运动，以及晷影消长、刻漏长短及日月交食的研究，数学方法的改进到历法体例的完善，无不做出了对后世产生深远影响的、开创性的贡献。在中国古代天文学史上，在如此广泛的领域，做出如此重要贡献的天文学家实属罕见。[①]

多才多艺的科学家——沈括

沈括（1031—1095 年），字存中，杭州钱塘县（今浙江杭州）人，是我国北宋时期的政治家、思想家、文学家，同时也是一位多才多艺的科学家。《宋史》说沈括“博学善文，于天文、方志、律历、音乐、医药、卜算无所不通，皆有所论著”。沈括一生致志于科学研究，在许多学科领域都做出了卓越的成就。英国著名的中国科学史家李约瑟称颂沈括：“他可能是中国整部科学史中最卓越的人物。”沈括的代表作《梦溪笔谈》，内容涉及中国古代的自然科学、工艺技术等多个领域，集前代科学成就之大成，是中国历史上极为重要的一部科学文献，在世界文明史上有着重要的地位。日本著名的科学史家薮内清称赞沈括，说他是“纵贯整个中国历史的一位出类拔萃的人物”。

沈括出身于仕宦之家，其父沈周常年辗转于全国各地任地方官员。沈括幼年随父宦游各地，使他有机会了解各地风土人情。皇祐三年（1051 年）其父去世。守孝毕，沈括开始在江苏、安徽、河南等地担任地方官吏。斗米十年，地方下层官吏位卑职烦，如沈括自己所记载“仕之最贱且劳，无若为主簿。沂、海、沭地环数百里，苟兽蹄鸟迹之所及，主簿之职皆在焉……公私百役，十常

① 金秋鹏. 中国科学技术史：人物卷［M］. 北京：科学出版社，1998：278-294.

兼其八九。乍而上下，乍而南北。其心憒憒跦跦，不知天地之为天地，而雪霜风雨之为晦明燠凉也”。但他并没有因此郁郁失志，反而更加贴近底层百姓生活，并在许多方面做出了政绩，特别是水利建设。如沭水河道长年失修，泥沙淤塞，时有水患，沈括动用民工数万，疏通河道并建造堤坝，使灌渠配套，“百渠九堰”“得上田七千顷”。

嘉祐八年（1063 年），沈括进士及第，授扬州司理参军。熙宁变法开始后，沈括深受王安石器重，历任太子中允、检正中书刑房、提举司天监、史馆检讨、三司使等职。为官期间，沈括在天文、水利和地理等领域，做出了许多突出的贡献。司天监是当时的国家天文台，在司天监期间，沈括裁减冗员，提拔并支持布衣出身天文历算家卫朴等编制新的历法——《奉元历》，并组织制造新的仪器进行天文观测，此外他还写成了著名的《浑仪议》《浮漏议》《景表议》等“三议”。

沈括在司天监所制的新仪器浑仪、浮漏和圭表，相较于前代都有重大的改进。在浑仪的发展过程中，出现了一种趋向，即不断地增加浑仪的圆环数。圆环数增加有利于观测不同的天体，但也会阻碍观测视野，使仪器臃肿繁复，还导致了组装困难、造成仪器的中心差，使得观测误差增大。针对这些弊病，沈括进行了一系列改革：首先取消了白道环，开启了后世简化浑仪的尝试，终于导致元代郭守敬的简仪的出现。他又缩小了观测用窥管下孔的孔径，提高了观测的精确度。他还注意到仪器极轴的校正问题，提高了仪器安装的精密度。利用改进的新仪器，沈括进行了连续三个月的观测，绘制了 200 余幅星图，计算对比之后，得出了极星位置“离天极三度有余”的结论。

沈括新制的浮漏能够利用漫流中表面张力的补偿作用，减少水的黏滞性随温度变化而对流量产生的影响，消除由此产生的计时误差，提高了计时的准确性。他利用新制的浮漏，进行了长达十余年的观测和研究，得到了超越前人的见解，第一次从理论上推导出冬至日长度“百刻而有余”，夏至日长度“不及百刻”的结果，即真太阳长度的变化问题。

或因早年治理沭水出色，沈括在施行新政中常被派往全国各地，巡视地方农田水利工作。熙宁五年（1072年），沈括奉诏测量和疏浚汴河，其间他创造了逐段设堰测量以求出各地准确的水平高度的方法，这方法在我国历史上是一项空前的创造，在世界测量史上也属首创。

熙宁九年（1076年），沈括奉旨编绘《天下郡县图》，历时12年完成，这是一套在当时最为精确的地图，除了有准确的计算比例——分率外，又设置了“准望、牙融、傍验、高下、方斜、迂直”共七个方法，并按方域划分出“二十四至”，从而大大提高了地图的科学性。

此外，沈括还曾于熙宁七年（1074年）九月担任兼判军器监，负责军事部门火器制造的监管工作。

元丰三年至元丰五年（1080—1082年），沈括在西北任军职，其间颇有善政，还参加了几次针对西夏的军事行动，曾一度受到褒奖（进封开国子、转龙图阁直学士）。元丰五年，西夏攻陷永乐城，沈括因救助不力获罪，谪授均州团练副使，先后被软禁于随州、秀州，后因其编成《天下郡县图》而豁免。元祐三年（1088年），沈括迁到润州梦溪园，过上了隐居生活，期间写成《梦溪笔谈》一书。元祐六年（1091年），沈括患病，尔后便缠绵病榻。绍圣二年（1095年）沈括去世，享年65岁。

《梦溪笔谈》是沈括一生中最重要的著作。该书集中记述了沈括一生的学术成果和见闻，分为故事、辩证、乐律、象数、人事、官政、权智、艺文、书画、技艺、器用和药议等目，共有六百余条，涉及政治、经济、外交、法律、历史、文学、考古、艺术等人文社会科学诸多领域，以及科学技术领域的数学、物理、化学、天文、历法、地理、地质、地图、气象、农学、生物、医

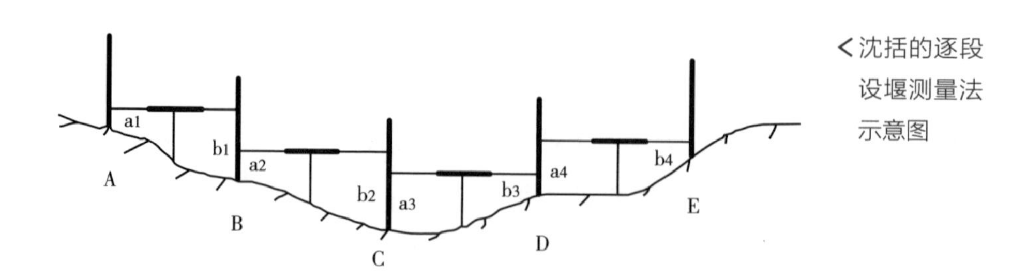

沈括的逐段设堰测量法示意图

> 关于沈括《天下郡县图》的记载

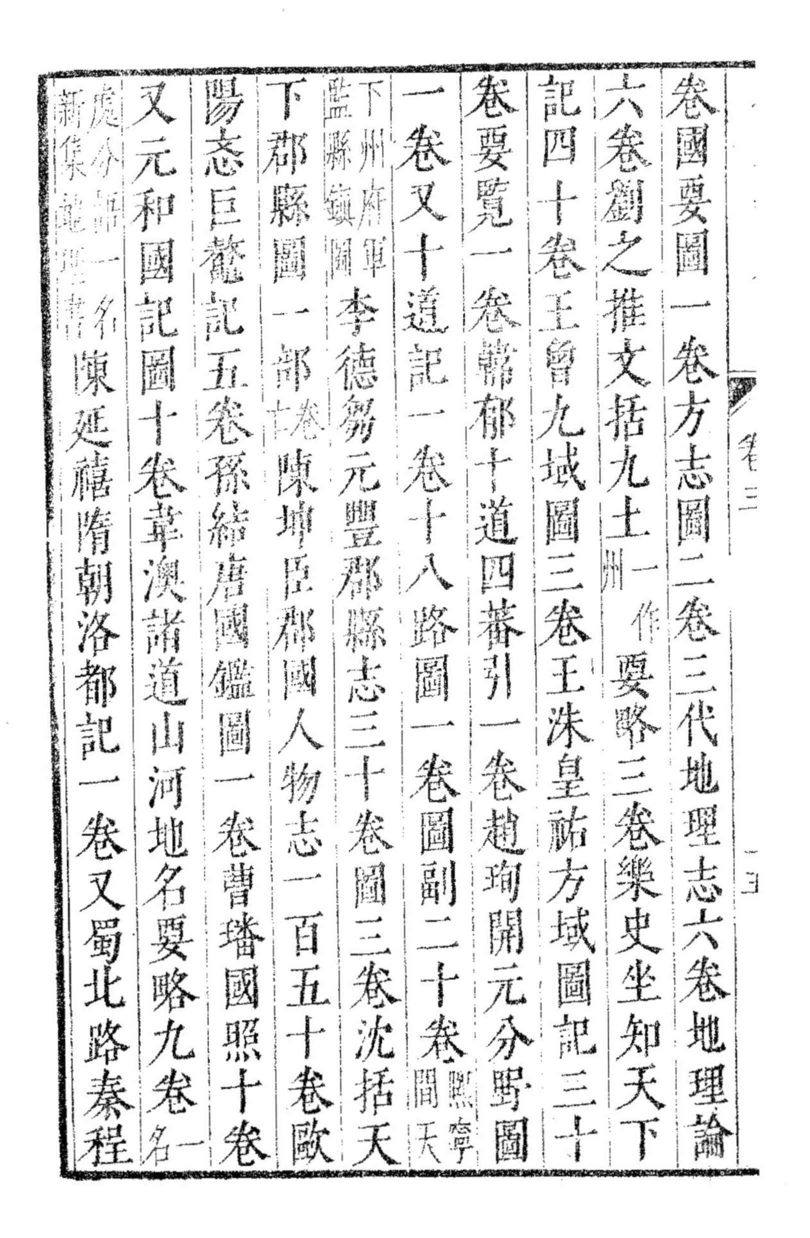
卷圖要圖一卷方志圖二卷三代地理志六卷地理論六卷劉之推文括九土（州一作）要略三卷樂史坐知天下記四十卷王曾九域圖三卷王洙皇祐方域圖記三十卷要覽一卷韓郁十道四蕃引一卷趙珣開元分野圖一卷又十道記一卷十八路圖一卷圖副二十卷（熙寧閒天下州府軍監縣鎮圖）李德芻元豐郡縣志三十卷圖三卷沈括天下郡縣圖一部（卷亡）陳坤臣郡國人物志一百五十卷歐陽忞巨鼇記五卷孫緒唐國鑑圖一卷曹璠國照十卷又元和國記圖十卷韋澳諸道山河地名要略九卷（一名處分語一名新集地理書）陳延禧隋朝洛都記一卷又蜀北路秦程

药、冶金、建筑、水利、印刷等学科及其分支，可以说是包罗万象的百科全书式著作。最值得一提的是，书中记述了大量他自己及同时代人关于科学技术的成就和贡献，使《梦溪笔谈》成为一部珍贵的科学典籍。李约瑟称《梦溪笔谈》为“中国科学史上的里程碑”。

《梦溪笔谈》记载了当时一系列重要的科技成就，许多科技发明和科技人物赖本书之记载而得以传世，例如毕昇发明的活字印刷术，喻皓的《木经》的简要记载，信州（今江西上饶）的湿法炼铜法——胆铜法，北宋水工高超合龙门的三节压埽法，青堂羌族人的冷锻铁甲法，等等。如果没有沈括的记述，这些发明创造很可能被历史湮没，不为后人所知。

《梦溪笔谈》有三分之一以上的篇幅记述并阐发自然科学知识。沈括本人具有很高的科学素养，他所记述的科技知识，能够基本上反映了北宋的科学发展水平，同时也反映了他个人的研究心得。

在《梦溪笔谈》与数学有关的条目中，最重要的成就是隙积术和会圆术。隙积术是关于诸如“累棋、层坛、酒家积罂”之类垛积问题的计算，实际上是一个高阶等差级数求和的问题。在这方面，中国宋元时期的数学家取得了卓越的成就，沈括的隙积术在这项工作上有首创之功。虽然没有给出证明，但沈括的隙积术直接给出了高阶等差级数数列的求和公式。即假设垛积体上下宽分别为 a、c，上下广为 b、d，高为 h 层，其垛积总数 $V=(h/6)[(2b+d)a+(2d+b)c]+(h/6)(c-a)$。会圆术则是已知弓形的高和圆的直径求算弓形的弦长和弧长问题，沈括同样也给出了相应计算弦长和弧长的方法，用一种局部以直代曲的方法，对两者关系给出了一个较实用的近似公式：$l=a+h/r$。其中 l 为弧长，r 为半径，h 为矢高（弓形的高），a 为弦长。此法的计算结果虽然比实际值略小，但却是中国数学史上第一个利用弦和矢量求出弧长近似值的方法。

《梦溪笔谈》中有关物理知识的条目大约有 40 条，内容涉及光学、磁学、声律、结晶学等。关于透镜成像原理，沈括认为“阳燧”（凹面镜）照物皆倒和小孔（窗隙）成像的原理是一致的。他指出“阳燧面洼，以一指迫而照之则正，渐远则无所见，过此遂倒”，即物体在凹面镜焦点附近的成像问题。沈括认为上述现象是由于如“窗隙”之类“碍”的缘故，其中，“碍”的概念与现在“焦点”的概念颇为相似。在沈括之后，宋末元初的赵友钦、清代的郑复光和邹伯奇等都进一步研讨了有关透镜、几何光学方面的问题，而沈括实为开创其先河。

《梦溪笔谈》中还记述了一种制造指南针的方法，即“以磁石磨针锋”的

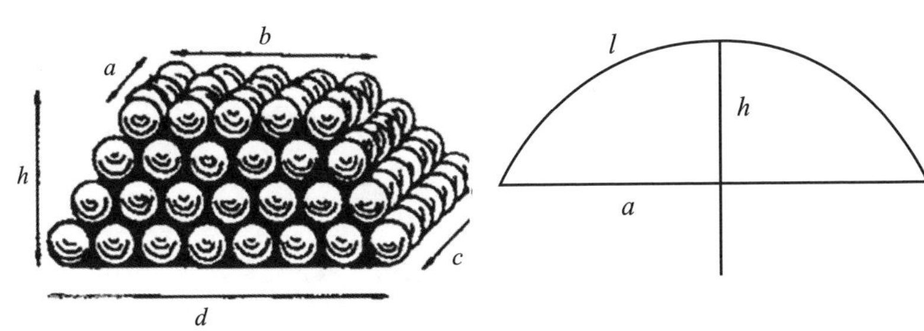

沈括的隙积术与会圆术示意图

方法。同时还记述了四种关于指南针的装置法，即水浮法、碗唇法、爪尖法、缕悬法等。关于磁偏角的记述，是《梦溪笔谈》之中十分值得珍视的部分。沈括说："方家以磁石磨针锋，则能指南，然常微偏东，不全南也。"我国长江下游一带地区，磁偏角是非常小的，这条记述体现了古人观察自然界的细致程度。此外沈括对虹、雷电、海市蜃楼等现象也都提出了解释。

《梦溪笔谈》中与天文历法有关的条目有二十余条，《宋史・天文志》中收录了沈括所写的《浑仪议》《浮漏议》《景表议》。

除了上文提到的天文仪器改进，首倡《十二气历》是沈括主要的天文学成就之一。中国的传统历法是阴阳合历，节气和月份的关系是不固定的，节气与人们的生产生活息息相关，中国古人依赖节气来安排农事活动。为了使节气和月份之间建立起稳定的关系，沈括建议突破传统阴阳合历的框架，制定施行纯阳历制度。沈括建议：采用"十二气"为一年，而不用十二月；以立春为孟春（正月）初一，惊蛰为仲春（二月）初一，余类推；每月"大尽三十一日、小尽三十日"，"十二月常一大一小相间，纵有两小相并，一岁不过一次"；在历书上加注朔望，以表示月亮的圆缺。

纯阳历虽然并不一定比阴阳合历精确高明，但胜在简单而实用。"十二气历"在中国历法史上，堪称是一个重大的革命性创新。中国古代长期奉行阴阳历传统，历法涉及王朝统治的正统性，沈括提出如此具有革命性的创新，实际上承担了巨大的风险。沈括明知如此，却毅然坚持自己的看法，"今此历论尤当取怪怒攻骂，然异时必有用予之说者"，认为未来必将证明自己是正确的，显现了沈括作为一名科学家捍卫自己所认定的真理的决心。

∧ 沈括及《十二气历》示意图

《梦溪笔谈》中关于地理和地图方面的条目共有二十余条，气象方面约十条，动物学知识的条目有二十余条，植物方面的有四十余条（包括药用植物），医药方面的（包括矿物性药物）有十余条，工程技术条目三十余条。其中记载了立体地图的制作方法、沉积岩和化石、海市蜃楼和蒙气差等大气现象、人体解剖、虫害治理、各类本草植物的种植和生长及民间各行业专门技术人员的发明创造，等等，几乎无所不涉。

沈括之所以能取得如此之多的科学成就，同北宋时期百业繁荣的社会背景有着直接关系。北宋结束了唐末和五代十国长期战乱分裂的局面，社会安定，

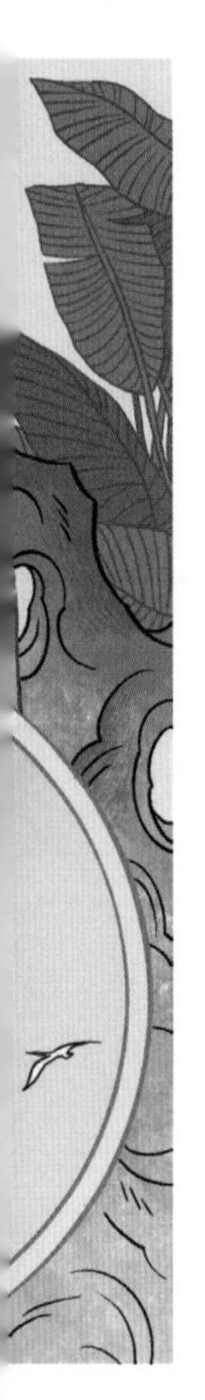

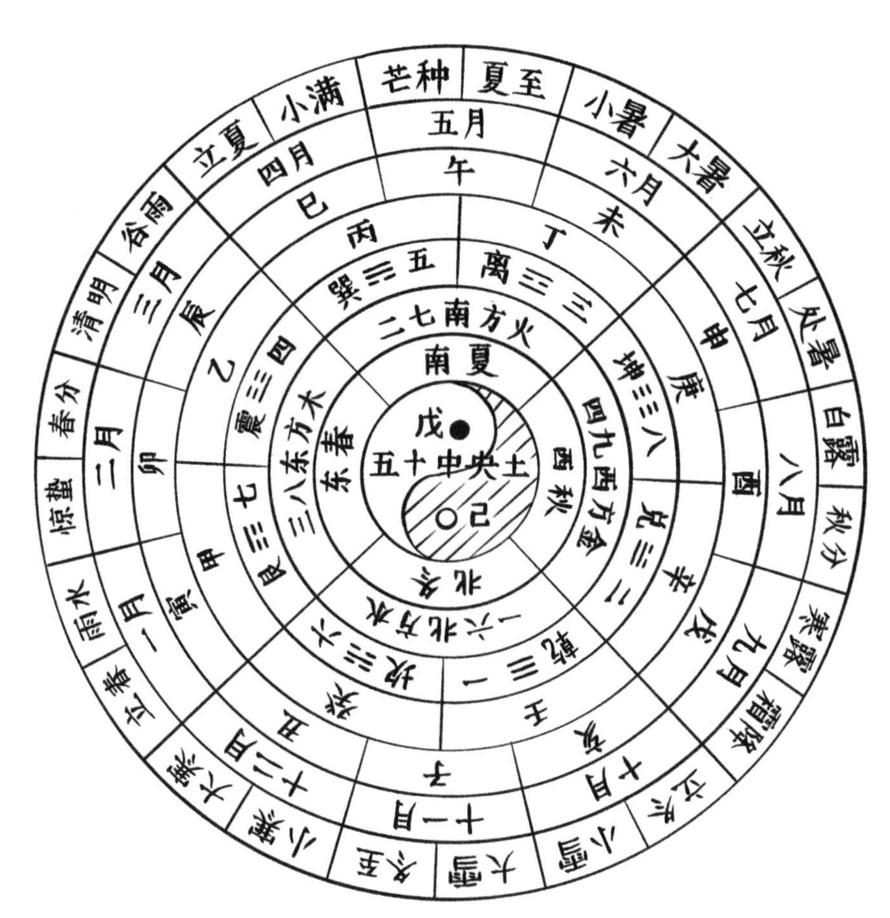

生产得以恢复，由于垦荒、梯田和围湖造田的发展，以及农业技术的进步，单位面积产量和粮食总产量都有较大增长。与前代重农抑商不同，北宋积极推动商业和贸易，熙熙攘攘的商贸活动带动了手工业的发展并催生了宋代的“城市化”，汴京（今河南开封）是当时全国的政治、经济、文化的中心，临安（今杭州）、广陵（今扬州）、广州等地也迅速发展成较大规模的城市。海外贸易也得到了较大的发展，杭州、明州（今浙江宁波）、广州和泉州等成为对外贸易的重要口岸，朝廷在此设立了市舶司进行贸易管理，对外贸易的税收成为北宋政府的重要来源。

在宋朝的经济大发展中，宋朝统治者将有利于民的发明创造与“圣王仁政”相联系，鼓励吏民工商将科学技术运用到生产生活中。“吏民能知土地种植之法，陂塘、圩垾、堤堰、沟洫利害者，皆得自言。行之有效，随功利大小酬赏。”因鼓励农桑或修造堤渠等水利工程而受到政府嘉奖的官员时有所见。沈括从事的科学活动及取得的成就，显然是与他在做官过程中要解决的与国计民生相关的科学技术问题有关。因此，沈括成了中国北宋的科学坐标。

度越千古的天文、水利学家——郭守敬

郭守敬是 13 世纪末、14 世纪初世界伟大的科学家之一，他的科学成果不仅在中国，而且在全世界都是非常卓越的。郭守敬从事科学研究所体现出来的科学精神、科学思想、科学方法，更是闪耀着人类智慧的光芒。

郭守敬的一生主要是从事科学研究工作。在科学活动中，他精心观察客观事物的特点，从中掌握它们的发展规律；他能很好地发现和总结劳动人民的发明创造，并在具体实践中运用和提高；他善于从别人的经验教训中吸取精华，取长补短，使自己的科学研究事业渐趋完善。但是，他从不满足前人的现成经验，敢于大胆探索，富有创新精神。他孜孜不倦、刻苦钻研、勤奋实干，在天文、历法、水利和数学等方面都取得了卓越的成就。

郭守敬（1231—1316 年），字若思，顺德府邢台（今河北邢台）人，元朝著名天文学家、数学家、水利专家和仪器制造专家。在天文方面，他主持编制《授时历》，是当时世界上最优秀的历法，首次明确提出一回归年为 365.2425 日；在数学方面，创立了弧矢割圆法、三次差内插法等，极大方便了天文数学计算；在水利工程方面，精心规划改造京杭大运河，使运河实现全线贯通，成为开通京杭大运河的第一人；在仪器制造方面，他创制和改进了简仪、高表、仰仪等十几件天文仪器仪表，涉及的学术领域极广，称得上是一位百科全书式的科学巨匠。

郭守敬出生时正值封建经济文化高水平发展时期，在空前繁荣的科学技术背景下，诞生了这样一位博学多识、忠于实践、勇于创新的科学家。郭守敬的祖父便是一位小有名气的学者，在他的培养下，郭守敬幼时便接触到了许多科学知识，在天文、水利、数学等方面展现出了兴趣和天赋，十五六岁时便可仅根据拓印下来的繁复图样，复原了北宋的计时工具“莲花漏”，还仿制了浑天仪进行天文观测。在恩师刘秉忠[①]的教导下，郭守敬的知识水平大幅提升，在一次朝廷的河道规划工作中，前往一线实地测量，成功修缮了河道，并挖出了石桥遗物，被推荐入仕。而后，他跟随张文谦[②]到各地进行水利工程建设，积累了经验，完善了知识体系，经过详细的调查后，提出了华北水利的六条建议，阐述邢州河道淤塞情况与修复措施，具体而透彻，深受元世祖忽必烈赏识，随即被任命提举诸路河渠，负责各地的河渠管理及整修维护。

郭守敬始终躬行实践精神，注重调查，勤于实践。西夏治水时，他“挽舟溯流而上”，冒着生命危险调查黄河河源，对大都地区水系进行考察，由此提出引玉泉水以济漕运的计划。在上都建铁幡竿渠时，由于执行者未严格按照郭守敬的设计操作，主观臆断，导致山洪暴发，百姓遭灾，元成宗感叹：“郭太史，神人也，可惜不用其言！”其实并无“神迹”，只是一位科学家锲而不舍地实地调查、事必躬亲的经验积累，才得到这般成就。[③]

在中国运河发展史上，郭守敬的主要功绩概括为四大方面：一是对运河“裁弯取直”，缩短航线。隋唐以及北宋时期，运河重心在洛阳、开封等地。到了元代定都北京后，需要开通山东段运河以缩短航线，对大运河进行裁弯取直提上了议事日程，规划并实施这项浩大工程的便是郭守敬。郭守敬通过实地考

① 刘秉忠（1216—1274 年），初名刘侃，法名子聪，字仲晦，号藏春散人。邢州（今河北邢台）人，祖籍瑞州（今江西高安）。大蒙古国至元代初期杰出的政治家、文学家。

② 张文谦（1216—1283 年），字仲谦，邢州（今河北邢台）人，元代大臣，元初紫金山学派的代表人物，元世祖忽必烈幕府重臣。幼聪敏，善记诵，与太保刘秉忠同学。他在元初经济恢复发展、制订《授时历》等方面有着不可磨灭的贡献。

③ 赵建坤，孟朋文. 浅谈郭守敬治水成就及成功经验［J］. 邢台学院学报，2003（4）：33-35.

察并绘图上奏，确定了山东段运河改造的路线，工人依据郭守敬的图纸于 1283 年完成了济州河的开凿。二是引入白浮泉水，开发京城水源。郭守敬在对大都城附近水资源和地势地貌进行充分的调研考察后，提议修建从通州至京城的运河。通州到京城运河的核心问题是水源，金代曾经开凿从通州到金中都的运河，但因为淤积问题很快废弃。由于通州地势低，郭守敬的难题在于找到保证运河水量的水源，他在北京周边辗转调研，勘查水源，最终把昌平白浮泉作为京城水源之一。三是开凿通惠河，实现大运河全线通航。郭守敬从解决漕运问题出发，兼顾灌溉、防洪和航运，将开发之利做到最大，经历多次失败，历时几十年方得成功。四是奠定北京水利事业的基础格局。①

在水利工程上大显身手的郭守敬得到了忽必烈的信任。随着朝廷出现历法失修、仪器破旧等情况，无法准时预测节气和日月食，元世祖下令修订立法。郭守敬时任知太史院事，建立天文台，经过 4 年的努力，编订出《授时历》。

该历法行用了 360 多年，是中国古代历法中最为杰出的代表。在《授时历》编订过程中，郭守敬与王恂等人分析了汉代以来的 40 多家历法，吸取各历之长，力主制定历法应该“明历之理”“历之本在于测验，而测验之器莫先仪表”，将理论与实践相结合，统计多家历法“准”与“不准”的次数，择优避短。郭守敬在全国设立了 27 个观测站，分布在南北达万里、东西五千里的广大区域中，进行了大规模的“四海测量”，测出的北极出地高度平均误差仅有 0.35°，新测二十八宿距度，平均误差不到 5′，测定黄赤交角新值，误差仅 1′左右，取回归年长度为 365.2425 日。这个数据与现今通行的公历《格里高利历》完全一致，但《格里高利历》是明万历十年（1582 年）开始使用，比《授时历》晚了 300 多年。

在创编《授时历》工作前后，郭守敬还发明和制造了一些其他的天文仪器，其中多数是计时器或与计时器有关的仪器，包括宝山漏、大明殿灯漏（又称七宝灯漏）、灵台水运浑天漏、柜香漏、屏风香漏、行漏，其中的大明殿灯

---

① 王洪见，吕路平. 千年运河　浸润古今——郭守敬与京杭大运河［J］. 自然资源科普与文化，2021（4）：53–57.

大都附
水资源
布及闸
选址示
图

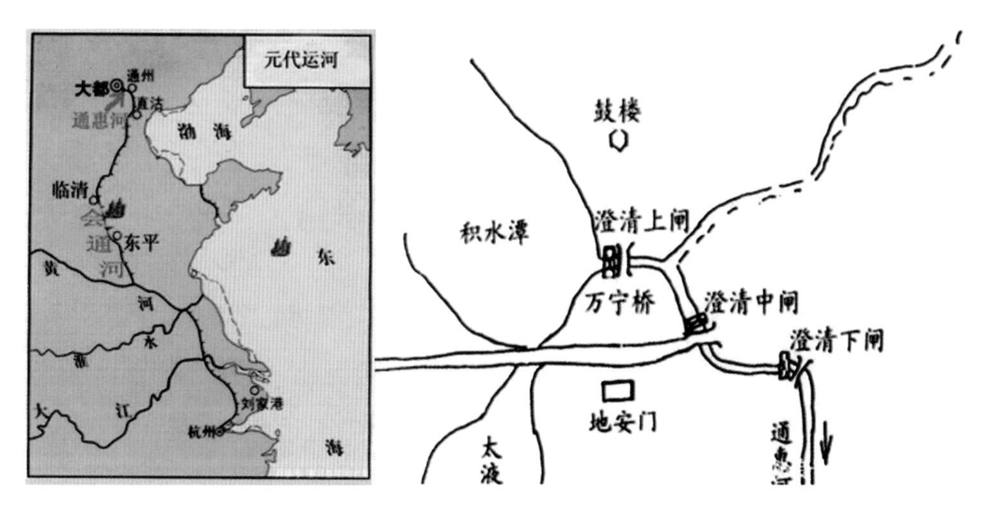

漏是中国第一架与天文仪器相分离的独立的计时器，也是世界上第一台大型机械自鸣钟。郭守敬等人通过改进数学方法，运用了弧矢割圆术来进行黄道坐标和赤道坐标数值之间的换算，以二次内插法解决了由于太阳运行速度不匀造成的历法不准确的问题，并创制改进了简仪、四丈高表、候极仪、浑天象、玲珑仪、仰仪、立运仪、证理仪、景符、窥几、日月食仪及星晷定时仪。其中，简仪是世界上最早制成的大赤道仪，运用了郭守敬发明的滚柱轴承；仰仪首次实现了低头看日食；四丈高表是当时世界上日影测验最精确的天文仪器；窥几首次实现了无影侧影；玲珑仪集演示和观测为一体，是当今象仪的鼻祖。

郭守敬废除了自西汉刘歆《三统历》以来一直使用的上元积年法，采用至元十七年（1280 年）的冬至时刻作为计算的出发点，以至元十八年（1281 年）为“元”，所用数据一律采用百进位式的小数制，取消日法的分数表达式，是一项由时间需求所推动产生的重大创新。此外，郭守敬的天文历法著作有《推步》《立成》《历议拟稿》《仪象法式》《上中下三历注式》和《修历源流》等 14 种，共 105 卷，是中国古代天文学的巨大成就。

郭守敬涉足的工作领域广泛，无论在哪一行都十分出色。他年轻时主要从事水利工作，35 岁任都水少监、41 岁任都水监。1275 年都水监并入工部，45 岁的郭守敬任工部郎中，参与编制《授时历》，其工作内容从水利领域一下子跨界到了天文领域，但是他却迅速适应了新岗位，这与他严谨的治学理念和求实的精神是分不开的。①

郭守敬的创新体现在他科学技术工作的方方面面：重视第一手数据，亲身实践，细心观察事物的发展规律并在原有的基础上进行创新改进，借鉴前人智慧的同时总结前人教训，并找到解决问题的新方法，孜孜不倦，勇于探索。在天文研究时，当他发现旧的方法烦琐难用时，便创造性地提出新的计算方法；在改造天文仪器时，他善用光学原理，为《授时历》的编撰提供精确数据，同时也十分重视仪器的矫正，理论与工具互相进步；在水利工程方面，在参与大都规划过程中，他实地观测了大都和汴梁两地的地形高度差，使得海拔这个概念也应运而生。

郭守敬的一生，在天文、地理、历法、水利等领域都做出了杰出贡献，他的每一项成果，都是留给后世的宝贵财富。

寻山探水求真知——徐霞客

徐霞客，名弘祖，字震之，因行踪不定如同天上的云霞一般而得别名“霞客”，今江苏江阴人，他生于明代万历十五年（1587 年），卒于崇祯十四年（1641 年），终年 54 岁，是我国古代一位杰出的探险家、重实践与考察的地理学家和山水文学家。徐霞客天资聪慧，自小便对地理、游记类的书籍十分感兴趣，虽出身于书香世家，但是对于参加科举考试并无抱负，而是对游历名山大川充满志向。他曾参加科考不中，19 岁时，其父亡故，这两次重大的打击使他更加厌弃世俗，想要开始壮游天下的征途。他的母亲思想开明，支持徐霞客远游，外出增长见识，不愿儿子做“藩中雉”“辕下驹”，为鼓励徐霞客还特意

① 崔庆．郭守敬的守道与敬业［J］．人才资源开发，2020（19）：92–93.DOI：10.19424/j.cnki.41–1372/d.2020.19.042.

为他缝制“远游冠”，也喜欢听他回来讲述各地风土人情与新奇事物，这对徐霞客献身远游考察起到一定的促进作用。徐霞客在21岁从太湖开始，游历了现在江苏、浙江、安徽等16个省，从一个意气风发的青年到风烛残年的老人，前后共30多年的时间。他“不避风雨，不惮虎狼，不计程期，不求伴侣，以性灵游，以躯命游”，以凝练且生动的文字记录下所见所闻，撰写成63万字的科学巨著《徐霞客游记》，其内容记载翔实，观察精细，且富有科学性。李约瑟说：“他的游记读来并不像是十七世纪的学者所写的东西，倒像是一位二十世纪的野外勘测家所写的考察记录。”①

徐霞客远行的背后有着独特的社会背景，他出生在明朝末年，是社会动荡、矛盾急剧激化的时代。在政治上，统治者享乐腐化，朝中东林党和阉党斗争不断，阉党乱政，任意用权，统治阶层越来越不得民心，农民起义不断；在经济方面，徐霞客的家乡江阴邻近长江入海口，位处东南沿海地区，交通便利，出现了资本主义萌芽，商品贸易繁荣，新兴市民阶层迅速崛起，在新经济的发展推动下，社会风气上也比较开放，人们有一种向外发展需求和了解新鲜事物的兴趣；在对外交流上，利玛窦等西方传教士纷纷来华，揭开了中西文化交流史的新篇章，这些传教士除了宣传宗教外，还带来了科学知识，如介绍地圆说、绘制世界地图与中国地图等，利玛窦和李之藻绘制的《坤舆万国全图》及艾儒略所著的《职方外纪》可能对徐霞客产生过影响；在思想方面，学术思想趋向解放，一些有识之士倡导“经世致用”的求实学风，批评心学的空谈心性，要求反虚务实，倡导人们要关心天下大事，注重实行，广求博学。②

徐霞客的一生与旅行和考察是密不可分的，大体可以分为两个阶段。③第一个阶段是徐霞客21—50岁，此时处于青壮年的他，虽然多次外出考察，但秉持“父母在不远游”的思想，每次出游时间较短，少则十天半月，一般三个

① 李约瑟. 李约瑟中国科学技术史. 第三卷，数学、天学和地学［M］. 梅荣照，王奎克，曹婉如，译. 北京：科学出版社，2018：533.

② 朱钧侃，潘凤英，顾永芝. 徐霞客评传［M］. 南京：南京大学出版社，2006：33-56.

③ 金秋鹏. 中国科学技术史·人物卷［M］. 北京：科学出版社，1998：619-628.

月左右，所到之处离家不很远，因此他的行踪主要集中在我国的东部地区，多在春、秋气候宜人的季节出行，“定方而往，如期而还”。他曾先后游历了家乡近处的太湖、天台山、雁荡山等，再远处的安徽黄山、江西庐山、山东泰山、河南嵩山、陕西华山等名山大川，最远到达广东的罗浮山。其间徐霞客的母亲为了表示支持徐霞客远游，在 80 岁的高龄，与他同游宜兴诸洞。徐霞客这一时期去的地方多是名山大川及“风景区”，交通相对便利，以“游”为主，玩赏性高于地理考察，但也已经注重对地理景观的考察和探索，探索一些自然现象的规律。例如，他在游历黄山时，认为莲花峰是黄山的最高峰，而非以往认为的天都峰，通过观察比较嵩山、华山和太和山等地区的物候变化提出了“山谷川原，候同气异”的观点。

第二个阶段是徐霞客 51—54 岁，他感慨“老病将至”，于是毅然开始了他的西南“万里遐征”，崇祯九年（1636 年）他从家乡乘船出发经今浙江、江西、湖南、广西、贵州等地区，最后于崇祯十二年（1639 年）4 月到达云南西部的腾冲，这是徐霞客一生中出游时间最长、最富有成就的一次旅行探索，这 4 年的旅行具有十分浓厚的科学意义，他不光对地理现象进行考察，还进一步探求其中的科学规律，他对河流水系、山脉走向、岩溶地貌、火山地热等地理地貌和民俗民生、工商经济等社会状况做了详细、全面的考察。这一段旅程同时也是徐霞客旅行考察过程中异常艰难的一段，在这一时期时局混乱，徐霞客不单单要徒步翻山越岭，一路披荆斩棘，还数次遭遇抢劫、盗窃，甚至同行的僧人朋友不幸丧命。例如，崇祯十年（1637 年）二月十一日，在衡南新塘过夜时，一群盗贼闯入船上，在一片混乱之中，徐霞客虽然身体没有受到很大的伤害，但是财物全部被劫，所带的书籍和信札等丢失、损毁，身上仅有一裤一袜。重挫面前，徐霞客依旧毫不畏惧，毅然前行！徐霞客几十年如一日的旅游探险使得原本健壮的他身体每况愈下，途中多次生病，“骤发胝疮”“骤疾，呻吟不已”，还有多次的摔伤，各种疾病缠身，最终使他不良于行。后因病情加重，崇祯十三年（1640 年）夏，丽江土司木增派人用滑竿护送徐霞客回到江阴家中，他在病榻上还念念不忘对游记的整理，可惜不久病逝。

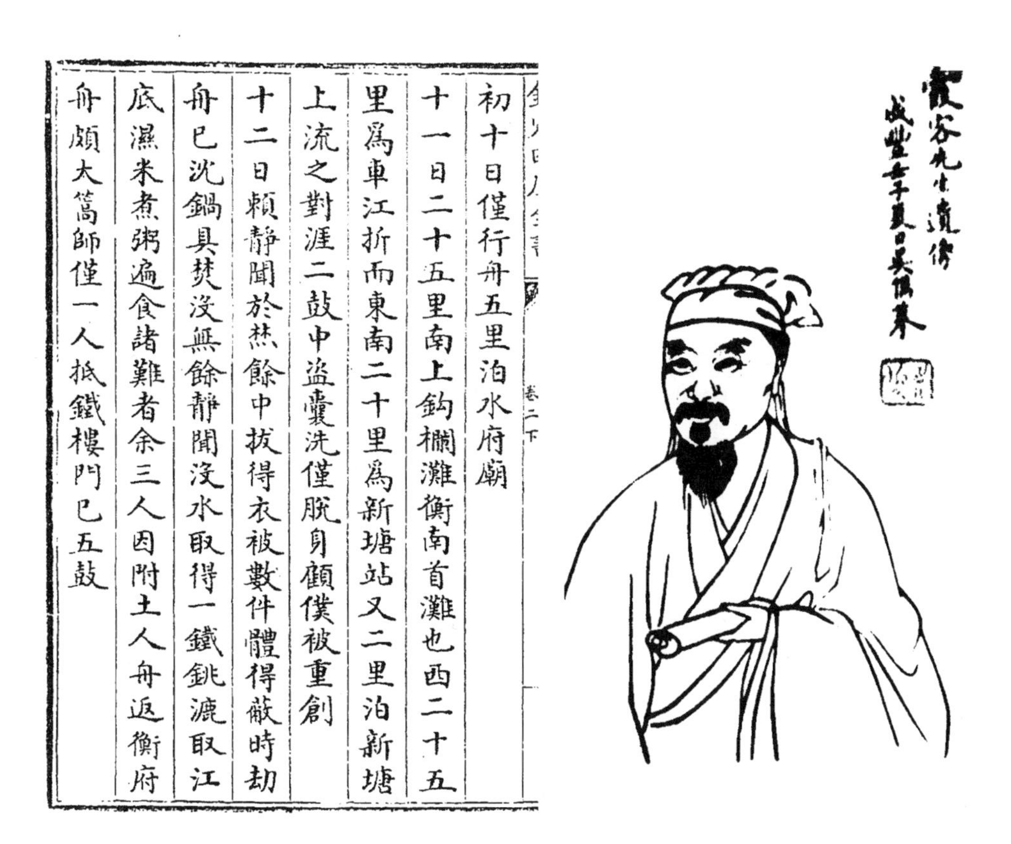
初十日僅行舟五里泊水府廟
十一日二十五里南上鈎欄灘衡南首灘也西二十五
里爲車江折而東南二十里爲新塘站又二里泊新塘
上流之對涯二鼓中盜囊洗僅脫身顧僕被重創
十二日頼靜聞於爇餘中拔得衣被數件體得蔽時劫
舟已沈鍋具焚沒無餘靜聞沒水取得一鐵銚漉取江
底濕米煮粥遍食諸難者余三人因附土人舟返衡府
舟頗大篙師僅一人抵鐵樓門已五鼓

∧ 徐霞客画像及《霞客游记》中记载的关于新塘被劫的描述

徐霞客在地理学上突出的成就之一，就是对岩溶地貌进行考察和研究。我国西南地区石灰岩分布面积广，钟乳石、溶洞、石笋、石芽、石柱等岩溶地貌非常典型，他记载的石灰岩溶洞 280 多个，进入考察的有 250 个之多，还记录它们的方向、高深、宽窄等数据。根据岩溶地貌的分布规律，徐霞客指出峰林石山的分布西起云南的罗平，东北止于湖南道州，并通过比较分析，认识到各地峰林石山的发育的地区差异，进一步对这些地理地貌进行了某些成因的分析。他还注重获取岩石标本，在云南保山附近的水帘洞考察时取过石树标本、钟乳石标本。

徐霞客对河流的水道源流、侵蚀作用、水文涨缩、水色变更等水文情况有许多的观察记载。每到一地，徐霞客常常借阅当地的志书和地图，注意把书本知识和实地考察结合起来，由于他在长期的实地考察中积累了丰富的知识，纠

為無量講師復建右有幽溪溪側諸勝曰圓通洞松風
閣靈響巖
十八日仲昭坐圓通洞寺僧導余探石筍之奇循溪東
下抵螺溪溯溪北上兩崖削石夾立樹巔飛瀑紛紛踐
石躡流七里山迴溪墜已至石筍峯底仰面峯巒莫辨
以右崖掩之也從崖側踰隙而下反出石筍之上始見
一石矗立澗中澗水下倒其根懸而為瀑亦水石奇勝
處也循溪北轉兩崖愈削下滙為潭是為螺螄潭上壁

欽定四庫全書　徐霞客遊記 卷一下　四十六

立而下淵深扳崖側懸藤踞石遙睇其内潭上石壁中
劈為四岐若交衢然潭水下薄不能窺其涯涘最内兩
涯之上一石横嵌儼若飛梁梁内飛瀑自上墜潭中高
與石梁等四旁重崖迴映可望而不可即非石梁所能
齊也聞其上有仙人鞋在寒風闕之左可踰嶺而至雨
驟不成行還憩松風閣
二十日抵天台縣至四月十六日自鴈宕返乃盡天台
以西之勝北七里至赤城麓仰視丹霞層亘浮屠標其

∧《霞客游记》中关于瀑布与深潭伴生的描写

正了很多过去史书图籍中的错误。如，否定《尚书·禹贡》中岷山是长江源头的说法，肯定金沙江是长江的源头，专门写了两篇论文《江源考》和《盘江考》。他观察到广西扶绥的右江“江流击山，山削成壁”，能够明确认识到水流的侵蚀作用。通过考察比较福建的建溪和宁洋溪，认识到水流缓急与河源距河口距离的远近关系是“程愈迫，则流愈急”。徐霞客还发现“悬而为瀑，上壁立而下渊深”的瀑布和深潭伴生分布的自然规律。

徐霞客还注重观察植物地理分布的特征，他已经认识到地形、气候和地理纬度等环境因素能够影响植物的生长分布。例如，天台山由下至上，植物分布差异明显，高处“荒草靡靡”，低处“山花盛开”，徐霞客认为这是由于气温随高度递减，高处温度相对低造成的。徐霞客在游历途中，发现云南鸡足山与其北边的丽江两地的桃杏花期不同，已经能够意识到越向北温度越低，是地理纬度不同的差异。

徐霞客在旅途中大量且真实地记载了当日的天气状况、当地的旱涝灾害等情况，他所记述的真实天气状况，可信度极高。根据他所记叙的积雪冷冻成冰、雪层厚度数尺等内容，能够了解 17 世纪的冷暖变化很大，他所记录的很多气候能够成为研究明代末年存在小冰期气候的重要证据。同时，他对西南地区的超常期降雨记录、大理苍山等地的积雪记录，表明那时云贵地区气候状况与现代截然不同。

徐霞客还在云南考察了火山遗迹和温泉地热。他在腾冲听到有关火山现象的传说后，便怀着极大兴趣调查火山遗迹，对火山口的缺口，火山锥南北坡地貌形态差别，浮石的颜色、结构等性状，以及火山喷气孔、喷出堆积物等内容进行了真实准确的描述。他还对此地的温泉做了认真的考察，对沸腾的温泉和蒸汽喷发的情景进行了生动的描述，“从下沸腾，作滚涌之状，而势更厉；沸泡大如弹丸，百枚齐跃而有声”，这些记叙读起来很有画面感，使人犹如身历其境。

徐霞客对锡、铁、铜等矿产资源的开采利用及井盐业、造纸业等手工业生产，广西、云贵地区的边境贸易和盐运业等商贸活动，还有一些社会文化现象等众多内容都有翔实的记录。这些记录为研究明代晚期的社会结构、经济和文化活动和民情民俗等诸多方面提供了资料。

徐霞客打破旧传统，用亲身经历的野外调查获得的知识来著作，用日记体的方式写下《徐霞客游记》，其中包含着其唯物主义的思想。如《徐霞客游记·滇游日记四》中写道：“而惜乎远既莫闻，近复荒翳，桃花流水，不出人间，云影苔痕，自成岁月而已！”[①]“桃花流水”“云影青苔”都是脱离与人存在且不以人的意志为转移的“自在之物”。正是因为秉持求实的思想，徐霞客才能客观地认识到自然的规律，他比较系统、深刻的地理科学论述，可以说在世界各国尚无先例。竺可桢先生评价徐霞客：“纵览十六七世纪欧洲探险家无一不唯利是图。其下焉者形同海盗，其上焉者亦无不思攘夺人之所有以为已有，而

① 徐霞客．徐霞客游记［M］．朱惠荣，整理．北京：中华书局，2009：470.

以土地人民之宗主权归诸其国君，是即今日帝国主义也。欲求如霞客之以求知而探险者，在欧洲并世盖无人焉。”

中西科学交流第一人——徐光启

中国的明朝是世界性的，中外科技文化交流始终不断，而且是多方位的。明朝初年，天文学上一方面继承元朝郭守敬的天文历法传统，以《授时历》为基础制定了《大统历》，另一方面积极翻译从阿拉伯国家传入中国的天文学著作，编译有《回回历法》《七政推步》《明译天文书》等。明朝永乐年间（1403—1424年），郑和率领大规模的船队七次下西洋，足迹到达东南亚、印度、锡兰、阿拉伯半岛及东非，大大扩大了中国人的视野，促进了中外文化的交流。到了明朝万历年间（1573—1620年），随着欧洲耶稣会传教士带来欧洲近代科学，明朝又进入了史无前例的中西科学交流的阶段。在中西科技交流中，徐光启是极其耀眼的一位西学领袖，其翻译和编著的科学论著对后世产生了深远影响。①

徐光启，字子先，号玄扈，明嘉靖四十一年（1562年）生于南直隶松江府上海县（今上海市），崇祯六年（1633年）卒于北京。徐光启出生时已家道中落，其父弃商归农，对于阴阳、医术、星相、占候等多所通综，善于为人陈说讲解。青少年时期的徐光启聪敏好学，活泼矫健。万历九年（1581年）徐光启得中秀才。此后，徐光启开始在家乡教书，曾多次参加举人考试而不中。万历二十一年（1593年），徐光启受聘去韶州任教，在这里（约1895年）见到了传教士郭居静，这是他与传教士的第一次接触，后又转移至浔州。万历三十一年（1603年），徐光启在南京接受洗礼，加入天主教。

万历三十二年（1604年），徐光启迎来了他一生中的重大转折，这一年春

① 朱维铮，李天纲. 徐光启全集［M］. 上海：上海古籍出版社，2011：1-19.

他考中进士，步入仕途。在未中进士之前，徐光启曾长期辗转苦读，破万卷书、行万里路，深知当时流行的陆王心学误国害民，因而走上了积极主张经世致用、崇尚实学的道路。得中进士后，徐光启被选为翰林院庶吉士，入翰林馆学习，在馆编撰课艺。万历三十四年（1606年）秋，徐光启与传教士利玛窦合作翻译了《几何原本》的前6卷（初版于1607年出版），还翻译了《测量法义》。万历三十五年（1607年），授翰林院检讨。不久父丧，返乡守制，在此期间，他积极引种并推广了甘薯，撰写《甘薯疏》。

徐光启于万历三十八年（1610年）守制期满，回京复职，担任较为闲散的翰林院检讨。在此期间，徐光启积极向传教士学习科学文化知识，研究天文、算法、农学、水利等科学技术，翻译了很多科技著作。与此同时，徐光启还帮助传教士刊刻宗教书籍，对传教的活动大加庇护。这些行为多被朝臣误解，他加上与其他官员意见不合，因而徐光启曾一度辞去官职，在天津购置土地，种植水稻、花卉、药材等。其间，徐光启写成“粪壅规则”（施肥方法），编写《农政全书》提纲。

万历四十六年（1618年），后金军队进攻边境，边事紧急，经人举荐，朝廷征召尚处病中的徐光启。徐光启不但自己立即赴命，同时还号召同僚放弃安适生活，共赴国难。至天启元年（1621年），三年多时间里，徐光启从事选兵、练兵工作。万历四十七年（1619年），徐光启以詹事府少詹事兼河南道监察御史的新官衔督练新军。他主张“用兵之道，全在选练”。但是由于财政拮据、议臣掣肘等原因，练兵计划并不顺利，徐光启也因操劳过度，于天启元年（1621年）上疏回天津“养病”，六月辽东兵败，又奉召入京，但终因制造兵器和练兵计划不能如愿，十二月再次辞归。不久，明朝廷由于魏忠贤阉党擅权专政，政局黑暗。为笼络人心，阉党曾拟委任徐光启为礼部右侍郎兼翰林院侍读学士协理詹事府事的官职，但徐光启不肯，这引起阉党不满和弹劾，皇帝命他“冠带闲住”，于是他回到老家闲住，其间完成《农政全书》的写作。

崇祯元年（1628年），徐光启官复原职，充日讲官。崇祯二年（1629年），升为礼部左侍郎，次年升礼部尚书。这期间，徐光启对垦荒、练兵、盐政等方

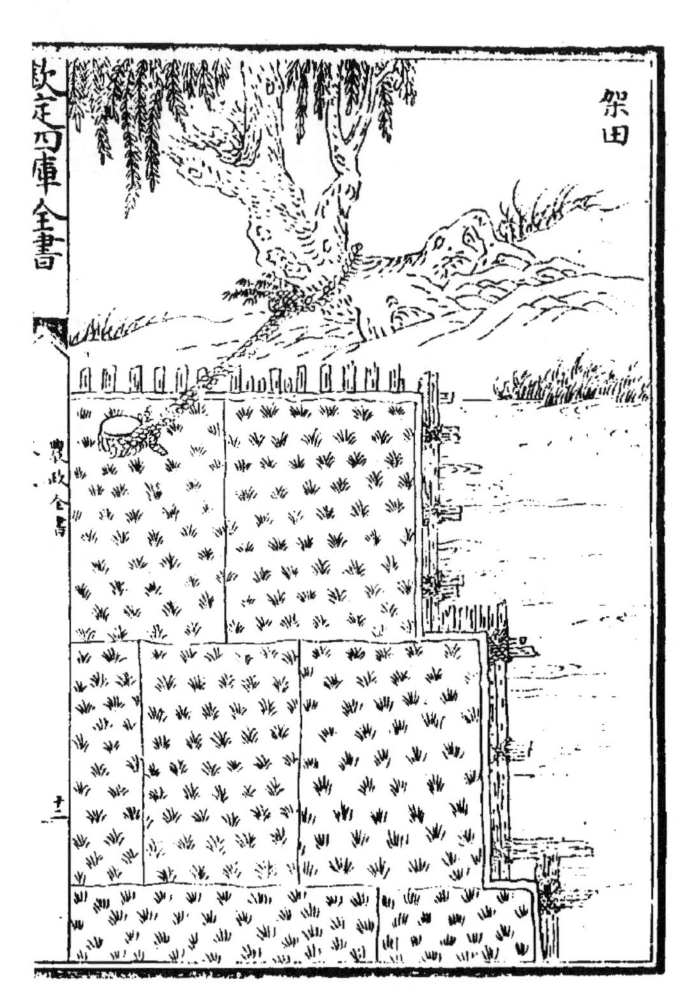

∧《农政全书》中记载的农田样式（左）、授时图（中）与植物（右）

面多有所建议，但其精力主要用于修改历法。自从与传教士接触之后，徐光启开始留心天文历法。至崇祯二年（1629 年）五月朔日食，徐光启依西法推算，其结果较钦天监为密。九月，朝廷决心改历，令徐光启主持。徐光启从编译西方天文历法书籍入手，同时制造仪器、精心观测，自崇祯四年（1631 年）起，分五次进呈所编译著作，此即为后来的《崇祯历书》，全书共 46 种，137 卷。崇祯六年（1633 年）八月，徐光启升任太子太保、文渊阁大学士兼礼部尚书，十一月病危，仍奋力写作，并嘱家属“速缮成《农书》进呈，以毕吾志”，可

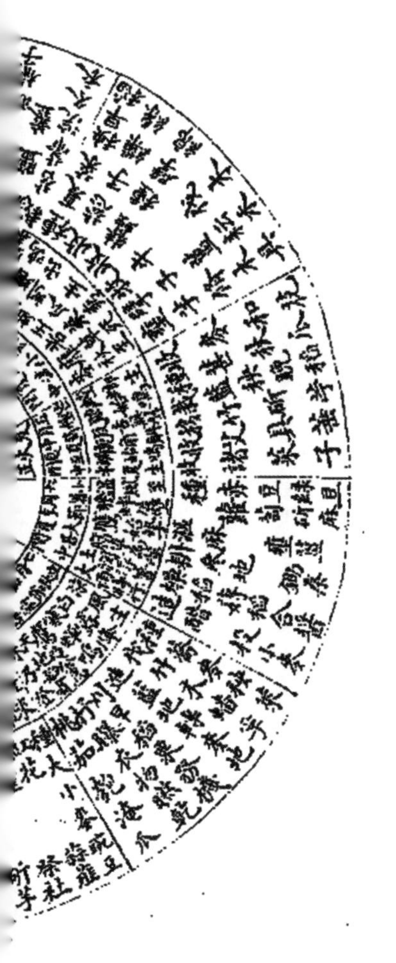

谓为科学研究直至生命的终点。同年十一月七日徐光启逝世，终年 72 岁，谥文定，墓地现存于上海徐家汇徐墓公园。[①]

徐光启的科学成就可以分为天文历法、数学、农学、军事等方面。

徐光启在天文学上的成就主要是主持历法的修订和《崇祯历书》的编译。明代施行的《大统历》实际上承袭自元代的《授时历》，年久失修，已严重不

① 金秋鹏．中国科学技术史：人物卷［M］．北京：科学出版社，1998：585-592.

幾何原本第四卷之首

泰西利瑪竇口譯

吳淞徐光啓筆受

界說七則

第一界。

直線形居他直線形內。而此形之各角切他形之各邊。爲形內切形

甲 丁 戊 乙 己 丙

此卷將論切形在圜之內外。及作圜在形之內外。故解形之切在形內。及切在形外

幾何原本卷四之首

海山仙館叢書

< 徐光启与利玛窦翻译的《几何原本》

准。万历三十八年（1610 年）一月朔日食，司天监再次预报错误，朝廷决定由徐光启与传教士等共同翻译西法，供邢云路修改历法时参考，但不久不了了之。直至崇祯二年（1629 年）五月朔日食，徐光启以西法推算最为精密，礼部奏请开设历局，以徐光启督修历法，改历工作终于走上正轨。当时协助徐光启进行修改历法的中国人有李之藻、李天经等，外国传教士有龙华民、庞迪我、熊三拔、阳玛诺、艾儒略、邓玉函、汤若望等。《崇祯历书》分五次进呈。前三次乃是徐光启亲自进呈（23 种，75 卷），后两次是由继任者李天经进呈的。

《崇祯历书》采用了当时欧洲比较先进的第谷（Tycho）体系。此体系认为地球仍是太阳系的中心，日、月和诸恒星均绕地运动，而五星则做绕日运动。《崇祯历书》仍然用本轮、均轮等一套相互关联的圆运动来描述、计算日、月、五星的疾、迟、顺、逆、留、合等现象。

数学方面，徐光启阐述了中国数学在明代落后的原因，论述了数学应用的广泛性，其最主要的贡献是翻译了《几何原本》。《几何原本》是古希腊数学家欧几里得在总结前人成果的基础上于公元前3世纪编成的。这部世界古代的数学名著，以严密的逻辑推理形式，由公理、公设、定义出发，用一系列定理的方式，把初等几何学知识整理成一个完备的体系。《几何原本》的近代意义不单单是数学方面的，更主要的乃是思想方法层面的。徐光启曾指出："此书为益，能令学理者祛其浮气，练其精心，学事者资其定法，发其巧思，故举世无一人不当学。"《几何原本》的翻译，极大地影响了中国原有的数学学习和研究的习惯，改变了中国数学发展的方向，是中国数学史上的一件大事。但直到20世纪初，中国废科举、兴学校，以《几何原本》为主要内容的初等几何学方才成为中等学校必修科目。徐光启在修改历法的奏疏中，详细论述了数学在天文历法、水利工程、音律、兵器兵法及军事工程、会计理财、各种建筑工程、机械制造、舆地测量、医药、制造钟漏等计时器，共计十个方面的应用，还建议开展这些方面的分科研究。

农学方面，徐光启所著甚多，如《农政全书》《甘薯疏》《农遗杂疏》等。代表作《农政全书》共分12目、60卷、70万字，主要包括农政思想和农业技术两方面。农政思想占全书一半以上篇幅，内容为用垦荒和开发水利的方法力图发展北方农业生产与备荒、救荒等荒政思想。在农业技术方面的贡献主要是破除了中国古代农学中的"唯风土论"思想，进一步提高了南方的耕作技术，推广甘薯种植，总结栽培经验及总结蝗虫虫灾的发生规律和研究治蝗方法。

徐光启也非常重视军事科学技术的研究，求精和求实是其军事思想的核心。他特别注重制器，尤其是火炮的制造。他还对火器运用、火器与城市防御及火器与攻城等方面进行了探究。

第十章

文明之间

丝绸之路与中外科技交流

中华文明发生的地理环境相对独立，是一个原生性的文明。但是中华文明与世界其他文明之间的交流由来已久，从遥远的新石器时代就开始了。例如小麦种作、青铜技术、一些驯化动物，很可能是在新石器晚期从西方通西域传入中国。到了西汉（公元前202—公元8年）时期，汉武帝派张骞出使西域，开辟了以首都长安（今陕西西安）为起点，经甘肃、新疆，到中亚、西亚，并连接地中海各国的陆上通道。它的最初作用是运输中国出产的丝绸。1877年，德国地质地理学家李希霍芬在其著作《中国》一书中，把“从公元前114年至公元127年间，中国与中亚、中国与印度间以丝绸贸易为媒介的这条西域交通道路”命名为“丝绸之路”。丝绸之路把西汉同中亚许多国家联系起来，促进了彼此之间的科技文化交流。西域的核桃、葡萄、石榴、蚕豆、苜蓿等十几种植物，逐渐在中原栽培。龟兹的乐曲和胡琴等，丰富了汉族人民的文化生活。汉军在鄯善、车师等地屯田时使用与地下相通的穿井术，习称“坎儿井”，在当地逐渐推广。大宛的汗血马在汉代非常著名，名曰“天马”，“使者相望于道以求之”。中国蚕丝和冶铁术也传到大宛以西。

其实丝绸之路不局限于西域，也不局限于陆地交通。从汉代开始，中国与南洋诸国就有航海交通，比如《汉书·地理志》就记有使节来回南亚的航路。张骞在西域也发现了通过印度传入西域的中国南方蜀地的物产。于是有了“海上南方丝绸之路”之说。海上丝绸之路形成于秦汉时期，发展于三国至隋朝时期，到了唐宋时期，航路变得非常丰富。例如周去非的《岭外代答》和赵汝适的《诸蕃志》将南海诸国分为三大体系，说明了航路的多样性。到了元明时期，中国南洋航路发展到了鼎盛时期，这使得明朝郑和下西洋这样的航海创举才有可能实现。

就丝绸之路上的中外科技交流而言，汉唐时期，主要是随着佛教而传入了印度乃至西方的医药、天文等科技知识。宋元明时期，中国与阿拉伯世界的科技交流增多，涉及天文、医学、农学等，中国重要科技发明也同时西传。总的来说，丝绸之路上中外交流是双向的，不仅中国影响了西方，西方也影响了中国。丝绸之路上中外科技交流表明，中华文明实际上自古以来就对外来文明的思想和科技持开放和兼容包蓄的态度。

汉唐时期的西域和丝绸之路

汉代以来，玉门关、阳关以西的地区泛称为西域，狭义上专指葱岭（今帕米尔高原）以东，主要包括我国的新疆和中亚的部分地区，广义上则涵盖中亚、西亚、印度半岛、欧洲东部和北非的广大地区。西域超出了传统中华文明的地理界限，是亚欧大陆上草原游牧文明和农耕文明、东方文明和西方文明之间交流冲突，各语系、各民族、各人种、各宗教融合斗争的边缘地带。自公元前 2 世纪开始，在漫长历史中有两条商贸通道围绕着这一地带，连接起亚欧大陆的两端，即丝绸之路和海上南方丝绸之路。

在丝绸之路的中段和西段，历史上很早就有频繁的科技文化交流。两河流域和北非的古老文明是古希腊文明的源头。而新疆地区的考古发现似乎表明，在公元前一千纪前期，古希腊的文化因子已经远播至此，很多出土陶器上的纹饰都有古希腊风格的印记。随着公元前 4 世纪的亚历山大大帝东征，古希腊文明进一步在中西亚的内陆播撒。

在张骞（约公元前 164—前 114 年）"凿空"西域以前，中国连通中西亚和南亚的贸易路径就已存在。西汉前期，通往中西亚的商路为匈奴所占据，汉

∧ 张骞出使西域壁画

敦煌莫高窟第 323 窟北壁，唐代初期绘制

武帝通过投降汉朝的匈奴人得知遥远西域也有很多国家，自公元前 138 年开始，汉武帝两度派遣张骞通西域，打通了东西方交流的要道。张骞在大夏（今阿富汗北部）曾经看到蜀地的特产邛杖、蜀布，是大夏人从印度贸易得来，由此推断出中国西南部一定存在通往印度的商路。在张骞以前，中华文明和中西亚、南亚之间应当也有过科技文化的交流，但由于史料匮乏，今天只能通过考古做一些推测：起源于中西亚的金属冶炼技术、制车技术、牲畜的驯化技术等，有可能经由上古的中西方交通路径传入中国，影响了中华文明。

先秦时期中国的天文历法和数学，尽管目前多认为是中国独立发明，但是也可能受到过中西亚文明和印度文明的影响。例如郭沫若和李约瑟等著名学者都认为二十八宿起源于巴比伦。李约瑟猜测："这一体系（指二十八宿体系）或许更可能是巴比伦的创造，然后向几个方向传播，到达印度和中国。"[①] 江晓原则比较了《周髀算经》的盖天说宇宙模型和公元前 1000 年前后古印度《往世

① 李约瑟. 中国科学技术史：第四卷：天学［M］. 北京：科学出版社，1975：7.

书》中的宇宙模型，认为两者高度相似。更有力的证据则是《周髀算经》中包含明显来自域外的寒暑五带知识："北极左右，夏有不释之冰……中衡左右，冬有不死之草……五谷一岁再熟。"

张骞通西域正式开辟丝绸之路以后，中西方的科技文化交流水平跃升上了一个新的台阶，大量中国科学知识向外传播，而来自西域的新物种、新知识、新技术也在随后 2000 年中不断汇入中华文明。汉唐时期，通过丝绸之路和海上丝绸之路发生的科技交流，无疑是中西方文明交流史上最辉煌璀璨的篇章之一。

提到丝绸之路，就不能不说桑蚕和丝织技术的西传。据西方学者考证和考古发掘，在公元前 5 世纪以前，中国的蚕丝就通过与周边游牧民族的贸易，辗转经印度、波斯传入了欧洲。在德国斯图加特的霍克杜夫村，曾发掘出公元前 500 多年的丝绸残片。但西方人长期不知道丝绸是如何生产的。公元 6 世纪中叶的史书普洛科皮乌斯的《战争史》中的《哥特战争史》中记载，在东罗马帝国的查士丁尼大帝（527—565 年在位）统治时期，派遣了两名基督教东方教会的教士潜入中国，偷盗了蚕种带回东罗马，并传回了用桑叶养蚕之法。另一部东罗马史书则说，是一名波斯人将蚕种藏在用作拐杖的空心竹棍里偷运到欧洲。

以上记载的传说意味很浓，可以说是桑蚕技术西传的一个缩影，也是中国科技经由丝绸之路西传的一个缩影。据西方学者考证，公元 5 世纪上半叶，于阗[①]国通过与中原王朝联姻获得了桑蚕丝织技术，由此传入波斯，并进一步西传。《大唐西域记》等唐代史籍记载了于阗国迎娶东国公主的旧事，以及隋唐时期当地桑蚕业发达的盛况。桑蚕和丝织技术的西传，无疑是西方的经济需求所驱动的，可能是多人多次绵延很长时期的科技传播。有关技术的西传，在欧洲引发了一场服饰业的革命，最终出现了种植桑树的大农场和丝织业作坊。

① 于阗（tián），公元前 232—1006 年的西域佛教王国。

马镫是汉唐之间西传的又一项对于世界历史产生了重大影响的发明。一说它是由北方草原的游牧民族为了乘骑方便而发明的，另一说认为它是由中原农耕民族为了更容易地掌握骑术的需要而发明的，这两种推测都有一定道理。目前关于马镫最早的可信的考古发现都出土于南方及中原的汉民族农耕地区，时间为公元4世纪初。例如湖南长沙金盆岭晋墓（302年）陶骑俑上的马镫模型、河南安阳孝民屯晋墓（西晋末东晋初）的单镫、江苏南京象山东晋王廙墓（322年）所出陶俑上的马镫模型等。其后几个世纪，在中原地区和东北地区，以及北方草原上，马镫日渐流行。一般认为，马镫是沿着欧亚大陆的草原向西传播的，著名考古学家孙机论述道："欧洲的马镫最早发现于6世纪的匈牙利。匈牙利地处东欧，与自黑海向东延伸的欧亚大草原接壤。我国发明的马镫，可能就是随着活跃在这片大草原上各族重装甲骑的蹄迹，逐步西传到欧洲的。"[①] 西欧的马镫则晚至公元8世纪才广泛应用。

马镫虽然是一项简单的发明，但是它对世界历史的影响非常深远。各农耕民族借助马镫，得以方便地训练、组织起大规模的骑兵部队，而游牧民族的战斗力也因为马镫而进一步提高。丝绸之路上的各国都普遍认可中国是马镫的发明地，在中世纪的伊斯兰史料中，马镫被称为"中国鞋"。

汉唐时期书写材料的制作技术西传，是中世纪伊斯兰文明和欧洲文明得以获得长足进步的重要物质条件，是中华民族对世界文明的重大贡献之一。

在中世纪早期，中国墨已经是丝绸之路上的贸易品之一，西亚和北非都有用中国墨书写的莎草纸文献。尽管古代的世界各地都有制墨技术，但中国墨的制作技术在汉唐时期无疑是领先世界的，中国墨有着色泽鲜亮、不易褪色等诸多优点，为了帝国统治的需要，阿拉伯帝国等中西亚国家曾大量使用中国墨书写行政文书。伊斯兰工匠受中国墨的制作技术的启发，改进了传统的阿拉伯制墨工艺。

更重要的书写材料是纸。丝绸之路，也可以看作是一条"纸之路"，凡有

---

① 孙机．唐代的马具和马饰［J］．文物，1981（10）．

丝织物出土的地方，往往也有古纸出土。1933 年，在新疆罗布淖尔汉烽燧遗址出土了汉宣帝时期（公元前 73—前 49 年）的麻纸，说明在西汉时纸张发明后不久就迅速传入了新疆地区。东汉蔡伦改进造纸术之后，中原地区纸张产量大增，西域出土的同期纸张的数量也在增多。出土的魏晋至隋唐时期的纸本文书和典籍写本，不仅有汉文和回鹘文、龟兹文、于阗文、焉耆文等当地与周边民族文字，也有中亚、西亚流行的粟特文、吐火罗文、叙利亚文、波斯文、梵文、希腊文，这表明通过新疆地区，欧亚大陆上的很多民族很早就接触和使用了纸张。例如，萨珊王朝[①]（224—651 年）时期已经使用中国制造的纸张书写宫廷文件。

新疆地区在公元 4 世纪就已经具备了造纸的技术条件。根据潘吉星对出土文书的研究，最晚在 620 年，造纸术就已经传入西域，在吐鲁番一带的高昌国就有造纸作坊。[②]随着唐帝国击败突厥，重新打通丝绸之路并经营西域，以及阿拉伯帝国的兴起和向东扩张，751 年在两国之间爆发了怛罗斯（今哈萨克斯坦的塔拉兹）战役。此后不久，唐朝由于"安史之乱"退出西域，阿拉伯帝国转而向西扩张，此役也就成为两大文明之间唯一一次直接碰撞。然而从科技传播的角度来看，这次直接接触的影响却极其深远，其中重要的后果之一就是造纸术西传至阿拉伯帝国，进而传入欧洲。

很多阿拉伯史料都有相关记载。例如 10 世纪阿拉伯史学家萨阿利比在《世界名珠》一书中写道："在撒马尔罕的特产中应提到的是纸，由于纸更美观、更适用和更简便，因此它取代了先前用于书写的莎草片和羊皮。纸只产于这里和中国。《道里邦国志》一书的作者告诉我们，纸是由战俘们从中国传入撒马尔罕的。这些战俘为沙利之子齐亚德·伊本·沙利所有，在其中找到了造纸工。"[③]在怛罗斯战役中被俘的唐朝军士中有很多是手工匠出身，其中除了造纸匠，还有金银匠、画匠、绫绢织工等，这些被俘军士直接促成了中原科技向阿

---

① 萨珊王朝，也称波斯第二帝国，是最后一个前伊斯兰时期的波斯帝国。

② 潘吉星. 中国造纸技术史稿［M］. 北京：文物出版社，1979：136-137.

③ 潘吉星. 中国科学技术史：造纸与印刷卷［M］. 北京：科学出版社，1999：563.

拉伯帝国的传播。①

除了以上技术，西传的中国科技还包括炼丹术、冶铁术、井渠法、髹漆术和中医药知识等。在11世纪初的阿拉伯医学名著——阿维森纳的《医典》中，就记载了魏晋时期医学家王叔和《脉经》中的很多诊脉知识，以及麻疹的预防办法、用蚂蟥吸毒的治疗法等。陶器和瓷器的制造技术虽然没有大规模西传，但出口至中西亚的唐三彩也对当地的陶器烧造技术产生了很大影响，出现了著名的波斯三彩和埃及三彩。

来自西方的技术也沿着贸易通道传入中国。其中影响最大的有葡萄酒的酿造技术、玻璃的制造技术和制糖法。

中亚地区的粟特人和波斯人曾经是丝绸之路上商业贸易的主角。葡萄酒酿造技术和玻璃制造技术主要就是由他们带入西北地区，进而传入中原。张骞通西域之初就带回了葡萄，三国魏晋时期，史书中就有了早期葡萄酒的记载。北魏时期，葡萄酒是粟特人输入中原的主要商品之一，新的酿造技术也随之传入。但是直到6世纪中叶，中原地区的葡萄酒仍然主要由西域输入，只有少数达官显贵品尝过葡萄酒的滋味。640年，唐军击破今吐鲁番地区的高昌国，重新得到了葡萄种子和西域的葡萄酒酿造法，在长安酿造葡萄酒，此后葡萄酒的影响日渐扩大。

玻璃在中国出现得也很早，商周时期墓葬中已经出土了本土制造的玻璃制品。早期的中国玻璃制品多为范铸器皿，极少晶莹透明。

魏晋时期，西方的玻璃制品及配方经由海上丝绸之路首先传入中国南方。例如在3世纪至4世纪，中西亚的植物灰玻璃制作法经海路传到了中国南部的交广地区，三国吴国万震的《南州异物志》和晋代葛洪的《抱朴子》中有相关

---

① 唐朝文人杜环在怛罗斯战役中被俘后，曾在阿巴斯王朝的国都亚俱罗遇到多名唐朝被俘的金银匠、画匠和织工，并录有数人姓名，其原始记录保存于杜佑《通典》卷一百九十三中。杜环的记述中并无造纸工匠，因此有部分学者怀疑阿拉伯史料记述的可靠性。他们认为，怛罗斯战役之前造纸术就以和平的方式通过中亚的浩罕地区传至撒马尔罕。参见：陈大川．怛罗斯之战与撒马尔罕纸［J］．中国造纸学报，2004（2）．

记载。

南北朝至隋唐时期，陆上丝绸之路在玻璃贸易及其技术交流中的地位变得更加重要。北魏时期，通过丝绸之路和北方草原的贸易通道，玻璃吹制技术传入中国，这无疑是东西方技术交流的结果，在中国玻璃技术史上具有里程碑式的意义。西方玻璃技术和配方的传入刺激了本土玻璃技术的更新，甚至有西域风格的玻璃器在中原地区生产。

糖是国计民生的重要生活物资。中国旧有的制糖法如曝晒法和曝煎法等，产量很低，难以满足社会需要。据唐代史书记载，隋唐时期西域各国进贡的糖制品“石蜜”引起了上层统治者的极大兴趣，但其物数量稀少，因此唐太宗在647年前后遣使赴摩揭陀国（今印度比哈尔邦一带）学习以甘蔗为原料的熬糖法，并邀请当地匠人赴我国教授此术，在今扬州一带大规模熬糖。现藏于法国的一件敦煌文书中详细记录了这种熬糖法的工序，这件文书是民间的手抄本，显示底层百姓也参与了印度熬糖法传入的过程。①

来自遥远西方的宗教人士也带来了很多新奇的技术，令当时的中国人大开眼界。基督教的聂斯托里派于635年传入中国，时人称为景教，至唐武宗会昌灭佛，在中国流行200余年。景教的来华传教士主要来自波斯，他们熟悉希腊文化，在建筑技术、机械制造和医学方面颇有造诣，对于中国科技产生了一定的影响。他们可能也带来了一些希腊的天文、数学知识，但史籍未载，今已不可考。

除了以上技术方面的交流与传播，丝绸之路上的物产交流也对中西方的科学技术产生了深远影响。来自西域的葡萄、苜蓿、石榴、核桃、蚕豆、芝麻等新的农作物及其栽培技术，以及汗血马和来自东南亚的香料等，进一步丰富了中国的农牧业物产和中药材品种。

沿着丝绸之路和海上丝绸之路，中西方文明之间的数学和天文学交流也很密切，尤其是与印度之间的交流。早在东汉时期，佛教自印度初传入我国，最

---

① 法藏敦煌文献P3303号。参见：季羡林. 一张有关印度制糖法传入中国的敦煌残卷［J］. 历史研究，1982（1）：123–136.

初翻译的若干部佛经中就有很多数学方面的内容，包括印度数学的大小数名称和进位。隋唐时期中印之间的数学和天文交流尤为兴盛。《隋书·经籍志》著录了《婆罗门天文经》《婆罗门算法》等多种印度历算典籍，表明在唐初，印度历算知识已经系统地传入了中国。在玄奘的《大唐西域记》中也有关于印度历法的介绍。值得注意的是，隋唐时期所译的《日藏经》和《宿曜经》等印度典籍中都有源自两河流域的黄道十二宫的内容。

隋唐时期还有不少印度历算家或者熟知印度历算的中亚人士来我国任职，例如造《符天历》的曹士蒍可能是来自撒马尔罕的昭武九姓的后裔，唐代的天文机构中有迦叶氏、瞿昙氏和俱摩罗氏等三个印度历算世家。成书于 8 世纪初期的《九执历》就是由瞿昙氏译自印度历算典籍。

中国数学和天文知识，在汉唐时期传入了阿拉伯地区，并有迹象表明也大量传入了印度。在丝绸之路开辟后，印度数学中才出现了十进位制，分数的表示法和四则运算法也和中国的算筹法近似。中国数学中的重差术、开方术、相似勾股形等问题均可在印度数学中找到相似的解法。中国数学古籍中的一些著名算题，也能在后来的印度数学著作中发现相似的算题，例如《九章算术》中的“五渠共池”“引葭赴岸”等。成书于南北朝时期的《孙子算经》和《张丘建算经》分别探讨过一次同余方程组问题和不定方程组问题，在 9 世纪的印度数学著作中也都出现了相似度很高的算题。甚至中国数学古籍中的一些错误算法，印度数学古籍也有类似的错误，比如《九章算术》中的求弓形面积和球体积的公式，误差都相当大，却都以相同形式出现在 9 世纪的印度数学著作中。

盈不足术是中国古代数学的重要分支,《九章算术》曾辟专章研究这一问题，有关内容对于阿拉伯数学有很大的影响。根据阿拉伯文献的记载，最晚在 9 世纪上半叶，盈不足术已经传至西亚的巴格达，著名的阿拉伯数学家阿尔·花剌子米（al-Khwārizmi，约 780 年至约 850 年）曾经研究过盈不足术，并有相关论著。阿拉伯数学也深受印度数学的影响，源于中国的十进位制、分数的四则运算法则等知识，有可能也经由印度传入了阿拉伯地区，并进一步传播到欧洲。

两汉和隋唐，中原王朝两度直接统治和经营西域，促成了中西方文明陆上交流的高潮，而在其间的漫长时段，陆上丝绸之路从未完全断绝，海上丝绸之路也一直发挥着作用。与明末的西学东渐相比，促成这一时期中西方科技交流的动因，不仅有宗教传播的需要，也有经济需求的驱动和战争的推动。这一时期科技交流的主角，也不局限于各宗教的教士僧侣，商人、政府的使节和军人也发挥了极其巨大的作用。翻译科技典籍的工作固然是这一时期科技交流的重要形式，但是商贸人员的直接交流学习似乎也发挥了不容忽视的作用。

这一时期的科技交流是双向的，既有西域各国科技的东传，也有中国科技知识的外流。汉唐时期的中国人有着积极吸取域外文明精华的开放心态，有着求索新知的好奇心。丝绸之路开辟以后，各类介绍域外地理物产的著作层出不穷，魏晋时期甚至形成了一股撰写《异物志》的热潮。但总体而言，汉唐时期中国对外的科学技术传播对于西域各国的影响更为深远，中华文明在这一时期为全人类做出了重大贡献，体现了汉唐时期领先世界的科技和文明水平。

佛教对科学的影响

佛教自两汉之际传入中国后，对中国传统科学技术产生了深刻的影响。随着大批佛教典籍的汉译与刊布，来自印度的天文学、数学、医学、地学、物理学、化学、建筑学和绘画艺术等知识纷纷传入中国，并为中国士人所接受。佛教理论体系中的“缘起论”“因果观”“四圣谛”“八正道”“法印说”“中道说”“五明学”“因明学”等，也为中国的士人群体和民间百姓所认知，从而对中国传统科技体系的理论思维、科学内涵和科学实践等产生了深远的影响。[①]如佛教中的“五明学”，包括声明、工巧明、医方明、因明和内明，涵盖了所

① 陆敬严，沈定. 佛教的科技贡献［M］. 北京：宗教文化出版社，2016：11-19.

有语言、文字之学，工艺、技术之学，医疗、药物之学，逻辑、思维之学，因果妙理之学等，大多与科学、技术和医学有关。

佛教对中国古代天文学、数学产生了积极的影响。古印度在天文、数学方面取得了重要的成就，先后出现了《耆那教天文篇》《吠陀支节录·天文篇》《苏利耶历数书》《阿利耶毗陀论》《婆罗门历数书》《历法甘露》等名著。随着梵文佛经的汉译，大批天文学、数学知识被介绍到中国，印度先进的数与度量概念，宇宙论、星宿体系、行星的运动和位置，日月食及有关理论，历法与时间的测定、子午线及方向的测定，五曜、七曜及九执等知识传入中国后，隋唐时期受到中国天文学家、数学家的重视与应用。尤其是天竺人瞿昙悉达在唐玄宗开元六年（718 年）任太史监期间，奉诏翻译的印度历法《九执历》，对唐朝历法改革做出了重要贡献，有关数学作为天文学基础的研究方法受到中国学者的重视。同时，瞿昙悉达还编集了《大唐开元占经》120 卷，保存了唐以前大量有关恒星位置观测数据，木星卫星肉眼观测记录，石氏、甘氏和王咸星官体系，日食月食现象论述，宇宙结构和运动认识，唐代李淳风编《麟德历》、瞿昙悉达编译《九执历》等珍贵天文、历法资料，具有极高的学术价值和文献价值。唐代僧一行，原名张遂，杰出的天文学家和佛学家，他所编制的《大衍历》52 卷，是当时最先进的历法，前后行用了 29 年。

佛教对中国古代医学的影响，主要表现在四个方面。一是将印度名医撰写的医学著作译介为汉文，丰富了中国古代医学的内容。如魏晋以来翻译的佛教医学著作，有《龙树菩萨药方》4 卷、《龙树菩萨和香方》2 卷、《龙树菩萨养性方》1 卷、《婆罗门诸仙药方》20 卷、《西域婆罗仙人方》3 卷、《西域诸仙所说药方》23 卷、《西域名医所集要方》4 卷、《婆罗门药方》5 卷、《婆罗所述仙人命论方》3 卷、《龙木论》4 卷、《龙树眼论》1 卷等，受到中国医家的广泛重视。尤其是《龙树眼论》，唐、宋、元、明、清时期备受医家的推崇，先后出现了多种版本流传。孙思邈撰《备急千金要方》《千金翼方》、王焘撰《外台秘要方》和宋代官修《太平惠民和剂局方》中收载的耆婆丸、耆婆汤、耆婆万病丸等，即征引自这些印度医书。二是佛教传入后历代僧人撰写的医学著作，如魏晋至隋唐时期释行智撰《诸药异名》8卷，释智斌撰《寒食散对疗》1卷、《解寒食散方》2卷，释慧义撰《寒食散杂论》7卷、《解散方》1卷，支法存撰《申苏方》5卷，姚僧垣撰《集验方》12卷，摩诃胡沙门撰《摩诃出胡国方》10卷，释昙鸾撰《疗百病杂丸方》3卷、《论气治疗方》1卷，释莫满撰《单复要验方》2卷，释僧匡撰《针灸经》1卷等；宋代，沙门释应元撰《燕台要术》5卷，释文宥撰《必效方》3卷，僧惠安撰《安师所传方》，释普济撰《广陵正师口齿论》1卷；清代，竹林寺僧人撰《竹林寺女科二种》，包括《宁坤秘笈》和《竹林寺女科证治》两书。除少部分著作托名印度僧人所撰外，大部分为中国僧人撰述，内容也多为中国传统医学知识。三是受佛教的影响，某些信仰佛教的居士也撰写了大量的医书。如宋代居士黎民寿，字景仁，南宋景定年间（1260—1264年）修习佛教，初注《玉函经》，后作《简易方》《断病提纲》《决脉精要》，“俗谓之《医家四书》”。明清时期，佛教居士撰写的代表性医学著作有喻昌撰《医门法律》、章楠撰《医门棒喝》、汪启贤撰《济世全书》等。四是佛教的医学理论和医学实践丰富了中国传统医学的内容。如印度医学理论中的“四大”学说——地、火、水、风，最早见于汉末安世高译《人身四百四病经》。三国时期天竺国僧人竺律炎和支越合译的《佛说佛医经》中，也记载了“四大”学说：“人身中本有四病，一者地，二者水，三者火，四者风。风增气起，火增热起，水增寒起，土增力盛。本从是四病，起四百四病。”南朝陶弘景在增补《肘后备急方》时采纳了“四大”学说，并将书名改为《补阙肘后百一方》。南北朝时期北凉十六国时期的最后一个政权昙无谶翻译的《大般涅槃经》中，记载了“有盲人为治目，故造诣良医。是时良医，即以金鎞刮其眼膜”，这是印度“金针拔障术”首次传入中国的记载，受到中国古代医家的重视。唐代王焘撰《外台秘要方》、北宋王怀隐等撰《太平圣惠方》和明代黄庭镜撰《目经大成》中，便记载了这种外科手术。佛教医学对中国古代医学的影响包含诸多方面，2011年释永信、李良松主编《中国佛教医药全书》共101册，全面反映了佛教医药学的发展及其取得的成就。

佛教对中国古代地学的影响，主要表现在两个方面：一是随着佛经的汉译，佛教和古印度的地学知识逐渐传播和渗透到中国古代文化体系中。这些佛教地学知识可分为世界构成、宇宙演化、地理分布、气象变化、矿物功能等，尤其是以须弥山为中心的“三千大千世界”“成住坏空”循环往复的宇宙演化模式，四大部洲的地理分布，风、云、雨、雷、电多样的气象变化，金、银、水晶、玛瑙等矿物的建构功能等，为中国士人和僧人等所接受。二是中国僧人前往佛教诞生地印度求学，记录下了大量中亚、南亚和西亚的地学知识，如东晋僧人法显撰《佛国记》1 卷，唐代僧人玄奘撰《大唐西域记》12 卷，唐朝僧人义净撰《南海寄归内法传》4 卷和《大唐西域求法高僧传》2 卷，大夫王玄策撰《中天竺行记》10 卷等，以亲身经历介绍了我国新疆以及中亚、西亚、南亚和今印度、巴基斯坦、孟加拉国、斯里兰卡等地区的地理风貌、物产分布、风土人情、城邑道路、风俗文化和冰川河流等，是研究丝绸之路沿线科技交流的宝贵资料。

佛教对中国古代建筑学、艺术学的影响，主要表现在四个方面：一是佛教沿丝绸之路东传后，佛教石窟建筑、壁画、塑像等建筑艺术随即兴起，出现了新疆克孜尔石窟、甘肃敦煌莫高窟、甘肃临夏炳灵寺石窟、甘肃天水麦积山石窟、山西大同云冈石窟、河南洛阳龙门石窟等有名的石窟。这些佛教石窟大多是根据古印度佛教造型艺术，结合中国传统建筑风格而成。二是佛教寺塔建筑大量出现，一般为七至九层，以平面正方形和八角形居多，结构有木塔、砖塔、砖木塔、石塔、铜塔、铁塔和琉璃砖塔等，较著名的有上海龙华寺塔，江苏苏州报恩寺塔，陕西西安大雁塔、小雁塔，山西朔州应县木塔等。三是佛教寺院建筑大量出现，遍及全国，多为砖木结构，高低错落，主次分明，较著名的寺院有河南洛阳白马寺，浙江杭州灵隐寺，河南登封少林寺，江苏苏州寒山寺，河南开封相国寺，河北正定隆兴寺，山西大同华严寺和善化寺，北京卧佛寺、雍和宫，西藏大昭寺、哲蚌寺、扎什伦布寺，福建泉州清净寺，河北承德外八庙，青海湟中塔尔寺，甘肃夏河拉卜楞寺等，是中国佛教建筑艺术中的精品。四是印度佛教中的“三经一疏”，成为西藏佛教绘画艺术的基本理论依据。古印度埃哲吾撰、印度达尔玛热和藏族扎巴坚赞译《绘画量度经》（又名《画法论》《梵天宝书》)，是一部论述天神和世俗人物画像的著作。《佛身影像相》《等觉佛所说身影量释》《身影量像相》等著作，亦是藏族佛像绘画、雕塑艺术的理论依据，提供了人体基本比例准则，至今仍深深影响着中国藏族的佛教绘画艺术。

佛教对雕版印刷术的发明产生了积极的推动作用。现今发现最早的几件印刷品，几乎全都是佛经。如新疆吐鲁番出土的《妙法莲华经》，刻印于唐朝武则天在位期间（690—705 年）；四川成都出土的《陀罗尼经咒》，是唐肃宗至德二年（757 年）以后刻印的；甘肃敦煌藏经洞发现的《金刚经》，是唐懿宗咸通九年（868 年）刻印的；韩国庆州佛国寺释迦塔中发现的《无垢净光大陀罗尼经》，约刊印于 8 世纪初期至中期。可以说，大批佛经的刊印对我国“四大发明”之一的印刷术的发明和普及具有十分重要的意义。

佛教对中国古代化学、食品发酵与酿造工艺学也产生了重要的影响。据唐代僧人释道宣（596—667 年）撰《续高僧传》卷四《玄奘传》记载，唐太宗“敕王玄策等二十余人随往大夏。并赠绫帛千有余段，王及僧等数各有差，并就菩提寺僧召石蜜匠。乃遣匠二人、僧八人，俱到东夏。寻敕往越州，就甘蔗造之，皆得成就”。详细记载了印度制糖技术传入中国的情况。

总之，佛教中的科学理论、科学思想和科学实践，对中国古代天文学、数学、医学、地理学、建筑学、印刷术和绘画等产生了积极的影响，丰富了传统科学技术的内涵，成为中国古代科学技术史不可分割的重要组成部分。

《九执历》的故事

唐朝是中国历史上高度开放、高度自信、高度繁荣的时期，有一种非凡的气度，包容吸收着来自世界各国文明的文化和科技。印度天文学随佛教东来而传入中国，其高潮出现在唐代。唐代天文历法界有“天竺三家”,《宿曜经》杨景风注有云：“凡欲知五星所在分者，据天竺历术推知何宿具知也。今有迦叶氏、瞿昙氏、拘摩罗等三家天竺历，并掌在太史阁。”

其中的瞿昙氏，在“天竺三家”中最为显赫。瞿昙家族“世为京兆人”，居住长安已久。到麟德年间（664—665 年），就有瞿昙罗在唐家皇家天文机构担任太史令。麟德二年（665 年），当时朝廷颁布李淳风的《麟德历》就与太史令瞿昙罗所作的《经纬历》相互参照而行。瞿昙罗的儿子瞿昙悉达，则是该家族中名声最大之人。他所编《开元占经》乃是集唐以前中国星占学说之大成，其中保存了大量的关于天文宇宙论和恒星观测的天文史料。此外他还奉唐玄宗之命编译了《九执历》，其内容也载入《开元占经》之中。正是这部《九执历》，引起了唐代天文历法的一场争论，反映了当时中国天文学受印度天文学影响的状况。《九执历》对当时乃至后来中国的天文历法都产生了深刻的影响。

瞿昙悉达在《九执历》开头处表明“《九执历》法，梵天所造”，其出自西域，其法数完全属于印度历法系统。如同徐光启编译《崇祯历书》一样，《九执历》其实是按照印度天文体系和历法原理，对新旧历法进行融会贯通和删繁就简后重新编写而成的。中国现代天文学家陈遵妫在《中国天文学史》中指出：《九执历》不仅仅是翻译，或可以说是以正统的印度天文学为背景编撰而成的。《九执历》引进了许多印度天文学的概念和方法，相较于当时的本土天文学来说是更加先进精密的，也极大方便了历法的计算。例如，《九执历》中采用的能够一笔写成的印度数字、周天 360° 和 60 进制的弧度单位、以日月视径和地影径推算交食的方法及用于判断各地不同时分的“黄平象限”等。《九执历》是印度历法融于中国本土的产物，其中有记载求日之干支的方法和与传统节气分法完全对应的太阳运动计算 15° 分段方式，都是符合中国本土天文学习惯的。《九执历》是中国天文学受印度天文学影响最直接的产物，直接反映了当时天文学术交流的开放风气，体现了唐朝对外来文化的认可与包容。①

《新唐书》对《九执历》有所介绍，从中可以总结出《九执历》的两个主

① 陈久金. 瞿昙悉达和他的天文工作［J］. 自然科学史研究，1985（4）：321-327.

要特点。其一,《九执历》有很明显的不同于中国传统历法的“印度特征”,《九执历》在计算视差对交食的影响、月食全部见食时间及昼夜长等方面有其独特的方法，使用近距历元，周天分为360°。其二，在唐朝,《九执历》很受天文学家们的重视，它类似于为了编撰新历而准备的官方“参考书”，提供了一种新的制历方法。[①]尽管《新唐书》的编撰者对《九执历》的评价是偏负面的，但也道出了《九执历》的印度天文学特征——它为天文学家认识天体和计算历法提供了新的思路——在之后的制历验历过程中，作为印度体系代表的《九执历》也是一个不可或缺的参考对象，孰优孰劣，仍要以天象的实际观测情况为准。

故事发生在唐开元年间（713—741年）。开元九年（721年），由于李淳风所制订的《麟德历》日食不验，于是唐玄宗命令僧一行制定《大衍历》。开元十五年（727年），一行完成《大衍历》，尔后病逝。《大衍历》是一部颇具创新的历法，在推算日月五星运动、交食推算法都有重大的改进，在历法推算的数学方法也有重大发明，发明了“不等间距二次内插法”，还发明了准正切函数表。基于一行等人在当时所做的天文大地测量,《大衍历》还引入了“九服”晷长、漏刻和食差的计算法，即考虑这些天文测量和推算随地域的变化。这其实是取法于《九执历》中的“随方眼”,《九执历》中曾指出地平经纬随方而变迁，这是此前中国天文学家并未认识到的。此外,《大衍历》在测九道月行时，定出黄白交点移动的周期，是参考了《九执历》的“阿修量”，即黄白正交宫度。《大衍历》的创新和改革，特别是在五星运动推算方面的创新，虽然还显稚嫩，但它们为后世历家的进一步探索开拓了正确的道路。

但是，正是在《大衍历》的颁布过程中，遭到了瞿昙譔（瞿昙悉达之第四子）等人的指控，说《大衍历》是抄写《九执历》，而抄也没有抄全。这是很严重的指控，连一行的合作者南宫说也加入了指控的行列，可见也不是无故的指责。《新唐书》对这一公案的记述是偏向《大衍历》的：

---

① 钮卫星. 从“《大衍》写《九执》”公案中的南宫说看中唐时期印度天文学在华的地位及其影响［J］. 上海交通大学学报（哲学社会科学版），2006（3）：46-51，57.

时善算瞿昙譔者，怨不得预改历事，二十一年，与玄景奏："《大衍》写《九执历》，其术未尽。"太子右司御率南宫说亦非之。诏侍御史李麟、太史令桓执圭，较灵台候簿，《大衍》十得七八，《麟德》才三四，《九执》一二焉。乃罪说等，而是否决。

指控虽然以失败告终，判定失败的理由看起来很客观，毕竟《大衍历》遥遥领先。但这不能作为完全否认《大衍历》在制定过程中受到印度天文学影响的依据，因为《九执历》制定中所采用的观测数据都较为久远，而《大衍历》是当时最新观测数据的直接产物，而历法作为天文模型，误差是随着时间累计不断增加的。参照僧一行的历法草稿，其中曾有两卷按照《九执历》历法原理进行推算而得的数表，《大衍历》中的天文理论和计算方法，无疑是在参考《九执历》后的择优使用。

瞿昙譔指出《大衍历》抄袭《九执历》，从当时的天文学氛围上来看，说明《九执历》中新颖的计算方法是被本土天文学家所看好的，期待能从这个新的角度出发，制定出更优的历法。但这一指控不仅在于抄袭，而在于"写术而未尽"，对于《九执历》这一官方指定的"参考书"中的内容，没有能够尽数吸收。然而，在《大衍历》的编修过程中，僧一行对《九执历》确确实实曾仔细研究过，从"较灵台候簿"的验历结果来看，《大衍历》绝非照搬照抄《麟德历》，它是借鉴了《九执历》，并且结合观测事实，有选有弃的一部新的历法，是僧一行用更为融会贯通的方法吸收了部分印度历法知识的成果。实际上，在中外科学交流之中，"360° 分度"这一体系在《九执历》传入时未被完全接纳，后来《回回历》传入时，依然未被接纳，直到明末，利玛窦在翻译《几何原本》中引入角度概念的同时，这一新的体系才被国人接受，成为我们进行角度测量的基本单位。[①]但《九执历》中的理论部分，确实被当时的许多历法所借鉴使用。

① 姬永亮.《九执历》分度体系及其历史作用管窥［J］. 自然科学史研究，2006（2）：122-130.

瞿昙譔控告中的“未尽”，不能称其是算法不全或是数据不精。瞿昙譔所提出控告，目的或许只是为了维护印度天文学在唐代官方天文学中的地位，让包含三角学等先进知识的印度历法在中国发扬光大，更加彻底地融入中国本土天文学当中去。

这也说明了丝绸之路带来的文化交流中，外来文化积极主动地融入本土，本土也乐于接纳外来文化。在文化交流过程中，我们的科学家们确确实实在研究新的观念、算法、体系上下了一番苦功，同时，我们也并未因为官方对外来文化的重视而放弃实际的验证。“历之本，在于天”，在编撰新的历法时，僧一行并未完全信赖在当时地位强势且深受信任的《九执历》，而是在认真研究其内容之后，仍旧选择尊重事实，用吸收并创新的方式去制定新历。诚然,《大衍历》并不能在方方面面都表现得比《九执历》更好,《九执历》的优越之处在于它的历法原理部分，而《大衍历》是新历，数据都是刚刚获得，自然而然在验历过程中会有更优的表现。“公案”的结果并不能代表学术的优劣，而是一种开放氛围下的学术交锋,《大衍历》对《九执历》的参考和选择，正表明了我们在面对外来文化时，积极学习、认真钻研、有所舍取、尊重事实的态度，这也正是中国古代天文学的重要特点，也是天文学取得非凡成就和进步的根本原因之一。

印度历法的传入对中国天文确实产生了重大的影响。中国古天文学均只言二十八宿十二次，而黄道十二宫、太阳入宫法、分周天为三百六十度，都是外来传入的。唐之《九执历》、宋之《应天历》均受回教历法学的影响。乃至元代郭守敬修《授时历》时所引用的弧三角形法及阿拉伯数字，依然可以从中看到印度天文学给中国天文学造成的影响。在元代郭守敬的《授时历》之前的中国传统历法，从数学计算的角度来看，采用的是纯粹的数值方法去构造一系列与之相应的函数，而从《授时历》起，开始利用日月食的几何模型构造一类十分不同的函数，这种几何模型与《九执历》是基本一致的，[①] 也就是说,《九执历》给中国历法造成的影响一直存在，中国天文学对其中更好的观念与更优的

① 曲安京．中国古代历法与印度及阿拉伯的关系——以日月食起讫算法为例［J］．自然辩证法通讯，2000（3）：58-68，96.

数学模型，是乐于接纳的，这种影响甚至可以延续到百年之后。

此外,《九执历》对中国传统的易学也产生了一些影响,“九执”，指的是日、月、水、火、木、金、土七曜及罗睺、计都，合为九执，民间又称“九曜”。当时已经出现了类似《九曜占书》之类的易学资料，这种方法已经渗入民间易学，并且有了深远的影响。因为《九执历》偏重于占卜吉凶,《大衍历》承袭了这一部分内容，其颁布后，对中国民间易学起到了重大的推动作用，让九曜深入民间易学核心。虽然这一历法只用了二十九年，但是,《九执历》从传入到融入中国历法，已经在民间留下了根源，在民间所用的七曜和九曜都源出《九执历》。

宋元时期的东西方科技交流

宋元时期被誉为古代中国科学技术发展的巅峰期，这一时期中国社会的商业发展程度也远远超过以往任何时候，海外贸易自北宋起到达了一个新的阶段。宋代的基本货币单位是铜钱，随着经济发展，对于货币的需求量也大大增加，据推算北宋时期大概铸造了两亿贯的铜钱，这些铜钱不仅在国内流通，而且还大量输出国外。根据考古挖掘，在日本、阿拉伯国家以及东非海岸都出土过宋代的铜钱。因此，说“宋钱是世界通货”，绝不夸张。

由于对外贸易的繁盛，宋代相应出现了不少专门记述海外诸国情况的著作。成书于南宋淳熙五年（1178 年）周去非的《岭外代答》，明确地记述了当时海上交通的实况。广州和泉州是当时中国最大的两个港口，中国的商船从这两地出发航往印度、波斯湾岸等地。从广州运出的货物主要为丝绸、麝香、芦荟、马鞍、瓷器、肉桂和良姜等。据《宋会要辑稿》记载，宋代经市舶司由大食商人外运的中国药材近 60 种，包括人参、茯苓、川芎、附子、肉桂等 47 种植物药及朱砂、雄黄等，很多曾被转运到欧洲各国。同时，各国商船与商业也来到中国，欧洲输往中国的药材主要有苏合香、红珊瑚、骇鸡犀、底也伽[1]、木香、郁金香、迷迭香、薰陆香等。为了通商往来，南宋时期官府在广州、泉州等港口设立了专供外商居住的“蕃坊”，许多外商久居中国，甚至有的居住五代以上的。[2]元朝时期，泉州成为世界两大贸易港之一，终日船来船往，一派繁荣忙碌的景象。

元朝是一个与亚、非、欧都建立起联系的大型帝国，因此这一时期的对外交流更加频繁。马可·波罗的《马可波罗行纪》是第一次比较全面地向欧洲人介绍中国的物质文化和精神文明，加深了不同文明之间的了解。这一时期也是中外科技文明全面交流期，中国的农、医、天、算四大传统学科也在宋元时期与域外文明有了广泛的互动。

在农业种植方面，海上贸易的发达对我国经济、社会、文化风俗等均产生了重大的影响。商品种类的丰富，扩大了中国人的饮食和服饰的选择。宋真宗大中祥符四年（1011 年），江淮、两浙一带遭遇大旱，恰巧这时从越南中部广南一带传入越南耐旱的占城稻，解了干旱饥荒的燃眉之急，自此，占城稻逐渐被推广。

原产于印度、非洲的棉花在宋代已经传入南方边疆地区，之后又大量传入内地，后来成为中国制衣的主要原料之一，改变了我国平民百姓长期穿麻布衣的历史。棉花传入我国后，又促使中国改进纺织工具和纺织技术。如宋代女纺织家黄道婆制造了三锭脚踏纺车，极大地提高了生产效率。

制糖技术的引进与再输入也是中国与印度等国交流中的一件大事。早在汉末，中国就已经使用甘蔗汁来制糖，但工艺比较落后，而在西汉之时印度就已经有了更为先进的制糖技术。印度人将甘蔗榨出甘蔗汁晒成糖浆，再用火煎煮，以制成蔗糖块（梵文“sakara”）。[3]随着技术不断提高，最终可以制成淡

---

① 底也伽：一种含有鸦片的合方。古代西方国家一种解毒膏药的译名。

② 杜石然，范楚玉，陈美东，等. 中国科学技术史稿（修订版）[M]. 北京：北京大学出版社，2011：289.

③ 汝信，李惠国. 中国古代科技文化及其现代启示 [M]. 北京：中国社会科学出版社，2016：763.

黄色的砂糖。中国于唐代派人前往印度学习制糖技术，而按照马可·波罗的记载，埃及人也曾来到中国传授炼糖的技术，元代时期中国人便已经知道了制造白砂糖的技术。在孟加拉语和几种印度语言中，白砂糖叫作“cini sakara”，意为“中国糖”，可为中国制糖技术经过改进和提高后又反过来传入印度的证明。

宋元时期，中国传统医学与阿拉伯、波斯、蒙古及亚洲各国民族医药文化形成了空前的融合交流。在与亚洲国家的交往中，中国对周边邻国进行了广泛的药材及医药人才输出。如中国和高丽（今朝鲜半岛）[①]这一时期借由海上贸易药材交流品种更多，数量更为巨大，高丽大量输入中国的药材有香油、人参、枳子等。与此同时，中朝双方在医学知识方面的交流更是广泛。如宋真宗时期，中国曾赠送高丽《太平圣惠方》100卷。在11世纪中期，高丽翻刻的中国医书有《黄帝八十一难经》《川玉集》《伤寒论》《本草括要》等。中国和高丽不仅互赠医学书籍，而且许多中国医生赴高丽进行诊治及教学工作，留下不少中国医生旅居高丽行医的记录，如宋时有开封人慎修及其子慎安在高丽从医并传授医学知识。元世祖忽必烈还曾多次派遣医生去高丽宫廷诊病，高丽也曾派尚药侍医薛景成到元朝宫廷为元帝治病。在医疗制度方面，高丽也仿照宋代设立的“惠民局”“典药监”等机构。这些都促进了高丽医学的发展。[②]

这一时期中国与缅甸、越南、印度尼西亚等东南亚国家也建立了广泛的医药交流。缅甸的蒲甘王朝同中国大理地方政权的关系较为密切，据《南诏野史》的记载：“崇宁二年（1103年）使高泰运奉表入宋，求经籍得六十九家，药书六十二部。缅人（即蒲甘）、波斯（今缅甸勃生）、昆仑（今缅甸莫塔马）国进白象及香药至大理。”

除了周边邻国，宋元时期也是中国同阿拉伯国家、欧洲国家进行医学交流的高峰期。蒙古族医学家忽思慧所撰写的《饮膳正要》，是中国第一部有关食物营养、疗效食品等方面的专著，该书初刻于至顺元年（1330年）。书中

---

① 朝鲜半岛在宋元时期时称为高丽。

② 韩毅．宋代医学方书的形成与传播应用研究［M］．广州：广东人民出版社，2019：710-724.

他广泛收集蒙、回、维吾尔等中国少数民族的饮膳风俗和食疗方法，并结合自身经验著成，该书堪称汉、蒙、阿拉伯、波斯等诸种医药文化交流融合的例证。

元秘书监所存的《忒毕医经十三部》据考证疑是有“世界医学之父”之称的著名医生伊本·西纳的名著《医典》。元朝设有“广惠司”，任用阿拉伯国家的医生看病，后又设立“回回[①]药物院”，使用并出售阿拉伯国家的药物。《回回药方》由元末阿拉伯国家的医生所著，这是一部包括内、外、妇、儿、骨伤、皮肤等科的内容丰富的医学百科全书，其中记载了很多新药，补充了中国传统医学体系。

除了阿拉伯国家，中国也与欧洲有了间接性的交流。据李约瑟所编著的《中国科学技术史》第一卷中的记载，在中国唐末五代至宋初，有中国学者到巴格达，在阿拉伯名医拉齐处学习盖仑的工程著作，李约瑟认为这是中国学者直接学习西方医学著作的开始。而借由当时来华人士的见闻及记录，中国的传统医学也远输欧洲。

宋元时期的欧洲也出现了对中草药及中医诊断技术的最早描述。法国圣方济各传教士鲁布鲁克于1253年到达哈拉和林，并于1254年两次晋谒蒙可汗。他归国后撰写《东方行纪》，对中医药进行了描述：“……精于各种工艺，医士深知本草性质，余亲见治病以按脉诊断，妙不可言。从不检验病人之尿，亦绝不知有其事。”

意大利旅行家马可·波罗在《马可波罗行纪》中对中医药的记载可谓细致入微，对中药材的产生、产地、药性、药效和价格都有详细的记录。他记载大黄产于肃州、苏州等地山中，而阿黑八里州（汉中府）、土番州（今四川西昌、汉源一带）等地麝香之兽甚众，所以产麝香甚多。另外，他还对中国的药酒有较多记录，在《马可波罗行纪》中，他写道：“契丹省大部分居民饮用的酒，是米加上各种香料药材酿制成功的。这种饮料，或称为酒，十分醇美芳香。”

---

① 根据上下文语境，此处的“回回”指的是来自阿拉伯国家的。

总之，中国传统医学在这一时期中西合璧，博采众长，达到了一个新的高峰。

在天文历法方面，元初时期，伊斯兰世界的学者扎马鲁丁等人来到中国，并带来了一批阿拉伯天文书籍和仪器。其中包括翻译自希腊天文学家托勒密的名著《至大论》、伊本·尤努斯的《哈基姆星表》在内的23种天文学书籍。扎马鲁丁在中国期间任职于回回司天监，1267年，他主持编纂了《万年历》，由元政府下令颁布。1271年，扎马鲁丁制造了多环仪、方位仪、斜纬仪、天球仪、地球仪、观象仪等共计7件“西域仪象”（即阿拉伯天文仪器）。关于仪器的制造，过往研究多延续李约瑟的说法，认为7件仪器是扎马鲁丁从马拉加天文台上带来的。然而日本学者山田庆儿对于这种说法提出异议，他认为这些仪器是扎马鲁丁来到中国后研制而成，并在其中运用了阿拉伯天文学的原理。[①] 据《元史·天文志》中记载：“世祖至元四年（1267年），扎马鲁丁造西域仪象。”

阿拉伯天文历法的理论、书籍及器物的传播，也对中国天文历法产生了较大的影响。郭守敬著《五星细行考》和编制《授时历》时，就吸收了回回历[②]的五星纬度计算法；他在恒星观测方面开始编星表，也受到了撒马尔罕和马格拉天文台的启发；他所制造的13种天文仪器，总数与功能上都与马拉格天文台的仪器相似。

与此同时，中国传统天文历法也传到中亚和西亚，对阿拉伯世界产生了显著影响。中亚马拉格天文台在编制《伊儿汗历》时，便是由中国天文历算家与波斯、阿拉伯学者共同研讨制定，其中吸收了中国天文历法的成就。曾主持撒马尔罕天文台的天文学家阿尔·卡西精通中国天文历法，他于15世纪编制的著名的《兀鲁伯星表》，第一卷就是论述中国历法年置闰的原理。这本著作也曾广泛流传于亚欧等地，中国历法也随之远播。

中国与周边邻国、阿拉伯世界以及欧洲的数学交流也在宋元时期最盛。如

① 王峰，宋岘. 中国回族科学技术史［M］. 银川：宁夏人民出版社，2008：61.

② 回回历指伊斯兰历，伊斯兰国家通用的宗教历法。

前文所介绍的，这一时期我国诞生了秦九韶、李冶、杨辉和朱世杰这四位著名的数学家，他们的数学著作也经由对外交流流传出去，如《杨辉算法》和朱世杰的《算学启蒙》等都传入朝鲜半岛、日本等。日本还将其标注为“契丹算法”，在13世纪又传入欧洲。

中国的数学自然也传入了阿拉伯世界。著名阿拉伯数学家阿尔·花剌子米的著作中有关于中国《九章算术》中的“盈不足”问题的论述，可见此时中国传统数学已经为阿拉伯数学界所熟知并研究。数学家阿尔·卡西的《算术之钥》中所记述的关于四则运算、开平方、开立方及其介绍的开任意高次幂的方法，与秦九韶、朱世杰等人的论述非常相似。另外，杨辉于1275年著成的《续古摘奇算法》中，根据中国古代九宫纵横图，仿制成四行、五行、六行、七行、八行、九行、十行的纵横图，这些纵横图传入阿拉伯国家，经阿拉伯数学家改造发挥形成了“格子算”。①

中国同样在这一时期广泛吸收各个文明的数学成果。元代安西王府遗址发现的五块铸铁阿拉伯数码幻方，表明此时阿拉伯数码已经传入中国并为人所知。阿拉伯人将印度数学中使用数字“0”表示空位的方法推广到全球，宋元之际的中国数学家也开始使用零号来表示空位，如李冶在其所著的《测圆海镜》里，就以“○”代替之前使用“□”位表示空位的办法。

阿拉伯学者还将古希腊的经典论述也一并传入中国。扎马鲁丁所携带的书籍之中有《四擘算法段数》的数学著作，该书共15部，据考证可能是欧几里得的《几何原本》15卷的最早汉文译本。除此之外还有《诸般算法段目仪式》（即《几何学书》）等典籍的传入，这些书籍的传入填补了中国传统数学在几何学方面的欠缺，形成了很好的互补。

除了农、医、天、算四大传统学科，中国的技术及工艺也在宋元时期传播海外。如在元代时，中国的指南针、印刷术、火药等技术辗转来到欧洲，对后来欧洲文明的发展起到了关键性作用。这种交流的印记还反映在一些建筑艺术

① 杜石然，范楚玉，陈美东，等．中国科学技术史稿（修订版）[M]．北京：北京大学出版社，2011：289.

上，如宋元时期由于有大量阿拉伯商人来到我国，他们在广州、泉州等主要港口建造了一些阿拉伯风格的清净寺。这些建筑留存至今，作为中国对外交流、开放的一段宝贵历史的见证。

郑和下西洋

明朝永乐三年（1405 年）至宣德八年（1433 年），郑和曾率领舰队七次“下西洋”，这里的西洋指西太平洋和印度洋。这是当时世界跨度时间最长的远洋航行，在七次航行中，郑和船队先后到达东南亚、南亚、西亚和东非三十多个国家及地区，足迹遍布今天越南、印度尼西亚、泰国、马来西亚、印度、斯里兰卡、孟加拉国、马尔代夫、阿曼、也门、伊朗、索马里等地。①

郑和本为云南省昆阳（今昆明市晋宁区）人，原姓马，因在永乐帝朱棣靖难起兵中有从龙之功，而被赐姓为郑，擢任内官监太监。时人称赞郑和为人“公勤明敏，谦恭谨密，不避劳勋”。②郑和率队航行时期欧洲尚处于中世纪晚期，距离达·伽马、哥伦布等欧洲航海家所开创的“大航海时代”还有半个多世纪的时间。1904 年，梁启超在《新民丛报》发表《祖国大航海家郑和传》一文，文中将郑和与文艺复兴时期的欧洲航海家们进行了比较，梁启超认为郑和七下西洋的壮举是“有史以来，最光焰之时代”，并且体现了“国民气象之伟大”。郑和所在的时代正是我国国力昌盛之时，造船技术和航海技术处于世界领先地位，梁启超赞美郑和下西洋的壮举也旨在鼓舞国民士气。

关于郑和下西洋的动机，当前学术界依然未有定论，民国时期的学者如许道龄、范文澜等人沿用《明史·郑和传》中所谓“踪迹建文”说，即郑和奉明

① 纪念伟大航海家郑和下西洋 580 周年筹备委员会，中国航海史研究会. 郑和研究资料选编［M］. 北京：人民交通出版社，1985：97–99.

② 中国航海学会. 中国航海史：古代航海史［M］. 北京：人民交通出版社，1988：257.

成祖朱棣之命下西洋寻找在靖难之役中不知所终的朱允炆。梁启超则认可《明史·郑和传》中另一种“耀兵异域”的说法，认为郑和下西洋和哥伦布一样带有殖民色彩，并且最终目的是殖民欧洲。当代学者多不认可《明史·郑和传》里的两种说法，多从政治和经济两方面考虑“下西洋”的动机。部分观点认为明成祖意在建立、扩大朝贡制度，以达到一种秩序输出的目的。与此同时，“下西洋”也有一定经济目的，明成祖在延续朱元璋海禁命令的前提下，通过官方航海来进行国际贸易，田培栋就认为郑和下西洋带回来的财富至少有二三十万两黄金、白银千余万两。

从现有史料遗存来看，郑和下西洋的过程中体现了当时明朝对外“循礼安分，毋得违越，不可欺寡，不可凌弱，庶几共享太平之福”的主张，一路上睦邻友好，舰队所到之处受到外邦的欢迎。郑和船队规模十分庞大，人员最多时达 27000 多人。船队中体量最大的一艘船被称为“宝船”，宝船的形状，根据《武备志》中记载的帆船图可以推断，它是一艘三桅帆船，根据《明史·郑和传》的记载，船长四十四丈，宽十八丈。尽管历来有学者对于《明史》记载的可靠性存疑，不过当时中国的造船技术已经达到世界领先的地位是毫无疑问的。

率领这样一支庞大舰队需要高超的航海技术。郑和船队随行人员巩珍所写的《西洋番国志》中对于船队的航行技术这样记载道：“往还三年，经济大海，绵邈游茫，水天连接。四望迥然，绝无纤翳之隐蔽。惟观日月升坠，以辨东西，星斗高低，度量远近。皆斫木为盘，书刻干支之字，浮针于水，指向行舟。经月累旬，昼夜不止。海中山屿，形状不一，但见于前，或在左右，视为准则，转向而往。要在更数起止，计算无差，必达其所。”

这段记述说明郑和船队在航行中综合运用了物标导航、罗经指向、天文定位、计程计速等航海技术以确保船队能够安全横渡重洋。其中“惟观日月升坠，以辨东西，星斗高低，度量远近”一句主要指天文定位的方法。在茫茫大海之上，举目望去海天一色，四周并无标记物可循，因此便需要依靠天文知识来进行定位导航。在《郑和航海图》中附有四幅《过洋牵星图》，图中标注着牵星高度的“指”数，一“指”又分为四角，此种方法称为“过洋牵星术”。根据记载，郑和船队使用的测天仪器叫作牵星板，它与现代所用的测天仪器六分仪精度相当。这些记载充分说明，郑和船队系统地总结了自宋元以来中国的航海技术经验，并把定量航海术推进到一个新的历史时期。

先进的舰船及航海技术是郑和舰队能够在大西洋和印度洋长期航行的保障。累计长达 28 年的海上航行让“下西洋”成为古代中外交通史上的重要事件。除了在外交、贸易方面的意义，“下西洋”对于中外科技交流同样十分重要。海上往来促进了中国同亚非各国物质文化、制度文化及科技文化全面的交流，让各国物产及科学技术能够有所传播、互动。

自 15 世纪初期郑和下西洋以来，中国和马来西亚之间的贸易日益加深，药材贸易就是其中非常重要的一部分。马来西亚人对于中国传统医学十分喜爱，热衷于使用中草药治病。据明万历年间（1573—1620 年）学者张燮所著《东西洋考》的记载，明代中国与马来西亚诸国之间存在大量医药方面的往来。中国从马六甲、彭亨、柔佛等国引入的药材有乳香、片脑、苏合油、没药、沉香、降香、血竭、槟榔等。随着郑和所开辟的航海贸易的深入，大量中国移民涌入马来西亚，中国传统医学也顺势传入。根据统计可知，在马来西亚的中草药达到 456 种，一些今天仍在应用的马来西亚药方中就有不少使用了中草药，如中国茄根、故纸[①] 等。马来西亚民间还形成了把中草药和马来西亚草药混合在一起使用的习惯。

越南自古便与中国多有交流，在明代，越南是中国的藩属国之一。越南的医药学也深受中国影响，并在明代反向输入中国，如明朝对越战争后，越南人陈元陶的《菊堂遗草》、阮之新的《药草新编》等随明军带回中国。自郑和下西洋之后，明代医学与越南的交往愈发密切，一些明代医书传入越南。越南在其本土医药基础上，结合中国医书，编成了许多本土医学著作，越南无名氏的《新方八阵国语》就是依托中国医术《景岳全书》写成，越南人藩孚仙的《本

① 故纸是常见的中药材之一，全名叫破故纸，是中药材补骨脂的别名。

草植物纂要》，也多处列举中国出产的药物。这些都是明代中越两国长期医药交流的证明。

郑和舰队在航行途中以中国商品同各地商人进行贸易。曾随郑和下西洋的费信在其所著的《星槎胜览》中记载了郑和船队与西洋诸国的贸易情况，书中记载郑和宝船满载着青花瓷器、铜铁器（农具）、金银、烧珠（玻璃器）、印花布、色绢、丝绸、缎面、水银、雨伞、米谷、草席等四十多种商品用以贸易交换。根据《西洋番国志》的记述，锡兰国十分喜爱郑和船队所带去的中国特产，他们就以宝石、珍珠易换；在另外一些国家中则是“买卖交易行使中国历代铜钱”；印度半岛的柯枝国盛产胡椒，胡椒成熟后便“大户收买，置仓盛贮，以待各处香商来买”，他们还“收买下宝石、珍珠、香货之类，候

男女拳髮出以布兜山荒地廣而多無雨絞車深井捕網海
魚地產獅子金錢豹駝鷄六七尺高者有龍涎香乳香金珀
貨用土珠色絹金銀磁器胡椒色緞米穀之屬
詩曰
島夷名竹步山赤見應愁地旱無花草郊荒有馬牛短稍男
掩膝單布女兜頭縱目逢吟眺蕭然一土丘
木骨都束國
瀕海之居堆石爲城操兵習射俗尚囂強壘石爲屋四五層高
屋房廚廁待客俱於上也男女拳髮四垂腰圍稍布女髮盤
黃漆光頭兩耳垂珞索數枚項帶銀圈瓔珞垂胸出則單布
兜遮青紗蔽面足履皮鞋山連地廣黃赤土石不生草木田
瘠少收數年無雨穿井絞車羊皮袋水駝馬牛羊皆食海魚
之乾地產乳香金錢豹海內採龍涎香貨用金銀色緞檀香
米穀磁器色絹之屬
詩曰
木骨名題異山紅土色黃久晴天不雨歷歲地無糧寶石連

勝覽後　六

用金銀色緞青白花磁器檀香胡椒之屬
詩曰
阿丹城廓石盤羅黑色滋肥粟麥多風俗頗淳民富貴歲華
常見日融和境無寸草千山接羊有垂胸九尾拖縱目採吟
人物異過歸稽首獻鑾坡
佐法兒國
臨海聚居石城石屋壘起高層三五者若塔其上田廣而少耕
山地皆黃亦不生草木牛羊駝馬惟食乾魚男女拳髮穿長
衫女人則以布兜頭面出見人也不露面貌風俗頗淳地產
祖刺法金錢豹駝鷄乳香龍涎香貨用金錢檀香米穀胡椒
色緞絹磁器之屬
詩曰
佐法兒名國週圍石壘城乳香多土產穀米少收成大海魚
無限荒郊草絕生採風吟異境民物互經營
竹步國
寸居寥落地辟西方城亘石壘壘切高惟風俗甚淳草木不生

《星槎胜览》中关于郑和下西洋途径各国的民俗、特产的描述

中国宝船”。

海上贸易除了获取利润及扩大明朝影响力，对于当时中国人了解世界、认识新的物种有着十分重要的意义。郑和回程归来时常常带回大量当地特产，西洋诸国通过进贡或贸易向中国输入珍宝、香料、药品、颜料、木料、象牙等物品。除此之外，郑和还带回了孔雀、鸵鸟等多种奇珍异兽。根据费信的《星槎胜览》、马欢的《瀛涯胜览》以及巩珍的《西洋番国志》的记载可知，一些新奇物种在此时进入中国人的视野。如剑羚、印度犀牛、食蟹猴、鸵鸟、野水牛、斑马、长颈鹿（在当时被认为是传说中的麒麟）等动物都有详细的文献记述，这些记录极大地扩展了当时中国人在博物学方面的知识。

郑和下西洋使得中国人走向世界、了解世界，也让中国文明在15世纪经由亚洲走向世界。中国传入的工艺品对当时的西亚国家带来了很大的影响。例如，精美的中国瓷器在各地都广受好评，而制瓷技术的传入也使得西亚的制瓷技术与工艺审美为之一新。著名的波斯地毯的纹样，是在原来阿拉伯式几何形图案的基础上，增加了中国式的龙凤纹，所谓的波斯细密画采用中国的手法，也是在那个时代出现的。这些都与郑和的航海有着密切的联系。[①]

“睦邻友好，科学航海”是对郑和七下西洋最好的总结。翦伯赞在《论明代海外贸易的发展》一文中如此评价郑和下西洋[②]：“他发现了许多中国人所不知道的世界，直接替中国人民在南洋一带开辟了一个新的世界；间接扩大了中国人的地理知识。”郑和下西洋加强了中国与南洋各地的联系，很多国家都在和他的接触之后派使者来中国贸易。郑和下西洋也开拓了中国人的视野，在他的影响下，到南洋去的中国人也日益增多，郑和的历史功绩是不可磨灭的。[③]

据研究推算，郑和首次“下西洋”是在1405年7月11日。因此，2005年

① 寺田隆信．郑和：联结中国与伊斯兰世界的航海家［M］．庄景辉，译．北京：海洋出版社，1988.

② 翦伯赞：中国史论集：第一辑［M］．上海：文风书局，1947，166.

③ 翦伯赞：中国史纲要［M］．北京：北京大学出版社，2006.

4月，经国务院批准，我国将7月11日定为“中国航海日”，这一天各地会举办多种庆祝活动以纪念600多年前的伟大航行，弘扬中华民族爱好和平、勇于探索的精神。郑和率领舰队七下西洋，却未曾占领过一寸土地、掠夺过一分财物，而旨在促进贸易、扩大友谊，堪称中华文明和平邦交的典范。在全球化背景下的今天，纪念郑和下西洋对于增强中华民族信心、弘扬爱国主义、推动构建人类命运共同体的宏伟目标都具有十分重要的意义。

中外禔福

第十一章

中西会通

中国科技的近代化之路

明清之际，东西方的科学发展出现了“大分流”。一方面，欧洲在16世纪、17世纪经历了一场“科学革命”，形成了近代科学。1543年，哥白尼发表了《天体运行论》，推翻了“地心说”；维萨留斯出版了《人体结构》，突破了人体研究的禁区，为后来哈维的“血液循环论”奠定了基础。紧接着在17世纪，开普勒的《新天文学》（1609年）发现了行星运动定律，在物理的意义上确立了“日心说”；伽利略发表《星际使者》（1610年）和《关于托勒密与哥白尼两大世界体系的对话》（1632年），用望远镜的观察和无与伦比的思辨，为“日心说”提出了辩护，《关于两门新科学的对话》（1638年）则提出了统一天上世界与地下世界的现代力学研究的新途径。笛卡尔机械哲学指明了机械论的方向，到了牛顿《自然哲学的数学原理》（1687年）的横空出世，使得基于力学的机械论世界观获得了空前的成功。

另一方面，明中期以后中国的科学技术，继续在传统的道路上缓慢前进。16世纪以前，相比于欧洲，中国在一些科学技术领域仍具有明显的领先优势。郑和下西洋，表明中国当时的船舶制造和航海技术是世界首屈一指的。而在冶金、纺织、制瓷等技术方面，中国也是独树一帜。李时珍的《本草纲目》（1596年）、宋应星的《天工开物》（1637年）、徐霞客的《徐霞客游记》（1642年），为传统的科技体系灌注了新的实学思潮，进一步扩大着知识的积累，对自然的探索也预示一些新的方向。然而，这个时期的中国科学，没有发生西方科学那种脱胎换骨的变化，因而也未出现那种超乎寻常的突飞猛进。但一般认为，中国的科技知识源源不断地传播到西方，为西方的社会变革和科学革命创造了关键条件。

正是在明末，随着欧洲传教士的到来，西方的近代科学也传入中国，为传统科技带来了生机与活力。明末的有识之士，如徐光启等，意识到“西学”的新颖和优势，以崇祯改历为契机，开始采取“熔彼方之材质，入大统之型模”的方式积极引进西方科学。从此中国科学开始走近代化的历程，这一过程十分曲折和复杂，有文化的碰撞与冲突，有西方新科学发展本身存在的矛盾和疑惑，也有中国统治者的愚昧和消极态度。但是总体上来说，中国对先进的西方科学还是采取了理性的接纳态度，而且在这个过程中也不是简单的被动接受，也有所发明，有所创新，在一定程度参与了近代科学发展的进程。从明末到晚清 300 年左右的时间里，中国古代科学通过“中西会通”，逐步融入世界科学近代化的历程。

明末的“西学东渐”

随着欧洲大航海时代的到来，中西方文明的新一轮接触特别是科技文化的交流开始了。南洋的中国侨民应当是最早接触到西方航海者的中国人。1513 年前后，葡萄牙航海家抵达广东，后来在澳门建立了贸易据点。随着倭寇之患的平定，1567 年，明王朝主动开放海禁，宣布允许民间开展对外贸易，中国由此逐渐成为世界经济文化科技交流的中心之一。玉米、番薯及其栽培技术，以及欧洲的新式火器等在 16 世纪经由外交和贸易渠道传入了中国。

伴随着西方的殖民扩张和中西方贸易的日益兴盛，罗马教廷试图打开在中国传播天主教的大门，派出了以沙勿略（Francis Xavier，1506—1552 年，西班牙人）利玛窦（Matteo Ricci，1552—1660 年，意大利人）为代表的耶稣会士来到中国。这些传教士意识到，中国是一个历史悠久的文明古国，儒家思想深深根植于中国社会，难以轻易改变，因此采取了“耶儒融通”“知识传教”的策略。很多传教士具有较高的科学素养，他们以科学知识为敲门砖获得皇帝和士大夫的好感，用科学技术为中国朝廷服务，从而得以在中国立足。一批思想开放的儒家士大夫也乐于同传教士合作，引进西方的先进科技。

利玛窦于1582年进入中国，他很快就意识到，用欧洲的先进科技来影响明朝的官绅士大夫是最有力的传教手段。为此，他一方面向明朝士绅展示自己随身携带来华的世界地图、自鸣钟、三棱镜，以及自己制作的天球仪、地球仪，另一方面还自觉进行了天文研究。在广东居住传教期间，他曾进行过月食观测并据此测算了当地的经度。在南昌和北京居住期间，他数次成功预报过日食。他的这些工作赢得了李之藻、徐光启等士大夫的敬佩，李、徐等人和西方传教士开始合作翻译西方书籍，正式开启了明末“西学东渐”的序幕。大量的西方天文、物理、数学、地学、军事技术、采矿技术、水利技术等知识，经由当时士大夫和传教士的译著传入中国，并产生了深远而长久的影响。

天文学方面的较早译著主要有：利玛窦的《经天该》和《乾坤体义》等，所涉内容包含日月食的原理，日月、五大行星与地球体积的比较，欧洲测量的恒星星表，以及天文仪器的制造等；阳玛诺（Manuel Diaz，1574—1659年，葡萄牙人）的《天问略》，主要解说天象的原理；熊三拔（Sabbatino de Ursis，1575—1620年，意大利人）的《简平仪》和《表度说》，主要介绍简平仪的用法和立表测日影以定时的简捷方法等。1629年明朝设立历局编译的《崇祯历书》，无疑是明末西学东渐在天文学方面的最重要成果，内容涉及西方天文学的许多重要方面。

数学方面，传入的主要知识包括欧式几何学、算术笔算法、对数和三角学等。利玛窦和徐光启合作翻译了欧几里得的《几何原本》前6卷（1607年），这是明末传入中国的第一部、也是最重要的一部数学著作。此书对于明末和清代的中国数学产生了巨大的影响。利玛窦和李之藻合作编译的《同文算指》主要介绍了算术笔算法。此外，利玛窦和李之藻还编译了《圜容较义》，利玛窦和徐光启编译了《测量法义》等，所涉内容分别是几何学和大地测量。对数知识主要由波兰籍传教士穆尼阁（Jan Mikolaj Smogulecki，1610？—1656年）介

∧徐光启（右）与利玛窦

绍。穆尼阁去世后，他的学生薛凤祚将其传授的科学知识汇编为《历学会通》（1664 年）一书，其中对数部分主要是《比例对数表》和《比例四线新表》，前者是从 1—20000 的常用对数表，后者是正弦、余弦、正切、余切的四线对数表。

自利玛窦开始，新的世界地图呈现在中国士大夫面前。利玛窦在广东肇庆

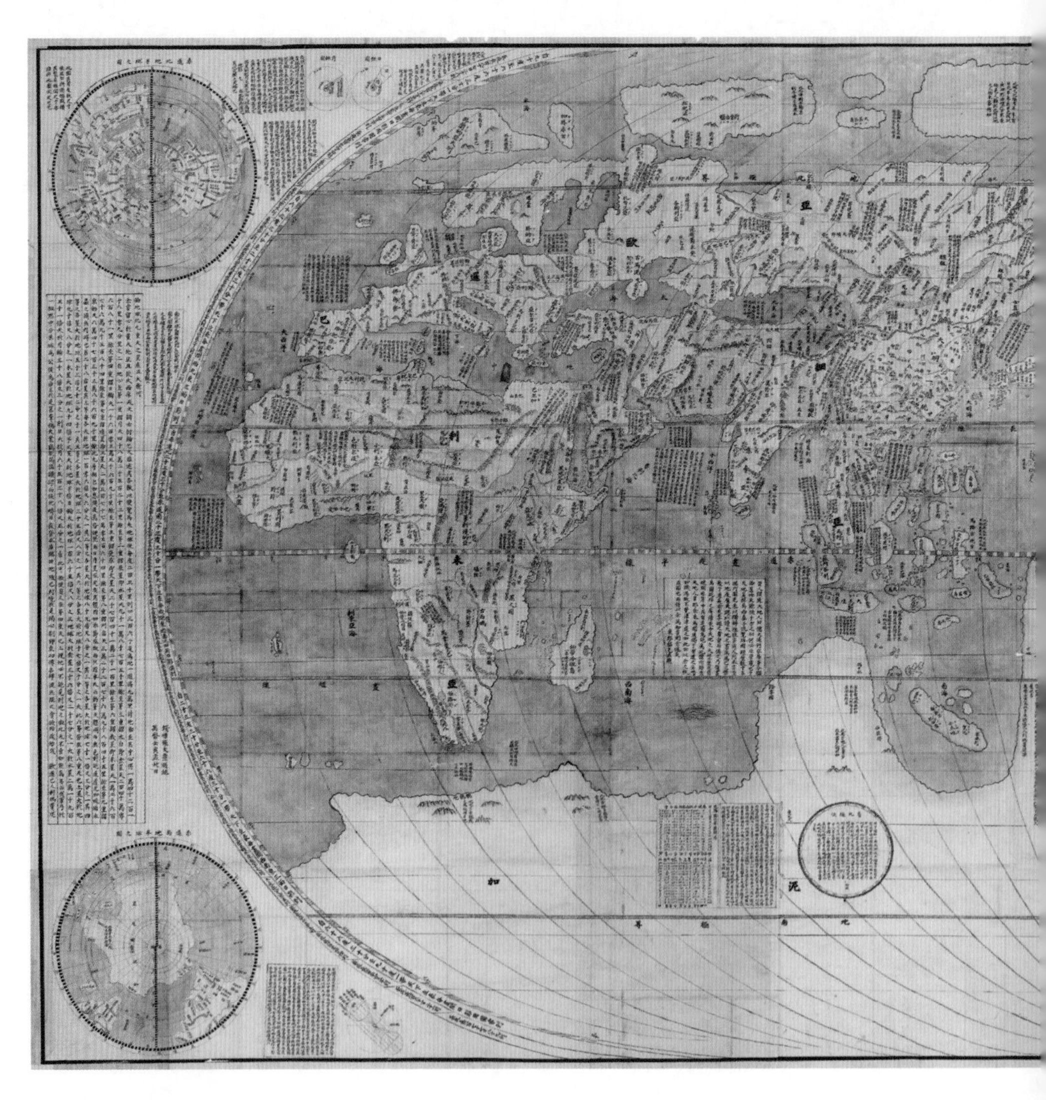

∧《坤舆万国全图》

期间，就曾展示过一张大型的世界地图，引起了参观者的惊讶。他应要求制作了一幅汉文注释的世界地图，刊印后赠送给中国士大夫。该图后来经过多次修订，以 1602 年的《坤舆万国全图》最为完善。在利玛窦的世界地图中，采用了西方的经纬度制图法，展现了五大洲的知识、地圆说和五带（热带、南北温带、南北寒带）的划分，并将中国置于世界的中央。此外，明末传入的西方世

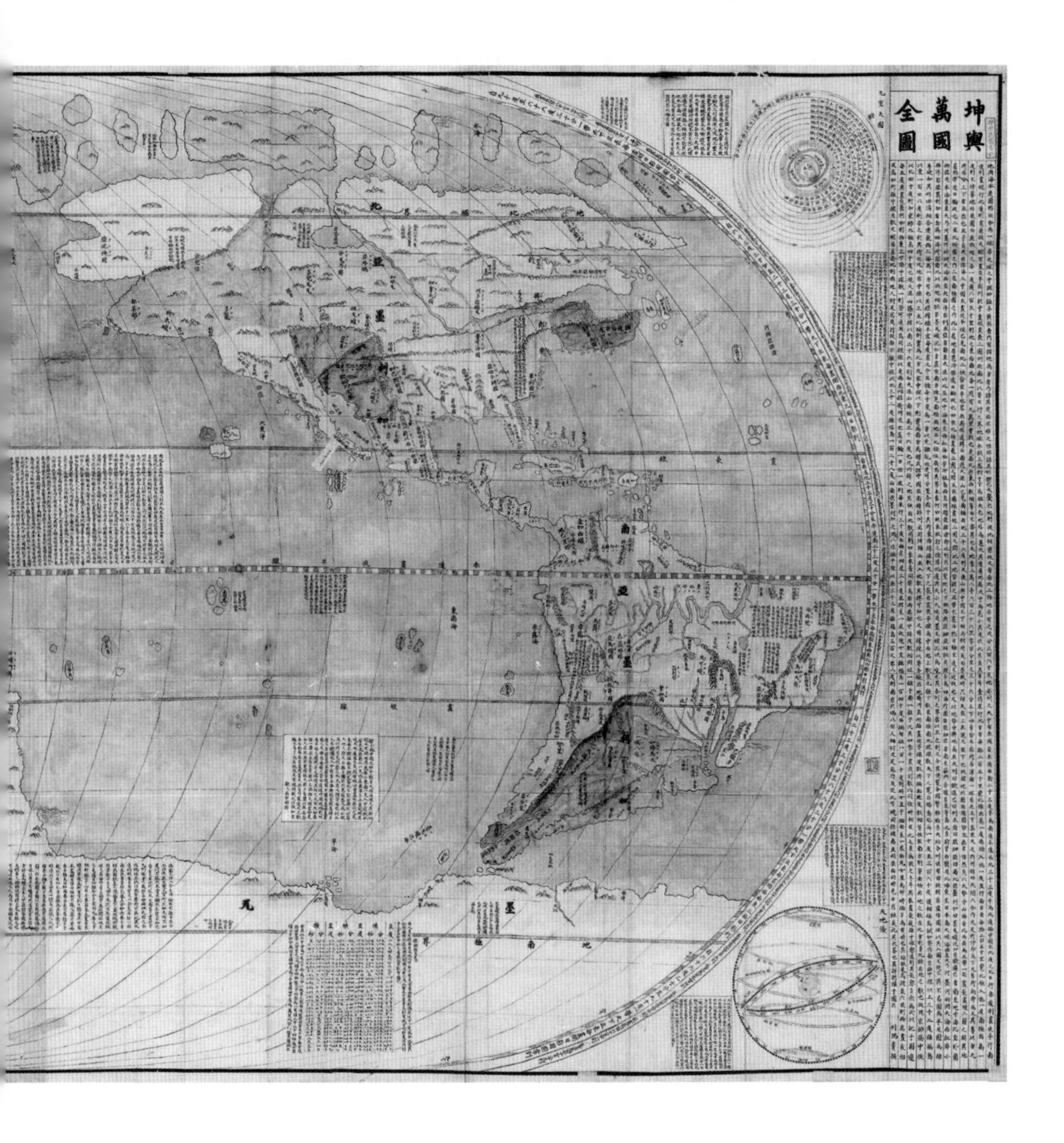

界地图还有庞迪我（Diego de Pantoja，1571—1618 年，西班牙人）的《海外舆图全说》和艾儒略（Giulio Aleni，1582—1649 年，意大利人）的《万国全图》等。新的地理知识突破了中国人"天圆地方"的传统观念，展现了新的世界观，在士大夫阶层中引起了巨大的反响和争议。

汤若望（Johann Adam Schall von Bell，1592? —1666 年，德国人）和李祖白合著的《远镜说》是西方光学知识传入中国的开始。该书介绍了望远镜的用法、制法和光学原理，包含对光的折射、凸透镜放大物像等现象的解释，但光路图存在不少错误，此外还介绍了伽利略用望远镜取得的若干天文发现。此书后来被汤若望汇入《崇祯历书》。

邓玉函（Johann Schreck，1576—1630 年，瑞士人）口授、王徵笔译的《远西奇器图说》是一部重要的西方力学知识和工程技术图书，其内容包括重心、比重、杠杆、滑车、轮轴、斜面等的原理，以及应用这些原理的器械，相关器械都有插图。熊三拔和徐光启合译的《泰西水法》则主要介绍了西方的水利器械。

1517 年，一个葡萄牙访华使团的译员火者亚三向广东地方官员进献了火铳，以及西洋火器火药的造法，这是西方火器传入中国的最早明确记载。明清鼎革之际，西方的火器技术受到了官方的高度重视，龙华民（Nicolò Longobardo，1559—1654 年，意大利人）、阳玛诺、罗如望（João da Rocha，1566? —1623 年，葡萄牙人）、邓玉函、汤若望、南怀仁（Ferdinand Verbiest，1623—1688 年，比利时人）等很多来华传教士都曾参与过用西法铸造火器的工作。当时有一部带有保密性质的《火攻奇器图说》，其著译者今已不详。汤若望口授、焦勖笔录的《火攻挈要》，内容包括各种火炮的铸造法、运用法、安置法，以及子弹和地雷的制造法等。清初南怀仁还编译有《神武图说》，介绍铳炮的原理。可惜入清之后，中国在这方面没有进一步的深入研究。

医学方面，主要有利玛窦的《西国记法》，罗雅谷（Giacomo Rho，1593—1638 年，意大利人）、邓玉函、龙华民合著的《人身图说五脏躯壳图形》，以及邓玉函翻译的《泰西人身说概》。《西国记法》是一部介绍记忆法的书，其中介绍了人体的构造、人脑的位置和功用等西方解剖学、神经学知识。《人身图说五脏躯壳图形》和《泰西人身说概》则是关于解剖学和生理学的专著。

明末开启的西学东渐，科技交流以西方科学技术向中国输出为主，同时传教士也在华开展科学考察和研究。如卜弥格（Michał Piotr Boym，1612—1659年，波兰人）搜集了许多中国动植物，特别是医用动植物的材料，绘制了《中国地图册》，并在西方出版了拉丁文的《中国植物志》（1656年）。

从文明的交流碰撞来看，一方面在中西方文明交流的过程中，传教士有着“知识传教”的宗教需求，另一方面是在中华文明的内部，恰逢明末实学思潮的高涨和国家的实际需求。传教士一方面为中国人带来了较为先进的西方科学知识，以此作为在中国立足的资本，但同时也有保守性的倾向，例如当时哥白尼的日心说已在欧洲兴起，但西方传教士在改历工作中并未采用这一最新学说。明末的实学家们提倡“崇实黜虚”的学风，痛陈清谈之弊，以“救世”和“经世致用”为学术的价值取向。西学中的科学技术由此受到了以徐光启为代表的实学家们的高度重视，很多士大夫争相学习研究。这种研究的首要目的不是为了知识的增长和创新，而是为了满足国家与社会的实际需要。

西方的科学技术不但丰富了中国学术的内容，也改变着中国学者的思维方式。接触西方科学技术的士大夫，开始注意西方的自然哲学和宇宙论，强调要探求各门学科的原理，产生了所谓的“格物穷理”之学。

崇祯改历与西法

始于1629年的崇祯改历是明末最重要的国家科学活动，也是引进西方科学的一个标志性事件。编撰的《崇祯历书》作为当时“西学东渐”浪潮中天文历法方面最重要的成果，在清代天文学者中产生了重大影响，是清初天文学家了解西方天文学的首要途径。此书也成为中国天文学研究的重要典籍之一。

明代前期中国天文学进入一段低谷时期。崇祯朝以前，因为政策失误，官方天文学人才匮乏，日月食预报屡次失误，也没有编制出先进的新历法。当时采用以元代郭守敬《授时历》改编的《大统历》，并参用《回回历法》。明英宗以后,《大统历》的误差日趋明显；到明孝宗“弘治中，月食屡不中，日食亦舛”[①]，朝野上下改历之议渐兴；到嘉靖朝以后，改历的需求愈加急迫。当时恰逢耶稣会传教士带来了西方天文学，在这种背景下，明王朝组织、实施了“崇祯改历”这一国家天文学活动。

崇祯改历由徐光启主持启动，其组织形式是设立历局。徐光启精心挑选了一批通晓天文历法的中西方人才，在历局中工作的既有龙华民、罗雅谷、邓玉函、汤若望等多名西方传教士，也有李之藻、王应遴、魏邦纶等通晓历法的中国官员，戈承科等原钦天监官员，以及陈廷瑞、朱廷枢、邬明著等来自民间的天文学者。这支精悍有力的编译队伍在徐光启的领导下开展了高效率的工作，很快开始了编纂历书的工作。工作方式是中西合译，即由西人口译、中方笔述，中国学者在改历和《崇祯历书》编撰中发挥了不容忽视的重要作用。

在崇祯二年（1629 年）改历之初，徐光启制订了一个改历工作的初步总体计划，即所谓“历法修正十事”，其内容包括测定岁差、回归年长度、日行经度、月行经纬度数、列宿经纬行度、五星经纬行度、黄赤道间距广狭度数等。徐光启已经意识到数学对于国计民生的作用，在改历之初就提出了“度数旁通十事”，计划在历书中大量介绍西方数学的先进知识。

1631 年，随着编纂工作的进展，徐光启提出了总体编纂思路“欲求超胜，必须会通；会通之前，先须翻译”和一个新的全书规划，即“基本五目”与“节次六目”。“基本五目”包括法原、法数、法算、法器、会通，“节次六目”包括日躔历、恒星历、月离历、日月交会历、五纬星历、五星交会历。

“节次六目”既是历书编排的次序，又涵盖了历法的内容。日躔历为太阳的周年视运动，恒星历为恒星的位置测定及计算，月离历为月球运动的原理，

---

① ［清］张廷玉．明史·历志一．历代天文律历等志丛编天文律历等志汇编·第十册（十）［M］．北京：中华书局，1976：3528.

日月交会历为日月的相对运动及交食的原理，五纬星历为五大行星的运行原理，五星交会历为五星运动的计算方法。节次六目与此前的中国传统历法相比，既有共通之处，又有所发展。可见徐光启的意图是在中国传统天文学的框架内建立一个新系统。

而“基本五目”的设置则有其更深远的意义。法原是基本理论，法数是天文数据与表格，法算是计算方法，法器是天文仪器与星图，会通是度量单位的换算。基本五目的设置，其意义首先在于通过引入西方天文学，完成天文学理论的建设，并经由此种途径使历法成为一种有持久生命力的学科；其次，数学内容以法原和法数的名义被编纂入历书，解决了如何将数学融入整部历书的问题，从而便于传播数学知识，使之应用于更广泛的领域。

1633 年，徐光启去世。在去世前，他推荐由山东参政李天经（1579—1659 年）接掌改历。在李天经的主持下，《崇祯历书》的编纂工作于 1634 年年末宣告完成。

《崇祯历书》采用了与传统历法的代数天文体系完全不同的几何天文体系，它所采用的是第谷体系，该体系调和了哥白尼日心说和托勒密地心说体系。在第谷的设计中，地球居于宇宙的中心，太阳、月亮和恒星以地球为中心做圆周运动，而五大行星则以太阳为中心做圆周运动。

在计算方面，对于太阳运动状况，《崇祯历书》采用偏心轮法，而对五星运动则采用本轮、均轮法，这两种方法都是西方古典天文学的传统方法。《崇祯历书》引进了球面三角学，对这一数学分支做了详尽的介绍；引进了地球的概念，以及经纬度的概念，给出了日月食成因的正确解释，阐明了周日视差的概念和计算方法，将太阳近地点和冬至点做了严格区分；还引进了蒙气差和晨昏蒙影的概念，引进了黄极的概念和黄道坐标系。以上都是《崇祯历书》大异于中国传统历法的优点，使其取得了超过后者的精度。

《崇祯历书》较为详细地介绍了伽利略用望远镜所取得的诸多天文发现，例如木星的卫星、金星的相位变化、太阳黑子等；同时介绍了十多种西方天文仪器，包括望远镜、古三直游仪、古六环仪、古象运仪、古弧矢仪等；还引

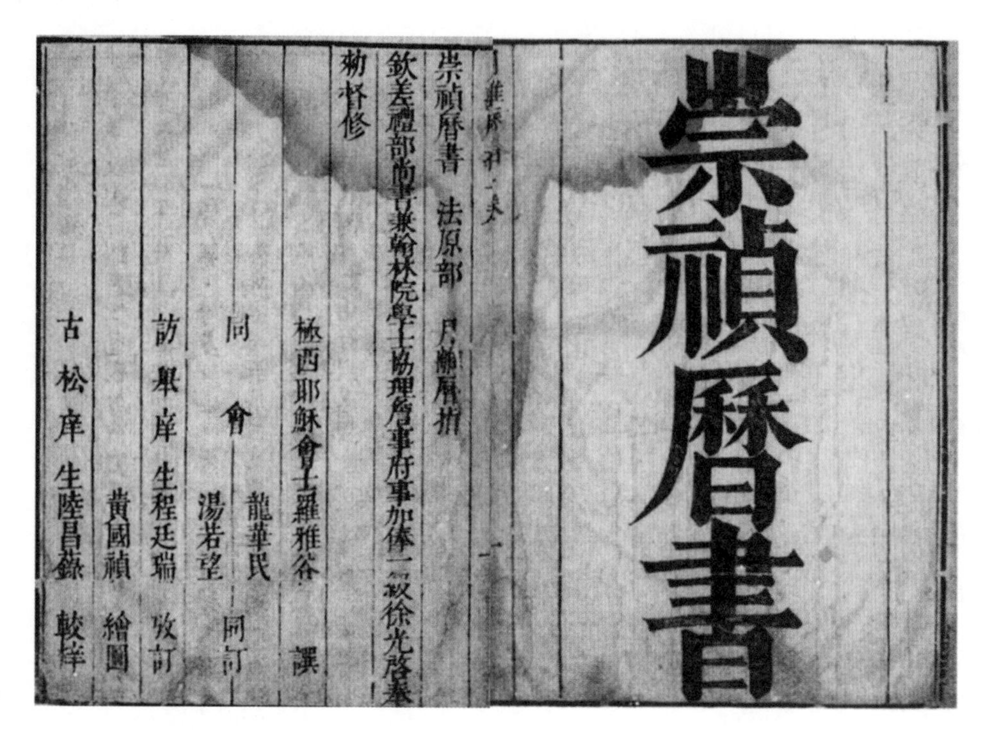
崇禎曆書

崇禎曆書　法原部　月離曆指
欽差禮部尚書兼翰林院學士協理詹事府事加俸一級徐光啓奉
勅督修
極西耶穌會士羅雅谷　譔
同會　龍華民　湯若望　同訂
訪舉庠生程廷瑞　攷訂
黃國禎　繪圖
古松庠生陸昌龢　較梓

<《崇祯历书》书影

进了西方的星图和星表。通过这些最新的星图星表，中国学者开始知晓南天的星空。

尽管耶稣会传教士反对哥白尼的日心说，但《崇祯历书》对于哥白尼的工作也有简单粗疏的介绍，使得 17 世纪中叶的中国学者接触到了日心说。

自 1636 年始，历局每年都编纂次年的《七政》和《经纬》两种历书，但由于保守势力的干扰，崇祯改历的成果一直未获明王朝正式颁行。直至崇祯十六年（1643 年），崇祯帝才下定决心，“诏西法果密，即改为《大统历法》，通行天下”。但可惜不久国变，新法未在崇祯朝施行。

明亡以前，李天经就已经主持历局将《崇祯历书》的书稿刊刻流传。明清鼎革之际，历局群龙无首，历书书稿及所刻书版均在汤若望实际控制之下。他将《崇祯历书》改编为《西洋新法历书》进呈给清廷，获得了清廷认可，正式颁行天下。后来《西洋新法历书》又经传教士南怀仁和四库全书馆臣的改编，形成了《新法历书》《新法算书》等改编本。《崇祯历书》及其改编本经过多次刊刻，至康熙年间（1662—1722 年），就已入藏钱谦益的绛云楼、黄虞稷之千顷堂、徐乾学的传是楼、钱曾的也是园等著名藏书楼，在清代学者中广为流传，开启了清代学术界热衷研究天文历算的新局面。

会通与超胜：王锡阐的天文工作

明末崇祯改历过程中引进的西方天文学及相关科学，对中国传统的科学产生了极大的冲击，影响了一批明末清初的中国学者。当时对自然科学感兴趣的中国学者，已经不能忽略西方的科学，他们一方面对新引进的科学知识加以消化和吸收，另一方面还是对中国传统的科学加以重新的思考，力图在中西会通中有所发明，有所创新。王锡阐就是其中比较杰出的一位。

王锡阐（1628—1682年），字寅旭，号晓庵，别号天同一生，江苏吴江人。他从小就对天文学和数学有浓厚的兴趣，二十多岁时开始研习中国传统历算和西洋新法，数十年勤奋不辍，终成天文学名家。清代另一位中西会通科学家梅文鼎在论及清初以来的天文学家时，最为推崇薛凤祚和王锡阐。他认为薛凤祚的《历学会通》，是“新法中又有新法”的天文历法专著，同时又认为“近代历学，以吴江（指王锡阐）为最，识解在青州（指薛凤祚）以上”。王锡阐对于明朝的灭亡痛心疾首，曾试图以身殉国，先是投河，遇救未死，后又绝食七日，在父母强迫之下才重新进食。虽然放弃了轻生的念头，但他以明朝遗民自居，终生不仕清朝。他与明朝遗民圈子中的不少著名学者交友，有顾炎武、潘柽章、潘耒、朱彝尊、吕留良等，与他们一起讲研宋明理学和天文历法之学。顾炎武称其“学究天人，确乎不拔”，极为欣赏他的学识和为人。

王锡阐对中国传统历法有精深的研究，对于传统历法的认识比较清楚，对元代郭守敬的历法工作给予了高度的评价。他认为郭守敬在天文历法上的一系列改进，如不用上元积年而就近用实测历元、不用日法而以 10000 为分母、历法数据以实测为标准等，除去了传统历法的许多积弊，见识卓越，使天文历理更接近于自然。他对《大统历》的专门研究和阐释，也是旨在弘扬传统历法的特长，面对当时西洋历法传入的浪潮，表明对传统历法绝不应有妄自菲薄之意，认为传统历法尚有可取之处。

王锡阐在比较中西历算之学后认为，“西法未必尽善，中法未必不善”。王锡阐有着“考正古法之误而存其是，择取西法之长而去其短”的科学态度。他指出：“然以西法为有验于今，可也，如谓不易之法，务事求进，不可也。”又说，“吾谓西历善矣，然以为测候精详可也，以为深知法意，未可也；循其理而求通可也，安其误而不辨，未可也。”王锡阐的这些议论，并不是因为对中国传统历法抱有特殊情感而对西法所作的空泛评论，而是在对中西法都有深入研究的基础上的中肯之论。

关于日月食（交食）的推算，王锡阐认为西法确实有优点。他说：“推步之难，莫过交食，新法（即西法）于此特为加详，有功历学甚巨。”具体地讲，他认为西法“以交纬定入交之深浅，以两经定食分之多寡，以实行定亏复之迟速，以升度定方位之偏近，以黄道之中限定日食之时差，以北极高卑定视距之远近，以地度东西定加时之早晚，皆前此历家所未喻也。”这是对西法交食推算法极为准确的概括，肯定了西法是超越中国传统历法的交食推算法。

在肯定西法的同时，王锡阐又指出了西法的一些不足乃至错误。他指出，按西法的本轮—均轮模型计算月亮运动时，除了在定望、定朔时刻外，都应加特定的改正数。但是西法在推算日月食时却不用这些改正数，好像日月食一定发生在定朔、定望，这是不符合实际的。事实上，只有月食食甚才发生在定望，而初亏、复明距定望在时间上可以差数刻以上。至于日食，不仅初亏、复明不在定朔，一般情况下，食甚时刻也不同于定朔时刻。

关于月食的食分大小，西法认为，当月亮在近地点时，视直径大，故食分小；在远地点时，视直径小，故食分大。王锡阐则指出：“视径大小，仅从人目，食分大小，当据实径。太阴实径，不因高卑有殊。地影实径，实因远近损益。最卑（即在近地点时）之地影大，月入影深，食分不得反小；最高（即在远地点时）之地影小，月入影浅，食分不得反大。”王锡阐对西法的这个错误观点的批评是正恰当的。

另外，王锡阐还列举了西法“不知法意”者五事，依次为平气注历、时制、周天度分划法、无中气之月未置闰、岁初太阳位置等五个问题，为中法辩护，又说西法并非尽善尽美，不应该不求改进，全盘照搬。他也曾指出西法“当辨者”十端，是对西法本身提出的批评，依次为：回归年长度变化、岁差、月亮及行星拱线进动、日月视直径、白道、日月视差、交食半影计算、交食时刻、五星小轮模型、水星金星公转周期等十个问题。他又有西法六误之说，指出西法中因行星运动理论不完备而出现的矛盾错谬之处。

王锡阐所知的西法中出现各种矛盾和错误，实际上是由于传教士传入的西法并不是完备和准确的。传教士因受罗马教廷禁止传播哥白尼日心说的禁令的限制，未能把当时西方最先进的日心说传授给中国，只是采用第谷的折中的地心说，即认为行星绕太阳运转，但太阳带着行星绕地球运转。但与此同时，他们又不能对哥白尼、伽利略、开普勒等人的发现视而不见，于是在传播过程采取了“犹抱琵琶半遮面”的做法。于是就给中国的历算学家造成了这样的印象：西法不尽完善，而且多有自相矛盾之处。对于钻研极深而又善于思考的王锡阐来说，发现这些问题是必然的。也正是因为这样，使王锡阐认为“西法未必尽善，中法未必不善”，只要好好研究中法，照样可以做出与西法一样的成就。王锡阐对当时诸多历家将西法“莫不奉为俎豆”和“专用西法如今日者”的现状表示不满，认为并没有实现徐光启“译书之初，本言取西法之材质，入大统之型范”的设想。为实现这一目标，他要“兼采中西，去其疵类，参以己意”，即在会通中西历法的基础上以求超胜。

王锡阐对于会通和超胜的目标的追求，体现在他的两部重要天文历法著作之中。首先是他的《晓庵新法》，共六卷，成书于 1663 年。此书流行版本有四库全书本、守山阁丛书本、翠琅玕馆丛书本、中西算学丛书本等。[①] 王锡阐

① 徐振韬. 中国古代天文学词典［M］. 北京：中国科学技术出版社，2009：278.

在此书的序言里说，当时施行的《时宪历》已“尽堕成宪而专用西法”，这种状况令其不满，因而“兼采中西，去其疵颣，参以己意，著历法六篇”，由此可见其创作此书的动机。卷一介绍天文计算中的数学基础知识，包括天文计算中的三角知识，提出将圆周分为384等分，名为爻限，它与中国传统的365$\frac{1}{4}$度分法和西洋的360度分法均有所不同；卷二列出了一些基本天文数据，以及二十八宿的跨度黄经和距星黄纬，均以崇祯元年（1628）为历元，以南京为经纬度起点；卷三讨论了求定朔、望、弦和节气发生的时刻及日、月、五星位置的方法；卷四讨论了昼夜长短、晨昏朦影、月亮与内行星的位相及它们的视直径等问题；卷五讨论了时差和视差等问题，给出确定日心和月心连线的方法，称“月体光魄定向”，此为王锡阐的一个创见；卷六介绍了日月食计算方法。另外，此书还介绍了金星凌日和五星凌犯的计算方法，这在中国天文史上尚属首次。《晓庵新法》熔中西之学于一炉，“考证古法之误，而存其是；择取西法之长，而去其短”，受到中外学者的重视和赞赏。①

王锡阐的另外一本重要著作是《五星行度解》，此书首版于1673年。原作已佚，现流传的为沈眉寿收辑并订正的刊行本，内有钱熙祚序。流行版本有守山阁丛书本、中西算学丛书本、丛书集成本、木犀轩丛书本。王锡阐在此书中构造了他自己的宇宙结构模型，其核心是行星的“左旋右旋说”。他认为，宗动天即为恒星天，地球位于其中心。太阳是五星绕转的中心，但不在宗动天的中心（即不在地球），而是偏于一侧。五星绕太阳做圆周运动，离太阳远近依次为土、木、火、金、水。五星轨道均为有实体的圆形，其中土、木、火三星“左旋”，而金、水二星“右旋”。

这是一个看起来相当古怪的理论，但如果把“左旋”“右旋”都看作是相对地球上的观测者而言，就比较好理解了。观察者可以设想自己面对南方观测五星运动，拇指指向自己握住右手，四指方向为自西向东，是为“右旋”；拇指指向自己握住左手，四指方向为自东向西，是为“左旋”。一方面，五星本

① 陈美东，沈荣法．王锡阐研究文集［M］．石家庄：河北科学技术出版社，2000：110-133.

天都随着太阳自西向东的绕地“右旋”，但是，由于外地行星土、木、火绕日运转较日绕地球运转慢（实际上为地球绕日运转，但在相对意义上是等同的），所以在天上看起来是离太阳越来偏向西方，好像是自东向西的“左旋”一样。而金、水是地内行星，本来就离太阳近，所以还是保持着跟随太阳自西向东的“右旋”运动。这样看来，王锡阐的五星“左旋右旋说”，本质上还是第谷的学说，只是更明确地说出了相对于地球上的观测者而言的视运动特征。王锡阐为什么要这样做？原因还在于王锡阐注意到了西方当时从“地心说”到“日心说”转变过程中行星运动理论中的矛盾，因而试图结合中国的传统，以改善关于行星运动的宇宙体系。王锡阐对宋明理学颇有研究，而宋代理学家朱熹对行星的左旋和右旋就有讨论。

《五星行度解》中还有对日月五星原动力的研究。王锡阐认为，宗动天是日月五星的动力源所在，宗动天通过气吸引日月五星，就好像磁石吸引铁针一样。当日月五星行至距宗动天的某一位置时，宗动天就分别对之施以吸力或者斥力，于是日月五星运动的轨道就离宗动天时远时近。这里我们看到是西方宗动天理论、中国传统的气及磁引力作用说及开普勒的磁引力说的混合理论。问题不在于这个解释如何，而在于王锡阐思考的问题是与开普勒思考的问题是一样，都试图解决行星运动的动力问题。关于开普勒的学说，传教士们还是隐隐约约有所介绍，对行星运动的动力学解释当时在西方也是正在研究的问题，王锡阐注意到这个问题，并提出自己的理论，说明他是有能力和胆识通过中西会通以提出新理论，从而对世界天文学做出贡献的。

美国科学史家席文对王锡阐的评价是：“王锡阐是对世界天文学贡献极大的大师。”之所以这样讲，是因为王锡阐的天文学工作，不仅是吸收西方天文知识和理论，而是沿着近代天文学发展的理路，进行着与西方当时天文学家开普勒等人一样的研究。设想如果传教士把当时西方天文学的情况传入得更全面一些，王锡阐很可能会取得更大的成就。他的研究工作使西方的新方法和新思想在中国真正得到了运用，或者说是在中国传统天文学中的引起了一场革命。

“西学中源说”与梅文鼎

明末清初传入的西方科学，对中国产生了极大的冲击。从中国的历史传统来看，中国处理对外关系的基本出发点是“中国中心论”，即以中国为世界的中心，文明之所系，所以“用夏变夷”是天经地义的，而“用夷变夏”是不可思议的。然而，利玛窦、汤若望等人传来的西方天文历算之学，明显地高于中国传统的历算之学，使得中国士大夫不得不面临一种“文明的悖论”。这样，为了接受西学，首先就必须认同西学，认同的方式，就是把西学说成中国自古有之。明末徐光启译《测量法义》（1607 年），著《测量异同》（1608 年），就指出西方测量诸法与《周髀算经》《九章算术》之“勾股”相通。当时来华的西方传教士利玛窦等，为了在中国传教，也是强调科学上的“中西心同理同”，把西方科学与中国上古科学相提并论。把西方科学说成“与中国古法吻合”，或者说成是“礼失求野”，其用意正是为了消除中西学术的隔阂，有利于西方科学的传播与接受。

明末学者熊明遇（1579—1649 年）认为“天子失官，学在四夷”。他在其《格致草》中说；“上古之时，六符不失其官，重黎氏叙天地而别其分主。其后三苗复九黎之乱德，重黎子孙窜乎西域，故今天官之学，裔土有耑门。”这是明确说西方天文学是传自中国古代，是十足的“西学中源说”。熊明遇的观点影响了他的友人方孔炤（1591—1655 年）及其子方以智（1611—1671 年）。方孔炤在《崇祯历书约》中说：“夫天九重，地如球，自黄帝《素问》、周公《周髀》、邵子、朱子、沈存中、吴幼清皆明地为浮空不坠之形，大气举之，则其言皆中国先圣先贤所已言者。有开必先，后来加详。”方以智也是秉承此论，但是他与徐光启、熊明遇等人极力推崇西学不同，发现西方科学也有不足甚至错误。这就使他不满足于西学，而是要用传统的易学与西学“折中会决”，结果从西学回归到象数易学。“西学中源”的意蕴在方以智那里发生了转变，既然“西学中源”，那从中国传统的学问中完全可以发展出西方科学，而且可以做得更好。

这一时期主张“西学中源”的知名学者还有黄宗羲（1610—1695年）、王夫之（1619—1692年）和王锡阐等人。我们在前文看到，王锡阐是清初天文学名家，他精通中西天文学，深知西历之长，但强烈的民族感情又使他对清政府行用的西洋历算持坚决的抵制态度。王锡阐主张“西学中源说”，认为西洋天文学源出于中国。他说：“今者西历所矜胜者不过数端，畴人子弟骇于创闻，学士大夫喜其瑰异，互相夸耀，以为古所未有。孰知此数端者悉具旧法之中，而非彼所独得乎。”不但如此，王锡阐还给出了西法源自中法的五个证据。他认为，中国传统历算也有定气，只不过以平气注历，这要比新法的定气注历更高明；传统历算中也已设置盈缩算法以计算日月五星运动的快慢变化，正如西法设定远、近地点的道理是一样的；关于交食计算，中国历算也有朔望加减与西法的视差法相对应；关于日月五星的运动，西法设定了各种小轮，其实与中国传统历算的平合、定合、晨夕、伏见等算法没有明显的差异；最后，传统历算中有里差法与西法中的经、纬度道理相同。王锡阐举出这些例子的目的是论证西法源出中法。

明末清初由各学者提出的“西学中源说”，开始时实为中西学术认同的一种方式，到清初时成为一派明朝遗民学者抵制由清政府主导使用的西洋历法的思想工具，但是到了康熙末年，“西学中源说”竟然成为当时的钦定学说，这与清初另一位历算大家梅文鼎及康熙皇帝有关。康熙皇帝对于西方科学在中国传播的作用，我们将在下一节介绍。

梅文鼎，字定九，号勿庵，安徽宣州人，是清朝康熙年间最著名的数学家和天文学家。他上承明末传入的西方数学和天文学，下启乾嘉时期的历算研究，历算之学被誉为“国朝第一”，影响着清代的数学和天文学的发展。①

---

① 梅文鼎．梅文鼎全集［M］．韩琦，整理．合肥：黄山书社，2020：1.

梅文鼎生于宣州一个书香望族之家，自幼受到传统文化的熏染，九岁已熟读五经、通史事。梅文鼎开始研究历算是在杨光先挑起历法之争前后。1662 年前后，梅文鼎和他的两个弟弟梅文鼐、梅文鼏向竹冠道人倪正学习历法，主要以《台官通轨》《大统历算交食法》为教材。此间，梅文鼎将学习心得整理成《历学骈枝》，此为他的第一部历算著作。此书开创了“借大统以阐授时不传之秘”的先例。1672 年，梅文鼎撰成《方程论》，系统地总结了多元一次方程组的问题，其中有关于分数系数的“化整为零”方法，以及应用“方程”解其他古典问题的“杂法”，属梅文鼎的创见。总体而言，梅文鼎为整理和阐发中华民族的科学遗产做出了巨大贡献。

1675 年，42 岁的梅文鼎在南京购得一部《崇祯历书》残本，又抄得穆尼阁撰写的《天步真原》，后又抄得罗雅谷所著《比例规解》。此后，梅氏通宵达旦研读西方历算之学。他发现《崇祯历书》中对于行星运动的理论和计算有很多矛盾，在《五星管见》中提出“围日圆象说”，试图建立一个统一自洽的行星运动模型。①

梅文鼎还对《几何原本》有所研究。当时《几何原本》只译出前六卷，梅氏根据《测量全义》《大测》等书提供的线索，对前六卷以外的有关内容进行了探究，写成《几何补编》一书，其中不乏独立的见解。比如，他详细讨论了五种正多面体以及球体的互容问题，给出各种立体的等积边长和等边体积数据，精密程度远高于《测量全义》和《比例规解》。另外，梅文鼎撰写的《平三角举要》《弧三角举要》二书是中国人独立撰写的最早的三角学教科书，系统地阐述了三角函数的定义、各种公式、定理及应用。《堑堵测量》借用中国古代数学的多面体模型，巧妙地揭示了球面三角形的边角关系。此书还提出“立三角仪”和“平方直仪”的平面展开图，其中蕴含着一种球面三角的几何图解法。《环中黍尺》则讨论了利用投影原理解球面三角形的问题。

明末徐光启等曾打出“会通”的旗号，试图会通中西天算，但是由于对中

① 王广超，孙小淳．试论梅文鼎的围日圆象说［J］．自然科学史研究，2010，29（2）：142–157.

曆學駢枝四卷曆學答問一卷交會管見一卷交食蒙求三卷七政細草補注一卷平立定三差解一卷梅文鼎撰　平立定三差詳說一卷梅瑴成撰　曆象本要一卷李光地撰　曆法記疑一卷王元啟撰　推步法解五卷曆學補論一卷歲實消長辨一卷恒氣注曆辨一卷中西合法擬草一卷七政衍一卷江永撰　八綫測表圖說一卷余熙撰　古今歲實考校補一卷古今朔實考校補一卷黃汝成撰　交食圖說舉隅一卷推算日食增廣新術二卷羅士琳撰　表算日食三差一卷朔食九服里差三卷強弱率通考一卷古今積年解源二卷徐有壬撰　日法朔餘強弱考一卷李銳撰　陵犯新術三卷司徒棟杜熙齡同撰　交食細草三卷張作楠撰　尺算日晷新義二卷劉衡撰　推步簡法三卷顧觀光撰　推步迪蒙記一卷成孺撰　推步惟是四卷安清翹撰　古今推步諸術考二卷太歲超辰表一卷疑年表一卷汪曰楨撰　躔離引蒙一卷交食引蒙一卷賈步緯撰　交食捷算四卷五緯捷術四卷黃炳垕撰　五星行度解一卷王錫闡撰　中星譜一卷胡亶撰　五星紀要一卷火星本法一卷梅文鼎撰　中西經星異同考一卷南極諸星考一卷梅文鼐撰　金水發微一卷江永撰　中星表一卷徐朝俊撰　恒星說一卷江聲撰　歲星表一卷朱駿聲撰　恒星餘論一

∧清代各学者关于天文和历法的著作

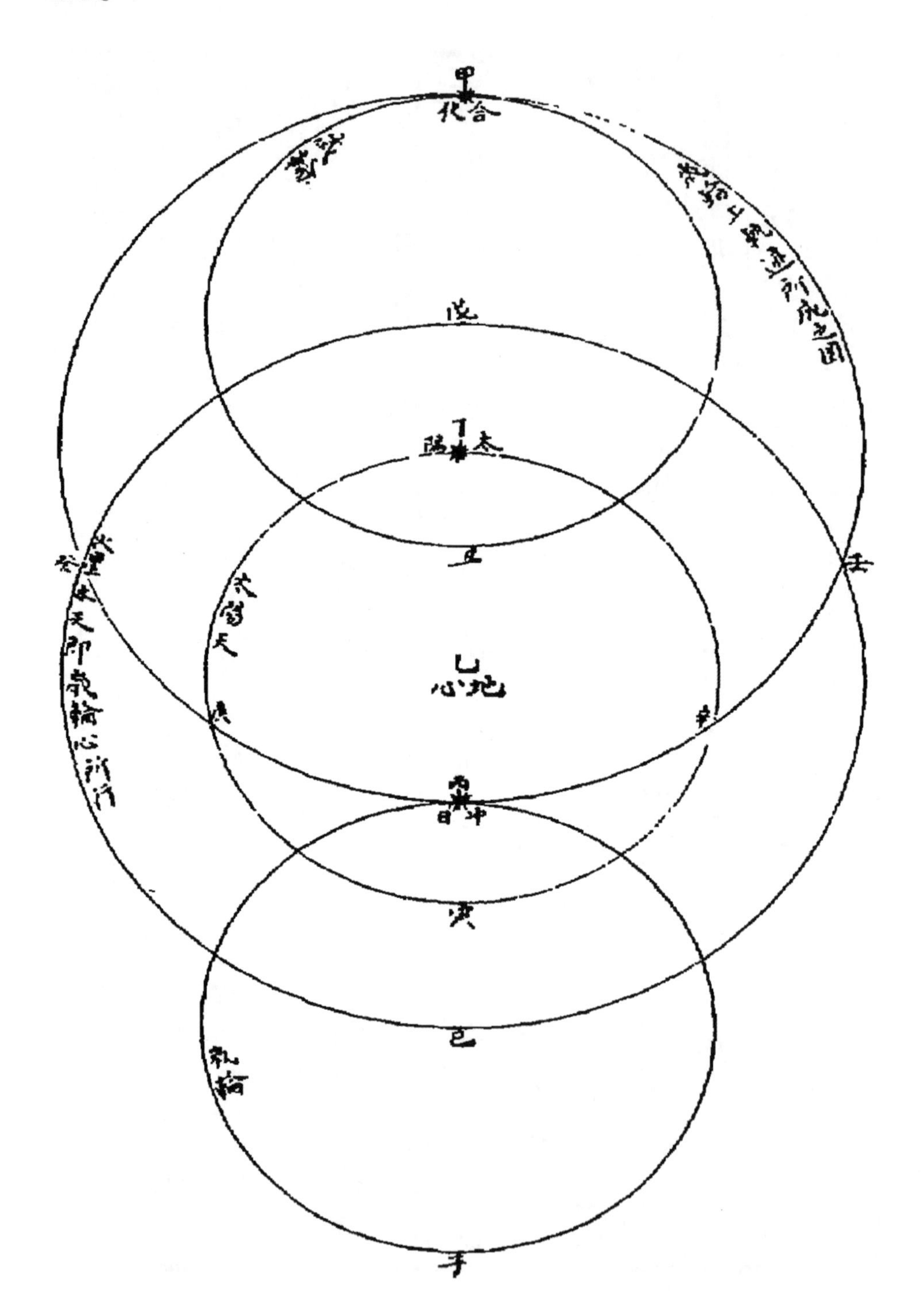

∧ 梅文鼎讨论火星运动模型

国古代历算之学缺乏了解，因此成效并不显著。梅文鼎兼通中西之法，“会通”更加彻底，更具影响力。他生前曾计划将其所著的数学著作汇编成集，名为《中西算学通》。他认为，数学来源于实践，因而无复中西都可“会通”。在天文学方面，他仿效明末邢云路《古今律历考》，撰成《古今历法通考》，对古今中外各家历法逐一考察分析。他认为中国古代天文学中的岁差、里差、定气、盈缩招差、五星伏留等概念，分别对应着《崇祯历书》中的恒星东行、各省节气、日躔过宫、最高加减、本轮均轮。数学方面，他阐发“几何即勾股论”(《几何通解》)。从《几何原本》二、三、四、六诸卷共择出 15 个命题，用勾股和较术重新予以证明。梅文鼎的“会通”工作标志着中西学术由尖锐对立演进到一个逐渐交融的阶段，使得明末以来传入的西方科学知识更为普及。

康熙二十八年（1689 年），梅文鼎为访南怀仁而专程到北京，不料南怀仁已于上年去世。在北京期间，正值《明史》修撰，学者名流云集京师，可谓盛极一时。梅文鼎作为精通历算的大家，受朋友之托，参与了《明史》历志部分的修订，因工作出色而得到太史局学者的赏识。也正是在此时，时任顺天学政的李光地，闻得梅文鼎之名后，把他聘入府中，并招募一批人才，向梅文鼎学习历算。康熙对梅文鼎的学识也有耳闻。康熙四十三年（1704 年），当康熙向李光地问及“隐沦之士”时，李光地便推荐了梅文鼎。次年（1705 年），康熙南巡时，特地召见梅文鼎，与他讨论历算之学，于是梅文鼎名声大振。

梅文鼎与康熙帝关于历算之学的讨论，涉及了“西学中源”的问题。梅文鼎作《历学疑问》一书，集中讨论中、西、回三家历法及其天文学基础之异同，特别注意阐发中历和西历之相近、相似处，认为所谓“西洋新说不自西人始”，同时又承认西历之长，最后肯定了清朝用西法的合理性。《历学疑问》是应李光地之请而作，目的是要回答中西历法之争中涉及的问题。中西历争，引起了朝野人士的极大关注，这已经不仅仅是一个历法问题，而是关系清朝统治者认同中原文化，涉及其统治的合法性问题。梅文鼎在此书中指出的“西学中源说”，等于一方面尊重西学的科学性，另一方宣扬了中国的文化，因而“述圣尊王兼而有焉”，对于平息由历争引起的思想混乱是大有好处的。康熙于四十一年（1702 年）就认真研读过由李光地进呈的《历学疑问》，认为此书：“甚细心，议论亦公平。”而且对其中的“西学中源说”，也意识到其政治价值。1703 年，康熙发表《御制三角形推算法论》，从辨中西得失转而开始宣扬西历源出中国，其中称“论者以古法今法之不同，深不知历原。历原出自中国，传及于极西，西人守之，测量不已，岁岁增修，所以得其差分之疏密，非有他术也”。康熙的思想转变，表现出一位政治家的卓越见识。他意识到中西历法之争继续下去，不利于思想的统一和政治的稳定，因此有意平息中西之争。而梅文鼎的工作正好为康熙提供了可靠的科学上的论证。于是“西学中源说”就在康熙、梅文鼎君臣的一唱一和中，获得了钦定的地位。

为了完善“西学中源说”，梅文鼎又作《历学疑问补》。在这本书里，梅文鼎的论证已经受其先见影响，不那么“平心观理”了。他凭借自己对古代典籍的知识和丰富的想象力，把若干重要的西方理论逐一贴上“中国”的标签。例如，他说“地球有寒暖五带之说”，即《周髀算经》中的“七衡六间说”“地圆说”，即《黄帝内经・素问》中的“地之为下说”“本轮均轮说”，即《楚辞・天问》中的“圜则九重说”“浑盖通宪”，即古盖天与《周髀》同。至于为什么中国古代的历法传到了西方，梅文鼎乃借《尚书・尧典》虚构了一个故事，说尧命羲和仲叔四人敬授人时，至周末“畴人子弟分散”，因为东、南有大海相阻，北有严寒之畏，只好挟书器而西征。西域诸国接壤于西陲，所以“势固便也”，这成就了被称为西之旧法的回回历。而欧罗巴[①]更在回回以西，“其风俗相类而好奇喜新竞胜之习过之，故其历法与回回同源而世世增修”，遂成西洋新法。这一虚构的历史又被载入《明史・历志》，成为西方天文学源流的钦定观点。

梅文鼎倡导“西学中源说”，主观上有发扬中华文化、振奋民族精神的愿

① 欧罗巴，希腊神话人物，被宙斯带往了另一个大陆，后来这个大陆取名为“欧罗巴”，即现今的欧洲。

望，其中也不乏个别精辟见解，“西学中源说”确能折中长达百年的中西学之争，又迎合了封建统治者维护王道正统的愿望，所以在整个清代都有很大影响。这一狭隘民族主义精神的产物助长了一些人故步自封的思想，对于西方近代科学在中国的传播产生了消极影响。

从明万历到清康熙的一百多年时间里，中国知识界对待西方传入的科学知识大致有三种不同的态度。一种以杨光先为代表，他们在反对天主教的同时也反对传教士带来的科学知识，这一派人以失败而告终。第二种以徐光启为代表，他们努力引进西学，对于推动中国科学技术的前行起到了一定的积极作用，但是他们企图靠天主教来“补益王化”的设想脱离了中国当时的社会需要，这一派人士对传统科学的认识也有失偏颇，因而他们的理想终因缺乏社会支持而未能实现。第三种可以梅文鼎为代表，试图“去中西之见，以平心观理”，勇于采纳和吸收西方科学，并力求与传统科学知识融会贯通。这种对待西学的态度是多数知识分子能够接受，他被奉为清初“历算第一名家”“国朝算学第一”的原因也在于此。[①]

康熙皇帝的御制新科学

康熙皇帝，清圣祖爱新觉罗·玄烨（1654—1722 年），清朝第四任皇帝。他 8 岁登基，14 岁亲政，在位 61 年，是中国历史上在位时间最长的皇帝，也是历代皇帝中最具有科学造诣的一位皇帝。

登基后不久，康熙就遇到了棘手的传教士与士人之间的中西历法之争。顺治末年，杨光先上书朝廷，指控汤若望等私传邪教，阴谋不轨，专门写了《不得已》一书，对西方天文学和天主教义进行了抨击。其实杨光先本人对历法并

① 金秋鹏. 中国科学技术史：人物卷［M］. 北京：科学出版社，1998：669-677.

不精通，对新法指责也是反映了一批士人守旧及对传教士警惕提防的心态。他说："宁可使中夏无好历法，不可使中夏有西洋人。"当时由于康熙年幼，大权掌握在鳌拜等人手中，于是判处汤若望死刑，后在孝庄皇太后干预下被赦免，但李祖白等五位信教的天文学家被处死。康熙亲政后，比利时耶稣会传教士南怀仁等控告杨光先依附鳌拜，陷害汤若望。康熙帝则利用这个事件证明了他新政的能力。他命令重新对新旧历法进行测验，结果证明西法更为精确，于是历狱得以翻案。清钦天监又改用西法，采用《时宪历》，欧洲的天文学在康熙朝得到钦定的地位。历法之争也导致康熙皇帝本人对西方科学充满兴趣。西方的科学成为为康熙时期清政府的政治服务的新科学。

历法之争直接导致了康熙学习西方科学。历狱案之后，康熙的印象是汉人都不懂历法，只有西洋人知历。康熙帝修习西学正是为平息历争。他晚年曾回忆说："朕幼时，钦天监汉官与西洋人不睦，互相参劾，几至大辟。杨光先、汤若望于午门外九卿前当面赌测日影，奈九卿中无一知其法者。朕思己不知，焉能断人之是非？因自愤而学焉。"实测结果表明西方天文学比钦天监使用的《大统历》和《回回历法》在计算方法上都更准确，从此，康熙帝笃信来自西方的天文学和数学知识。康熙在平反历狱后，驱逐了杨光先和杨景南，任命传教士南怀仁为钦天监监副。1669年，他命南怀仁监造天文仪器。1673—1674年，又命南怀仁进讲几何学和力学等知识。西方传教士希望以科学为传教铺路，康熙帝则需要科学为朝廷服务，两者不谋而合，各取所需。康熙对科学的兴趣还惊动了法国国王路易十四，他下令向中国派遣精通科学的传教士。从1688年起，先后在康熙身边的法国传教士有白晋（Joachim Bouvet，1656—1730年）、张诚（Jean Francois Gerbillon，1654—1708年）、雷孝思（Jean-Baptiste Régis，1663—1738年）、巴多明（Dominicus Barrenin，1665—1741年）和杜德美（Petrus Jartoux，1668—1720年）等。康熙曾向安多、张诚等学习几何学、代数和天文学知识，向白晋、巴多明等学习解剖学知识。为此，传教士们还编译了满文《几何原本》《借根方》《钦定骼体全录》等书。在掌握了一些西方数学的基本知识后，康熙常常在近臣面前炫耀。

在学习西方科学的同时，康熙也曾认真研读中国典籍，他对宋明理学家对于自然现象的解释很感兴趣，对耶稣会士传播的那套亚里士多德的自然哲学不感兴趣，而是推崇朱熹的格物致知理论。康熙帝以“继承华夏正统”自居，以“崇儒重道”为其基本国策，正是由于这种政治上和思想上的取向，导致了他在评定中西历法之争时，采取了“西学中源”的立场。在崇尚儒学的社会氛围里，西学“名不正，言不顺”，而认定西学源于中国之后，中西实为一家，他就能名尊中学，实用西术，并能避“用夷变夏”之嫌。在确定“西学中源说”的钦定地位之后，康熙帝就可以“御制”、正统的名义开始编纂各种新的科学著作了。这在一定程度上促进了西方科学在中国的传播，带动了清代科学的进步。

康熙晚年亲自组织进行了两项大科学工程。

首先是全国范围的地图测绘。这在我国测绘学史上是前所未有的创举。这项工作，康熙自己说是花费了“三十余年之心力”。最初，中俄缔结了《尼布楚条约》之后，康熙见到一幅亚洲地图，图中关于我国东北地区的地理知识相当缺乏，就有开展测绘工作的打算。此后，他从广州购入仪器，每到东北和江南各地巡视的时候，就命随行的传教士测定经纬度。在条件成熟之后，他又命耶稣会士先测京师附近地图，由他亲自校勘，认为远胜旧图，才下令由中西双方人员组成测绘队进行全国地图的测绘。全国地图的正式测绘是从 1708 年开始的，由法国传教士白晋、雷孝思和杜德美等人率领。先从长城测起，然后测北直隶（今河北省），再测东北地区。为了加快速度，1711 年康熙命增添人员，分两队进行。因此关内十余省，包括西南（广西、四川、云南）、西北（至新疆哈密）广大地区，约用 5 年时间先后完工。西藏地区是康熙特派两名曾在钦天监学习过数学和测量的藏传佛教僧人前去测绘的。各省地图测绘之后，由杜德美总其成，编绘全国地图，终于 1718 年完成，定名为《皇舆全览图》，是当时世界上最先进的实测地图。中国大地测绘是康熙帝利用耶稣会士为其服务的成功典范，但同时也可以说是耶稣会士利用康熙帝的支持开展科学工作的成功范例。由于清廷将这一成果视为秘籍，这一工作虽然在欧洲被视为近代地理学的重要成果，却未能为中国地理学和地图测绘学走向近代奠定基础。

第二项大工程是《律历渊源》一百卷的编纂，包括《历象考成》《律吕正义》和《数理精蕴》三部分，是一套包括天文历法、音律学和数学等方面的科学著作。清初沿用明末编成的《崇祯历书》(后改名为《西洋新法历书》)，所用仍为丹麦天文学家第谷的折中体系。1711 年，康熙发现钦天监用西法计算夏至时刻有误，与实测夏至日影不符。就此问题，他询问了刚到北京不久的耶稣会士杨秉义（F. Thilisch，1670—1715 年），后者用利奇奥里（G. B. Riccioli，1598—1671 年）的算表计算，所得结果与钦天监的计算不一致，这才知道西方已有新的天文表，因此命皇三子胤祉等向传教士学习，同时，自己也向耶稣会士学习历算知识。1712 年，杨秉义和法国耶稣会士傅圣泽（Jean-François Foucquet，1665—1741 年）向康熙介绍天文学。为此，傅圣泽还翻译西方数学、天文学著作，向康熙介绍了刻伯尔（开普勒）、噶西尼（卡西尼）、腊羲尔（Philippe de la Hire，1640—1718 年）等人的学说，许多是根据皇家科学院的著作写成的。正是因此，康熙下旨在畅春园奏事东门内蒙养斋开局，主要编纂《历象考成》。其实，蒙养斋只是一个临时性的修书机构，即“奉旨特开之馆”，事竣即行裁撤。编纂工作始于 1713 年，康熙从全国调集了汉、满、蒙族的一批专门人才，以皇三子胤祉等任“奉旨纂修”，以何国宗、梅瑴成任“汇编”，至康熙六十年（1721 年）完成，定名为《钦若历书》[①]，雍正初改名为《历象考成》，于雍正四年（1726 年）正式颁行。

这两项科学工程的最终成果均以“御制”冠名，具有极强的“御用”特性，这表现在以下四方面：第一，指导思想上追求为皇朝现实政治服务；第二，御用科学必须由皇家来掌握、控制和垄断；第三，御用科学追求的是实用性和权威性，而不是创新性；第四，与御用科学的权威性密切相关的是其保守性。[②] 这些特性使得这些书籍未能为中国自然科学走向近代奠定基础。

---

① 陈美东．中国科学技术史：天文学卷［M］．北京：科学出版社，2003：665-667.

② 王扬宗．康熙大帝与清代科学［N］．光明日报，2014-08-14（16）.

洋务运动与中国科学的近代化

康熙之后，清廷与罗马教廷发生了“礼仪之争”，其结果就是雍正皇帝下令禁止传教，谕旨说：“中国有中国之教，西洋有西洋之教；彼西洋之教，不必行于中国，亦如中国之教，岂能行于西洋！”这样，明末清初以来西方科学传入的重要途径被中断，中国实际上进入了“闭关锁国”的阶段。随后一百多年，清代学者为了规避“文字狱”的迫害，把学术志趣放在了考据之学上。乾嘉时期的考据学，成为清代学术研究的一大特色。乾嘉学派在治学精神上虽然严谨认真，而且也多采用比较、分析和归纳的方法，但是研究的对象却主要是古代的文献，其中包括古代的天文历算著作。这样的研究就历史学而言颇有成绩，对近代科学的发展却起了阻碍作用。这一时期，西方科学技术突飞猛进，特别是由蒸汽机引起的工业革命，更是使西方社会迅速前进而把中国远远抛在后面，而清朝统治者却沉迷于“天朝上国”的幻境之中。

1840 年，鸦片战争爆发，清廷在西方的坚船利炮面前不堪一击。面对这一严重的不利局面，有志之士如龚自珍（1792—1841 年）、林则徐（1785—1850 年）、魏源（1794—1857 年）等，倡导“经世致用”，主张学习西方先进的科学和技术。魏源在其《海国图志》中说：“是书何以作？曰：为以夷攻夷而作，为以夷款夷而作，为师夷之长技以制夷而作。”“师夷之长技以制夷”成为当时号召学习西方科学技术的政治宣言。这也成为 19 世纪 60 年代开始的“洋务运动”的前奏。

第二次鸦片战争结束之后，清政府认为战争失败的主要原因在于洋人的船坚炮利。加上在镇压太平天国运动的过程中，清政府与英帝国主义勾结，洋枪洋炮在其中发挥了关键的作用。这时曾国藩、李鸿章等人开始建设炮局，大办洋务。清政府对列强的认识发生转变，确定了针对内忧外患的态度

∧ 总理各国事务衙门

和对策，在组织制度方面上的决定性措施就是1861年设立总理各国事务衙门（简称总理衙门）。总理衙门以处理涉外事务为中心，实际上掌管了大多新政：通商贸易，海关海防，以及办工厂、开矿山、修铁路、兴学堂等，成为晚清政府的“枢纽”部门，也是洋务运动成败的关键。[①] 总理衙门下属的总税务司署，控制了一部分重要的财政收入，同时创办京师同文馆，培养翻译人员。

总理衙门由熟悉外交事务的奕䜣、桂良、文祥等人主持，地方上则以曾国藩、李鸿章、左宗棠等人为代表。后者在镇压太平天国的战斗中认识到练兵制器的重要性，首先创办了一批军用工业以“求强”，随后又兴办民用工业和基础设施以“求富”。1895年甲午战争的失败，被视为洋务运动的重大挫折，但其提倡的引进西方科学技术和早期工业化进程并未中断。1898年张之洞等人以

① 丁贤俊．洋务运动史话［M］．北京：社会科学文献出版社，2011：34．

“中学为体，西学为用”总结洋务运动的纲领，对“中学”和“西学”做出细致的划分，继续开办军用和民用企业、创建银行等基础设施，推行废除科举、派遣留学、兴办学堂等新政。虽然洋务派维护封建专制政体的尝试最终归于失败，却为社会变革和科学发展打下了物质和人才基础。

为打破西方对坚船利炮的垄断，洋务派认为建立现代工业必须要具备机械制造能力，培养工程师人才，以及掌握和运用新技术知识。早在镇压太平天国运动期间，曾国藩、李鸿章等人不满足于购买洋枪洋炮，先后创办安庆内军械所和上海洋炮局。安庆内军械所聘用徐寿、华蘅芳等技术人才，是一个综合性的军火工厂，不仅生产子弹、火药，还于 1862 年试航成功一艘小火轮，1865 年制造了自重 25 吨的“黄鹄”号蒸汽轮船，该所被誉为中国近代工业的起点。

1867 年成立的江南机器制造总局（上海）是我国第一座大型近代化军工厂。容闳从美国为该厂购买到较为先进的“制器之器”，充实了旗记铁厂和上海洋炮局的部分设备。到 19 世纪 90 年代，江南制造局成为亚洲最先进的近代机器工厂，下设 16 个分厂和两所学堂，以制造机器、轮船和军火为主，也生产民用器具。

福州船政局（亦称马尾船政局）是左宗棠、沈葆桢创建的以造船为中心的近代大型机器厂。自 1869 年第一艘排水量 1370 吨的“万年青”号炮舰下水，至 1905 年共建造兵轮和商船 40 艘。船政局内设艺局（学堂），翻译西方科技书籍，培养数学和造船技术人才，还先后派遣三批学生赴欧学习轮船驾驶和制造。船政学堂是我国近代海军人才的摇篮，首届毕业生严复曾任北洋水师学堂总办，翻译了《天演论》《原富》（即《国富论》）等名著，成为卓越的近代启蒙思想家。

∧ 近代启蒙思想家严复（1854—1921 年）

以江南制造局、福州船政局、金陵机器局和天津机器局为代表，这些官款兴办的军用工业标志着我国近代工业化的起步。[①]新式装备和新建海军不仅需要将科学知识与具体实践相结合，还需要引进先进管理技术，通过留学和学堂培养自己的军事人才，从而取代各海口练兵聘用的洋教习。

1874年日本侵略我国台湾，海防和组建海军问题引起了朝廷重视，次年任命沈葆桢、李鸿章为南洋和北洋海防大臣，创建近代化海军，1885年成立海军衙门。沈葆桢和李鸿章都坚决主张斥巨资购买铁甲舰。1880年订造德国两艘排水量为7335吨的铁甲舰，后命名为“定远”“镇远”，为当时远东最大巨舰。到1888年，北洋海军规模初具，拥有舰船25艘。然而海军舰船技术日新月异，北洋海军却无力增添新舰。及至北洋舰队在甲午海战中失败并最终覆灭，被视为洋务运动富国强兵之梦的重大失败。

为了维持和发展军用工业，就势必向矿冶、纺织、交通和通信等产业扩张。不仅可以就地解决原材料和燃料问题，而且一些基础设施建设，如果不及早筹划，就难免为列强所觊觎。面临日益膨胀的西方在华经济势力，自19世纪70年代起，洋务派决定利用民间力量，兴办各种企业，采取民间出资经营，政府扶持监督的方式，即所谓官督商办。

洋务派最早创办的企业是轮船招商局。1860年后，中国沿海和内河的航运受到西方轮船公司的冲击。在李鸿章、盛宣怀的倡导下，1872年组建了轮船招商局，唐廷枢、盛宣怀先后出任总办和督办，很快实现盈利，资本增加到2000万两。轮船用煤的需要则直接促成了第二个官督商办企业，即1878年滦州开采（今唐山开采）设立的开平矿务局，亦由唐廷枢任总办。开平煤矿及各省兴办的煤矿满足了中外轮船和工厂之用。[②]尤其开平煤矿的效益让洋务派大受鼓舞，李鸿章奏称“富强之基，此为嚆矢”。而且，1888年以开平运煤铁路为基础修建了津沽铁路，成为我国第一条完成的铁路。

---

① 艾尔曼．科学在中国（1550—1900）[M]．原祖杰，译．北京：中国人民大学出版社，2016：17.

② 董光璧．中国近现代科学技术史[M]．长沙：湖南教育出版社，1997：231.

由于军火和铁路对钢铁的需要激增，张之洞决定自行采矿炼铁，向英国、德国订购机器，利用湖北黄石的大冶铁矿，在湖北汉阳设立汉阳铁厂。1894 年其建成投产，为亚洲第一座炼铁厂。该厂投资巨大，后来又与大冶铁矿、萍乡煤矿联合，成为我国首家钢铁联合企业。

电报是近代工商业和军务所必需的事业，也最早为列强虎视眈眈。因防务需要，1874 年沈葆桢奏准安设福州、厦门、台湾电线。李鸿章则于 1880 年筹办津沪电线，并设天津电报学堂，1881 年成立中国电报总局，至 1887 年架设电线约 3 万里，发挥了保主权、传军情、通商务的作用。

无论是军用还是民用工业，它们在开办和竞争中都重视培养使用技术人才，显示出科学技术的社会经济效用。洋务派逐渐意识到基础学理在制器中的重要性，如果不从学理上入手，就难得实质提高。冯桂芬曾说过："一切西学皆从算学出，……西人十岁外无人不学算，今欲采西学，自不可不学算学。"1867 年，奕䜣奏请同文馆内开设天文算学馆，并修订招生办法。虽遭到顽固派的反对，但数学家李善兰还是于 1870 年进入算学馆开课。美国人丁韪良自 1869 年起担任总教习，对课程设置进行重大改革，让学生系统学习理工科学知识，此后陆续添设化学馆（1871 年）、天文馆（1878 年）和格致馆（1895 年），标志着算学、天文、化学和物理等近代学科初步引进中国，成为新式教育的起点。

洋务派将翻译看作学习引进现代制造技术和工程数学的基础。洋务运动举办的文化事业，大多以翻译西学新书为要务。在洋教习带领下，同文馆师生编译书籍 20 多种，除上述学科外，还涉及国际法、经济学和历史等。上海广方言馆 1863 年设立，聘英国传教士傅兰雅、美国传教士林乐知等为西文教习。1868 年徐寿、华蘅芳和徐建寅创办了江南制造局翻译馆，1869 年同位于上海的广方言馆并入，成为科技书籍的翻译中心。1868—1904 年，翻译馆共译刊书籍 159 种，早期以军事和机械技术为主，后来逐步扩大到数学、物理、化学、天文、矿物、地质及医学领域。傅兰雅、徐寿等还致力于建立中文的科学术语命名体系。

容闳早年毕业于美国耶鲁大学，在他的推动下，曾国藩奏请派遣幼童留学美国的教育计划获得清廷批准。以上海广方言馆总办陈兰彬为监督，1872—1875 年先后派出四批 120 名幼童赴美。他们先寄居美国人家中，初步掌握语言后进入小学、中学就读，再报考高等院校。然而留学生受美国习俗的影响，不免被历任留学监督视为有悖传统礼法，最终矛盾激化，结果于 1881 年中止学业回国，其中获得学士学位者仅有包括詹天佑在内的两位。他们大多进入铁路、电报、海军、机器等行业，不少人在外交、实业界发挥了中坚作用。

∧ 清政府选派留美幼童出国前合影

更重要的是，风起云涌的留学事业自此拉开了帷幕，尤其是20世纪初以来，留学生从学习军事、教育，转向科学技术并走向职业化道路，涌现了我国最早一批现代教育家和科学家。“西学东渐”数百年，人才培养问题上的短板终于得到改善，这得益于洋务运动带来的社会结构变迁。

中国航天
CZ-2F
中国航天
CZ-2F

第十二章

文明精髓

中国科学的传统与未来

本书写到这里，有必要对中国古代科学的传统与未来做一些简要的总结，主要有以下三个方面。

为什么说中国古代有科学

关于中国古代有没有科学的争论由来已久，其实争论的内容是在科学的内涵。当20世纪初任鸿隽、冯友兰、竺可桢等人说中国古代没有自然科学时，实际上都是指没有自然科学的那套实验方法，并不是说中国古代没有科学成就。通过前文对中国古代科技的简要介绍，我们也已经看到，中国古代在科学的许多领域都有突出的成就，据此已经可以理直气壮地说中国古代有科学。除此之外，当我们在讲中国古代有科学时，还可以有以下几个方面的依据：①

首先是求真的科学精神。有一种说法，认为中国古代没有求真的真理观，理由是中国人在探讨自然现象时会从社会政治和价值的角度去考虑。这种说法其实是立不住脚的，也是不符合中国古代科技的实际情况的。求真精神不是科学所专有，它首先是一种人文精神。中国古代的人文精神中有追求真理的精

---

① 本章的叙述受到席泽宗《中国科学的传统与未来》一文的启发，并转引了其中一些观点和多处引文，特此说明。后面不一一注明。参见：席泽宗．科学史十论［C］．上海：复旦大学出版社，2003．第30–50页。

神，当这种精神运用于科学探索时，自然也就有科学的求真精神。

竺可桢分析西方近代科学的先驱如哥白尼、伽利略、开普勒和牛顿等人的科学活动时，认为他们身上表现出来的科学精神就是求是精神，即追求真理、不盲从、不附和、不武断、不专横。中国传统文化中根本就不缺少这种精神。比如孔子说："子绝四：毋意，毋必，毋固，毋我。"这是说讨论问题的时候不主观、不武断、不固执且不唯我独尊。孔子在《论语·卫灵公》还提倡"志士仁人，无求生以害仁，有杀身以成仁"，意即真理比生命还重要，也正是布鲁诺为坚持日心说而宁死不屈的那种精神。求真的途径则在儒家经典《中庸》中有很好的表述，曰："博学之，审问之，慎思之，明辨之，笃行之。"这里边包括了广泛的研究、怀疑的精神、认真的思考、批判的方法和无私利的身体力行。这跟现代科学精神几乎是一致的。

其次是科学的兴趣。科学研究离不开对自然事物的好奇心以及那种不以功利为目的的求知欲。这在中国古代也并不缺乏。自古以来，中国古人对宇宙的起源就无比关注，所以才有屈原写出《天问》，究问天地宇宙的本原和运行之道。《列子》中所记《两小儿辩日》和《杞人忧天》的故事，都说明古人对无关直接功利的事物有着强烈的好奇心。孔子鼓励读《诗经》，认为可以"多识于鸟兽草木之名"，就是强调对事物的广泛兴趣。认识事物本身就具有意义，而不仅仅是因为有用才要去认识事物。"有用"是认识事物以后顺其然而发生的结果。本书中介绍的中国古代科学家们，他们对自然的好奇心和对科学的兴趣更是表现突出。张衡虽然做出了很多具有实用意义的科技发明，但是他的发明思想与他对事物的广泛兴趣是分不开的。比如他可以从"蓂荚"的神话得到启发，做出"蓂荚瑞轮"这样的自动化日历。他的"独木飞雕"的设计，来自他对鸟类飞行的好奇心和观察。祖冲之对圆周率的研究，把圆周率精算到小数第七位，在世界上领先了1000年。他用内接正多边形计算圆周率，竟然一直算到内接正24576边形。这显然也是出于对科学问题本身的兴趣。再如明末的天文学家王锡阐，每遇天色晴朗，即登屋观天，竟夕不寐。如果对科学没有兴趣，根本不可能这样去做。

再次是科学的思维和方法。近代科学最显著的思维和方法是数学逻辑和实验。这些在中国古代尽管不是像近代科学那样完备，但也不是没有。我们看魏晋时期刘徽的《九章算术注》，其中就包括了逻辑推论的各种形式。古希腊天文学研究日月五星运动的数学模型法，在中国古代天文学中一样存在。中国的天文历法就是解释和推算日月五星运动的数字化宇宙模型。古希腊的“本轮—均轮”模型是几何模型，中国古代历法给出的是数值模型。我们不能说前者是数学模型而后者就不是，它们都是，只是数学表达方式的不同而已。至于实验，中国古代也不是完全没有。《墨子》中所描述的“小孔成像”就是实验，而且验证了光的直线传播原理，到了元代，更有赵友钦对小孔成像进行了更加细致的实验和观察。再比如，中国古代冶金业、制瓷业十分发达，可以制造出各种精美的器物，如果没有大量的关于原料配伍、火候控制及工艺流程的试验，是不可想象的。尽管严格意义上近代科学的实验，在中国古代显然是没有的。中国古代能够制造出优良的铜器和钢铁，以及精美瓷器，一定是经过长期的经验积累，通过大量的试验而归纳得出的技术。例如，《考工记》中记载了关于铸造锡青铜的“六齐”:“金有六齐：六分其金而锡居一，谓之钟鼎之齐；五分其金而锡居一，谓之斧斤之齐；四分其金而锡居一，谓之戈戟之齐；三分其金而锡居一，谓之大刃之齐；五分其金而锡居二，谓之削杀之齐；金、锡半，谓之鉴燧之齐。”这表明先秦时代已经掌握了青铜的机械性能随锡铜合金配比而变化的规律。中国古代技术发明成就出色，恰恰说明中国古代技术后面有强大的科学实验传统支撑着。再者，中国古代还有为了进行某种理论探索而进行的“终极”实验。其中为了验证宇宙之气的存在而进行的“候气”实验，与近代科学为检测以太而做的迈克尔逊 - 莫雷实验，在科学性质上可以说是非常类似的。如此看来，被认作是近代科学主要特征的数学逻辑和实验，在中国古代也不是付之阙如的。

其四是科学的传统与教育。科学的发展和进步离不开传统。西方近代科学的发生也是在继承古代传统的基础上的发明。哥白尼如果不是对古希腊的托勒密天文学体系有深入的研究，并在其中发现问题，提出新的解决问题的思路，是不可能提出日心说的。中国古代天文学恰恰也特别重视传统。历代正史中的天文、律历部分，都会对之前的天文历法之学进行系统性的总结和回顾。事实上许多新的问题，就是通过对历史上的观测与当前的观测进行比较后提出的，例如岁差的发现，以及一系列关于日月五星运动规律的发现。中国古代天文学正是因为有其悠久而深厚的传统，才使得它在世界天文学中长时间走在前列。说到科学教育，《周礼》中规定的学校教育内容，“礼、乐、射、御、书、数”即“六艺”，其中“数”即数学，“射”和机械有关。从隋代起，在最高学府国子监中，就设有算学博士；到唐代时，更由李淳风等人审定《算经十书》，就是当时培养数学和天文学人才的教科书。在医学领域，北宋时更是设置了“三舍”的教育制度，培养医官。所有医学经典包括了《黄帝内经》《伤寒论》等，此外还制作了针灸铜人，作为医学教育的标准人体模型。可见中国古代的科学教育也保证了科学传统的延续。

其五是中国古代对基础科学的研究。说中国古代只有技术，没有科学，是把科学与技术完全对立起来造成的错觉。古代的每一种技术发明、技术运用或技术工程，背后其实都有对事物的分类、性质、定性或定量关系的认识，甚至还包括了长期的、有目的及有方法的试验，因此中国古代的技术实际上是隐含了古代的科学。比如天文仪器的制造，就隐含了对天地结构和日月运动的认识；都江堰、大运河等水利工程一定是以精确的测量和复杂的计算为前提；中医里对药物的使用，必然包括了对植物形态和性状的研究。中国古代技术能取得全方位成就，同古代科学全方位的探究和认识是分不开的。不能因为古代的科学认识同今天的科学认识有所不同就说中国古代没有科学。

还有说法认为，中国古代只讲求实用，而忽略了基础研究。这同样是一个似是而非的说法，实用目的与基础研究本来就不是相互排斥的。就拿天文学来说，制定天文历法，固然有满足农业社会需要的实用目的，但如果仅仅是为了农业生产活动，根本不需要如此精密的历法。因此，天文历法研究，虽然可能因实用而起，但它有本身的科学追求。与中国古代天文历法相关的天文学包括了恒星位置、圭影测量、日月五星运动研究及彗星流星等各种天象观测的研究内容，正是这些天文学的基础研究，才保证了具有实用意义的历法研究的不断进步。在数学方面，上面提到的祖冲之对圆周率的研究，要把同一运算程序反复进行 12 次，每一运算程序又包含对 9 位数进行加、减、乘、除和开方等 11 个步骤。如果只讲求实用，这样的研究岂能进行下去？

最后，讲讲中国古代对科学及其社会功能的认识和态度。科学知识对于社会的促进作用，中国古代对此有深刻的认识。有看法认为，中国的儒家思想不重视科学，对科学发展起阻碍作用。实际情况并不是那么简单。首先，儒家经典中有《易经》，而易学恰恰为中国古代的科学研究提供了数理基础。比如汉代的象数易，是当时科学思维的重要部分，天文历法模型的建立离不开象数易的哲学思维。科学思想本来就有多种来源，因此我们不能断言儒家思想就阻碍了中国古代科学的发展。其次，中国古代的国家治理体系是以儒家思想为指导的官僚体系。《周礼》是古代理想的政治体系，其中所有的官职都是由懂得专门科学技术知识的人来担任，这与古希腊柏拉图《理想国》中由“哲人王”来统治国家，在以知识治理国家这一点上是一致的。再次，中国古代的科学家，如张衡、沈括和郭守敬等人，都是官僚体制中人，正是因为他们做官才需要研究科技，解决现实社会中碰到的问题。最后，中国古代的各种大型科学项目，如水利工程、医药本草、方书的修订及苏颂水运仪象台这样大型天文仪器的制作等，是因为有政府重视并给予持续的支持才成为可能。如此看来，中国古代恰恰非常重视科技发展，通过科技创新为社会发展提供动力。

从以上几点看，我们有充分的理由认为中国古代有科学，而且取得了举世瞩目的科学成就，不仅为中华文明的长期兴盛做出了贡献，也为世界文明，特别是近代科学文明做出了积极的贡献。

中国传统文化对未来科技的促进作用

科学是在不断发展变化中的。20 世纪以来的科学已经同 17 世纪、18 世纪发展起来的以牛顿力学为代表的自然哲学大不相同，未来科学正展示出新的前景。正是在这个形势下，中国古老而深厚的传统文化对当代科技发展有着重要启发意义和促进作用。

首先，中国古代有机、整体且系统的思维在当代科技综合趋向中有启发作用。近代科学以精密的机械观见长，但是也有很多不足之处。一些思想家和科学家们已经意识到，有必要发展综合、有机、整体、复杂且开放的科学，而这正是中国传统文化的优势。耗散结构理论的创建者，获得诺贝尔化学奖的普利高津（I. Prigogine）曾说："我们正向着新的综合前进，向着新的自然主义前进。这个新的自然主义将把西方传统连同它对实验的强调和对实验的描述，同以自发的、有机的世界观为中心的中国传统结合起来。"

普利高津认为，中国文化中所讲的整体和谐，远非消极的整体和谐，而是综合考虑各种过程的复杂平衡。中国的都江堰工程，历经两千多年而依然正常发挥作用，其鱼嘴、飞沙和宝瓶口三部分巧妙结合，分水、分沙合理，工程维修简单而有效，充分体现了中国古代治水的整体性和复杂性的思想，对当今的水利工程建设仍有启发作用。协同学的建立者、德国物理学家赫尔曼·哈肯（Hermann Haken）说："我认为协同学和中国古代思想在整体性观念上有很深的联系。"中医"成功地应用了整体性思维来研究人体和防治疾病，从这个意义上说中医比西医优越得多"。中国的整体性思维与西方的分析思维都是建立协同学的基础。

其次，中国古代天人合一思想强调人与自然的和谐关系，对当代的生态学、环境学以及技术开发应用都有指导意义。西方近代科学是一种"求力"的科学，对自然基本是采取了一种无限掠夺的态度。而在中国周朝时期就颁布了《野禁》和《四时之禁》，不准违背时令砍伐木材、割草烧灰或捕捉鸟兽鱼虾，设立了管理山林川泽的官员，这也就是《孟子》所说的"斧斤以时入山林"。中国古代的农业更是把天、地、人三者之间的关系看作彼此联结的有机整体，主张顺天时、量地利、尽人力。也就是《吕氏春秋·审时》中所说"夫稼，为之者人也，生之者地也，养之者天也"。

再次是中国古代长期的自然观察，积累了大量的经验资料，对于现代科学仍然具有应用价值。在天文学方面，中国两千多年连续不断的观测和天象记录为现代天文学提供了宝贵的数据。法国天文学家、数学家拉普拉斯（1749—1827年）就曾利用中国圭表测影的数据计算黄赤交角的长期变化，从而为他的天体力学理论提供了佐证。中国古代的日食观测记录可以用来研究地球自转的长期变化。中国古代的“客星”记录，实际就是对新星、超新星及彗星记录。其中1054年所记录的位于“天关”星附近的“客星”，就是一次超新星的爆发，并且记录了它数日间的亮度变化，其遗迹就是金牛座的蟹状星云。这为天体物理学研究恒星演化，提供了极其有价值的物理参数。

在气象、物候方面，中国古代也有丰富的观察记录。我国著名气象学家竺可桢就利用古代的物候资料，于1972年发表了《中国近五千年来气候变迁的初步研究》，重建5000年来气候变化史，受到全世界的关注。现在，地球气候变化是科学研究的重大课题，中国古代的物候、地质变化观测，仍然可以为此提供有用的数据。在医学方面，屠呦呦团队通过对传统中医药文献和配方的搜寻与整理，筛选出近2000个有关对抗疟疾的药方，经过一系列纯化研究，最终提取出对抗疟疾的有效成分青蒿素，拯救了大量患者的生命。

最后是中国传统科学的思维和方法，可以运用于现代科学，使之得到新的发展。在这方面最成功的一个例子便是吴文俊从事的几何定理的机械化证明及其应用。相比于古希腊欧几里得《几何原本》的“公理化”体系，中国古代数学是“机械化”的。中国汉代的《九章算术》将246个应用数学问题分为9章，在每个部分的若干类型的具体问题之后，总结出一般的算法，这种以算为主的“刻板”做法正符合计算机的程序化。吴文俊利用我国宋元时期发展起来的增乘开方法与正负开方术，在HP25型袖珍计算器上编制小程序，竟可以求解高达5次方的方程，而且可达到任意预定的精度。

我国宋元时期数学发展的一个重要特点，是把许多几何问题转化为代数方程与方程组的求解问题，这与17世纪法国笛卡尔发明的解析几何具有同样的性质。吴文俊吸收了宋元时期数学的特点，将几何问题用代数方程表达，接着对代数方程组的求解提出一套完整可行的算法，用之于计算机。如此先在平面几何定理的机器证明方面取得成功，后又推广到微分几何。吴文俊的工作给机械化的几何定理证明带来了光明，一个突出的应用是由开普勒行星运动三定律自动推导出牛顿的万有引力定律，这是非常了不起的事。吴文俊认为："继续发扬中国古代传统数学的机械化特色，对数学各个不同领域探索实现机械化的途径，建立机械化数学，则是20世纪以至绵亘整个21世纪才能大体趋于完善的事。"

中国科学的未来

中华文明历经五千年，在科技方面有着丰富的经验，有着独特的思维方式，取得了杰出的成就，是世界古代文明中的佼佼者。自夏商周开始至19世纪初，中华文明一直处于世界领先地位，对世界文明的发展做出了重要贡献。指南针、造纸术、印刷术和火药，这四大发明不仅仅是中国古代科学技术繁荣的重要标志和中华民族创新智慧的集中体现，更重要的是有力地推动了人类文明的历史进程；商后母戊鼎的出土，见证了中华民族青铜器铸造工艺的创新；中医药、天文历法、算术、水利、瓷器及丝绸等领域的创新也为人类福祉做出了重要贡献。

近代科学革命虽然不是发生在中国，但中国接受并发展近代科学的速度和步伐其实是惊人的。明清时期的中西会通，"熔彼方之材质，入大统之型模"，中国比较快地接受了西方的数理天文学体系。虽然有时会遇到一些阻力，但那也不过是由于一时不了解西方科学理论全貌而造成的疑惑，或者是由于新旧学派更替中所不可避免的权利之争。总的大势是，中国逐步接受了西方先进合理的科学知识，并且还不仅是被动的接受者，而是以中国独有的方式很快进入近代科学本身的创造和探索之中。从清末到民国时期，科学教育成为新式教育的一部分，各种科学机构在中国建立，为近代科学在中国的建制化打下了基础。中华人民共和国成立以来，“科学技术现代化”被定为社会主义建设“四个现代化”目标之一。从“1956—1967年科学技术发展远景规划”到“科学的春天”，从“科学技术是第一生产力”到“科教兴国”战略，科学技术成为推动新中国经济社会发展的主要动力。从“两弹一星”到神舟飞船，从高能加速器到量子通信，从人工牛胰岛素的合成到青蒿素的提纯应用，从超级杂交水稻到纳米材料，从“中国天眼”到“羲和”号太阳观测卫星，中国科学完成了一次又一次跨越，已成为世界科学界一股不可忽视的力量，航空、生物等领域的研究，已接近或达到世界先进水平。2022年，国际上的“自然指数”物理学科统计，中国有6所高校进入世界前十之列，说明中国科技教育和科技研究，在世界当代科技发展中正占据越来越重要的地位。著名物理学家、诺贝尔物理学奖获得者杨振宁曾说：“到了21世纪中叶，中国极可能成为一个世界级的科技强国。”这一论断看来已经正在实现，中华科技在21世纪即将迎来伟大的复兴。

在中华民族伟大复兴历史进程中，传统文化将发挥极其重要的作用。科技离不开创新，中华民族一直是一个追求创新、勇于创新的民族，革故鼎新的观念古已有之。《诗经》中说：“周虽旧邦，其命惟新。”《大学》云：“苟日新，日日新，又日新。”《周易》也载：“穷则变，变则通，通则久。”这些关于创新的精辟论述，所表现的是中华民族与时俱进、除旧立新的精神。正是这种精神，才使中华文明传承久远，历久弥新，至今依然保持着极为旺盛的生命力；正是这种精神，才使中华民族生生不息，开拓奋进，创造了一个又一个辉煌。中国古代的科技创新，其优势在于利用科技知识满足人的需要，解决人类社会面临的问题，这在今天仍然具有借鉴意义。

以史为鉴，继往开来。我们所处的当前，是过去与未来的交接点。我们对中国科技历史的理解和认识，深刻影响着我们对中国未来科技的看法。“西方中心论”的科学历史，以为科学技术源自古希腊或西方，中国文化没有科学的基因，因而无法培育出现代科技，这是非常偏颇也是非常有害的看法。具有讽刺意义的是，这样的“西方中心论”在现代的西方学术界受到了普遍的质疑，反而在中国受到了青睐，以至于在中国反而产生了一些全盘否定中国文化的想法。究其原因，还是因为在近代中国，中国人深切感受到了“落后要挨打”的局面，而我们的落后，西方的先进，主要表现为科技作为一种力量在文明竞争中的作用。在近代中国，科技代表的是一种进步的力量。而在西方看来，近代科学固然给西方带来了“力量”的超越和现代文明的发展，但同时也造成了对自然环境和人类社会的巨大的破坏力。在当代科学技术上领先的西方，反而开始转向东方，试图从以中国为代表的东方文明中获得面对未来的智慧。这样看来，当我们面向未来的科技发展时，从中国传统文化汲取智慧，也是非常有必要的。换言之，中国的科学技术现代化，必然是中国式现代化的重要组成部分，也必然是在充分吸收近代西方科技发展经验的基础上，基于中国科技文化的中国特色现代化。

在讲述中国古代科技时，本书始终强调了“文明的视角”。西方近代科学不过是人类文明史的偶发事件，以它为标准来评判其他文明中的科学，显然有失偏颇。从新石器时代的技术革命到近代科学革命，在这中间数千年的文明平台上，中华文明做出科技成就、科学的创造性思维及科学知识运用上种种创新，说明中华文明中有着极深厚的科学传统。我们如何看待这个传统？在现代化的进程中如何处理传统与现代的关系？是选择文明的割裂，还是选择文明的连接？中国古代科技的历史表明，中国传统文化中并不缺乏科学的精神，也不缺乏科学的基因，这使得传统文化与现代科学文明的连接成为可能。中国古代对宇宙的本原及人在其中的位置的探讨，其宇宙图式和科学论证，其象思维与数字宇宙论模型，其科学实践和伦理，还有古代科学家的精神气质，都对我们今天发现代科技具有启发意义。

现代历史学家陈寅恪说：“窃疑中国自今以后，即使能忠实输入北美或东欧之思想，其结局当亦等于玄奘唯识之学，在吾国思想史上，既不能居最高之地位，且亦终归于歇绝者。其真融于思想上自成系统，有所创获者，必须一方面吸收外来之学问，一方面不忘本来民族之地位。此二种相反而适相成之态度，乃道教之真精神，新儒家之旧途径，而二千年吾民族与其他民族思想接触史之所昭示者也。”中国在发展未来科技时，一定也不能忘记中华文明本来之地位。在科学教育中，传统与现代的连接意义重大。一方面要具有开放精神，多与国外进行交流，努力学习他们的优秀思想，绝不排斥外来文化；但是另一方面，也不能盲目崇拜外来文化，不能像唐玄奘引入唯识学那样，机械地照搬外来文化，而一定要保持我中华民族的固有特色。

科学的思维并不是西方所独有，中国古代的科学思维呈现出丰富的多样性，包括了观察、直觉、比较、分类、归纳、比类、推类、概念、辩证、整体、分析及综合等从经验到逻辑的各种形式。法国人类学家克洛德·列维－斯特劳斯（Claude Lévi-Strauss）在其《野性的思维》中指出：“丰富的抽象性词语并非为文明语言所专有，”而用词的抽象程度并不反映智力的强弱。中国古代的思维在抽象的、自觉的和反思的程度上虽然不如古希腊，但在中国古代是自然的、自发的，具有极大的灵动性和创造力。

中国未来科学的发展，一方面要坚持探索自然规律，另一方面要坚持“以人为本”。这两点在《孟子》中有很好的体现。《孟子》是中国传统文化中最具科学精神和民主精神的一本书。近代科学和近代民主是同时发展起来的。转向古代的历史，人们总是习惯于把希腊的科学与希腊的民主联系起来，而很少有人谈论中国古代科学与民主的关系。其实希腊的民主并不是今天所说的全民共享的民主，只是极少数“自由民”的民主权利，就是那么一点点民主，也被柏拉图所排斥。英国科学哲学家卡尔·波普尔在其《开放社会及其敌人》中就将柏拉图列为专制政权的开山祖。直到17世纪以前，西方只有反民主的传统，而在中国，儒家思想中早就有了民主的思想。

孟子说：“民为贵，社稷次之，君为轻。”他认为人民是主体、是根本，根据人民的意志，政体和君主都可以改变。孟子的民本思想，当然和近代的民主不是一回事，但“以人为本”的精神却是一致的，这就是人文主义的精神。有了这样的人文精神，才会有在真理面前的“富贵不能淫，贫贱不能移，威武不能屈”，把这个精神落实到科学研究上，就是求真、求故。“天之高也，星辰之远也，苟求其故，千岁之日至，可坐而致也”。好一个“求其故”！这正是科学最核心的思想和方法。

未来的科学，并不一定总是照着 17 世纪确定下来的机械论的路线前进，未来的科学一定是整体性的、有机的、是以人为中心有着人文关怀的新科学。美国学者雷斯蒂沃曾经预言：“从 21 世纪开始认识的新科学可能出现在中国，而不是美国或其他地方。”

斯文也，斯道也。中国传统文化中的人文精神和科学精神，必将在现代科技文明的土壤中再获新的生机！

主要参考文献

[1] 薄树人．薄树人文集［C］．合肥：中国科学技术大学出版社，2003.

[2] 北京科技大学冶金与材料史研究所．铸铁中国：古代钢铁技术发明创造巡礼［M］．北京：冶金工业出版社，2011.

[3] 曹婉如，郑锡煌，黄盛璋，等．中国古代地理图集：战国—元［M］．北京：文物出版社，1990.

[4] 曹婉如，郑锡煌，黄盛璋，等．中国古代地理图集：清代［M］．北京：文物出版社，1997.

[5] 曾雄生．中国农学史［M］．福州：福建人民出版社，2008.

[6] 陈方正．继承与叛逆：现代科学为何出现于西方［M］．北京：生活·读书·新知三联书店，2009.

[7] 陈美东．中国科学技术史：天文卷［M］．北京：科学出版社，2003.

[8] 丁贤俊．洋务运动史话［M］．北京：社会科学文献出版社，2011.

[9] 董光璧．中国近现代科学技术史［M］．长沙：湖南教育出版社，1997.

[10] 杜石然．中国科学技术史稿（修订版）［M］．北京：北京大学出版社，2012.

[11] 顾颉刚．顾颉刚古史论文集：第三册［C］．北京：中华书局，1996.

[12] 关增建．中国古代物理思想探索［M］．长沙：湖南教育出版社，1991.

[13] 郭沫若．中国史稿：第一册［M］．北京：人民出版社，1976.

[14] 郭书春．中国传统数学史话［M］．北京：中国国际广播出版社，2012.

[15] 郭书春．中国科学技术史：数学卷［M］．北京：科学出版社，2010.

[16] 韩琦．通天之学：耶稣会士和天文学在中国的传播［M］．北京：生活·读书·新知三联书店，2018.

[17] 韩汝玢，柯俊．中国科学技术史：矿冶卷［M］．北京：科学出版社，2007.

[18] 韩毅．宋代医学方书的形成与传播应用研究［M］．广州：广东人民出版社，2019.

[19] 韩毅．政府治理与医学发展：宋代医事诏令研究［M］．北京：中国科学技术出版社，2014.

[20] 翦伯赞．中国史纲要［M］．北京：北京大学出版社，2006.

[21] 江晓原，钮卫星．天文西学东渐集［M］．上海书店出版社，2001.

[22] 金秋鹏．中国科学技术史：人物卷［M］．北京：科学出版社，1998.

[23] 乐爱国．管子的科技思想［M］．北京：科学出版社，2004.

[24] 李学勤．通向文明之路［M］．北京：商务印书馆，2010.

[25] 李志超．天人古义——中国科学史论纲［M］．郑州：河南教育出版社，1995.

[26] 廖育群，傅芳，郑金生．中国科学技术史：医学卷［M］．北京：科学出版社，1998.

[27] 刘钝．大哉言数［M］．沈阳：辽宁教育出版社，1993.

[28] 卢央．易学与天文学［M］．北京：中国书店，2003.

[29] 陆敬严，沈定．佛教的科技贡献［M］．北京：宗教文化出版社，2016.

[30] 路甬祥．走进殿堂的中国古代科技史［M］．上海：上海交通大学出版社，2009.

[31] 倪根金．梁家勉农史文集［M］．北京：中国农业出版社，2002.

[32] 潘吉星．中国科学技术史：造纸与印刷卷［M］．北京：科学出版社，1999.

[33] 潘吉星．中国造纸技术史稿［M］．北京：文物出版社，1979.

[34] 曲安京．中国数理天文学［M］．北京：科学出版社，2008.

[35] 汝信，李惠国．中国古代科技文化及其现代启示（上下）［M］．北京：中国社会科学出版社，2016.

[36] 孙小淳，曾雄生．宋代国家文化中的科学［M］．北京：中国科学技术出版社，2007.

[37] 王成组．中国地理学史：先秦至明代［M］．北京：商务印书馆，1988.

[38] 王峰，宋岘．中国回族科学技术史［M］．银川：宁夏人民出版社，2008.

[39] 吾淳．中国哲学通史：古代科学哲学卷［M］．南京：江苏人民出版社，2021.

[40] 席泽宗．科学史十论［C］．上海：复旦大学出版社，2003.

[41] 席泽宗．中国科学技术史：科学思想卷［M］．北京：科学出版社，2001.

[42] 徐钧侃，潘凤英，顾永芝．徐霞客评传［M］．南京：南京大学出版集团，2006.

[43] 严文明．中华文明的始原［M］．北京：文物出版社，2011.

[44] 余敦康．汉宋易学解读［M］．北京：华夏出版社，2006.

[45] 袁行霈，等．中华文明史：第一卷［M］．北京：北京大学出版社，2006.

[46] 袁珂．中国神话传说［M］．北京：北京联合出版公司，2016.

[47] 赵承泽．中国科学技术史：纺织卷［M］．北京：科学出版社，2016.

[48] 赵匡华，周嘉华．中国科学技术史：化学卷［M］．北京：科学出版社，1989.

[49] 赵匡华．中国炼丹术［M］．香港：中华书局，1989.

[50] 中国航海学会．中国航海史：古代航海史［M］．北京：人民交通出版社，1988.

[51] 周魁一．中国科学技术史：水利卷［M］．北京：科学出版社，2002.

[52] 周运中．中国南洋古代交通史［M］．厦门：厦门大学出版社，2015.

[53] 朱宏斌．秦汉时期区域农业开发研究［M］．北京：中国农业出版社，2010.

[54][法]列维－斯特劳斯. 野性的思维[M]. 李细蒸，译. 北京：商务印书馆，1986.

[55][美]艾尔曼. 科学在中国（1550—1900）[M]. 原祖杰，译. 北京：中国人民大学出版社，2016.

[56][美]余定国. 中国地图学史[M]. 姜道章，译. 北京：北京大学出版社，2006.

[57][日]寺田隆信. 郑和：联结中国与伊斯兰世界的航海家[M]. 庄景辉，译. 北京：海洋出版社，1988.

[58][日]薮内清. 中国科学文明[M]. 梁策，赵炜宏，译. 北京：中国社会科学出版社，1988.

[59][英]劳埃德. 早期希腊科学：从泰勒斯到亚里士多德[M]. 孙小淳，译. 上海：上海教育出版社，2015.

[60][英]李约瑟. 文明的滴定：东西方的科学与社会[M]. 张卜天，译. 北京：商务印书馆，2016.

[61][英]李约瑟. 中国古代科学思想史[M]. 陈立夫，译. 南昌：江西人民出版社，1999.

[62][英]李约瑟. 李约瑟中国科学技术史. 第三卷，数学、天学和地学[M]. 梅荣照，王奎克，曹婉如，译. 北京：科学出版社，2018.

[63] Christopher Cullen. The Foundations of Celestial Reckoning：Three Ancient Chinese Astronomical Systems. London and New York：Routledge，2016.

[64] Geoffrey Lloyd，Nathan Sivin. The Way and the Word：Science and Medicine in Early China and Greece. New Haven and London：Yale University Press，2002.

[65] Kenneth Pomeranz. The Great Divergence：China，Europe，and the Making of the Modern World Economy. Princeton and Oxford：Princeton University Press，2000.

[66] Sun Xiaochun，Jacob Kistemaker. The Chinese Sky During the Han：Constellating Stars and Society. Leiden：Brill，1997.

索　引

H

J

K

L

M

N

Q

R

S

后 记

本书的写作是在时任中国科协党组书记、分管日常工作副主席、书记处第一书记张玉卓院士的提议和关怀下启动的。2021 年 11 月 24 日，我参加中国科协组织的学习贯彻党的十九届六中全会精神科学家座谈会，会间张玉卓院士问及中国古代科技与文化自信的问题，认为有必要编写一本讲述中国古代科技的科普读本，并当场作了指示，由我主持编写。因此本书是中国科协学习贯彻落实党的十九届六中全会精神、宣传中国传统文化中的科学精神、增强文化自信的一项具体工作。

本书编撰期间，党的二十大召开，提出要“提炼展示中华文明的精神标识和文化精髓，加快构建中国话语和中国叙事体系，讲好中国故事、传播好中国声音，展现可信、可爱、可敬的中国形象”。科学在现代文明中占有主导地位，建设中国式的现代化，一方面要继承和发扬中华优秀传统文化，另一方面也要在科学文明上达到一定的高度。传统与现代如何对接，是摆在我们面前的具有现实意义的学术问题。这也是写作本书的出发点之一。

与此同时，本书的写作也是出于我多年来对中国古代科学的思考。中华传统文化中究竟有没有科学精神？人们对中国传统文化存在许多常见误解，认为中国古代没有科学，所以无从谈科学精神。其实从科学的内涵来看，无论是求真的精神、知识的内涵、获取知识的方法，还是推理说服的方式、验证的方法等，中国古代都不缺乏。放在更大的文明尺度中，中华文明是新石器文明以来的世界文明高台之一，具有深厚的历史积淀和文明成就，其中蕴含着丰富的科学精神。本书的目的就是要在文明的视野中考察中国古代的科学与文明，厘清中华传统文化中究竟有什么样的科学精神，由此把传统文化与现代科学文明连接起来。从这个意义来说，本书的写作可以说是一次观念的冒险。中国的科学故事如何讲，本书是一个新的尝试。

中华文明，历史悠久，博大精深，但是近三百年来也经历了坎坷和挫折。18世纪中叶，法国启蒙运动思想家伏尔泰还在盛赞中华文明，仅仅一百年之后，中国就成了落后的代名词。究其原因，就是近代中国在科学上落后了。但是本书并不纠结于“近代科学为什么没有发生在中国”这一著名的“李约瑟问题”，而是转换视角，讲述中国古代是如何进行科学知识的创造的，表现出怎样的创造性思维，又是如何把知识运用于治国理政和满足人们的生活需求的。这样看时，中华古代文明就展现出一幅生机勃勃的科技创造和科技运用的图景。不仅如此，中国传统文化中的科学精神，还来自其中的人文精神。中国古代“格物致知”“天人合一”等思想，是包举宇内的人文精神之精髓，正是在这样博大的人文精神中，才孕育了中国古代独特的科技发明和创造。

本书讲述的中国文明中的科学故事，也可以说是讲述科学的“中国心”。中国式的现代化需要建立科学的文化，而文化就是一种传统。如果不能正确地对待传统文化，科学文化的建设将是跛足的。当代建立真正的科学文明，应该也必须去传统文化中寻求支撑，以传统文化来建立文化自信，增进科学文化的多样性。近代科学的制度已经在中国建立，我们已经有理性的和科学的话语系统。但真正需要的是，把科学精神与中华民族的魂魄结合起来，塑造科学的中国心，才能具有创新的能力，才能更好地面向未来。

本书的写作，是在中国科协领导的大力支持下完成的。除了张玉卓院士之外，韩启德院士也为本书的立意和结构提出了重要的意见，并对本书的撰写给予了极大的鼓励。此外还有徐延豪同志、王进展同志和罗晖同志的关心及支持，特别是有中国科协创新战略研究院申金升院长、毕海滨副院长、王国强研究员的策划和部署，以及施云燕、吕科伟、王楠等同志的具体而细心的组织落实。特别感谢王进展同志和毕海滨同志，他们从头至尾非常仔细地通读了书稿，指出了许多错误和笔误，提出了修改建议。创新战略研究院还为本书的编撰组织了多次专家研讨和评审，其中刘钝教授、曾雄生研究员、王扬宗教授、汪前进教授、刘兵教授、潜伟教授、张藜教授、吴国盛教授等对本书的内容乃至插图提出了许多宝贵的建议，指出了一些错误，使全稿更加完善。对此我表示诚挚的感谢。没有中国科协如此精心的组织和推进，本书是不可能在这么短的时间内完成的。

由于时间紧迫，在本书写作过程中，王国强、张嘉懿、韩毅、王广超、吴蕴豪、刘晓、杨柳、郑锌煌、罗依然、吕科伟、张怡哲、孔祥帅、郭红梅、武丽涛、马泽宇等参与了本书初稿部分章节的编写及文献核查和插图选择工作。我感谢他们为本书的完成所做出的贡献。本书最后由我统稿，其中难免疏漏与偏差，请读者不吝指正。

感谢以周岳老师为首的清华大学插图团队，他们的插图使本书大大增色。最后感谢中国科学技术出版社，特别是出版社总编辑秦德继及科学技术史编辑部的编辑们。他们为本书的出版付出了极大的精力，没有他们全身心的投入，本书的出版不可能如此及时。

孙小淳

2023 年 12 月 21 日

图片来源

部分图片由清华大学周岳团队绘制。

部分图片来源于视觉中国。

部分图片为公版图片。